海味制作

图解 II

HAIWEI ZHIZUO TUJIE II

潘英俊 著

U0343007

岭南美术出版社

中国·广州

图书在版编目（CIP）数据

海味制作图解. II / 潘英俊著. —广州：
岭南美术出版社，2018.7
ISBN 978-7-5362-6341-3

Ⅰ.①海… Ⅱ.①潘… Ⅲ.①海产品—菜谱
Ⅳ.①TS972.126

中国版本图书馆CIP数据核字(2017)第251615号

责任编辑：郭海燕
责任技编：谢　芸

海味制作图解 II

出版、总发行：岭南美术出版社（网址：www.lnysw.net）
　　　　　　（广州市文德北路170号3楼　邮编：510045）
经　　销：全国新华书店
印　　刷：东莞市翔盈印务有限公司
版　　次：2018年7月第1版
　　　　　2018年7月第1次印刷
开　　本：787mm×1092mm　1/16
印　　张：22.25
印　　数：1—3000册
ISBN 978-7-5362-6341-3
定　　价：58.00元

鮑參翅肚海味至尊
手繪廚藝烹飪法寶

祝俊廚坊新書付梓

乙未年冬厲喜於東陽

：13025148675

：2397487334

网络支持：文心雕龙多媒体工作室

"厨艺图真丛书"序

最近，在国外的报纸杂志之中看到了一则关于本国美食的调查报告，说从十多个国家和地区近万人的问卷调查发现，只有中国人众口一词地说对本国的美食自信满满。

我们对这份调查报告的结论一点也没有感到惊讶，因为，中国历来就有"烹饪王国"的美誉，中国厨师历来就有对美食追求极致的习惯。

然而，我们对中国人自信满满的美食有不同的看法。

也是在最近，国外对中国国民生产总值（GDP）超越美国成为全球排名第一的话题甚嚣尘上，有的说最迟在 2020 年中国就能达到这个目标，有的甚至说在 2014 年中国已经达到了这个目标，并且向全球第一大经济强国迈进。

那么，我们的美食与以上的数据或头衔相适应吗？以下是我们对中国美食的看法。

如果我们真的如国外所吹嘘的排名第一的话，按照历史发展经验的轨迹，中国美食或是中国饮食文化应该是与排名第一的头衔相吻合，曾经在全球泛起波澜，而现在却是平静如水。

我们再看美国，在国民生产总值和经济总量均排名世界第一的时候，代表着美国的美食或饮食文化就以连锁的形式分布在世界各地。

这样跨出国界的连锁企业中国有吗？

如果我们将以上两组数据合在一起分析，就会为中国人自信满满的美食未能以连锁的形式分布在世界各地而感到惋惜和深思。

我们撇开虚幻的世界第一的头衔，就会发现我们的美食烹饪还未做到华丽转身。

历史经验告诉我们，但凡经济发展到一定程度，之后就会出现刘易斯拐点。刘易斯拐点的理论认为农村廉价劳动力被经济增长全部吸纳后，工资会显著上升，这个时期会出现上行的压力，会出现一个拐点或者瓶颈。

中国美食烹饪正面临着这样的局面。

造成这个局面的原因，是我们现在品尝着的美食所应用的厨艺，几乎都是农耕时代遗留下来的产物，这样的厨艺大多只适合作坊化的小规模生产，无法满足工业化生产的要求。

没有工业化生产作为支撑，中国美食以连锁形式分布在世界各地便成了一纸空谈。与此同时，中国的餐饮食品业也无法走出刘易斯拐点。

基于这种状况，我们萌生出了编写"厨艺图真丛书"的想法。

这套丛书围绕着"学习""发现""改革"的中心思想去编写。

"学习"是指阅读本丛书之后可以像阅读其他厨艺书籍那样掌握谋生创富的厨艺。

但这不是丛书追求的目标。

丛书的每个菜式都会以选料开始，目的就是让有志之士在学习到菜式制作获得谋生厨艺之余，更宏观地了解菜式制作的整个过程；也让有志之士以及食品公司的设计者们在阅读本丛书时能从中找到为厨艺迈向工业化的切实可行的灵感。这就是"发现"。

丛书所罗列的菜式及其基本的评价标准，可为厨艺"改革"确定一个路向。

我们寄望通过有志者阅读本丛书让中国美食最终能与即将获得的头衔相适应，以连锁的形式分布在世界各地，创造更多的财富。

千里之行，始于足下。

以此为序！

俊厨坊粤菜烹饪及饮食文化推广协会

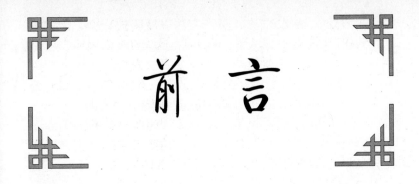

前言

　　早在距今200多年前，即清代乾隆五十七年（1785），集乾隆才子、诗坛盟主，美食家等美誉于一身的袁枚先生在他被后世视为"烹饪兵书"的《随园食单》中写下了新篇章——"海鲜单"，率先将"海鲜"的概念跃然纸上。

　　什么是"海鲜"呢？

　　按照袁枚先生的论述也难断定："古人珍并无海鲜之说，今世俗尚之，不得不吾从众。"名称最终显然是根据晋代郭璞的《江赋》的"江鲜单"而做出的辉映，其中以燕窝、海参、鱼翅、鳆鱼（鲍鱼）、淡菜、海蝘、乌鱼蛋（墨鱼穗）、江瑶柱及蛎黄等做案例。

　　然而，名称在将近100年之后便验证了《道德经》上的"道可道，非常道；名可名，非常名。无名天地之始；有名万物之母。故常无，欲以观其妙；常有，欲以观其徼。此两者，同出而异名，同谓之玄。玄之又玄，众妙之门"的神话，称作"海味"。

　　袁枚先生的立论在于"鲜"字，这个字就食物而言有两种解释，一种是"鸟兽新杀曰鲜"，即鲜美、新鲜、滋味美好的意思；另一种是作为食物的"五味"（酸、甜、苦、咸、鲜）之一。

　　袁枚先生的用意显然是侧重于后者。

　　不过，袁枚先生没有想到其身后的科技竟然有能将咸水海产品像淡水河产品一样成为盘中飧。

　　咸水海产品正符合"鸟兽新杀"之意，因而以"海鲜"归类。

　　再看海参、鱼翅、鳆鱼（鲍鱼）之类，均是干晒产品，与"鲜"无缘，又与用盐腌渍晒干俗称"咸鱼"的产品不靠边，独独成为一类，于是就有了"海味"类型。

　　本书就这个类型的产品试图分别从品种的生长形态，

干晒方法、涨发方法、烹饪方法以及历史脉络、营销案例展开深入浅出的论述,供厨师及营销员在实践中参考。

"海味"这类型的产品不是袁枚先生的年代才有,可再上溯 1000 多年,新朝缔造者王莽(公元前 45—公元 23 年)以及三国时期魏国政权缔造者曹操(155—220 年)就是啖食鳆鱼(鲍鱼)舒缓压力。海参则最早见于元代贾铭《饮食须知》,鱼翅也见于明代刘若愚《酌中志·饮食好尚纪略》之上,可见历史悠久。

这些类型的产品应如何烹饪成为历代厨师的不懈追求。根据厨师口耳相传的说法,爆发点始于明末清初之际,因有厨师随意地将已有的海味一股脑放入酒坛中烹煮,错有错着地创造了日后成为福建经典名馔"佛跳墙"的前身"福寿全",由此创造了新的烹饪法——煨。

尔后,海味成为肴馔矜贵的代名词,是食肆提高声望、档次的法宝。

这不,民国时期有"酒楼王"称号的陈福畴就屡试不爽地用名厨吴銮师傅烹制的鱼翅和鲍鱼做招牌菜去提高旗下酒家的声望,率先建立大型连锁食肆的经营模式。因而就有了粤菜经典名馔"红烧裙翅"和"蚝油网鲍片",也由此有了新的烹饪法——爩。

在此基础上,香港的名厨杨贯一先生更以体现饮食最高理想的"以乐侑食"为信念,创造出了烹饪与表演融会一身的烹饪法——爝,把海味菜式推向至高无上的地位。

……

正是"鲍参翅肚海味至尊,手绘厨艺烹饪法宝!"

由于我们水平有限,还存在知识面和技术面的种种欠缺,加上时间仓促,如有不完美和错漏之处,望请指教。

俊厨坊粤菜烹饪及饮食文化推广协会

目 录

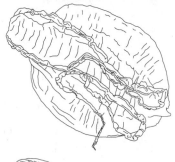

海味制作图解Ⅱ

鱼翅

"鱼翅"来源于鲨鱼及部分鳐鱼。是这些鱼类割取肝脏、鱼皮、鱼骨等举世公认有价值的部位之后被抛弃的毫无用处的鱼鳍部位。

然而，中国人却视这个部位为矜贵食材。让世人百思不得其解的是，经无数科学家证实，鲨鱼这个部位既无药用价值，又无营养价值，中国人却愿意花重金将之烹调成美味。

认识鱼翅

尽管有着"海中狼"的称号，但在这5000年以降的繁衍中却是命运多舛，它就是鲨鱼。

据生物学家和考古学家的反复引证，鲨鱼在距今5亿多年前就在深海生活，比现已绝迹的在陆地上生活的恐龙还早3亿多年。由于身形硕大和性情凶猛，几乎没有天敌，最大的对手只有一个，就是比它更凶猛的俗称"杀人鲸"的虎鲸 [Orcinus orca]。

然而，就这样的身段及身手，却被人类盯上了。

因为在距今5000多年前，人类发明了易于砍杀的兵器——刀。为了装饰这种兵器，人类盯上了这种深海生物。

最早的时候，我们的祖先将这种深海生物称之为"鲛"。

《说文解字》曰："鲛，海鱼，皮可饰刀。"

《山海经》也云："漳水东南流注于睢，其中多鲛鱼，皮可饰刀剑，口错治材角。"

另外，《史记·礼书》有"鲛韅"和《荀子·议兵篇》有"楚人鲛革、犀兕以为甲"的记载，说明鲛鱼皮除了饰刀剑之外，还会附带制成套紧牲口的皮带及士兵的盔甲。

之所以说这种深海生物命运多舛，是因为除刀剑装饰割取其皮之外，人们对于它的肉、骨、内脏甚至脂肪却视而不见，从来没有考虑过将之烹饪饱食一餐。

吊诡的是，在唐代之时，鲛鱼之名竟然与另一种深海生物——鳆鱼混为一谈，唐代药学家陈藏器在《本草拾遗》上说："鲛与石决明同名而异类也。"

石决明是鳆鱼贝壳的药用名称，鳆鱼即今之鲍鱼。与鲛鱼合用简直是小觑鲛鱼，因为鲍鱼的身段充其量只有人的手掌大小，如果放在鲛鱼身上，做眼睛还嫌它小呢。

◎鲨鱼有性情凶残的噬人鲨 [Carcharodon carcharias]，有它称第二，无鱼称第一的巨无霸——鲸鲨 [Rhincodon typus]，但说到凶猛，始终不及有"杀人鲸"外号的虎鲸 [Orcinus orca]，因为它是鲨鱼唯一的对手。

虎鲸皮光滑，鱼鳍没有老饕视为矜贵食材的翅针。

下图为虎鲸。

事实上，由于鲛鱼的外皮犹如黏上沙粒一般，所以就有了"沙鱼"之名。

是的，"沙"字没有鱼字旁，因为有鱼字旁的"鲨"早已另有所指。按照战国时期的辞书《尔雅·释鱼》的解释，"鲨"是指"鲨鮀"。

为此，后人有"今吹沙小鱼""鲨，一名鮀。陆玑云：鱼狭而小，张口吹沙"以及《通雅》的"鲨，吹沙小鱼，黄皮黑斑，正月先至，身前半阔而扁，后方而狭，陆氏以为狭小，非也"的补充解释。

另外，清代徐珂《清稗类钞·动物类·鲨》说："鲨，小鱼也，产溪涧中，长五寸许，黄白色，有黑斑，鳍大，尾圆，腹鳍能吸附于他物。口广鳃大，常张口吹沙，故又名吹沙鱼。俗称沙鱼为鲨者，盖将'沙鱼'二字误合为一字也。"

所谓的"吹沙小鱼"，实际上是脊索动物门 [Phylum Chordata] 脊椎动物亚门 [Vertebrate] 辐鳍鱼纲 [Actinopterygii] 鲤形目 [Cypriniformes] 鲤科 [Cyprinidae] 棒花鱼属 [Abbottina] 的棒花鱼 [*Abbottina rivularis* (Basi Lewsky)]，这种鱼生活在淡水湖泊及池塘里，因在沙底挖坑为巢而得名，今又有"沙锤""爬虎鱼""花里棒子"的别名，不再称"鲨鱼"。

迨至明代，鲛鱼实指已经混乱不堪，所以，药学家李时珍认为是到了拨乱反正的时候，在编写《本草纲目·卷四十四·鳞之四·鲛鱼》做出如下解释，鲛鱼作为药名始见于苏敬的《唐本草》，在陈藏器的《本草拾遗》则称"沙鱼"，又或读作"鹊"或"错"的"鲭鱼"，读作"剥"的"鳆鱼"，以及"溜鱼"。

为此，李时珍强调："鲛波（皮）有沙，其纹交错鹊驳，故有诸名。古曰鲛，今曰沙，其实一也。或曰本名'鲛'，讹为鲛。段成式曰其力健强，称为河伯健儿。"

按照字书的说法，"鲨鱼"又写作"魦鱼""鲨鱼""鯋鱼""鯺鱼"。

李时珍在《本草纲目》最爆眼球的还不是为鲛鱼拨乱反正，而是提及我们的话题——鲛鱼入膳。

为了确保话语的原汁原味，我们将《本草纲目·卷四十四·鳞之四·鲛鱼·集解》的整段话摘录下来好做理解。

"恭曰：鲛出南海。形似鳖，无脚有尾。保升曰：（鲛）圆广尺余，尾亦长尺许，

◎鲛鱼皮除饰刀剑之外还可膳用的文字记载早已有之，但为何将其鱼鳍也视为美食，文献则鲜有介绍。

明代药学家李时珍之所以被后人视为伟大人物，是因为他既领有药学方面的拥趸，也囊括美食方面的读者。李时珍撰写的《本草纲目》率先提及后者视之为矜贵食材的鱼翅，成为这一群人的言谈之资。

下图为李时珍绣像。

背皮粗错。颂曰：（鲛）有二种，皆不类鳖，南人通谓之沙鱼。大而长喙如锯者曰胡沙，性善而肉美。小而皮粗者曰白沙，肉强而有小毒。彼人皆盐作脩脯。其皮刮治去沙、剪作为食品美味，食之益人。其皮可饰刀靶。宗奭曰：鲛鱼、沙鱼形稍异，而皮一等。时珍曰：古曰鲛，今曰沙，是一类而有数种也，东南近海诸郡皆有之。形并似鱼，青目赤颊，背上有鬣，腹下有翅，味并肥美，南人珍之。大者尾长数尺，能伤人。皮皆有沙，如真珠斑。其背有珠纹如鹿而坚强者，曰鹿沙，亦曰白沙，云能变鹿也。背有斑纹如虎而坚强者，曰虎沙，亦曰胡沙，云虎鱼所化也。鼻前有骨如斧斤，能击物坏舟者，曰锯沙，又曰挺额鱼，亦曰，谓鼻骨如长丈许剑，治骨角。藏器曰：其鱼状貌非一，皆皮上有沙，堪揩木，如木贼也。小者子随母行，惊母腹中。"

这段话实际是从唐代苏敬（因避讳改为苏恭）的《唐本草》开始说起，到了北宋苏颂的《图经本草》就首次介绍鲛鱼的皮除了"可饰刀靶"之外，还加入"刮治去沙、剪作为食品美味"的说法，从中佐证鲛鱼皮在北宋时期跃身成为名贵食材的境况，并且呼应当时的大诗人梅尧臣在《宛陵先生集·卷二》咏出《答持国遗鲛鱼皮脍》——"海鱼沙玉皮，剪脍金齑酽。远持享佳宾，岂用饰宝剑。予贫食几稀，君爱则已泛。终当饭葵藿，此味不为欠"的诗句。

也就是说，距今1000多年前，鲨鱼（鲛鱼）的皮进入了厨师的视线，成为名贵食材。而此时，其他部位如肉、骨、内脏均弃之不用。

对鲨鱼（鲛鱼）来说，更加命运多舛则是踏入中国的明代，因为南海沿海的人发现这种深海生物最矜贵的不在于皮，而是当地人俗称"翅"的鳍。

李时珍在《本草纲目》首次提及这个部分，并强调说"青目赤颊，背上有鬣，腹下有翅，味并肥美，南人珍之"。

换言之，距今500多年前，鲨鱼（鲛鱼）的鳍——"鱼翅"已经跻身成为比其皮更珍贵的食材。当中最大的拥趸恐怕是熹宗朱由校，

◎李时珍在《本草纲目》说的"青目赤颊，背上有鬣，腹下有翅，味并肥美，南人珍之"一点也没有为鱼翅夸大其词，后来真的出来至高无上的拥趸来践行这段话。

根据太监刘若愚在《酌中志》的记载，明朝第十六位皇帝朱由校就是鱼翅的忠实拥趸，常将其与另外两种海味——海参、鲍鱼合称为"三事"，加肥鸡、蹄筋炊烩，恒喜用焉。

下图为明熹宗朱由校绣像。

见于由刘若愚撰写的《酌中志》节录下来的《明宫史·饮食好尚》中的"先帝（朱由校）最喜用炙蛤蜊、炒鲜虾、田鸡腿及笋鸡脯；又海参、鳆鱼（鲍鱼）、鲨鱼筋（鱼翅）、肥鸡、猪蹄筋共烩一处，名曰'三事'，恒喜用焉"的话语证实。

从此，鲨鱼有难了！

在李时珍的吹嘘下，"鱼翅"的文字记录逐渐多了起来，陈仁锡（1581—1636）的《潜确居类书》有："湖鲨青色，背上有沙鳍。泡去外皮，有丝作脍，莹若银丝。"甚至招惹中国奇书《金瓶梅》屡屡提及，并将之摆在"燕窝"同等矜贵的等级。

也就是此时，广州创造出一款配合鲍鱼、海参、蹄筋之类干货产品共治一炉名叫"福寿全"的官府菜式（见《粤厨宝典》及《手绘厨艺·海味制作图解Ⅰ》）。

值得注意的是，此时的"鱼翅"是作为调味的法宝，并未去到欣赏其翅针的地步，所以《金瓶梅》也是这样说的——"都是珍羞（馐）美味，燕窝、鱼翅绝好下饭"，而且是以汤馔的形式出现。

在明朝一代的铺陈之下，"鱼翅"到了清代即进入了黄金时代，政治家汪康年（1860—1911）在《汪穰卿笔记·卷三》中道："鱼翅自明以来始为珍品，宴客无之则客以为慢。"并在其他卷中记有"顾庖人为此未必尽得法，大约闽、粤人最擅长，次则河南"及"前时，闽之京官四人为食鱼翅之盛会，其法以一百六十金购上等鱼翅，复剔选再四，而平铺于蒸笼，蒸之极烂。又以火腿四肘、鸡四只亦精造，火腿去爪，去滴油，去骨，鸡鸭去腹中物，去爪翼，煮极融化而滤取其汁。则又以火腿、鸡、鸭各四，再以前汁煮之，并撇去其油，使极精腴。乃以蒸烂之鱼翅入之。味之鲜美，盖平常所无。闻所费并各物及赏犒庖丁，人计之约用三百余金，是亦古今食谱中之豪举矣"的话语。

进入清代之后，"鱼翅"毫无悬念地成了奢华的象征，由欧阳兆熊、金安清撰写的《水窗春呓》就说治理黄河的肥差官员每日是以这种食材竟开大席，并说："鱼翅之费则更乃万矣，其肴馔则客至自辰至夜半不罢不止。"

这一点，早就被乾隆年间的训诂学家郝

◎鱼翅由李时珍率先用文字记录并招徕至高无上的拥趸明熹宗朱由校的时间跨度为40年。

在这40年里，用乐观的评述叫作"铺市场"，但用悲观的评述叫作"不温不火"，所以在改朝换代进入清朝之后，鱼翅的地位能否更上一层楼让人期待。

这一点被训诂学家郝懿行料到，于是在撰写《记海错》特意强调"（鱼翅）在酒筵间以为上肴"。

果不然，鱼翅的地位在清朝一代成为海味之冠。

下图为训诂学家郝懿行绣像。

懿行料到，他在《记海错》说道："（鱼翅）在酒筵间以为上肴。"

《随园食单·鱼翅二法》："鱼翅难烂，须煮两日，才能摧刚为柔。用有二法：一用好火腿、好鸡汤，加鲜笋、冰糖钱许煨烂，此一法也；一纯用鸡汤串细萝卜丝，拆碎鳞翅搀（掺）和其中，飘浮碗面，令食者不能辨其为萝卜丝、为鱼翅，此又一法也。用火腿者，汤宜少；用萝卜丝者，汤宜多。总以融洽柔腻为佳。若海参触鼻，鱼翅跳盘，便成笑话。吴道士家做鱼翅，不用下鳞，单用上半原根，亦有风味。萝卜丝须出水二次，其臭才去。尝在郭耕礼家吃鱼翅炒菜，妙绝！惜未传其方法。"

《竹叶亭杂记·卷八》云："王渔洋《居易录》云：'近京师筵席多尚异味。'戏占绝句云：'滦鲫黄羊满玉盘，菜鸡紫蟹等闲看。'在渔洋时已觉奢靡甚矣。近日筵席必用填鸭一，鸭值银一两有余；鱼翅必用镇江肉翅，其上者斤直（值）二两有余。鳇鱼脆骨白者直（值）二三两。一席之需竟有倍于何曾日食所费矣。踵事增华，亦可惧也。"

《浪迹三谈·卷五·海参鱼翅》云："《随园食单》言海参、鱼翅皆难烂，大凡明日请客，须先一日煨之，方能融洽柔腻，若海参触鼻，鱼翅跳盘，便成笑语，可谓言之透切（彻）。忆官山左时，有幕客赴席回，余戏问肴馔如何，客笑曰：'海参图脱拒捕，鱼翅札（扎）伤事主。'合座为之轩渠不已。惟随园谓鱼翅须用鸡汤搀（掺）和萝卜丝飘浮碗面，使食者不能便（辨）其为萝卜丝为鱼翅，此似是欺人语，不必从也。随园又谓某家制鱼翅，不用下鳞，单用上半原根，则亦是前数十年前旧话。近日淮、扬富家筵客，无不用根（鱼翅）者，谓之肉翅，扬州人最擅长此品，真有沈（沉）浸浓郁之概，可谓天下无双，似当日随园无此口福也。"

因鱼翅协同鲍鱼、海参、鱼肚、瑶柱等干货海味成为筵席奢华的象征，神秘做法在官府宴席中不时出现。

同治年间（1862—1874），福建布政使周莲携家厨郑春发到福州扬桥巷官钱庄做客，主人就以"福寿全"摆宴，周莲吃得拍案叫绝。在此，郑春发领悟到了这道汤馔的精髓。后来郑春发离开官衙回福州开设了一家叫"聚春园"的菜馆，就以"福寿全"做招牌菜。不过，郑春发并没有照本宣科，而是在用料上加以改革，多用海味，少用肉类，效果尤胜前者。由于暗地试菜的地方隔壁有间寺庙，在试菜期间常常有小和尚在他烹此菜时骑墙观看，有一才思敏捷的文人见后，即挥诗咏出"坛启荤香扬百里，佛闻禅弃跳墙来"来渲染这个场景，郑春发亦随即将此菜唤作"佛跳墙"。

◎注：有说法认为"佛跳墙"从"福寿全"的闽南话谐音讹误而来，郑春发顺势炒作找人咏诗。

需要强调的是，"佛跳墙"的标杆意思在于将一向视为名贵的食材平民化地推向民间，并且精心包装成有故事的商品向广大食客推销。与此同时，这款菜式仍继续保留汤馔的形式飨客。

按现在的说法，是终于找到贴身的营销手法。

事实上，如果细心翻阅清末民初剪报人徐珂仿照清人潘永因搜集《宋稗类钞》的手法编成的《清稗类钞》，就会真正感受到"鱼翅"在清朝一代的矜贵程度。

《清稗类钞·饮食类·宴会》云："肴馔以烧烤或燕菜之盛于大碗者为敬，然通例以鱼翅为多。碗则八大八小，碟则十六或十二，点心则两道或一道。"

《清稗类钞·饮食类·宴会之筵席》云："俗以宴客为肆筵设席者，以《周礼·司几筵》注'铺陈曰筵，藉之曰席'也。先铺于地上者为筵，加于筵上者为席。古人席地而坐，食品咸置之筵间，后人因有筵席之称，又谓之曰酒席。就其主要品而书之，曰烧烤席，曰燕菜席，曰鱼翅席，曰鱼唇席，曰海参席，曰蛏干席，曰三丝席（鸡丝、火腿丝、肉丝为三丝）等是也。若全羊席、全鳝席、豚蹄席，则皆各地所特有，非普通所尚。计酒席食品之丰俭，于烧烤席、燕菜席、鱼翅席、鱼唇席、海参席、蛏干席、三丝席各种名称之外，更以碟碗之多寡别之，曰十六碟八大八小，曰十二碟六大六小，曰八碟四大四小。碟，即古之馂饤，今以置冷荤（干脯也）、热荤（亦有也，第较置于碗中者为少）、糖果（蜜渍品）、干果（落花生、瓜子之类）、鲜果（梨、橘之类），碗之大者盛全鸡、全鸭、全鱼或汤，或羹，小者则煎炒，点心进二次或一次。有客各一器者，有客共一器者。大抵甜咸参半，非若肴馔之咸多甜少也。光、宣期间之筵席，有不用小碗而以大碗、大盘参合（掺和）用之者，曰十大件，曰八大件。或更于进饭时加以一汤，碟亦较少，多者至十二，盖糖果皆从删也。点心仍有，或二次，或一次，则任便。宴客于酒楼，所用肴馔，有整席、零点之别。整席者，如烧烤席，如燕菜席，如鱼翅席，如海参席，如蛏干席，如三丝席是也。若此者，凡碟碗所盛之食物，有由酒楼自定者，有由主人酌定者。客不问，铺啜而已。至于零点，则于冷荤、热荤、干果、鲜果各碟及点心外，客可任己意而择一肴，主人亦如之，大率皆小碗之肴也。惟主人须备大碗之主菜四品或二品以敬客。"

《清稗类钞·饮食类·烧烤席》云："烧烤席，俗称满汉大席，筵席中之无上上品也。烤，以火干之也。于燕窝、鱼翅诸珍错外，必用烧猪、烧方，皆以全体烧之。酒三巡，

◎清末民初剪报人徐珂仿照清人潘永因搜集《宋稗类钞》的手法编成的《清稗类钞》完全能够体现"鱼翅"在清朝一代的矜贵程度，在饮食类一篇中，就特意留下大篇幅提及这种矜贵食材的话题。

下图为剪报人徐珂先生绣像。

◎最让粤菜厨师欣喜若狂的是："由来好食广州称，菜式家家别样矜。鱼翅干烧银六十，人人休说贵联升。"这首《广州竹枝词》，它让粤菜厨师以碾压式的口吻告诉别的菜系，广州这处地方不愧有"食在广州"的殊荣，当地的厨师也敢称是烹饪鱼翅的专家。

下图为咏出这首词的作者胡子晋先生绣像。

则进烧猪，膳夫、仆人皆衣礼服而入。膳夫奉以待，仆人解所佩之小刀脔割之，盛于器，屈一膝，献首座之专客。专客起箸，篷座者始从而尝之，典至隆也。次者用烧方。方者，豚肉一方，非全体，然较之仅有烧鸭者，犹贵重也。"

《清稗类钞·饮食类·燕窝席》云："酒筵中以燕窝为盛馔，次于烧烤，惟享贵宾时用之。客就席，最初所进大碗之肴为燕窝者，曰燕窝席，一曰燕菜席。若盛以小碗，进于鱼翅之后者，则不为郑重矣。制法有二。咸者，挽（掺）以火腿丝、笋丝、猪肉丝，加鸡汁炖之。甜者，仅用冰糖，或蒸鸽蛋以杂于中。"

《清稗类钞·饮食类·粤闽人食鱼翅》云："粤东筵席之肴，最重者为清炖荷包鱼翅，价昂，每碗至十数金。闽人制者亚之。"

《清稗类钞·饮食类·长沙人之宴会》云："嘉庆时，长沙人宴客，用四冰盘两碗，已称极腆，惟婚嫁则用十碗蛏干席。道光甲申、乙酉间，改海参席。戊子、己丑间，加四小碗，果菜十二盘，如古所谓饾饤者，虽宴常客，亦用之矣。后更改用鱼翅席，小碗八，盘十六，无冰盘矣。咸丰朝，更有用燕窝席者，三汤四割，较官馔尤精腆。春酌设彩筯宴客，席更丰，一日靡费，率二十万钱，不为侈也。"

清末之后，广州成为执掌鱼翅烹饪技法之地，而此时的广州厨师不再单纯以汤馔的形式烹制鱼翅，还有"干烧"的方法。

这种改变实际上是为鱼翅另觅一条新思路，不再图取鱼翅所能赋出的味道，而是展现其独一无二的具软弹性的翅针——将鱼翅代表矜贵食材的意义推向了新的高峰。

曾为清光绪拔贡，又为南洋兄弟烟草公司东三省分公司经理，能够时常出入高档食肆的广东南海人胡子晋在《广州竹枝词》有这样的咏段："由来好食广州称，菜式家家别样矜。鱼翅干烧银六十，人人休说贵联升。"并附注云："干烧鱼翅每贵碗六十元。贵联升在（广州）西门卫边街，乃著名之老酒楼，然近日如南关之南园，西关之漠觞，惠爱路之玉醪春，亦脍人口也。"这说明鱼翅在当时有着无与伦比的矜贵身价。

从另一个角度看，新的烹饪方法的象征意义比其真实的口碑要大得多。

这不，在民国二十五年（1936）在上海马启新书局出版的《秘传食谱·第二编·海菜门·第五节》就有介绍烹制鱼翅的新方法——"桂花鱼翅"。书中说："预备：（材料）发好的鱼翅适量，猪油少许，鸡蛋一两个，绍兴酒少许，鸡汤半碗，盐少许，白酱油少许，火腿粒少许。手术：（第一步）先将鸡蛋打入放绍兴酒和盐鸡汤的碗里，搅拌数十下候用。（第二步）先取发好的鱼翅晾干水汽，放入猪油锅内炒爆二三十下，将搅好的蛋加入锅中，同炒几十下，起锅时加上少许白酱油、火腿粒，盛起。"

这段文字最大特点不止如此，还有紧接着的附注——"这样菜是广东最风行的，调制最难合法，但吃起来没有怎样的佳处。"

平心而论，该文作者写作时并未掌握这道菜的精髓。

自从鱼翅从汤馔的形式转向干烧之后，香和味成为这种烹饪方法亟须解决的难题，"桂花鱼翅"整个核心就是利用鸡蛋在炒成桂花样子时产生特殊的香气为鱼翅添香，如果仅仅是炒鸡蛋，就背离了这个核心思想，从而失去应有的意义，毫无趣味可言。

相反地，该书另外两个"炖鱼翅"的做法就没有这样的附注，因为有汤味补救。

《秘传食谱·第二编·海菜门·第三节·炖鱼翅（一）》云："预备：（材料）鱼翅、肉汤、生姜片、葱结、绍兴酒各适量。猪网油一大张。滚开水一壶。又（一）好清汤、火腿丝。（二）京冬菜、鸡汤、白酱油。（三）蟹肉（或白菜、油炸馄饨）。（特别器具）蒸笼一个，大海碗数个，大炖钵一只。手术：（第一步）先一日用滚水将鱼翅煮发，洗净泥沙同其中不洁之物（这样东西是最难发而且最难烂的）。（第二步）取备好的肉汤同生姜片、葱结、绍兴酒，加泡发好的鱼翅，同煮半个时辰。（第三步）再将鱼翅取起，放在猪网油内包好，入大海碗中放进蒸笼（或隔水入锅，或照前隔水入瓦钵中）蒸两个半时辰，再行取出，剥去网油，再在滚水内洗漂一过，去净油气，放入大海碗内，候用。（第四步）配制就食的法子狠（很）多，暂

◎"桂花鱼翅"的烹饪技巧是将鸡蛋在中火下不断翻炒，使鸡蛋在呈现桂花的样子之余喷出秘醇的香气。

实际上后者才是这道菜的精髓所在。

海味制作图解Ⅱ

且略述几种在下面。（一）清蒸。另用好清汤加上火腿丝连同鱼翅一并入大海碗内，隔水蒸到极烂。（二）红炖。先用好京冬菜熬浓汤一大海碗，加入鸡汤、白酱油少许，连同鱼翅。一并蒸好变成红色了（蒸的时候，只取冬菜的浓汤，要将冬菜提取干净）。（三）衬底。鱼翅衬底的东西（前篇已经述过，有黄芽心与白菜心）。最后是蟹肉或用滚油焯的白菜，或用油炸过的馄饨（但是馄饨先放在大碗内等鱼翅蒸好，连汤趁热倾入，若果放进去同炖，馄饨就会糜烂不堪，不得计好）。注意：（一）这类东西必须煮两三次方可炖烂。已经好了，如果再煮，应加入沸汤里，假使仍（然加）入冷水，永远再不会烂。（二）鱼翅、鱼皮、鱼鳃、鱼肚几样东西都是有胶、无油。配制时不拿猪油润腻，不能得其鲜美。（三）收藏鱼翅诸物，第一不可用火薰（熏），第二不可过于暴晒，因为他本来既已无油，倘或再经火薰（熏）、久晒，一定就会枯槁。"

《秘传食谱·第二编·海菜门·第四节·炖鱼翅（二）》云："预备：（材料）镦（骟）鸡一只、半肥半瘦的猪肉一斤半、发好的鱼翅、葱结、生姜、绍兴酒、净水，以及其他作料临时酌用。（特别器具）大炖钵一个，瓦钵（或碟子）一个，生铁器（或砝码）一块。手术：（第一步）将鸡同猪肉各切成四块，放在大炖钵内一同炖好，候用。（第二步）将改好的鱼翅用葱、姜、绍兴酒、净水先煮三四次，再入炖好的猪肉同鸡汤（猪肉同鸡要一半放在翅的底下，一半放在翅的上面），仍用瓦钵（或碟子）盖紧在上面，再加铁器（或砝码）压住，置炭火炉上炖到已好。（第三步）将炖好的鱼翅轻手捡出，乘（盛）放在大碗（或大盘子）内，随即再拿猪肉和鸡熬出来的原汁浇淋一过就成功了。附注：（一）假如要红色的，鸡同猪肉先用好酱油或色料煮炖至好。若要清的，即便清炖。（二）炖过了汁同鱼翅里的鸡肉、猪肉，仍可取做别菜。"

就在出版社收录"炖鱼翅""桂花鱼翅"之际，广州传来创新的鼓声，因为广州厨师找到了既展现鱼翅翅针焖软质感又兼顾鱼翅应有浓郁味道的方法，而这种方法就是粤菜首创的"爦"。

"爦"是取"互相依靠，融会渗透"之意先得"靠"，再加火字旁而得来。

这种做法对无味的食材显然是屡试不爽！

以下的故事发生在大概100年前的广州，主人公是现代粤菜的奠基者——时称"酒楼王"的陈福畴先生。

◎陈福畴知道，要让一家食肆成为高级食府，除了豪华装修之外，要借助某些矜贵食材和高超的厨艺，他旗下的"西园酒家"是借用了鲍鱼，"大三元酒家"是借用了鱼翅。

下图为中国最早的酒家连锁企业家陈福畴先生绣像。

陈福畴先生之所以被称为"酒楼王"，是他开创性地建立起当时世界难以想象的连锁酒楼的经营模式，先后在广州开办了"南园""文园""大三元"和"西园"四大酒家，成为当时的美谈。

四大酒家当中开局时运最不好的是第四家的"西园"，因为正值"广州起义"期间，加上地址在惠爱西路（今中山六路），食众远不及在西关、长堤的，所谓"食之无味，弃之可惜"，每天过往的人群几乎都是六榕寺的善信。

毕竟是"酒楼王"，敏锐的触觉不得不让人叹服，眼见着人流如潮的善信，陈福畴先生找到了商机——在"西园"增设斋菜。

然而，他旗下虽然名厨如林，但都是擅长荤菜的高手，要烹饪上乘的斋菜真是有些力不从心。

此时，陈福畴先生想到了一个人，他就是吴銮。

为了更好地建立饮食王国，陈福畴先生一早就部署吴銮到当时广州的顶级食府"贵联升"处学艺。吴銮就借助这个机会掌握了当时顶级的熬制上汤的方法。"贵联升"的上汤是为"满汉全席"而准备的调味汤水，有"上汤清、凭肉液"的美誉。

现在，陈福畴先生的设想是利用这种清澈如水的上汤去烹制斋菜。

于是马上抽调年轻的吴銮到"西园"主理此事。

在与众名厨的一番谋划之后，号称深得肇庆鼎湖山庆云寺真传的"鼎湖上素"成了招牌菜，让向以斋菜为食的善信垂涎三尺，争相帮衬。

如果说故事就此结束也太没意思了。

这件事无疑给了吴銮莫大的启示。

在"西园"的生意走上轨道之后，陈福畴先生将吴銮调派到"南园"主政，因为那里要升级改造成更高级的食府。吴銮完全理解陈福畴先生的用意，不负所望地创下又一个粤菜经典名馔——"红烧网鲍片"（见《海味制作图解Ⅰ》）。

"红烧网鲍片"为什么成名呢？

鲍鱼作为矜贵食材固然重要，但恰当的烹饪方法显然才是画龙点睛之道。吴銮在谋划"鼎湖上素"期间终于悟通了"有味者使之出，无味者使之入"的烹饪道理，因而通过"互相依靠，融会渗透"的方法，将鲍鱼放入炆煮着的红鸭当中吸收红鸭汁液的味道，从而使鲍鱼的味道圆润丰满起来，食客无不连声赞叹。

◎无愧于"酒楼王"的称号，陈福畴先生在投身餐饮界之时就战略性地安排吴銮到当时广州的最高食府"贵联升"处学艺。吴銮领悟能力强，很快就掌握了当时被视为机密的调味法宝——清如水却鲜味浓的上汤做法。

吴銮为陈福畴先生使出第一种厨艺是在陈福畴先生认为是"鸡肋"的西园酒家，他以清如水的上汤神不知鬼不觉地烹制出"鼎湖上素"。

吴銮使出第二种厨艺是在陈福畴先生势必要升级改造的南园酒家，他以名贵的"红烧网鲍片"做衬托。

吴銮使出第三种厨艺是在陈福畴先生定为顶尖食府的大三元酒家，他以矜贵的"红烧大群翅"做衬托，因而也让他登上众望所归的"翅王"宝座。

下图为具有"国际厨王""翅王"称号的吴銮先生绣像。

◎注："群翅"或"裙翅"有一种说法是为区别于从鲨鱼和鳐鱼身上割取出来的"鱼翅"。据说从鳐鱼身上割取出来的鱼鳍称"群翅"，而从鲨鱼身上割取出来的鱼鳍称"裙翅"。但一直没有这方面的准确定义。

尽管这道菜足以让吴銮功成名就，但让吴銮厨艺跃上崭新台阶的还不是这道肴馔，而是更高名望的"红烧大群翅"。后者让吴銮众望所归地登上了"翅王"的位置。

有两方面助就吴銮登上这个宝座。

第一是选料讲究。以往的厨师选用鱼翅并不讲究，认为但凡是鱼翅就是矜贵，但吴銮师傅并不满足于此，而是选用翅针粗壮的犁头鳐（犁头鲨）的鱼鳍作为原料，而且是包括俗称"头围"的前背鳍、俗称"二围"的后背鳍以及俗称"尾围"的尾鳍，这也是这个菜肴称作"群翅"的原因。后来也有因价就货选取单一前背鳍时改写成"裙翅"的。

当然，后来很少有整副烹制的，于是又将前背鳍称为"脊翅"或"只翅"；将后背鳍称为"小牝翅""小必翅"；将尾鳍称为"勾翅"或"金勾翅"；将胸鳍称为"翼翅"或"翅片"；将腹鳍称为"牝勾翅"或"必勾翅"；将臀鳍称为"牝翅"或"必翅"。

第二是烹饪精巧。以往的厨师在烹饪时大多只顾着驱除异味（即所谓"煨"），而忽视补充味道。

吴銮独树一帜之处是领悟了"鼎湖上素"的方法，用老鸡、金华火腿等肉料让鱼翅获得额外的浓郁味道。这种方法就是粤菜厨师后来称的"㸆"。

烹饪方法会在之后的章节介绍，接下来是详细介绍这种深海生物。

古人之所以对最初命名的鲛鱼分辨不清，是古人被这类深海生物的众多品种弄得眼花缭乱。因为它们可能是"鲛"，可能是"鲨"，甚至可能是"鳐"，这是站在图取可饰刀的鱼皮上归类。后来，由于从鱼皮走向谋取鱼鳍，"鲛"就开始远离厨师的视线，只留下"鲨"和"鳐"。

从生物学家的角度，"鲛""鲨""鳐"均为脊索动物门 [Phylum Chordata] 脊椎动物亚门 [Vertebrate] 鱼总纲 [Pisces] 软骨鱼纲 [Chondrichthyes] 的成员。"鲛"为全头亚纲 [Holocephali] 管辖，共有 3 科 6 属约 31 个品种。"鲨"和"鳐"则由板鳃亚纲 [Elasmobranchii] 管辖，前者纺锤体形分在又称侧孔总目 [Pleurotremata] 的鲨总目 [Selachimorpha] 项下；后者扁平体形分在又称下孔总目 [Hypotremata] 的鳐总目 [Batomorpha] 项下。

◎鲨鱼各鳍位置图

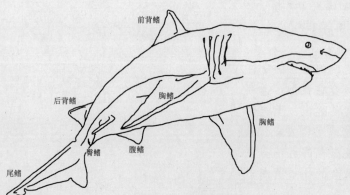

前背鳍
后背鳍
胸鳍
胸鳍
臀鳍
腹鳍
尾鳍

这里侧重介绍板鳃亚纲 [Elasmobranchii] 的成员。

皱鳃鲨曾称"拟鳗鲛"，为六鳃鲨目 [Hexanchiformes] 皱鳃鲨亚目 [Chlamydoselachoidei] 皱鳃鲨科 [Chlamydoselachidae] 皱鳃鲨属 [Chlamydoselachus] 的成员，学名 *Chlamydoselachus anguineus farman*。

此品背鳍十分后，位于臀鳍基底上方并小于胸鳍。尾鳍宽长，末端尖，下叶较上叶发达。臀鳍近长方形，大于背鳍。腹鳍最大，后角近臀鳍起点。胸鳍短小，外角和内角钝圆。

成年皱鳃鲨身长在 196 厘米左右，分布在东大西洋、西印度洋一带。

七鳃鲨为六鳃鲨目 [Hexanchiformes] 六鳃鲨亚目 [Hexanchoidei] 六鳃鲨科 [Hexanchidae] 七鳃鲨属 [Heptranchias] 达氏七鳃鲨 [*Heptranchias dakini*（Whitley）·] 和尖吻七鳃鲨 [*Heptranchias perlo* (Bonnaterre)] 的统称。

达氏七鳃鲨的背鳍几乎与腹鳍基底后端相对，前缘圆凸，后缘内凹，上角钝圆，下角尖凸。尾鳍狭长，下叶前部为三角形凸出，中部低而延长，后部微凸，呈小三角形，中部和后部具缺刻，尾端钝尖。臀鳍比背鳍小。腹鳍略大于臀鳍，前角钝圆，后角尖凸。胸鳍较大，前缘微凸，后缘凹入，外角与内角钝圆。

◎注1："皱鳃鲨"具鳃孔6对，因鳃间隔延长呈皱褶而得名。
◎注2："七鳃鲨"头狭长，吻尖凸。因鳃孔7对而得名。
◎注3："六鳃鲨"吻短，圆形，眼侧位，喷水孔细小。因鳃孔6对而得名。尽管鳃孔与"皱鳃鲨"相同，但它是向后递次狭小而非皱褶。尾鳍镰刀形。

成年达氏七鳃鲨身长65厘米左右，分布在中国的东海、南海，以及澳大利亚海域。

尖吻七鳃鲨的背鳍很小，起点与腹鳍基底后端相对，前缘圆凸，后缘凹入，上角钝圆，下角尖凸，身长为尾鳍长的3倍，下叶前部为三角形凸出，中部与后部间具缺刻。臀鳍小于背鳍，后缘平直，外角钝圆，内角尖凸。腹鳍大于背鳍。胸鳍较大，前缘微凸，后缘凹入，外角与内角钝尖。

成年尖吻七鳃鲨身长在85厘米左右，分布在中国的东海、南海，以及大西洋、印度洋、太平洋海域。

七鳃鲨的肉有微毒，不能食用！

六鳃鲨为六鳃鲨目 [Hexanchiformes] 六鳃鲨亚目 [Hexanchoidei] 六鳃鲨科 [Hexanchidae] 六鳃鲨属 [Hexanchus] 的灰六鳃鲨 [*Hexanchus griseus*（Bonnaterre）] 及大眼六鳃鲨 [*Hexanchus vitulus*（Springer et Waller）] 的统称。

灰六鳃鲨曾称"灰六鳃鲛"，其背鳍

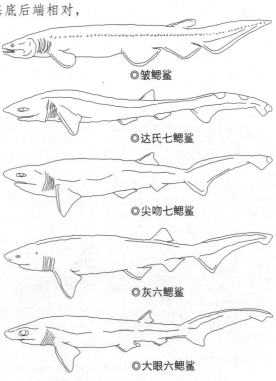

◎皱鳃鲨

◎达氏七鳃鲨

◎尖吻七鳃鲨

◎灰六鳃鲨

◎大眼六鳃鲨

海味制作图解 II

位于腹鳍基底后端上方，上角钝圆，后缘稍凹，下角尖凸。尾鳍甚长，上叶见于尾端近处，下叶前部呈三角形凸出，中部与后部间具一缺刻，后部略呈小三角凸出，与上叶连接。臀鳍较小，位于背鳍基底后部下方，后缘斜直，内角尖凸。腹鳍外角钝圆，里角尖凸，胸鳍内外角均钝圆。

成年灰六鳃鲨身长480厘米左右，是少有可做"鱼生"或"刺身"的品种。分布在世界各大洋的热带和温带海域。

大眼六鳃鲛、鲨曾称"大眼六鳃鲛"，其背鳍位于体腔后方，上角钝圆，后缘稍凹，下角尖凸。尾鳍相当长，约为身长的三分之一，上叶较狭，下叶前部三角形凸出，中部下后部间具缺刻，后部中小三角形凸出，与上叶相接。臀鳍较小，后缘斜直，内角尖而凸。腹鳍外角钝圆，后缘斜直，内角尖凸。胸鳍大，宽与长略相等，外角钝圆，内角尖凸。

成年大眼六鳃鲛、鲨身长在145厘米左右，分布在中国南海，及西太平洋的温带、热带流域。

哈那鲨是六鳃鲨目 [Hexanchiformes] 六鳃鲨亚目 [Hexanchoidei] 六鳃鲨科 [Hexanchidae] 哈那鲨属 [Notorynchus] 的扁头哈那鲨 [*Notorynchus cepedianus*（Peron）]。

扁头哈那鲨曾称"三油夷鲛"，背鳍与腹鳍基底后端相对，后角尖凸。尾鳍甚长，呈长切刀形，下叶前部凸出，中部与后部间具缺刻。臀鳍小于背鳍，起点稍前于背鳍基底后端。腹鳍与背鳍相若。胸鳍大，后缘微凹，内外角钝尖。

成年扁头哈那鲨体色灰褐，身长约290厘米，是既可割鳍制"鱼翅"，又可以啖食其肉的品种。分布在黄海、东海及台湾北部海域。

虎鲨是虎鲨目 [Heterodontiformes] 虎鲨科 [Heterodontidae] 虎鲨属 [Heterodontus] 佛氏虎鲨 [*Heterodontus francisci*]、眶嵴虎鲨 [*Heterodontus galeatus*]、宽纹虎鲨 [*Heterodontus japonicus*]、墨西哥虎鲨 [*Heterodontus mexicanus*]、黑虎鲨 [*Heterodontus portusjacksoni*]、瓜氏虎鲨 [*Heterodontus quoyi*]、白点虎鲨 [*Heterodontus ramalheira*]、狭纹虎鲨 [*Heterodontus zebra*] 的统称。在我国海域可捕捉以下两种：

宽纹虎鲨曾称"日本异齿鲛"，具两个带硬棘的背鳍，前背鳍起点对着胸鳍基底后端，前缘圆凸，后缘凹陷，上角圆，下角尖凸；后背鳍较小，形状与前背鳍相同。尾鳍宽短，短于头长，上叶发达，下叶较大，前部与中部连合呈三角凸出，后部具缺刻，尾端钝圆。臀鳍比后背鳍还小，起点稍后

◎注1："哈那鲨"头宽扁，吻广圆；口宽大，弧形，下颌隅角具唇褶；鳃孔7对，向内递次狭小。尾鳍镰刀形。

◎注2："虎鲨"头短，吻钝。头顶狭窄，并具眶上嵴凸而貌似虎头，加上皮呈横纹而得名。尾鳍帚形。

需要注意的是，辖内所有品种的背鳍棘基部具毒腺，人被刺后，创口红肿并伴有剧痛。

◎扁头哈那鲨

◎宽纹虎鲨

于后背鳍基底，外角圆，内角尖，后缘凹陷。腹鳍近方形，后端平直。胸鳍外缘微凸，后缘直，内外角圆形。

成年宽纹虎鲨体色黄褐，并具深褐色横纹，身长为 120 厘米左右。分布在中国黄海、东海和台湾北部海域，朝鲜、日本海域也有分布。

狭纹虎鲨曾称"斑纹异齿鲛"，具两个带硬棘的背鳍，前背鳍前缘圆凸，后缘深凹，上角钝尖，下角尖凸。后背鳍较小，与前背鳍形状相同。尾鳍宽大，帚形，上叶发达，下叶较大，前部与中部连合呈三角凸出，后部具缺刻。臀鳍比后背鳍小，外角钝圆，内角尖，后缘凹陷。腹鳍近方形。胸鳍外缘微凸，后缘斜直，内外角圆形。

成年狭纹虎鲨体淡黄色，具深褐色横纹，纹路常宽狭交叠，身长为100厘米左右。分布在中国东海南部、南海海域。

锥齿鲨又称"沙鲨""沙虎鲨"，是鼠鲨目 [Lamniformes] 锥齿鲨科 [Odontaspididae] 锥齿鲨属 [Eugomphodus] 的欧氏锥齿鲨 [*Eugomphodus taurus*（Rafinesque）] 和沙锥齿鲨 [*Eugomphodus arenaries*（Ogilby）] 等 4 种的统称。

◎注1："锥齿鲨"吻短而平扁，眼小；上颌前具 3 列大型齿，这也是它得名的原因。尾鳍镰刀形。

◎注 2："鳄鲨"体细长圆柱形；头短，吻端尖而呈圆锥形；眼大，鳃孔长。

欧氏锥齿鲨曾称"戟齿砂鲛"，两背鳍形状相同，前大后小，鳍后缘凹陷，下角钝尖微凸。尾鳍宽长，上叶狭小，下叶前部呈三角凸出，尾鳍后缘斜而凹入，后端钝尖。臀鳍大于后背鳍，内角尖凸。腹鳍呈方形，后缘平直，外角钝圆，后角尖。胸鳍后缘微圆，内外角圆形。

成年欧氏锥齿鲨灰褐色或黄褐色，具不规则锈色斑点，腹面淡白色，身长 260 厘米左右。可割取鱼鳍，还可啖食其肉。分布在中国黄海、东海和南海北部。

沙锥齿鲨背鳍前大后小。尾鳍宽长，上叶狭小，下叶前部显圆形凸出。臀鳍与后背鳍同大，后缘凹陷，内角小凸。腹鳍略大于后背鳍，呈方形，内外都呈圆形。胸鳍大，后缘微凹，内外角钝圆。

成年沙锥齿鲨体黄褐色，具不规则锈色斑点，身长在 200 厘米左右。分布在中国南海海域。

鳄鲨又称"拟锥齿鲨""杨氏砂鲛"，即鼠鲨目 [Lamniformes] 鳄鲨科（拟锥齿鲨科）[Pseudocarchariidae] 鳄鲨属（拟锥齿鲨属）[Pseudocarcharias] 的拟锥齿鲨 [*Pseudocarcharias kamoharai*（Matsubara）]。

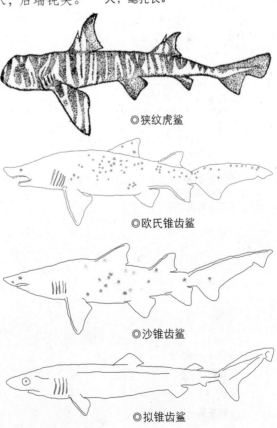

◎狭纹虎鲨

◎欧氏锥齿鲨

◎沙锥齿鲨

◎拟锥齿鲨

拟锥齿鲨前背鳍大于后背鳍和臀鳍，两背鳍后角尖凸。尾鳍上叶狭长，下叶前部三角凸出，尾鳍其下具凹洼。腹鳍位于后背鳍前。胸鳍内角广圆，近方形，棘凸椭圆形，前后端尖凸，具三纵嵴。

成年拟锥齿鲨背及侧暗褐色，腹面暗灰色，身长100厘米左右。可在中国台湾发现，大多数分布在朝鲜与日本海域。

长尾鲨是鼠鲨目 [Lamniformes] 长尾鲨科 [Alopiidae] 长尾鲨属 [Alopias] 的浅海长尾鲨 [*Alopias pelagicus*（Nakamura）]、深海长尾鲨 [*Alopias superciliosus*（Lowe）]、弧形长尾鲨 [*Alopias vulpinus*（Bonnaterre）] 的统称。

浅海长尾鲨的前后背鳍都颇小。尾鳍颇长，呈腰刀形，几近身长之一半，上叶不发达，下叶前部呈大三角凸出，后部呈小三角凸出。臀鳍与后背鳍同形同大。腹鳍较前背鳍小，后缘深凹，外角钝圆，内角尖凸。胸鳍镰刀形。

成年浅海长尾鲨体色黑褐，身长300厘米有余。在台湾、广东及海南海域可见。

深海长尾鲨前背鳍三角形，高企，前缘凸，后缘凹。后背鳍很小。尾鳍长镰刀状，约身长的一半。臀鳍与后背鳍同形。胸鳍镰刀形。

成年深海长尾鲨背部灰鼠色，腹面灰白，身长约400厘米，为古巴重要渔业产品，取肉入膳，取肝入药，当然也会顺势割鳍晒干。偶见于中国台湾东北部海域，在印度洋和中太平洋海域游弋。

弧形长尾鲨曾称"弧鲛"，其前背鳍呈等边三角形，后背鳍很小。尾鳍腰刀形，占身长的二分之一，后部下部凹陷，上角钝圆，下角尖凸。臀鳍与后背鳍同形同大。臀鳍小于前背鳍。胸鳍镰刀形。

成年弧形长尾鲨体色黑褐，身长600厘米左右。在中国黄海、东海及台湾东北海域可见，广泛分布于印度洋、太平洋和大西洋的温带及亚热带海域。

姥鲨曾称"象鲛""姥鲛""昂鲨""赣鲨""蒙鲨""老鼠鲨"，是鼠鲨目 [Lamniformes] 姥鲨科 [Cetorhinidae] 姥鲨属 [Cetorhinus] 的姥鲨 [*Cetorhinus maximus*（Gunner）]。

姥鲨前背鳍呈等边三角形，位于胸鳍与腹鳍中间上方；后背鳍小。尾鳍叉形，上尾叉长而大，具缺刻；下尾叉较短。臀鳍与后背鳍同形而略小。腹鳍中等大，鳍脚圆筒形，后端钝圆。胸鳍镰刀形，外角尖而内角圆。

◎注1："长尾鲨"的尾很长，尾椎轴低平，稍上翘；口弧形，具唇褶；眼圆形，喷水孔细小；有5个鳃孔位于胸鳍基底上方。
◎注2："姥鲨"鳃孔宽大；吻圆锥形凸出；眼小，圆形；胸鳍大。尾鳍新月形或叉形。

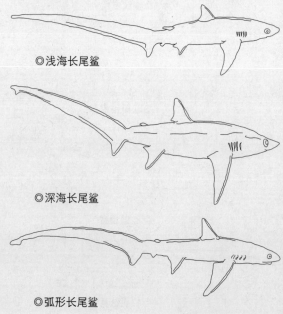

◎浅海长尾鲨

◎深海长尾鲨

◎弧形长尾鲨

16

成年姥鲨体色灰褐，腹面白色，身长 1500 厘米左右。在中国南海、东海及台湾东北部流域可见，广泛分布在太平洋和大西洋的西北部。其经济价值十分大，皮可做革，肉可入膳，肝可制鱼肝油及提取角鲨烯（Squalene），内脏制鱼粉，鳍可制档次极高的鱼翅。

大白鲨曾称"食人鲛"，是鼠鲨目 [Lamniformes] 鼠鲨科 [Lamnidae] 噬人鲨属 [Carcharodon] 噬人鲨 [*Carcharodon carcharias* （Linnaeus）] 的俗称。

噬人鲨前背鳍呈等边三角形，上角钝尖，后缘稍凹，下角尖凸；后背鳍很小。尾鳍宽短，叉形。臀鳍与后背鳍同形同大。腹鳍后缘稍凹，内角尖凸。胸鳍大，呈镰刀形，外角钝尖，内角钝圆。

成年大白鲨背及上侧暗褐色，下侧及腹面灰白色，身长 600 厘米左右。虽然遭"食人"的骂名，但皮、肉、鳍、肝及其他内脏，甚至颌齿对人类还是有很大贡献的。世界各大洋沿岸都可见其踪迹。

鲭鲨即鼠鲨目 [Lamniformes] 鼠鲨科 [Lamnidae] 鲭鲨属 [Isurus] 灰鲭鲨 [*Isurus axyrinchus* （Rafinesque）]、长臂灰鲭鲨 [*Isurus paucus* （Guitart Manday）] 的统称。

灰鲭鲨前背鳍大于后背鳍，后缘微凹，下角尖凸。尾鳍宽短，叉形。臀鳍与后背鳍同大同形。腹鳍较小，后缘凹陷，外角圆，内角尖凸。胸鳍狭长。

成年灰鲭鲨体青色，吻腹侧和腹部白色，身长 280 厘米左右。性情与"大白鲨"相近，对人类的贡献相同，它是为数不多肉质上乘的品种之一。在中国东海、南海海域可见其身影。

长臂灰鲭鲨前背鳍大于后背鳍。尾鳍宽短，叉形。臀鳍稍小于后背鳍，形状相同。腹鳍较小。胸鳍较长，长度等于头长。

成年长臂灰鲭鲨背侧灰褐色并具不规则暗圆点，腹部灰白，体长 240 厘米左右。只在中国台湾北部海域偶然可见。

橙黄鲨是须鲨目 [Orectolobiformes] 斑鳍鲨科 [Parascyllidae] 橙黄鲨属 [Cirrhoscyllium] 橙黄鲨 [*Cirrhoscyllium expolitum* （Smith et Radcliffe）]、台湾橙黄鲨 [*Cirrhoscyllium formosanum* （Teng）]、日本橙黄鲨 [*Cirrhoscyllium japonicus* （Kamohara）] 的统称。我国可见以下两种：

◎注 1："大白鲨"鼻孔狭小，距口颇远；口宽大，深弧形；齿宽扁，三角形，边缘具细锯齿；鳃孔宽大，最后一个位于胸鳍基底前方。

◎注 2："鲭鲨"又称"鼠鲨"，眼圆形，无瞬膜；鼻孔狭小；口大，深弧形，唇褶发达；牙侧扁尖锐，前部牙细长，锥形，后部宽扁三角形，基底无侧齿头；鳃孔 5 个，宽大，位于胸鳍基前方。尾鳍新月形或叉形。

◎注 3："橙黄鲨"体细长，稍偏扁，头尖；眼小，无瞬膜；喷水孔细小，位于眼后；齿细小；口宽大，浅弧形；唇褶发达；鳃孔向后递次增大。

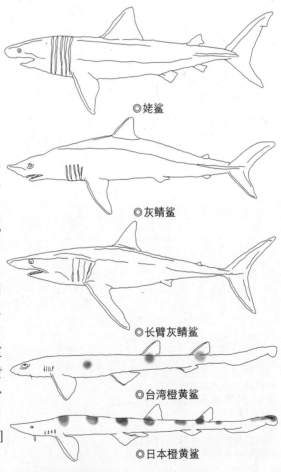

◎姥鲨

◎灰鲭鲨

◎长臂灰鲭鲨

◎台湾橙黄鲨

◎日本橙黄鲨

海味制作图解 II

台湾橙黄鲨曾称"台湾喉须鲨"，前后背鳍同形同大，型小。尾鳍狭小，比头长。臀鳍低长。腹鳍宽大，外角圆，内角尖凸。胸鳍短而宽。

成年台湾橙黄鲨体色黄褐，具6条暗横纹，腹面白色，身长39厘米左右。我国见于台湾海域。

日本橙黄鲨前后背鳍同形同大，型小。尾鳍狭小。臀鳍低而长。腹鳍宽大，鳍脚圆管形。胸鳍短而宽，蒲扇形。

成年日本橙黄鲨体色黄褐，具10条暗横带，腹面白色。身长35厘米左右。在中国广东、海南沿海可见。

须鲨是须鲨目 [Orectolobiformes] 须鲨科 [Orectolobidae] 须鲨属 [Orectolobus] 日本须鲨 [*Orectolobus japonicus* (Regan)]、斑纹须鲨 [*Orectolobus maculatus* (Bonnaterre)] 等4个品种的统称。

日本须鲨前后背鳍同大同形，上角圆，下角钝。尾鳍颇小，后部呈三角形凸出。胸鳍略大于背鳍，后缘微圆凸，内外角钝圆。胸鳍大而宽。

成年日本须鲨体色锈褐，具深暗、浅白云石状斑纹，并具不规则横纹10条，身长100厘米左右。在中国东海和南海可见。

斑纹须鲨曾称"斑须鲛"，其前后背鳍同形，前大后小。尾鳍短小，上叶不甚发达。臀鳍小。腹鳍较背鳍大。胸鳍中等大，内外角钝圆。

成年斑纹须鲨体色棕褐，具白色斑点和不规则花纹，背及尾具不规则暗褐横纹。腹面白色。身长180厘米左右。在中国南海流域可见。

斑竹鲨又称"狗鲛""天竺鲨"，是须鲨目 [Orectolobiformes] 斑竹鲨科 [Hemiscyllidae] 斑竹鲨属 [Chiloscyllium] 印度斑竹鲨 [*Chiloscyllium indicum* (Gmelin)]、条纹斑竹鲨 [*Chiloscyllium plagiosum* (Bennett)]、点纹斑竹鲨 [*Chiloscyllium punctatum* (Muller et Henle)] 等6种的统称。

印度斑竹鲨曾称"长鳍斑竹鲨""印度狗鲛"，其前后背鳍同大同形，后缘平直，上角钝圆，下角钝尖。尾鳍狭长。臀鳍低长，与尾鳍下叶毗连。胸鳍、腹鳍与背鳍同形同大。

成年印度斑竹鲨体色锈褐，具赭色斑点和条纹，身长65厘米左右。在中国南海偶见，为印度、斯里兰卡、泰国的普通食用鱼。鱼鳍作为普通的"翅片"供应中国。

条纹斑竹鲨曾称"斑竹狗鲛"，其前后背鳍同形，前大后小，后缘平直，下角不凸出。尾鳍狭长。臀鳍低长。腹鳍呈长方形。胸鳍宽。

成年条纹斑竹鲨体色灰褐，具12条左右暗横纹，身长100厘米左右。在中国东海、南海可见。

◎注1："须鲨"头平扁宽大，吻短钝；喷水在眼后下方；眼小。狭长。因外鼻孔具鼻须而得名。尾鳍剃刀形。

◎注2："斑竹鲨"口平横，下唇宽扁；眼小；前鼻瓣具鼻须；齿细小。

点纹斑竹鲨的背鳍前大后小，同形，上角钝圆，后缘凹陷，下角尖凸。尾鳍狭长，臀鳍低长，腹鳍与后背鳍大小相若，胸鳍狭小，与前背鳍大小相若。

成年点纹斑竹鲨体色黄褐，具棕褐横纹 11 条，身长 100 厘米左右。在中国南海可见。

豹纹鲨曾称"大尾虎鲛"，是须鲨目 [Orectolobiformes] 豹纹鲨科 [Stegostomatidae] 豹纹鲨属 [Stegostoma] 的豹纹鲨 [*Stegostoma fasciatum* （Hermann）]。

豹纹鲨前后背鳍呈长方形，前大后小。尾鳍长，约为体长一半，臀鳍与后背鳍同大，腹鳍与臀鳍同形而略大，胸鳍宽大。

成年豹纹鲨体色黄褐，具深褐色斑点（幼体是斑纹）；腹面浅褐色，身长约 160 厘米。在中国东海、南海海域可见。

光鳞鲨曾称"锈须鲨""铰口鲨""锈色铰口鲨"，是须鲨目 [Orectolobiformes] 锈须鲨科 [Ginglymostomatidae] 光鳞鲨属 [Nebrius] 的长尾光鳞鲨 [*Nebrius ferrugineus* （Lesson）]。

长尾光鳞鲨前后背鳍同形，前大后小，尾鳍长，臀鳍大。胸鳍略小于臀鳍，镰刀形。

成年长尾光鳞鲨背及侧锈褐色，腹面淡黄色，身长 250 厘米左右。在中国见于台湾海域，在印度、巴基斯坦、泰国为普通食用鱼。皮较厚可做革，内脏做鱼粉，鱼鳍则晒作"鱼翅"供应中国市场。

鲸鲨曾称"鲸鲛""牛皮鲨"，是指须鲨目 [Orectolobiformes] 鲸鲨科 [Rhincodontidae] 鲸鲨属 [Rhincodon] 的鲸鲨 [*Rhincodon typus* （Smith）]。

鲸鲨的前背鳍上角钝圆，后缘凹陷，下角尖凸；后背鳍很小，与前背鳍同形。尾鳍叉形。臀鳍比后背鳍小。腹鳍与臀鳍同形而略大。胸鳍镰刀形，内外角钝尖，后缘凹陷。

成年鲸鲨背面、侧面、胸鳍底及前背角赤褐色或茶褐色，散布白色或黄色斑点；体侧由头至尾具白色或黄色横纹，横纹被皮嵴隔断，横纹间具一行斑点；身长 2000 厘米左右，为鱼类的"巨无霸"。广泛分布在印度洋、太平洋、大西洋的热带和温带海域。肉不堪食，但鱼鳍则是"鱼翅"的标杆——"天九翅"。

光尾鲨又称"篦鲨"，是真鲨目 [Carcharhiniformes] 猫鲨亚目 [Scyliorhinoidei]

◎注1："豹纹鲨"躯干圆形，尾长，体侧具皮嵴；头宽扁，近圆锥形；吻端圆钝；口平横，唇褶短小。其名因皮肤斑纹而起。

◎注2："光鳞鲨"躯体延长，纺锤形；前部宽扁，后部略呈圆筒形；头平扁而宽大；吻短；眼甚小，侧位，无瞬膜；鼻孔近口部，鼻孔缘具短而尖凸之须；不具鼻沟或鼻瓣；喷水孔小。

◎注3："鲸鲨"体形庞大，鼻孔位于吻端两侧；齿小而多，圆锥形，齿尖向内；鳃孔宽大。

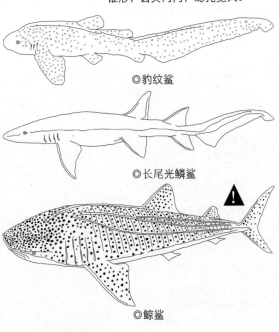

◎豹纹鲨

◎长尾光鳞鲨

◎鲸鲨

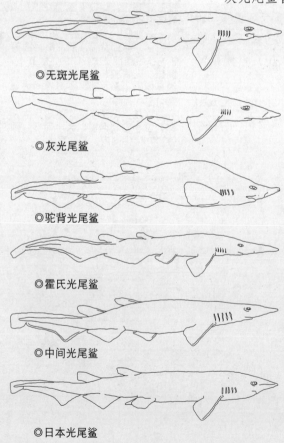

猫鲨科 [Scyliorhindae] 光尾鲨属 [Apristurus] 无斑光尾鲨 [*Apristurus acanutus* (Chu, Meng et li)]、灰光尾鲨 [*Apristurus canutus* (Springer et Heemstra)]、驼背光尾鲨 [*Apristurus gibbosus* (Meng, Chu et li)]、霍氏光尾鲨 [*Apristurus herklotsi* (Fowler)]、中间光尾鲨 [*Apristurus internatus* (Deng, Xlong et Zhen)]、日本光尾鲨 [*Apristurus japonicus* (Nakaya)]、长头光尾鲨 [Apristurus longicephalus Nakaya]、大吻光尾鲨 [*Apristurus nasutus* (Tanaka)]、大口光尾鲨 [*Apristurus macrostomus* (Chu, Meng et li)]、微鳍光尾鲨 [*Apristurus parvipinnis* (Meng, Chu et li)]、粗体光尾鲨 [*Apristurus pinguis* (Deng, Xlong et Zhen)]、扁吻光尾鲨 [*Apristurus platyrhynchus* (Tanaka)]、中华光尾鲨 [*Apristurus sinensis* (Chu et Hu)]、异鳞光尾鲨 [*Apristurus xenolepis* (Meng, Chu et Li)] 等 20 个品种。中国可见以下品种：

无斑光尾鲨前后背鳍长方形，前小后大。尾鳍小，后缘近截形。臀鳍、腹鳍低长。胸鳍小，基底宽。

成年无斑光尾鲨体色纯灰黑。在中国见于珠江口外海。

灰光尾鲨曾称"高臀光尾鲨"，其后背鳍大于前背鳍。尾鳍较小。臀鳍基底长。腹鳍低长。胸鳍较小。

成年灰光尾鲨体色灰褐。在中国见于东海、南海海域。

驼背光尾鲨前后背鳍同形，前小后大。尾鳍较小。臀鳍高。腹鳍低长。胸鳍小，前缘圆凸，外角钝尖，内角广圆。

成年驼背光尾鲨体色纯黑。在中国见于珠江口外海。

霍氏光尾鲨曾称"长吻光尾鲨""短体光尾鲨"，前后背鳍同形，后大前小，上缘微凸，下缘微凹近直，后缘钝圆，尾鳍狭长，约为全长的三分之一。臀鳍基底长且高企。腹鳍长方形。胸鳍较长较大。

成年霍氏光尾鲨体色灰褐。在中国见于东海、南海。

中间光尾鲨前背鳍前缘略凸，后缘钝圆；后背鳍近长方形。尾鳍较小。臀鳍基底长。腹鳍内外角钝圆。胸鳍较小，前缘直，外角尖凸，内角钝圆。胸鳍外缘长。

成年中间光尾鲨体色黑灰。见于中国东海。

◎注："光尾鲨"头及吻部平扁，吻缘薄而具锐缘，吻部背腹面具黏液孔群；口弧形。尾鳍剃刀形。

◎无斑光尾鲨

◎灰光尾鲨

◎驼背光尾鲨

◎霍氏光尾鲨

◎中间光尾鲨

◎日本光尾鲨

日本光尾鲨曾称"日本篦鲛"，其背鳍较小，并且是前小后大。尾鳍为身长的十分之三。臀鳍基底长。腹鳍低长，外角钝圆，内角尖凸。胸鳍小。

成年日本光尾鲨体色黑褐。在中国见于东海。

长头光尾鲨曾称"长头篦鲛"，其背鳍狭短，前小后大。尾鳍颇长。臀鳍长。腹鳍低长，鳍脚圆柱形。胸鳍近方形。

成年长头光尾鲨背腹灰黑，鳍缘、鳃孔黑色。在中国见于东海、南海海域。

大吻光尾鲨曾称"广吻篦鲛"，其前后背鳍同形，狭小，前缘微凸，后缘斜。尾鳍细长。臀鳍颇长，为尾鳍之半。腹鳍低长，大于背鳍。胸鳍宽大。

成年大吻光尾鲨体色灰黑，腹面稍浅。在中国见于台湾东北海域。

大口光尾鲨后背鳍比前背鳍大1倍有多，两者同近长方形。尾鳍较小，后缘截形。臀鳍高小于尾鳍下叶之高。胸鳍长菱形。腹鳍前缘、后缘、里缘均斜直呈斜方形。

成年大口光尾鲨纯灰黑色。在中国珠江口外海可见。

微鳍光尾鲨前背鳍特小，后背鳍较大。尾鳍细长。臀鳍基底长。腹鳍低长，鳍脚圆柱形。胸鳍前缘微凸，里缘直。

成年微鳍光尾鲨纯灰黑色。在中国南海海域可见。

粗体光尾鲨背鳍前小后大，同形，前缘微凸，后缘直，上角尖凸，下角钝圆。尾鳍狭长。臀鳍呈等腰三角形，边缘平直。腹鳍长方形。胸鳍近方形。

成年粗体光尾鲨体色灰褐，鳍色暗褐。在中国见于东海。

扁吻光尾鲨前背鳍近长方形，较后背鳍小。尾鳍上叶发达，下叶前部三角形凸出。臀鳍颇长。腹鳍低长。胸鳍宽大。

成年扁吻光尾鲨体色黑褐，腹面色浅。在中国见于东海、南海。

中华光尾鲨前后背鳍近长方形，前背鳍较后背鳍小1半。尾鳍上叶发达，下叶前部凸出。臀鳍基底长。腹鳍低长，鳍脚圆柱形。胸鳍前缘圆凸。

成年中华光尾鲨体色灰黑。在中国见于东海和南海。

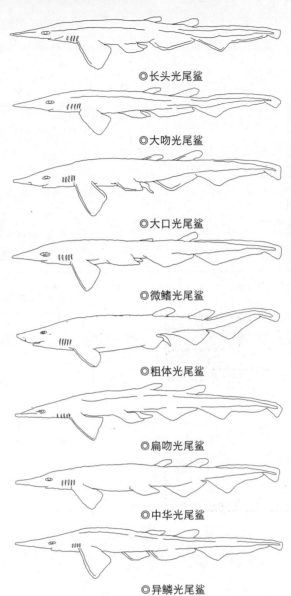

◎长头光尾鲨

◎大吻光尾鲨

◎大口光尾鲨

◎微鳍光尾鲨

◎粗体光尾鲨

◎扁吻光尾鲨

◎中华光尾鲨

◎异鳞光尾鲨

海味制作图解Ⅱ

异鳞光尾鲨前后背鳍同形而后鳍略大。尾鳍狭长，后缘近截形。腹鳍低长，外角广圆，内角钝尖。胸鳍内外广圆，较小。

成年异鳞光尾鲨体色灰棕。在中国见于南海。

斑鲨曾称"斑猫鲨"，即真鲨目 [Carcharhiniformes] 猫鲨亚目 [Scyliorhinoidei] 猫鲨科 [Scyliorhindae] 斑鲨属 [Atelomyeterus] 的斑鲨 [*Atelomyeterus marmorarus* (Bennett)]。

斑鲨背鳍前大后小，上角钝圆，下角尖凸。尾鳍狭长，上叶近尾端处，下叶前部圆形凸出，中部与后部间有一缺刻，后部小三角形凸出。臀鳍比后背鳍小。腹鳍近长方形，边缘平直。胸鳍比前背鳍稍小，后缘平直或微凸。

成年斑鲨体色浅褐，具不规则白色斑点、暗色斑点和条纹，有些斑点和条纹联合成为蠕虫状或网状花纹。各鳍具暗褐色斑点和斑块，鳍端白色。身长 55 厘米左右。在中国见于南海海域。

绒毛鲨曾称"头鲛"，是真鲨目 [Carcharhiniformes] 猫鲨亚目 [Scyliorhinoidei] 猫鲨科 [Scyliorhindae] 绒毛鲨属 [*Cephaloscyllium*] 网纹绒毛鲨 [*Cephaloscyllium fasciatum* (Chan)]、阴影绒毛鲨 [*Cephaloscyllium isabellum* （Bonnaterre）] 等 7 种的统称。

网纹绒毛鲨前背鳍较大，前缘微凸，后缘圆凸，上角圆，下角稍尖；后背鳍前缘低斜，稍圆凸。尾鳍约为身长的四分之一，下叶前部圆形凸出。臀鳍略小于前背鳍，外缘呈半圆形。胸鳍宽大，上下角均呈圆弧形。

成年网纹绒毛鲨体色黄褐，具分散性的浅色小斑点。身长约 42 厘米。在中国南海、越南、澳洲西北海域可见。

阴影绒毛鲨前背鳍比后背鳍大。尾鳍狭长，下叶前部圆形凸出，具缺刻，后部三角形。臀鳍比前背鳍小，后角尖凸。腹鳍低长，外缘与后缘连续呈半圆形，内角钝尖。胸鳍宽大，缘呈角圆形。

成年阴影绒毛鲨体色黄褐，各鳍附近具横纹，身长 100 厘米左右。在中国见于黄海、东海及南海海域。

锯尾鲨是真鲨目 [Carcharhiniformes] 猫鲨亚目 [Scyliorhinoidei] 猫鲨科 [Scyliorhindae] 锯尾鲨属 [Galeus] 伊氏锯尾鲨 [*Galeus eastmani* (Jordan et Snyder)]、沙氏锯尾鲨 [*Galeus sauteri* (Jordan et Richardson)] 的统称。

伊氏锯尾鲨前后背鳍颇小，同大同形，

◎注 1："斑鲨"体修长圆柱形，头部稍平扁，吻端窄圆；口宽，弧形，上下唇褶发达；眼狭长。尾鳍剃刀形。

◎注 2："绒毛鲨"头宽大而平扁，吻短钝；口宽大，弧形；眼侧位，狭长而两端尖，具瞬褶。尾鳍剃刀形。

◎注 3："锯尾鲨"眼大，椭圆形，眼褶多；口大，浅弧形；唇褶发达；鳃孔小；鼻孔斜列。尾鳍剃刀形。

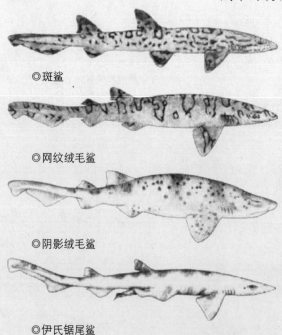

◎斑鲨

◎网纹绒毛鲨

◎阴影绒毛鲨

◎伊氏锯尾鲨

前缘稍凸，后缘与里缘微凸，上角钝圆，下角钝尖。尾鳍狭长，上缘具纵行锯齿大鳞。臀鳍低长，前缘与后缘呈圆形。腹鳍比背鳍大，前缘与后缘呈广弧形，鳍脚圆柱形。胸鳍宽大。

成年伊氏锯尾鲨体色灰褐，具黑色鞍状斑。身长65厘米左右。在中国见于南海。

沙氏锯尾鲨曾称"梭氏蜥鲛"，其背鳍前大后小，前背鳍长方形，前缘微凸，后缘与里缘平直，上下角钝圆。尾鳍狭长，上叶不发达，下叶前部轻微圆形凸出。臀鳍低而延长。腹鳍大于背鳍，前缘与后缘相连呈半圆形，内角尖凸。胸鳍宽圆形。

成年沙氏锯尾鲨背与侧暗褐色，腹面白色。身长38厘米左右。在中国见于东海海域。

梅花鲨曾称"豹鲛"，是真鲨目 [Carcharhiniformes] 猫鲨亚目 [Scyliorhinoidei] 猫鲨科 [Scyliorhindae] 梅花鲨属 [Halaelurus] 梅花鲨 [*Halaelurus burgeri* (Muller et Henle)]、无斑梅花鲨 [*Halaelurus immaculatus* (Chu et Meng)] 等11个品种的统称。

梅花鲨前后背鳍小，前大后小，同形。尾鳍颇小，尾端圆形。臀鳍较背鳍小。腹鳍较大，外缘与后缘连合呈半圆形，鳍脚平管状。胸鳍中大，蒲扇形。

成年梅花鲨体色黑褐，具暗色横条和黑色斑点。身长约45厘米。在中国见于东海南部及台湾北部海域。

无斑梅花鲨背鳍长方形，前小后大。尾鳍狭小，后部三角形凸出。臀鳍近三角形，前缘与后缘连合呈广弧形，里缘短，内角稍尖凸。腹鳍与臀鳍同形而略大，鳍脚粗大，圆柱形。胸鳍内外角钝圆。

成年无斑梅花鲨体色褐黄，鳍端暗黑。身长70厘米左右。在中国见于南海。

双锯鲨是真鲨目 [Carcharhiniformes] 猫鲨亚目 [Scyliorhinoidei] 猫鲨科 [Scyliorhindae] 双锯鲨属 [Parmaturus] 黑鳃双锯鲨 [*Parmaturus melanobranchius* (Chan)]、棕黑双锯鲨 [*Parmaturus piceus* (Chu, Meng et Lin)] 等5个品种的统称。

黑鳃双锯鲨又称"坡底栖鲨"，其背鳍前小后大，同形，前缘微凸，后缘与里缘联合呈钝圆形。尾鳍狭短，具锯齿状大鳞，大鳞具棘凸和纵峭。尾鳍上叶发达，下叶前部凸出，具缺刻。臀鳍较高，前缘与后缘差不多直，联合处呈扁圆形。腹鳍小于后背鳍。胸鳍近长圆形。

成年黑鳃双锯鲨体色浅褐，鳃腔黑褐。身

◎注1："梅花鲨"鼻孔近口，眼具瞬褶；口大，具短唇褶；鳃孔狭小。尾鳍剃刀形。
◎注2："双锯鲨"头扁吻短；眼背侧位，具瞬褶；口大，弧形，多唇褶；尾柄细长，背缘具2纵列特别宽大的锯齿状质鳞。尾鳍剃刀形。

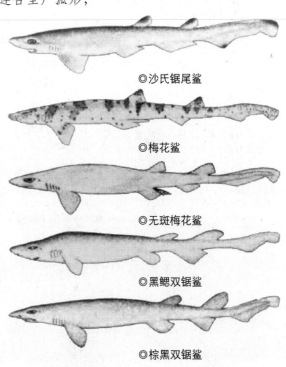

◎沙氏锯尾鲨

◎梅花鲨

◎无斑梅花鲨

◎黑鳃双锯鲨

◎棕黑双锯鲨

长 37 厘米左右。在中国见于东海和南海海域。

棕黑双锯鲨前背鳍只为后背鳍的一半，同形。尾鳍狭短，具锯齿状大鳞，大鳞具棘凸和纵嵴，尾鳍上叶发达，下叶前部稍凸出，与中部连合呈宽圆形。臀鳍较高。腹鳍略小于后背鳍，鳍脚扁圆筒状。胸鳍较小，长椭圆形。

成年鱼体色棕黑。身长 85 厘米左右。见于中国南海。

猫鲨又称"九间鲨"，是真鲨目 [Carcharhiniformes] 猫鲨亚目 [Scyliorhinoidei] 猫鲨科 [Scyliorhindae] 猫鲨属 [Scyliorhinus] 虎纹猫鲨 [*Scyliorhinus torazame* (Tanaka)]、乌拉圭猫鲨 [*Scyliorhinus besnardi* (Springer et Sadowsky)]、斑点猫鲨 [*Scyliorhinus stellaris* (Linnaeus)]、白点猫鲨 [*Scyliorhinus tokubee* (Shirai, Hagiwara et Nakaya)]、小点猫鲨 [*Scyliorhinus canicula* (Linnaeus)]、科摩罗猫鲨 [*Scyliorhinus comoroensis* (Compagno)]、网纹猫鲨 [*Scyliorhinus retifer* (Garman)]、褐斑猫鲨 [*Scyliorhinus garmani* (Fowler)]、佛罗里达猫鲨 [*Scyliorhinus meadi* (Springer)]、南美猫鲨 [*Scyliorhinus haeckelii* (Miranda-Ribeiro)]、横带猫鲨 [*Scyliorhinus torrei* (Howell Rivero)]、黄斑猫鲨 [*Scyliorhinus capensis* (Smith)]、法国猫鲨 [*Scyliorhinus canicula*] 等 13 个品种的统称。我国可见以下品种：

虎纹猫鲨前后背鳍同形，型小，前后缘圆凸，上角圆形，下角钝圆，不凸出。尾鳍中长，上叶发达，下叶前部不凸出，具缺刻，后部微凸，与上叶连合，尾端圆形。臀鳍比后背鳍稍大，外缘与后缘连接呈半圆形，里角微尖凸。腹鳍低长，外缘与后缘连接呈半圆形，里角钝尖。胸鳍蒲扇形，边缘圆凸，外角和里角均钝圆。

成年虎纹猫鲨体色黄褐，具不整齐横纹，并散布不规则淡色斑纹。腹面淡褐色。身长 40 厘米左右。在中国见于黄海、东海海域。

光唇鲨是真鲨目 [Carcharhiniformes] 皱唇鲨亚目 [Triakoidei] 原鲨科 [Proscyllidae] 光唇鲨属 [Eridacnis] 古巴光唇鲨 [*Eridacnis barbouri* (Bigelow et Schroeder)]、东非光唇鲨 [*Eridacnis sinuans* (Smith)]、斑鳍光唇鲨 [*Eridacnis radcliffei* (Smith)] 的统称，我国只有 1 种。

斑鳍光唇鲨曾称"花尾猫鲛"，前背鳍位于胸鳍后角上方，上角钝圆，后角凹入，下角略尖凸；后背鳍同大同形。腹鳍小于背鳍。臀鳍低平。胸鳍长方形。尾鳍狭长，具缺刻，后部与上叶相连呈圆形。

成年斑鳍光唇鲨体色灰褐，腹部灰白，尾鳍具垂直暗带，身长 24 厘米左右。中

◎注 1："猫鲨"眼狭长而两端尖，具瞬褶；口大，鳃孔狭小。尾鳍剃刀形。
◎注 2："光唇鲨"体细长，前鼻瓣短小，口腔及鳃耙边缘具乳头状凸起。

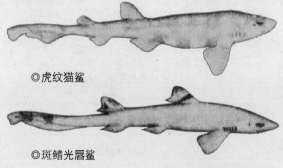

◎虎纹猫鲨

◎斑鳍光唇鲨

海味制作图解 II

国见于台湾西南海域及南海海域。

原鲨曾称"原鲛""狗鲨""狗沙""斑点丽鲨""斑点皱纹鲨""哈氏原鲨""哈氏台湾鲨",即真鲨目 [Carcharhiniformes] 皱唇鲨亚目 [Triakoidei] 原鲨科 [Proscyllidae] 原鲨属 [Proscyllium] 的原鲨 [*Proscyllium habereri*（Hilgendorf）]。

原鲨前背鳍位于胸鳍与腹鳍间,靠近腹鳍起点,上角钝圆,后角凹陷,下角尖凸延长;后背鳍与前背鳍同形同大。腹鳍小于背鳍。臀鳍低平,与前背鳍略相对。胸鳍扇形。尾鳍狭长,上叶发达,下叶前部与中部连合,具缺刻,后部与上叶相连呈圆形。

成年原鲨前背鳍体色浅褐,体侧散布不规则暗色斑点,并具不明显的鞍状斑。腹部灰白。身长 55 厘米左右。在中国见于东海、南海海域。

拟皱唇鲨曾称"哑巴鲛",即真鲨目 [Carcharhiniformes] 皱唇鲨亚目 [Triakoidei] 拟皱唇鲨科 [Pseudotriakidae] 拟皱唇鲨属 [Psendotriakis] 的拟皱唇鲨 [*Psendotriakis microdon*（Capello）]。

拟皱唇鲨前背鳍颇长而低,基底后端位于腹鳍起点上方;后背鳍高大,三角形。尾鳍短,后部具缺刻。臀鳍比后背鳍稍小。胸鳍很小,近圆形。

成年拟皱唇鲨体色暗褐,后背鳍、臀鳍和尾鳍后缘色较深,体侧和尾部具垂直灰褐色条纹。身长 290 厘米左右。在中国见于台湾东北海域。

灰鲨曾称"翅鲨""灰鲛",是真鲨目 [Carcharhiniformes] 皱唇鲨亚目 [Triakoidei] 皱唇鲨科 [Triakidae] 半灰鲨属 [Hemitriakis] 日本灰鲨 [*Hemitriakis japanicua*（Muller et Henle）] 等 2 个品种的统称。

日本灰鲨前后背鳍同形,前大后小,前缘圆凸,后缘深凹,上角钝尖,下角延长尖凸。尾鳍狭长,下叶前部三角形凸出。臀鳍较后背鳍小,后缘微凹,钝角钝尖稍凸,内角延长尖凸。腹鳍大小处于后背鳍与臀鳍之间。胸鳍比前背鳍大,近三角形。

成年日本灰鲨体色灰褐,腹面、胸鳍、背鳍后缘白色。在中国见于东海、南海。这是为数不多肉质甚佳的品种之一,在日本会切成"刺身"销售,而鱼鳍则晒干做上等级规格的"鱼翅"供应中国。

下灰鲨又称"黑鳍翅鲨""黑缘翅鲛",是真鲨目 [Carcharhiniformes] 皱唇鲨亚目

◎注 1："原鲨"体细长,眼狭长两端尖,瞬褶发达;鼻孔近口端;口宽大,弧形,唇褶短小;齿小而多;鳃孔狭小。

◎注 2："拟皱唇鲨"眼细长,具瞬褶;喷水孔较大;前鼻瓣呈宽三角形;齿小,窄尖状。

◎注 3："灰鲨"吻中长;眼狭长,具瞬褶;前鼻瓣小叶状凸出;口浅弧形;齿三角形。尾鳍剃刀形。

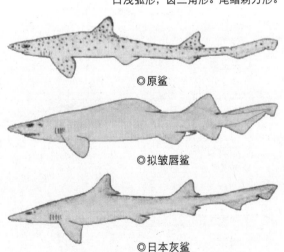

◎原鲨

◎拟皱唇鲨

◎日本灰鲨

[Triakoidei] 皱唇鲨科 [Triakidae] 下灰鲨属 [Hypogaleus] 下灰鲨 [*Hypogaleus hyugaensis* (Miyosi)]。

下灰鲨背鳍前大后小。尾鳍狭长，下叶前部三角形凸出，具缺刻，后部小三角形凸出。臀鳍小于后背鳍，后缘深凹，外角钝尖，内角延长尖凸。腹鳍大于臀鳍。胸鳍较小，近三角形，后缘凹陷，外角钝尖，内角钝圆。

成年下灰鲨体色灰褐。背鳍后缘具黑边。身长 120 厘米左右。在中国见于东海及台湾东北海域。

星鲨 曾称"貂鲛"，是真鲨目 [Carcharhiniformes] 皱唇鲨亚目 [Triakoidei] 皱唇鲨科 [Triakidae] 星鲨属 [Mustelus] 白斑星鲨 [*Mustelus manazo* (Bleeker)]、灰星鲨 [*Mustelus griseus* (Pietschmann)]、宽鼻星鲨 [*Mustelus asterias* (Cloquet)]、南美星鲨 [*Mustelus mento* (Cope)]、舒氏星鲨 [*Mustelus schmitti* (Springer)]、小眼星鲨 [*Mustelus higmani*]、前鳍星鲨 [*Mustelus kanekonis* (Tanaka)]、诺氏星鲨 [*Mustelus norrisi*]、北美星鲨 [*Mustelus sinusmexicanus* (Heemstra)] 等 20 个品种的统称。在中国可见以下品种：

灰星鲨曾称"灰貂鲛"，其背鳍前大后小。尾鳍短狭，约为身长的五分之一，后部小三角形凸出。臀鳍小，后缘凹陷，内角延长尖凸。腹鳍鳍脚平扁延长。胸鳍外角钝尖，后缘凹陷，内角钝圆。

成年灰星鲨背侧灰褐，腹面白色，各鳍紫褐色，身长 80 厘米左右。在中国见于黄海、东海、南海海域。

前鳍星鲨背鳍前大后小。尾鳍短狭，约为身长的五分之一。臀鳍小，内角钝尖稍凸。胸鳍外角钝尖，内角钝圆。

成年前鳍星鲨背侧灰褐，腹面白色，各鳍紫褐色，背鳍暗褐色，身长 100 厘米左右。在中国见于东海南部及南海大部分海域。

白斑星鲨曾称"白点鲨""星貂鲛"，其前背鳍约位于体腔中部上方，上角钝圆，后缘凹入，下角延长尖凸；后背鳍小于前背鳍，上角钝尖，后缘凹陷，下角延长尖凸。尾鳍狭长，为身长的五分之一，上叶颇发达，下叶前部圆形微凸，中部颇宽而短，中部与后部间具缺刻，后部三角形凸出，与上叶连接，尾端钝圆，后缘斜直。臀鳍小，外角钝圆，后缘凹入，内角延长尖凸。腹鳍比后背鳍稍小，后缘斜直，外角钝圆，

◎注1："下灰鲨"吻中长；眼卵圆形，侧位；口深弧形，具长唇褶；齿侧扁三角形。尾鳍剃刀形。
◎注2："星鲨"眼中大，椭圆形，多瞬褶；喷水孔位于眼后。尾鳍剃刀形。

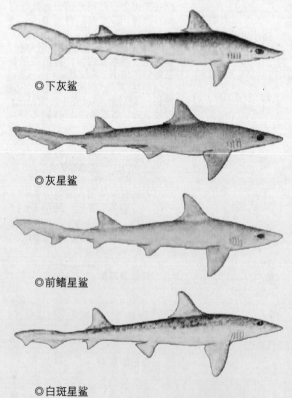

◎下灰鲨

◎灰星鲨

◎前鳍星鲨

◎白斑星鲨

内角钝尖稍凸，鳍脚平扁延长，后端尖凸。胸鳍后缘斜直或稍凹，前缘与后缘圆凸，外角和内角钝圆。

成年白斑星鲨背侧面灰褐色，散布不规则白色斑点，腹面白色，各鳍褐色，边缘较淡。

皱唇鲨曾称"竹鲨""豹鲨""九道箍""九道三峰齿鲛"，即真鲨目 [Carcharhiniformes] 皱唇鲨亚目 [Triakoidei] 皱唇鲨科 [Triakidae] 皱唇鲨属 [Triakis] 皱唇鲨 [*Triakis scyllium*（Muller et Henle）]、斑点皱唇鲨 [*Triakis venustum*]、大鳍皱唇鲨 [*Triakis megalopterus*（Smith）]、半带皱唇鲨 [*Triakis semifasciata*]、尖鳍皱唇鲨 [*Triakis acutipinna*] 的统称。中国可见以下品种：

皱唇鲨前后背鳍同形，前大后小，前缘圆凸，后缘深凹，上角钝尖，下角延长尖凸。腹鳍、臀鳍皆较后背鳍小。胸鳍与前背鳍等大，呈三角形。尾鳍狭长，稍比头长，上叶颇发达，下叶前部稍凸出，中部较低，与后部间具深缺刻，后部小三角形凸出，尾端钝圆。

成年皱唇鲨体色灰褐带紫色，腹面淡色，具宽鞍状斑点。身长 150 厘米左右。其鳍可晒成中等档次的"鱼翅"，其肉可食，肝可做鱼肝油，皮可制革，骨及内脏可磨成鱼粉。在中国见于黄海、东海及南海海域。

沙条鲨曾称"沙条鲛"，即真鲨目 [Carcharhiniformes] 真鲨亚目 [Carcharhinoidei] 半沙条鲨科 [Hemigaleidae] 强诺沙条鲨属 [Chaenogaleus] 大孔沙条鲨 [*Chaenogaleus macrostoma*（Bleeker）]，沙条鲨属 [Hemigaleus] 短颌沙条鲨 [*Hemigaleus brachygnathus*（Chu）]、小孔沙条鲨 [*Hemigaleus microstoma*（Bleeker）]，副沙条鲨属 [Paragaleus] 邓氏沙条鲨 [*Paragaleus tengi*（Chen）] 的统称。

大孔沙条鲨前背鳍上角钝尖，后缘凹入，下角延长尖凸；后背鳍小于前背鳍，上角钝圆，后缘深凹，下角延长尖凸。尾鳍狭长，下叶前部尖三角形凸出，中部低平后延，中部与后部具缺刻，后部小三角形凸出，与上叶连接，尾端钝尖，后缘凹陷。臀鳍比后背鳍小，后缘深凹，内角延长尖凸。腹鳍与后背鳍大小相若，后缘凹入，内角钝尖微凸。胸鳍镰刀形，外角钝尖，后缘凹入，内角钝圆微凸。

成年大孔沙条鲨背侧面灰褐色，侧腹面白色，两背鳍后缘、后背鳍上部、尾鳍上缘及尾端黑色。身长 60 厘米左右。在中国见于台湾西南及南海海域。

短颌沙条鲨背鳍前大后小。尾鳍下叶前部尖三角形凸出，中部低平后延，具缺刻，后部小三角形凸出。臀鳍较后背鳍小，

◎注1："皱唇鲨"眼椭圆形，瞬褶丰富；鼻孔宽大；口浅弧形，上下唇褶发达。尾鳍剃刀形。

◎注2："沙条鲨"体细长；眼椭圆形，前角圆，后角尖，瞬膜发达；口宽大，弧形，唇褶多；上下颌齿异形。

◎皱唇鲨

◎大孔沙条鲨

后缘深凹，内角延长尖凸。腹鳍后缘深凹，内外角均尖凸。胸鳍镰刀形，外角尖凸，内角钝圆。

成年短颌沙条鲨背侧灰褐色，各鳍暗褐色。身长70厘米左右。在中国见于南海海域。

小孔沙条鲨背鳍前大后小。尾鳍狭长，下叶前部三角形凸出，具缺刻。臀鳍与后背鳍同形，但略小，后缘深凹，后角延长尖凸。腹鳍与后背鳍同大，后缘凹陷，外角钝尖，内角钝圆微凸。胸鳍镰刀形，外角钝尖，后缘凹陷。

成年小孔沙条鲨背侧灰褐色，腹面白色。背鳍后缘、尾鳍后端暗褐色。身长100厘米左右。在中国见于东海南部、台湾西南及南海海域。

邓氏沙条鲨曾称"邓氏沙条鲛"，其背鳍前大后小，同形，后角尖长。尾鳍具凹尖，下叶前部三角形凸出，中部与后部间具缺刻，后部小三角形凸出。臀鳍小于后背鳍，后缘深凹。腹鳍大于臀鳍，外缘直，后缘微凹。胸鳍与前背鳍等大，外缘稍凸，后缘微凹，外角钝尖。

成年邓氏沙条鲨背部灰黑色，腹部白色。身长80厘米左右。在中国偶见于台湾西南部海域。

◎注："半锯鲨"吻端背视广圆；鳃孔很大；口深弧形，口闭时露尖齿。

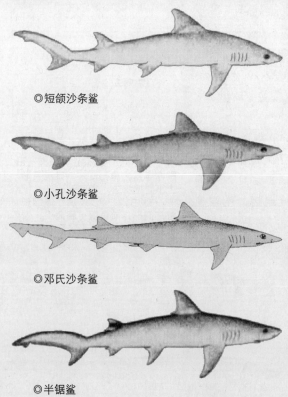

◎短颌沙条鲨

◎小孔沙条鲨

◎邓氏沙条鲨

◎半锯鲨

半锯鲨是指真鲨目 [Carcharhiniformes] 真鲨亚目 [Carcharhinoidei] 半沙条鲨科 [Hemigaleidae] 半锯鲨属 [*Hemipristis*] 的半锯鲨 [*Hemipristis elongatus*（Klunzinger）]。

半锯鲨曾称"歪牙鲨""尖鳍副沙条鲨"，其背鳍前大后小，前背鳍位于胸鳍与腹鳍之间，靠近胸鳍上方；后背鳍小于前背鳍一半。尾鳍狭长，尾端钝圆凸出，后缘凹陷。臀鳍比后背鳍小，外角钝尖，后缘深凹，内角延长尖凸。腹鳍略大于后背鳍，外角三角形凸出，后缘深凹，内角钝圆稍凸。胸鳍宽大，镰刀形，外角尖凸，后缘凹度大，内角钝圆。

成年半锯鲨背侧灰褐色，后背鳍具黑斑。身长140厘米左右。在中国偶见于台湾海域。在巴基斯坦、印度、泰国沿海海域常见。肉质甚佳，为南亚、东南亚餐桌上的经济鱼类。

真鲨曾称"白眼鲛"，是真鲨目 [Carcharhiniformes] 真鲨亚目 [Carcharhinoidei] 真鲨科 [Carcharhinidae] 真鲨属 [Carcharhinus] 白边真鲨 [*Carcharhinus albimarginatus*（Ruppell）]、大鼻真鲨 [*Carcharhinus alrimus*（Springer）]、

短尾真鲨 [*Carcharhinus brachyurus*（Cunther）]、直齿真鲨 [*Carcharhinus brevipinna*（Muller et Henle）]、镰形真鲨 [*Carcharhinus falciformis*（Bibron）]、公牛真鲨 [*Carcharhinus leucas*（Valenciennes）]、侧条真鲨 [*Carcharhinus limbatus*（Valenciennes）]、长鳍真鲨 [*Carcharhinus longimanus*（Poey）]、乌翅真鲨 [*Carcharhinus melanopterus*（Quoy et Gaimard）]、黑印真鲨 [*Carcharhinus menisorrah*（Muller et Henle）]、小眼真鲨 [*Carcharhinus microphthalmus*（Chu）]、暗体真鲨 [*Carcharhinus obsurus*（Lesueur）]、阔口真鲨 [*Carcharhinus plumbeus*（Nardo）]、沙拉真鲨 [*Carcharhinus sorrah*（Muller et Henle）] 等 29 个品种的统称，占主体的鲨鱼品种。

白边真鲨曾称"白边鳍白眼鲛"，前背鳍大且呈三角形，鳍根和胸鳍由末端平齐或更靠近头部，两个背鳍间有脊线。尾鳍宽长，下叶前部呈三角形凸出。臀鳍较后背鳍大。腹鳍较臀鳍大，后缘微凹。胸鳍镰刀形。

成年白边真鲨背部带青铜光泽的蓝灰色，腹部呈白色。鳍的边缘和顶部呈白色。身长 250 厘米左右。在中国见于东海及南海海域。

大鼻真鲨曾称"大鼻白眼鲛"，其背鳍前大后小，前背鳍前缘稍凸，后缘凹陷，上角钝尖，下角尖凸；后背鳍上角钝圆，后缘微凹，下角延长尖凸。尾鳍宽长，下叶前部三角形凸出，后端与上叶连接，尾端钝尖，后缘斜直。臀鳍外角圆凸，后缘深凹，内角延长尖凸。腹鳍比臀鳍大，近方形。

成年大鼻真鲨体背淡灰色，腹面白色。最大可达 300 厘米左右。在中国见于台湾东北部海域。

短尾真鲨曾称"远鳍真鲨""短尾白眼鲛"，前背鳍上角钝圆，后缘凹陷，下角长尖凸；后背鳍上角钝圆，后缘斜直，下角延长尖凸。尾鳍占身长的四分之一，下叶前部及后部呈三角形凸出，中部与后部间具缺刻。臀鳍大于后背鳍，后缘深凹，外角圆凸，内角延长尖凸。腹鳍较臀鳍大，前后缘斜直。胸鳍镰刀形。

成年短尾真鲨背侧灰褐色，腹面色淡。背鳍前缘与尾鳍上缘暗色。身长 200 厘米。在中国见于东海、台湾东北及西南海域。

直齿真鲨曾称"短鳍直齿鲨""蔷薇

◎注："真鲨"眼圆形，瞬膜发达；无喷水孔；鼻孔距口较远；口宽大，深弧形，唇褶较少；齿宽扁，上颌齿边缘具细锯齿，下颌齿边缘具细锯齿。尾鳍镰刀形。

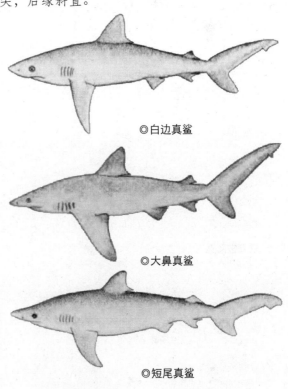

◎白边真鲨

◎大鼻真鲨

◎短尾真鲨

海味制作图解 II

白眼鲛",前背鳍前缘圆凸,后缘凹陷,上角钝圆,下角延长尖凸;后背鳍上角圆凸,下角延长尖凸。尾鳍长,上叶只见尾端近处,下叶前部三角形凸出,中部低平后延,中部与后部间具缺刻,后部小三角形凸出。臀鳍大于后背鳍,内角延长尖凸。腹鳍与臀鳍等大,近方形。胸鳍镰刀形,内外角均圆凸。

成年直齿真鲨体色灰褐,腹侧及腹面色泽稍淡,并散布不规则暗色斑点。身长230厘米左右。在中国见于台湾东北及南海海域。

镰形真鲨曾称"黑背真鲨""平滑白眼鲛",其前背鳍圆凸,后缘凹陷,下角延长尖凸;后背鳍较小,上角圆凸,后缘微凹,下角延长尖凸。尾鳍宽大,下叶前部三角形凸出,中部低平后延,中部与后部间具缺刻,后部小三角形凸出。臀鳍大于后背鳍,后缘深凹,外角钝圆,内角延长尖凸。腹鳍与臀鳍等大,近方形,后缘斜直。胸鳍镰刀形,后缘深凹,外角钝尖,内角钝圆。

成年镰形真鲨背侧黑色,腹面稍淡,各鳍灰黑色,身长330厘米左右。在中国见于南海、台湾东部及东北部海域。此品种为墨西哥及加勒比海沿岸国家的重要渔业产品之一。

公牛真鲨曾称"公牛白眼鲛",在非洲俗称"赞比西鲨"(Zambezi),其前背鳍呈三角形,前缘直而斜,后缘凹陷,上角钝尖,下角尖凸;后背鳍稍小,前缘斜直,上角钝圆。尾鳍宽大,上叶弧形,下叶前部三角形凸出。臀鳍大于后背鳍,前缘圆凸,后缘深凹,外角钝圆,内角钝尖。胸鳍宽大,镰刀形,前缘斜直,近外端弧形凸出。

成年公牛真鲨体色灰褐,并具若隐若现的白色带。身长220厘米左右。在中国见于台湾海域。

侧条真鲨曾称"黑边鳍白眼鲛",其前背鳍钝尖,下角延长尖凸;后背鳍较小,上角圆,下角延长尖凸。臀鳍宽长,臀鳍与后背鳍同大,外角圆凸,内角延长尖凸。腹鳍后缘稍凹,内外角钝圆。胸鳍宽大,镰刀形,外角尖凸,内角钝圆。

成年侧条真鲨背侧灰褐色,腹部白色,体侧从胸鳍基底至腹鳍基底各具一条白色纵纹。身长180厘米左右。在中国见于东海、

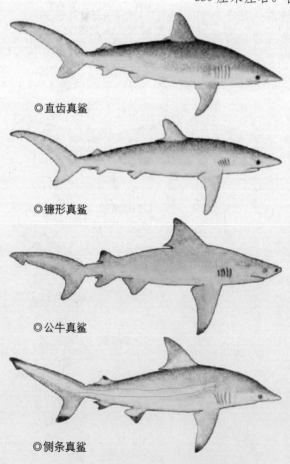

◎直齿真鲨

◎镰形真鲨

◎公牛真鲨

◎侧条真鲨

南海海域。

长鳍真鲨曾称"污斑白眼鲛""远洋白鳍鲨"，其背鳍具隆嵴，前背鳍宽大，后缘凹入，上角广圆，下角尖凸；后背鳍小，后缘凹陷，后角尖凸。胸鳍镰刀形，外角广圆，内角钝圆，鳍端可伸达前背鳍基底后端。尾鳍宽长，下叶前部呈三角形凸出，中部低平延长，与后部间具深缺刻，后部小三角形凸出，尾端钝尖。

成年长鳍真鲨体背侧带青铜色泽的暗灰色或灰褐色，腹侧灰白。鳍上具暗色斑点或斑纹；胸鳍末端、前背鳍上端、腹鳍后缘及尾鳍尖端具白斑；后背鳍上端、腹鳍外角、臀鳍后端及尾鳍上下叶联合处具黑斑。身长350厘米左右。在中国见于南海、台湾东北及西南海域。

乌翅真鲨曾称"黑翼鲨""黑鳍鲨""黑鳍礁鲨""乌翅白眼鲛"，其前背鳍宽大，后背鳍小。胸鳍大，镰刀形，鳍端可伸达前背鳍基底后端。尾鳍宽长，下叶前部呈三角形凸出，中部低平延长，与后部间具深缺刻，后部小三角形凸出，尾端钝尖。

成年乌翅真鲨体背及侧黄褐色，腹面灰白色；各鳍尖具黑色或暗褐色；胸鳍及尾鳍上叶前后均具黑色缘。身长200厘米左右。在中国见于南海、台湾东北及西南海域。

黑印真鲨曾称"黑印白眼鲛"，其前背鳍上角钝圆，下角尖凸；后背鳍较小，上角圆，后缘微凹，下角延长尖凸。臀鳍宽长，后部小三角形凸出，与上叶接连，尾钝尖，后缘斜直。臀鳍与后背鳍同大，外角圆凸，后缘深凹。腹鳍比臀鳍大，近方形，边缘斜直，外角钝圆，内角钝尖。胸鳍宽大，镰刀形。

成年黑印真鲨背侧灰褐色，腹面白色。身长100厘米左右。在中国见于南海、东海、黄海与渤海海域。

小眼真鲨前背鳍三角形，前缘直而低斜；后背鳍略小，前缘斜直。臀鳍宽大。腹鳍近方形。胸鳍三角形。

成年小眼真鲨背侧灰褐色，并具暗色云纹斑及白色小点。身长88厘米左右。在中国见于南海海域。

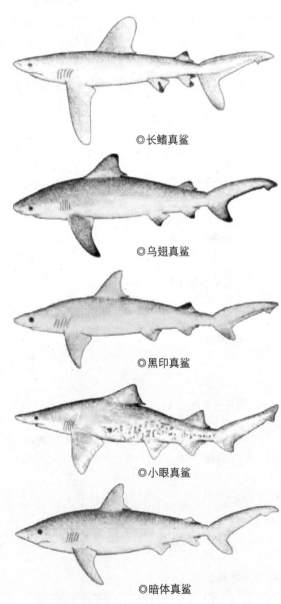

◎长鳍真鲨

◎乌翅真鲨

◎黑印真鲨

◎小眼真鲨

◎暗体真鲨

暗体真鲨曾称"灰真鲨""灰色白眼鲛"，其前背鳍颇大，起点约与胸鳍里角相对；后背鳍小，起点与臀鳍起点相对；两背鳍间具纵行低皮褶。尾鳍宽大。臀鳍和腹鳍稍大。胸鳍宽长，镰刀形。

成年暗体真鲨体背侧灰褐色，腹侧和腹面淡色；背鳍和胸鳍黑褐色，其他各鳍褐色。身长360厘米左右。在中国见于东海和台湾东南海域。

阔口真鲨曾称"宽鳍白眼鲨"，其前背鳍大，起点与胸鳍基底后端约相对；后背鳍小，起点与臀鳍起点相对。尾鳍宽长，比头长，下叶前部三角形凸出，后部具缺刻。臀鳍约与后背鳍同大。腹鳍比后背鳍稍大，近方形。胸鳍近镰刀形，鳍端可伸达前背鳍基端后端下方。

成年阔口真鲨体青褐色或灰褐色，腹面白色，各鳍后缘色泽较淡。身长300厘米左右。在中国见于黄海、东海及台湾东北海域。

沙拉真鲨曾称"沙拉白眼鲛"，背鳍间具隆嵴，前背鳍宽大；后背鳍小，起点在臀鳍起点之后。胸鳍镰刀形，鳍端可伸达前背鳍基底后端。尾鳍宽长，下叶前部呈三角形凸出，中部低平延长，与后部间具深缺刻，后部小三角形凸出，尾端尖凸。

成年沙拉真鲨体背侧灰褐色，腹侧白色。前背鳍和尾鳍上叶具黑色缘；后背鳍上部、尾鳍下叶前端，胸鳍后端各具明显的黑色斑块；臀鳍和腹鳍前部暗褐色。身长120厘米左右。在中国见于东海、南海海域。

鼬鲨曾称"鼬鲛"，即真鲨目 [Carcharhiniformes] 真鲨亚目 [Carcharhinoidei] 真鲨科 [Carcharhinidae] 鼬鲨属 [Galeocerdo] 的鼬鲨 [*Galeocerdo cuvier* (Lesueur)]。

鼬鲨的前后背鳍间具隆嵴；前背鳍宽大，起点与胸鳍内角相对，后缘凹入，上角钝尖，下角尖凸；后背鳍小，起点在臀鳍起点之前，后缘入凹，后角尖凸。胸鳍镰刀形，后缘凹入，内外角钝圆。尾鳍宽长，上叶位于近尾端，下叶前部呈大三角形凸出，中部低平延长，与后部间具深缺刻，后部扁三角形微凸出，与上叶分隔处亦具缺刻，尾端尖凸。

成年鼬鲨背侧灰褐色或青褐色，具不规则褐色斑点，连成许多纵行及横行条纹，腹侧白色。身长290厘米左右。在中国见

◎注："鼬鲨"头宽扁，吻短；眼圆形，瞬膜发达；喷水孔细狭，位于眼后的眼上缘水平线上；口宽大，上唇褶粗大，下唇褶细狭；齿宽扁斜三角形，齿头外斜。尾鳍新月形，具2个缺刻。

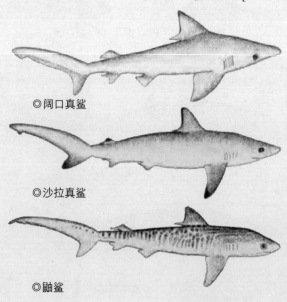

◎阔口真鲨

◎沙拉真鲨

◎鼬鲨

于黄海、东海、南海海域。其肉鲜美，鱼鳍、鱼肝、鱼骨都可深加工销售。

恒河鲨曾称"恒河白眼鲛""恒河露齿鲨"，是真鲨目 [Carcharhiniformes] 真鲨亚目 [Carcharhinoidei] 真鲨科 [Carcharhinidae] 恒河鲨属 [Glyphis] 恒河鲨 [*Glyphis gangeticus* (Muller et Henle)] 等 2 种的统称。中国可见以下品种：

恒河鲨前背鳍宽大，起点在胸鳍基底中部后，后缘凹入，上角钝尖，下角尖凸；后背鳍小，起点在臀鳍起点之前，后缘凹入，后角尖凸。胸鳍镰刀形，后缘凹入，内外角钝圆，鳍端可伸达前背鳍基底后端。尾鳍宽长，下叶前部呈三角形凸出，中部低平延长，与后部间具深缺刻，后部小三角形凸出，尾端尖凸。

成年恒河鲨体背侧灰褐色，腹侧白色，各鳍暗褐色。性情凶恶。身长 200 厘米左右。在中国偶见于东海、南海海域。

基齿鲨是真鲨目 [Carcharhiniformes] 真鲨亚目 [Carcharhinoidei] 真鲨科 [Carcharhinidae] 基齿鲨属 [Hypoprion] 黑鳍基齿鲨 [*Hypoprion* hemiodon (Valenciennes)]、长吻基齿鲨 [*Hypoprion macloti* (Muller et Henle)] 等 5 种的统称。

黑鳍基齿鲨前背鳍大，位于胸鳍与腹鳍之间的上方；后背鳍较小。尾鳍宽长，下角延长尖凸。臀鳍较后背鳍大，内角延长尖凸。腹鳍较臀鳍大，近方形。

成年黑鳍基齿鲨背侧灰褐色，腹面白色。后背鳍上端、尾鳍下叶前端、胸鳍后端均黑色。身长 73 厘米左右。在中国见于南海海域。

长吻基齿鲨曾称"枪头鲛"，前背鳍颇大，位于胸鳍和腹鳍之间的上方，后缘凹入，下角延长尖凸；后背鳍很小，起点约与臀鳍基底中部相对，上角圆，下角延长尖凸。尾鳍宽长，比头稍长，上叶近尾端处，下叶前部呈三角形凸出，中部低平，与后部间具缺刻，后部为小三角形凸出，与上叶连接。臀鳍比后背鳍稍大，起点距腹鳍基底与距尾鳍约相等，外角钝圆，后缘深凹，里角延长尖凸。腹鳍比臀鳍稍大，位于背鳍间隔前半部下方，近方形，边缘斜直，外角钝圆，内角微凸。胸鳍宽大，近镰刀形，外角尖凸，后缘凹入，内角微凸，鳍端几乎可伸达前背鳍基底后端。

成年长吻基齿鲨背侧青褐色，腹面淡白色，各鳍深褐色。身长 89 厘米。在中

◎注 1："恒河鲨"体粗壮，头宽扁，吻三角形，钝尖；前鼻瓣短，小三角形；口闭时露齿，具锯齿缘。尾鳍镰刀形。

◎注 2："基齿鲨"眼圆形，瞬膜发达；无喷水孔；上下颌异形，上颌齿宽扁三角形，齿头外斜，边缘光滑，下颌齿细狭；鳃孔较大，最后 2 个位于胸鳍基底上方。尾鳍镰刀形。

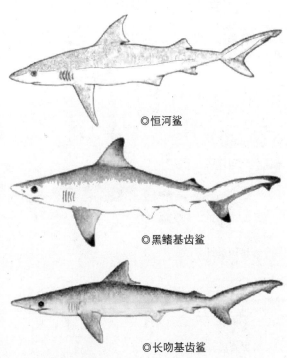

◎恒河鲨

◎黑鳍基齿鲨

◎长吻基齿鲨

国见于东海、南海海域。

隙眼鲨是指真鲨目 [Carcharhiniformes] 真鲨亚目 [Carcharhinoidei] 真鲨科 [Carcharhinidae] 隙眼鲨属 [Loxodon] 的隙眼鲨 [*Loxodon macrorhinus*（Muller et Henle）]。

隙眼鲨曾称"杜氏斜齿鲨""广鼻曲齿鲛"，其前背鳍起点位于胸鳍后端上方，后缘深凹，上角钝圆；后背鳍很小。尾鳍宽长，呈新月形。臀鳍大于后背鳍，后缘直，内角延长尖凸。腹鳍小，外角圆。胸鳍镰刀形。

成年隙眼鲨体色灰褐。身长91厘米左右。在中国海域可见，它是印度东南部的重要经济鱼类。

尖吻鲨是真鲨目 [Carcharhiniformes] 真鲨亚目 [Carcharhinoidei] 真鲨科 [Carcharhinidae] 尖吻鲨属 [Rhizoprionodon] 尖吻鲨 [*Rhizoprionodon acutus*（Ruppell）]、短鳍尖吻鲨 [*Rhizoprionodon oligolins*（Springer）] 等7种的统称。

尖吻鲨曾称"瓦氏斜齿鲨""尖头曲齿鲛"，其背鳍前大后小。尾鳍宽长，约占身长的四分之一。臀鳍基底比后背鳍长近2倍。腹鳍较臀鳍小，鳍脚略扁。胸鳍与前背鳍同大，后缘凹陷，外角钝尖，内角圆凸。

成年尖吻鲨背侧灰褐色，腹面白色。身长100厘米左右。在中国东海、南海海域可见。

短鳍尖吻鲨曾称"短鳍斜齿鲨"，前背鳍后缘凹陷，上角钝圆，下角延长尖凸，后端可伸达腹鳍起点上方；后背鳍很小。尾鳍宽长。臀鳍基底比后背鳍长2倍，后缘凹入，内角延长尖凸。腹鳍较臀鳍小。胸鳍比前背鳍稍小。

成年短鳍尖吻鲨背侧灰褐色，腹面白色。身长65厘米左右。在中国南海海域多见。此鱼肉质上佳，是印度、巴基斯坦、斯里兰卡、泰国的经济食用鱼。鱼鳍晒干供应中国市场。

斜齿鲨是真鲨目 [Carcharhiniformes] 真鲨亚目 [Carcharhinoidei] 真鲨科 [Carcharhinidae] 斜齿鲨属 [Scoliodon] 的尖头斜齿鲨 [*Scoliodon laticaudus*（Muller et Henle）]。

尖头斜齿鲨曾称"宽属曲齿鲛"，其前背鳍中大，起点位于胸鳍内角相对或稍后，后缘凹入，上角钝尖，下角尖凸；后背鳍小，起点与臀鳍后端相对，后缘凹入，后角尖凸。胸鳍略大于前背鳍，后缘凹入，外角尖凸，内角圆凸，鳍端可伸达前背鳍基底前部。尾鳍窄长，尾椎轴上扬，下叶前部呈三角形突出，

海味制作图解 Ⅱ

◎注1："隙眼鲨"体细长，头窄而平扁；眼大，眼后缘具缺刻；口闭时不露齿。尾鳍镰刀形。
◎注2："尖吻鲨"体细长，头宽大而略平扁；吻狭长，楔形；眼大；无喷水孔。尾鳍镰刀形。
◎注3："斜齿鲨"眼圆形；口宽大，深弧形，无太多唇褶；上下颌齿外斜。尾鳍镰刀形。

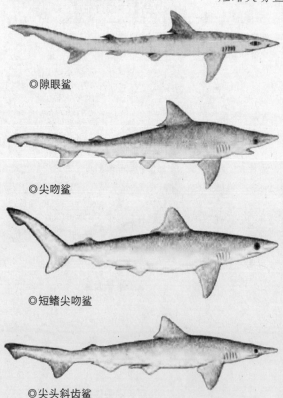

◎隙眼鲨

◎尖吻鲨

◎短鳍尖吻鲨

◎尖头斜齿鲨

中部低平延长,与后部间具深缺刻,后部小三角形凸出,尾端尖凸。

成年尖头斜齿鲨背侧灰褐色,腹侧白色。背鳍及臀鳍具暗色缘,其他的鳍淡褐色。身长 100 厘米左右。在中国见于东海和南海。

柠檬鲨是真鲨目 [Carcharhiniformes] 真鲨亚目 [Carcharhinoidei] 真鲨科 [Carcharhinidae] 柠檬鲨属 [Negaprion] 尖鳍柠檬鲨 [*Negaprion acutidens*(Ruppell)]、柠檬鲨 [*Negaprion queenslandicus*(Whitley)] 的统称。在中国只有以下品种:

尖鳍柠檬鲨的前背鳍小而略低;后背鳍与前背鳍的高度相等,上角略尖,后缘凹陷,下角尖凸。尾鳍上叶位于尾端近处,下叶前部三角形凸出。臀鳍小于后背鳍,外角钝圆,后缘深凹,内角延长尖凸。腹鳍长方形,大于臀鳍,边缘斜直,仅后缘微凹,内外角钝圆。胸鳍宽大,稍呈镰刀形,外角钝尖,内角钝圆。

成年尖鳍柠檬鲨体色与柠檬相似而得名,不过,离水后的体色则是黄褐色。身长 310 厘米左右。在中国南海海域可见。用浮刺网和延绳捕捞,取用肝和鳍,前者制成鱼肝油,后者晒干就成为名贵的海味——"鱼翅"。另外,其肉的质感甚佳,可以鲜食。

大青鲨曾称"蓝鲨""锯峰齿鲛",即真鲨目 [Carcharhiniformes] 真鲨亚目 [Carcharhinoidei] 真鲨科 [Carcharhinidae] 大青鲨属 [Prionace] 的大青鲨 [*Prionace glauca*(Linnaeus)]。

大青鲨前背鳍起点在胸鳍基底之后,后缘凹入,上角钝尖,下角尖凸;后背鳍较小,起点与臀鳍起点相对,后缘凹,后角尖凸。胸鳍狭长,后缘凹入,外角尖凸,内角圆凸,鳍端可伸达前背鳍基底后部。尾鳍狭长,下叶前部呈三角形凸出,中部低平延长,与后部间具深缺刻,后部呈小三角形凸出,尾端尖凸。

成年大青鲨背侧深蓝色,腹侧白色。身长 480 厘米左右。在中国见于南海海域。

三齿鲨曾称"鲨鲛""灰三齿鲨""三尖齿鲨""白顶礁鲨""白头礁鲨",即真鲨目 [Carcharhiniformes] 真鲨亚目 [Carcharhinoidei] 真鲨科 [Carcharhinidae] 三齿鲨属 [Triaenodon] 三齿鲨 [*Triaenodon obesus*(Ruppell)]。

三齿鲨的前背鳍中大,起点在胸鳍后角之后,后缘凹入,上角钝尖,下角尖凸;后背鳍小,起点与臀鳍起点相对,后缘凹,后角尖凸。胸鳍镰刀形,后缘

海味制作图解 II

◎注 1:"柠檬鲨"体粗壮,头宽而扁;吻楔形;眼小;两颌具异形,前侧齿细长直立。尾鳍镰刀形。

◎注 2:"大青鲨"体修长,头窄侧扁;吻尖凸;眼圆形;上下颌齿异形,上颌齿宽,扁三角形,边缘具细锯齿。尾鳍镰刀形。

◎注 3:"三齿鲨"体较细长,头宽,平扁;吻短而广圆;眼小,具瞬膜;口大,深弧形,唇褶短,上下颌为三齿头形。尾鳍镰刀形。

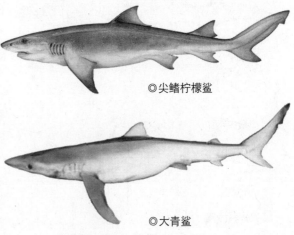

◎尖鳍柠檬鲨

◎大青鲨

凹入，外角钝尖，内角钝圆。尾鳍宽长。下叶前部呈三角形凸出，中部低平延长，与后部间具深缺刻，后部呈小三角形凸出，尾端尖凸。

成年三齿鲨背侧灰褐色，腹侧白色；背鳍、胸鳍及尾鳍具黑褐色缘；腹鳍及臀鳍缘淡色，外角则暗褐色。身长210厘米左右。在中国见于南海。

双髻鲨是真鲨目 [Carcharhiniformes] 双髻鲨亚目 [Sphyrnoidei] 双髻鲨科 [Sphyrnidae] 丁字双髻鲨属 [Eusphyrna] 丁字双髻鲨 [*Eusphyrna baochii* (Cuvier)]，双髻鲨属 [Sphyrna] 路氏双髻鲨 [*Sphyrna lewini* (Griffith et Smith)]、无沟双髻鲨 [*Sphyrna mokarran* (Ruppell)]、锤头双髻鲨 [*Sphyrna zygaena* (Linnaeus)]、窄头双髻鲨 [*Sphyrna tiburo*]、短吻双髻鲨 [*Sphyrna media* (Springer)]、小眼双髻鲨 [*Sphyrna tudes* (Valenciennes)]、白鳍双髻鲨 [*Sphyrna couardi* (Cadenat)]、长吻双髻鲨 [*Sphyrna corona* (Springer)] 的统称。在中国可见以下品种：

丁字双髻鲨前背鳍高大，前缘倾斜，上角钝尖，后缘深凹，下角延长尖凸；后背鳍小，上角钝圆，后缘深凹，下角延长尖凸。尾鳍宽长，约为身长的三分之一，上叶见于尾端近处，下叶前部呈大三角形凸出，中部低平后延，中部与后部间具缺刻，后部呈小三角形凸出，与上叶连接，尾端钝尖，后缘凹陷。臀鳍较后背鳍大，外角尖凸，后缘深凹，内角延长尖凸。腹鳍较臀鳍大，内角钝圆微凸。胸鳍宽大，后缘凹陷，外角尖凸，内角钝圆微凸。

成年丁字双髻鲨背侧灰褐色，腹面淡白色；前背鳍边缘，后背鳍上部，尾鳍后端暗褐色。身长150厘米左右。在中国见于南海海域。

路氏双髻鲨曾称"牦头鲨""双过仔""吻沟双髻鲨""红肉丫髻鲛"，其前背鳍高大直竖，呈风帆形，上角钝圆，后缘微凹；后背鳍略小，下角延长尖凸。尾鳍宽长，下叶前部呈大三角形凸出，中部低平延长，与后部间具深缺刻，后部呈小三角形凸出，尾端尖凸。臀鳍较后背鳍大，外角尖凸。腹鳍比臀鳍大，后缘微凹，内角钝圆微凸。胸鳍后缘凹陷，内外角均钝圆微凸。

成年路氏双髻鲨背色灰褐，腹面白色；前背鳍后缘、后背鳍上部和后缘、尾端上部、尾鳍下叶前部及胸鳍外角腹面均为黑色。身长370厘米左右。在中国见于黄海、东海、

海味制作图解 Ⅱ

◎注1："双髻鲨"十分特别，头额骨向左右凸出；眼圆形，位于额骨两端，瞬膜发达；无喷水孔；鼻孔端位，前鼻瓣呈小三角形凸出。尾鳍新月形。
◎注2："锤头双髻鲨"的"锤"是根据"鎚头双髻鲨"的标准简化字转换而来。然后，较具权威的《中国动物志》则直接写成"鎚"。

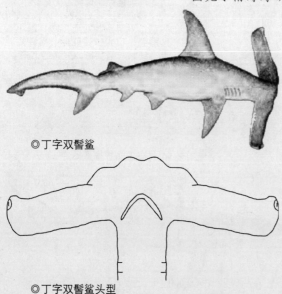

◎丁字双髻鲨

◎丁字双髻鲨头型

南海海域。此品种肉质甚佳，皮可制革，肝油入药；最主要的是鱼鳍晒干后是中国厨师认定的上品"鱼翅"货色。

无沟双髻鲨曾称"耗头鲨""双过仔""八鳍丫髻鲛"，是双髻鲨类最大的品种。其前背鳍高大，前缘略倾斜，镰刀形，起点与胸鳍内角相对；后背鳍小而低，起点在臀鳍起点后方，边缘呈凹形。腹鳍近方形，后缘稍凹入。臀鳍略大于后背鳍，钩状，边缘凹陷。胸鳍中大，后缘略凹入。尾鳍宽长，尾椎轴上扬，下叶前部呈大三角形凸出，中部低平延长，与后部间具深缺刻，后部小三角形突出，尾端尖凸。

成年无沟双髻鲨背棕色，腹部白色；胸鳍，尾鳍下叶前部、上部尖端具黑斑；背鳍上部具黑缘。身长可达610厘米。在中国台湾北部及南海海域可见。此品种肉质佳，鱼鳍晒干即为上品"鱼翅"。

锤头双髻鲨又写作"链头双髻鲨"，曾称"官鲨""相公帽""丫髻鲛"，其前背鳍高大，前缘向后倾斜，起点约与胸鳍基底后端相对，上角钝圆，后缘深凹，下角延长尖凸；后背鳍较小，起点与臀鳍基底前半部相对，上角钝圆，下角延长尖突，距尾鳍较远。尾鳍宽长，为身长的七分之二，下叶前部呈大三角形凸出，中部低平后延，与后部之间具缺刻，后部呈小三角形凸出，与上叶连接。臀鳍比后背鳍大，距尾鳍比距腹鳍基底稍近，外角钝尖，后缘深凹，内角延长尖凸。腹鳍比臀鳍稍大，近方形，距前背鳍与距后背鳍约相等。胸鳍中大，后缘凹入，内外角均钝圆微凸，鳍端可伸达前背鳍基底后半部。

成年锤头双髻鲨背侧灰褐色，腹面白色；背鳍、尾鳍、胸鳍边缘以及鳍端暗褐色；臀鳍和腹鳍浅色，外角暗褐色。身长370厘米左右。此品种为双髻鲨类中肉质最佳，鱼鳍晒干即为上品"鱼翅"。

棘鲨 曾称"笠鳞鲨"，即角鲨目 [Squaliormes] 棘 鲨 科 [Echinorhinidae]

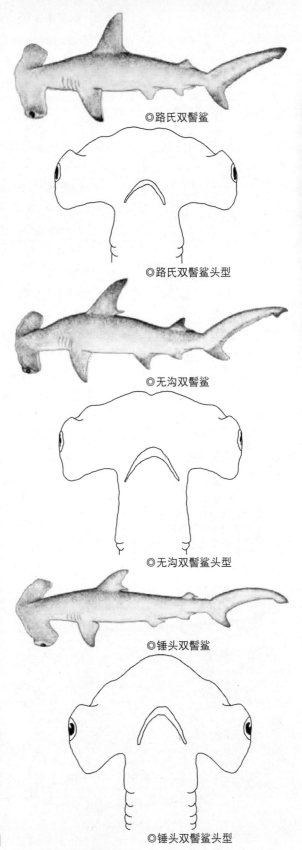

◎路氏双髻鲨

◎路氏双髻鲨头型

◎无沟双髻鲨

◎无沟双髻鲨头型

◎锤头双髻鲨

◎锤头双髻鲨头型

棘鲨属 [Echinorhinus] 的笠鳞棘鲨 [*Echinorhinus cookei* (Pietschmann)]。

笠鳞棘鲨曾称"刺鲨""库克笠鳞鲨"，其前后背鳍同大同形；前背鳍起点位于腹鳍基底起点稍后上方；后背鳍起点在腹鳍基底末端上方。尾鳍呈镰刀形。腹鳍大，后角尖，外角圆。胸鳍小，后缘截形，外角和内角均圆。

成年笠鳞棘鲨背灰褐色，腹面白色。身长 300 厘米左右。在中国见于台湾东北海域。

刺鲨曾称"尖鳍鲛"，是角鲨目 [Squaliormes] 角鲨科 [Squalidae] 刺鲨属 [Centrophorus] 针刺鲨 [*Centrophorus acus* (Garman)]、锈色刺鲨 [*Centrophorus ferrugineusMeng*, (Hu et Li)]、大西洋刺鲨 [*Centrophorus granulosus* (Bloch & Schneider)]、尖鳍刺鲨 [*Centrophorus lusitanicus* (Bocage et Capella)]、皱皮刺鲨 [*Centrophorus moluccensis* (Bleeker)]、台湾刺鲨 [*Centrophorus niaukang* (Teng)]、粗体刺鲨 [*Centrophorus robustus* (Deng, Xiong et Zhan)]、叶鳞刺鲨 [*Centrophorus squamosus* (Bonnaterre)]、锯齿刺鲨 [*Centrophorus tessellatus* (Garman)]、同齿刺鲨 [*Centrophorus uyato* (Rafinesque)]、须镰棘刺鲨 [*Centrophorus armatus* (barbatus)]、黑缘刺鲨 [*Centrophorus atromarginatus* (Garman)]、奇鳞刺鲨 [*Centrophorus squamulosus* (Bonnaterre)] 等 16 个品种的统称。在中国可见以下品种：

针刺鲨曾称"黑尖鳍鲛"，背鳍具硬棘，前背鳍起点位于胸鳍基底后上方，棘短于鳍前缘的长度；后背鳍较小，但等高。尾鳍宽短，上叶发达，下叶前部呈三角形凸出，中部渐狭，与后部间具缺刻。没有臀鳍。腹鳍低平。胸鳍外缘小于前背鳍基底长，内缘平直。

成年针刺鲨体色灰褐，腹面色较淡。身长 84 厘米左右。在中国见于台湾及南海海域。

锈色刺鲨背鳍具硬棘，前背鳍起点位于胸鳍里缘中点上方；后背鳍小于前背鳍。尾鳍宽短，后缘截形。腹鳍低平，近长方形，鳍脚平扁。胸鳍较小，近长方形，内缘弧形褶叠。

成年锈色刺鲨体色褐黄，各鳍色稍深。身长 100 厘米左右。在中国见于南海海域。

大西洋刺鲨又称"颗粒刺鲨"，背鳍具硬棘，前大后小，同形，上角钝圆，后缘稍凹，下角尖长凸出。腹鳍呈长方形，外角圆凸，内角尖凸。

◎注1："棘鲨"体粗壮，圆柱形，头略平扁；第五鳃孔特别宽大；喷水孔位于眼后，很小；口弧形弯曲，唇褶短。

◎注2："刺鲨"眼大，椭圆形；喷水孔大，位于眼后上方；鼻孔横列；口大，拱形，多唇褶；口侧具斜行深沟。尾鳍属扫帚形。

需要注意的是，属下所有品种的背鳍棘基部具毒腺，人被刺后，创口红肿并伴有剧痛。

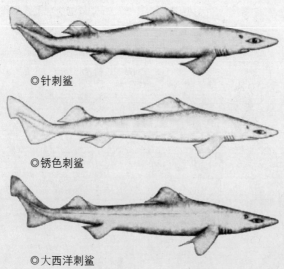

◎针刺鲨

◎锈色刺鲨

◎大西洋刺鲨

成年大西洋刺鲨体色淡褐。身长150厘米左右。在中国见于南海海域。此品肉供食用，日本人常捕杀取其含有角鲨烯（Squalene）的肝脏，当然，他们不会忘记割下鱼鳍晒干销往中国。

尖鳍刺鲨曾称"尖鳍鲛"，前背鳍低长，上角广圆，下角尖凸，硬棘仅露三分之一尖端，棘长小于鳍前缘；后背鳍高与前背鳍相等，但略小。尾鳍上叶发达，下叶前部呈三角形凸出。腹鳍呈长方形，内角尖而微凸。胸鳍内角延长尖凸，外角钝圆，后缘稍凹。

成年尖鳍刺鲨体色灰褐或黄褐，各鳍具黑色缘。身长160厘米左右。在中国台湾东北海域可见。

皱皮刺鲨曾称"小鳍刺鲨""皱皮尖鳍鲛"，其前背鳍低而长，位于身体的前半部，背鳍棘基底被皮肤包埋，起点距吻端约等于到后背鳍棘基底起点之距离；后背鳍基底长约为前背鳍基底长的四分之三，后角尖长，鳍高约等于前背鳍高，约等于尾柄长，后角长而尖凸；背鳍棘粗大，两侧具沟槽，棘长小于鳍高，外露部分甚短。尾鳍高，下叶中大，近末端处具缺刻。腹鳍大，与后背鳍等大，后角尖凸。胸鳍大，外角宽圆，后角尖凸。

成年皱皮刺鲨体色锈褐，背部色较深，腹部色淡。身长86厘米左右。在中国见于台湾东北海域。

台湾刺鲨曾称"猫公鲛"，前后背鳍皆具硬棘，前背鳍低而长，位于体长的前半部，背鳍棘基底被皮肤包埋，起点距吻端约等于到后背鳍棘基底起点之距离；后背鳍后角尖长，鳍高与前背鳍相若，后角长而尖凸。尾鳍高，下叶中大，近末端处具缺刻。腹鳍与背鳍等大，后角尖凸。胸鳍外角宽圆，后角尖凸，末端可达前背鳍棘下方。

成年台湾刺鲨体色锈褐。身长约150厘米。在中国见于台湾海域。此品种的肝油含丰富的角鲨烯。

粗体刺鲨前后背鳍各具硬棘，前大后小。尾鳍宽短，上叶发达，下叶前部呈三角形凸出，中部渐狭，与后部间具缺刻。没有臀鳍。胸鳍多为宽大或钝圆形。

成年粗体刺鲨体色棕褐。身长87厘米左右。在中国东海海域可见。

叶鳞刺鲨曾称"叶鳞尖鳍鲛"，前后背鳍各具硬棘，前背鳍上角钝圆，后缘斜直，下角延长尖凸。臀鳍宽短，下叶前部呈三

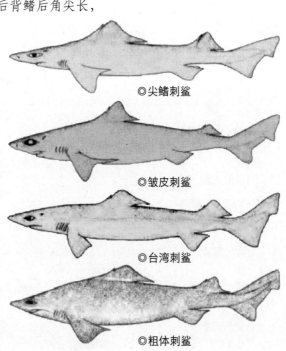

◎尖鳍刺鲨

◎皱皮刺鲨

◎台湾刺鲨

◎粗体刺鲨

角形凸出，中部渐狭，与后部间具缺刻，后部与上叶相连，后缘截形。腹鳍软小，低平。胸鳍短小，三角形。

成年叶鳞刺鲨体色灰褐，尾鳍后缘与下缘黑色。身长150厘米左右。在中国东海、南海海域可见。

锯齿刺鲨背鳍前大后小，前背鳍上角钝尖，后缘微凹，下角延长尖凸；后背鳍约同形，但内角尖凸。尾鳍宽短。胸鳍近长方形。胸鳍内角尖凸延长，几乎可伸达前背鳍基底后端。

成年锯齿刺鲨体色暗褐。身长65厘米左右。在中国南海海域可见。

同齿刺鲨曾称"箭头尖鳍鲛""同齿拟齿鲨"，前后背鳍具硬棘，硬棘侧面具一沟槽，棘长约鳍高的四分之三；前背鳍短，距吻端与距后背鳍相等；上角钝圆，后缘浅凹，后角延长尖凸；后背鳍小于前背鳍上角钝圆，后缘近平直或稍凹，后角尖凸。尾鳍中长，上叶大，后缘具缺刻，尾端呈斜截形。腹鳍低平，前后缘连续呈半弧形，后角尖而微凸；鳍脚短小末端尖凸。胸鳍比前背鳍大，后缘稍凹，外角钝圆，后角延长尖凸。

成年同齿刺鲨背面铁灰色；尾鳍上叶，后背鳍前缘近上角处及鳃裂上方灰黑色；腹面灰白色。

霞鲨即角鲨目 [Squaliormes] 角鲨科 [Squalidae] 霞鲨属 [Centroscyllium] 的蒲氏霞鲨 [*Centroscyllium kamoharai*（Abe）]。

蒲氏霞鲨前后背鳍同样具硬棘；前背鳍起点位于胸鳍末端稍后上方，硬棘长度偏短，不及软条部前缘长度之一半；背鳍上下角钝尖。尾鳍短小，上叶不及下叶发达，下叶前部凸出，与中部连接，中部与后部间具缺刻，后缘圆凸，与上叶联合，尾端近圆形。无臀鳍。腹鳍狭小且低平，外角钝圆，内角尖凸，鳍脚圆柱形，后端尖凸弯向腹面。胸鳍前缘圆凸，外角和内角圆形。

成年蒲氏霞鲨体色黑褐。身长44厘米左右。在中国东海、南海海域可见。

荆鲨是角鲨目 [Squaliormes] 角鲨科 [Squalidae] 荆鲨属 [Centroscymus] 大眼荆鲨 [*Centroscymus coelolepis*（Bocage et Capello）]、欧氏荆鲨 [*Centroscymus owstonii*（Garman）] 等6种的统称。

大眼荆鲨前后背鳍呈长方形，前方具带

◎注1："霞鲨"吻平扁短钝；鳃孔5对；上下颌齿三齿头形；盾鳞基板呈星状。尾鳍扫帚形。
　　需要注意的是，属下所有品种的背鳍棘基部具毒腺，人被刺后，创口红肿并伴有剧痛。
◎注2："荆鲨"体近圆筒形；吻平扁，广弧形；鳃孔5对；两颌齿异形，上颌齿矛状，下颌齿方形。尾鳍扫帚形。
　　需要注意的是，属下所有品种的背鳍棘基部具毒腺，人被刺后，创口红肿并伴有剧痛。

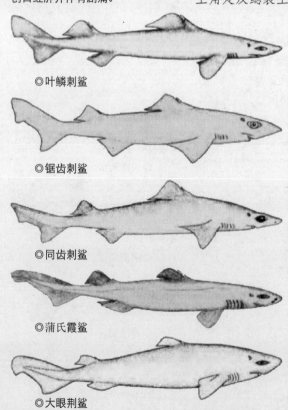

◎叶鳞刺鲨

◎锯齿刺鲨

◎同齿刺鲨

◎蒲氏霞鲨

◎大眼荆鲨

侧沟，仅末端露出小棘。尾鳍宽短。腹鳍近长方形，大于后背鳍。胸鳍中大。

成年大眼荆鲨体色纯黑，有闪光，各鳍后缘色较淡。身长 79 厘米左右。在中国南海海域可见。

欧氏荆鲨前后背鳍近长方形，具短棘。尾鳍宽短。腹鳍低平。胸鳍略大于腹鳍，内外角均钝圆。

成年欧氏荆鲨体色暗褐。身长 93 厘米左右。在中国见于东海海域。

须角鲨是指角鲨目 [Squaliormes] 角鲨科 [Squalidae] 须角鲨属 [Cirrhigaleus] 的须角鲨 [*Cirrhigaleus barbifer* (Tanaka)]。

须角鲨曾称"长须棘鲛"，其前后背鳍同形同大，前边均带有长而粗的棘。尾鳍宽短，近扫帚形。腹鳍近三角形。胸鳍比前背鳍大，后缘凹陷，内外角钝圆。

成年须角鲨背面棕灰色，腹面白色，各鳍具白色缘。身长 86 厘米左右。在中国台湾东北部海域可见。

铠鲨曾称"黑鲛"，即角鲨目 [Squaliormes] 角鲨科 [Squalidae] 铠鲨属 [Dalatias] 的铠鲨 [*Dalatias licha* (Bonnaterre)]。

铠鲨背鳍前小后大，前背鳍后缘直，下角尖凸；后背鳍前缘弧形，后角尖凸，后缘凹陷。尾鳍与上叶相接处具缺刻，尾端斜截形。胸鳍短小，后缘广圆。

成年铠鲨背色灰黑或黑褐，腹色黄褐，鳍缘白色，尾鳍尖端黑色。身长 86 厘米左右。在中国台湾附近海域可见。通常取其肝制鱼肝油，取其皮制革，取其骨制鱼粉，当然不会漏下中国人喜爱的鱼鳍制"鱼翅"。

田氏鲨是角鲨目 [Squaliormes] 角鲨科 [Squalidae] 田氏鲨属 [Deania] 田氏鲨 [*Deania calcea* (Lowe)] 等 4 种的统称。中国只可见以下品种：

田氏鲨曾称"篦吻棘鲛"，原因是这种鲨鱼背鳍前均具硬棘。其尾鳍长，上叶与下叶等大，下叶前部呈圆三角形凸出，中部与后部分隔处具缺刻，后部与上叶相连，尾端钝圆。腹鳍低平，半弧形，内角尖凸。胸鳍长方形，内外角钝圆。

成年田氏鲨体色灰褐，鼻缘、口缘和鳃孔处呈黑褐色。身长 91 厘米左右。在中国见于东海和台湾海域。是鱼肝油的供应鱼品之一。

乌鲨是角鲨目 [Squaliormes] 角鲨科 [Squalidae] 乌鲨属 [Etmopterus] 乌

◎注 1："须角鲨"背部隆起；吻短而广圆；鼻孔内侧前缘具很长的肉质鼻须，这恐怕是它得名的原因；鳃孔 5 对。尾鳍扫帚形。

需要注意的是，属下所有品种的背鳍棘基部具毒腺，人被刺后，创口红肿并伴有剧痛。

◎注 2："铠鲨"吻很短，口角具唇褶；上颌齿细刺状，下颌齿呈三角形；盾鳞具低嵴凸。尾鳍扫帚形。

需要注意的是，属下所有品种的背鳍棘基部具毒腺，人被刺后，创口红肿并伴有剧痛。

◎注 3："田氏鲨"体呈纺锤形；吻长；鼻孔横列；口角具深沟，具唇褶；鳃孔小，位于胸鳍基底前方。尾鳍扫帚形。

需要注意的是，属下所有品种的背鳍棘基部具毒腺，人被刺后，创口红肿并伴有剧痛。

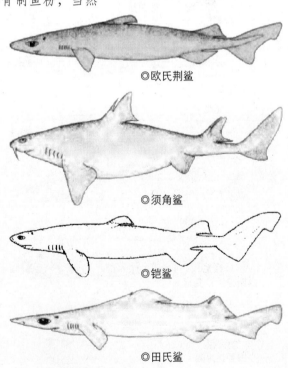

◎欧氏荆鲨

◎须角鲨

◎铠鲨

◎田氏鲨

鲨 [*Etmopterus lucifer* （Jordan et Snyder）]、模拉里乌鲨 [*Etmopterus molleri* （Whitley）]、小乌鲨 [*Etmopterus pusillus* （Lowe）]、斯普兰汀乌鲨 [*Etmopterus splendidus* （Yano）]、棘鳞乌鲨 [*Etmopterus princeps* （Collett）]、南方乌鲨 [*Etmopterus granulosus* （Gunther）]、褐乌鲨 [*Etmopterus unicolor* (Engelhardt）]、利氏乌鲨 [*Etmopterus litvinovi* （Parin et Kotlyar）] 等 17 个品种的统称。中国有以下品种：

乌鲨曾称"灯笼棘鲛"，前背鳍狭小，所对应的硬棘较短；后背鳍较大，上角圆形，下角尖而微凸，所对应的硬棘较长并具侧沟。尾鳍占身长的九分之二，尾端斜而钝圆。腹鳍低平，半弧形，内角尖而凸出。胸鳍长方形，内外角钝圆。

成年乌鲨背侧灰褐色，体侧具浅色纵条。身长 42 厘米左右。在中国见于东海、南海海域。

模拉里乌鲨曾称"模拉里乌鲛"，前后背鳍前都具硬棘，前背鳍上角钝圆，较小；后背鳍近方形，较大。尾鳍钝钩形。腹鳍与前背鳍大小相若。胸鳍小。

成年模拉里乌鲨体色棕灰，体侧下方具纵行浅色斑；尾鳍具蓝色斑。身长 36 厘米左右。在中国台湾东北海域可见。

小乌鲨曾称"布希勒乌鲛"，前后背鳍前都具硬棘，前背鳍小，上角圆，下角尖而细小；后背鳍大，相对应的硬棘亦长。尾鳍上叶与下叶等大，下叶前部呈圆形凸出。腹鳍低平，末端尖凸。胸鳍后缘平直，内外角钝圆。

成年小乌鲨体色灰褐，腹面色深，各鳍黑褐色。身长 36 厘米左右。在中国见于南海海域。

斯普兰汀乌鲨前后背鳍前都具硬棘，前背鳍狭小，上角圆而下角尖凸；后背鳍较大，上角钝尖，后缘浅凹。尾鳍短，下叶前部呈圆三角形凸出。腹鳍低平，前后缘连续，呈半弧形。胸鳍近长方形。

成年斯普兰汀乌鲨体背淡紫黑色，腹鳍、尾鳍具暗斑。身长 63 厘米左右。在中国台湾东北海域可见。

达摩鲨是角鲨目 [Squaliormes] 角鲨科 [Squalidae] 达摩鲨属 [Isistius] 巴西达摩鲨 [*Isistius brasiliensis* （Quoy et Gaimard）]、唇达摩鲨 [*Isistius labialis* Meng （Chu et Li）]、大齿达摩鲨 [*Isistius plutodus* （Garrick et Springer）] 的统称。在中国有以下品种：

巴西达摩鲨曾称"雪茄鲛"，其前背鳍上角广圆，后角尖；后背鳍与前背鳍同

◎注 1："乌鲨"体细长；眼大，椭圆形；鼻孔横列，近吻端；前鼻瓣有小三角形凸出；鳃孔狭小。尾鳍扫帚形。

需要注意的是，属下所有品种的背鳍棘基部具毒腺，人被刺后，创口红肿并伴有剧痛。

◎注 2："达摩鲨"吻短，钝圆锥形；鳃孔小，等大；唇肉发达；上下颌齿异形，上颌齿狭小而尖，直立，下颌齿叶片状；盾鳞近方形。尾鳍扫帚形。

需要注意的是，属下所有品种的背鳍棘基部具毒腺，人被刺后，创口红肿并伴有剧痛。

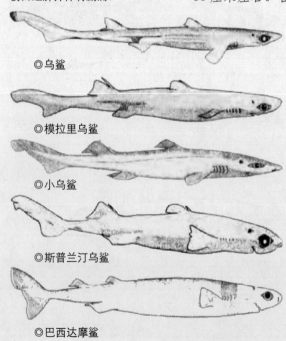

◎乌鲨

◎模拉里乌鲨

◎小乌鲨

◎斯普兰汀乌鲨

◎巴西达摩鲨

形。尾鳍近乎正形尾，上叶发达，具缺刻，后缘截形。腹鳍大于前后背鳍。胸鳍，长大于宽，内外角钝圆。

成年巴西达摩鲨体背暗褐色，腹部浅色；胸鳍前方鳃裂处有一条明显的黑褐色环带；鳍褐色；胸鳍、背鳍和腹鳍后缘具淡白色边缘；尾鳍上下叶呈暗褐色。身长50厘米左右。在中国见于台湾北部海域。

唇达摩鲨前背鳍短小，上角广圆，后角尖凸，棘甚短，顶端稍露出；后背鳍低而长，无棘，后角尖凸，末端位于后背鳍基末端到尾鳍上叶起点的中央。尾鳍宽短，扫帚形，上叶稍大于下叶，后缘截形，下叶后缘稍入，尾柄腹面平，横剖面五角形。腹鳍短而低，外角圆，后角尖。胸鳍宽大，外角圆，内角钝圆，后缘截形。

成年唇达摩鲨体背暗褐色。前背鳍前部褐色，后部白色；后背鳍上缘白色。胸鳍基底黑色，外缘具黑斑，其他部分白色。腹鳍外缘白色，基底黑色。尾鳍基底褐色，后缘白色。身长44厘米左右。在中国见于台湾海域。

异鳞鲨是角鲨目 [Squaliormes] 角鲨科 [Squalidae] 异鳞鲨属 [Scymnodon] 黑异鳞鲨 [*Scymnodon niger* （Chu et Meng)]、异鳞鲨 [*Scymnodon squamulosus* （Guntber)] 等4种的统称。

黑异鳞鲨前后背鳍具小棘；前背鳍小，上角广圆，后缘斜直，下角尖凸；后背鳍稍大于前背鳍，上角广圆，前后缘相连呈广弧形，下角尖凸。尾鳍宽大，上叶发达，下叶前端宽大，呈三角形凸出，中后部连续，与上叶连接处具缺刻。腹鳍低平，胸鳍较小。

成年黑异鳞鲨体黑褐色，各鳍边缘浅褐色，鳍脚灰白色。身长60厘米左右。在中国见于东海、南海海域。

异鳞鲨前后背鳍均具微小但外露之硬棘；前背鳍稍小于后背鳍，上角钝圆，后角尖；后背鳍上角钝圆，后缘稍凹，后角延长尖凸。尾鳍宽短，上叶发达，后缘具缺刻。腹鳍低平，与后背鳍几乎相同大小，外角钝圆，后角尖凸。胸鳍较短小，外缘微凸，内缘平直。

成年异鳞鲨体色灰黑。身长84厘米左右。中国在东海、南海海域可见。

小角鲨是角鲨目 [Squaliormes] 角鲨科 [Squalidae] 小角鲨属 [Squaliolus] 阿里小角鲨 [*Squaliolus aliae* （Teng)] 等2种的统称。

阿里小角鲨又称"小抹香鲛"，前背鳍短小，上角广圆，后角尖凸，下缘直，

◎注1："异鳞鲨"头顶平扁，头背较宽；鼻孔斜列；喷水孔很大，位于眼后；体横切面近三角形；尾柄无侧嵴；盾鳞具棘凸和纵嵴。尾鳍扫帚形。

需要注意的是，属下所有品种的背鳍棘基部具毒腺，人被刺后，创口红肿并伴有剧痛。

◎注2："小角鲨"前鼻瓣很短；吻很长；鳃孔狭小，等大；唇薄，齿大，齿头外斜。尾鳍扫帚形。

需要注意的是，属下所有品种的背鳍棘基部具毒腺，人被刺后，创口红肿并伴有剧痛。

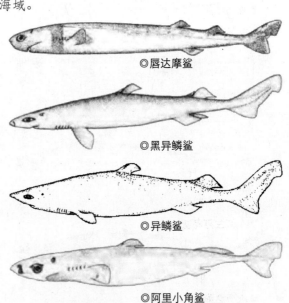

◎唇达摩鲨

◎黑异鳞鲨

◎异鳞鲨

◎阿里小角鲨

◎注："角鲨"眼椭圆形；喷水孔位于眼后上方；鼻孔横列，前鼻瓣具小三角形凸出；口宽大，略呈浅弧形；口侧具深沟，口能凸出，多唇褶；上下颌齿单齿头形。尾鳍扫帚形。无臀鳍。

需要注意的是，属下所有品种的背鳍棘基部具毒腺，人被刺后，创口红肿并伴有剧痛。

所对应的硬棘很短；后背鳍长而低，无对应硬棘，下角尖凸。尾鳍宽短，扫帚形。腹鳍短而低，内外角钝尖。胸鳍宽大，外角圆，后缘截形。

成年阿里小角鲨体色暗褐。前背鳍前部褐色，后部白色；后背鳍白色。胸鳍基部黑色，外缘具黑斑。身长21厘米左右。中国罕见于台湾东北海域。

角鲨是角鲨目 [Squaliormes] 角鲨科 [Squalidae] 角鲨属 [Squalus] 白斑角鲨 [*Squalus acanthias*（Linnaeus）]、尖吻角鲨 [*Squalus acutirostris*（Chu，meng et Li）]、高鳍角鲨 [*Squalus blainvillei*（Risso）]、日本角鲨 [*Squalus japonicus*（Ichikawa）]、短吻角鲨 [*Squalus megalops*（Macleay）]、长吻角鲨 [*Squalus mitsukurii*（Jordan et Fowler）] 等 10 个品种的统称。

白斑角鲨曾称"萨氏角鲨""棘角鲨"，前后背鳍具硬棘；前背鳍上角钝圆，后缘凹入，下角延长尖凸；后背鳍较小，上角钝圆，后缘深凹，下角延长尖凸。尾鳍宽短，近扫帚形，上叶颇发达，上翘。腹鳍近长方形，后缘斜直，外角钝圆，内角钝尖凸出。胸鳍颇宽大，三角形，后缘浅凹，内、外角均钝圆。

成年白斑角鲨背侧灰褐色，腹面白色，各鳍边缘浅白色。身长 100 厘米左右。在中国见于黄海、东海海域。

尖吻角鲨前后背鳍均具硬棘；前背鳍颇小，起点在胸鳍基底后缘稍后方；后背鳍较小。尾鳍宽短，近扫帚形。腹鳍近长方形。胸鳍宽大。

成年尖吻角鲨体色暗褐，腹面淡白。身长 62 厘米左右。在中国南海海域可见。

高鳍角鲨曾称"高鳍刺鲛"，背鳍高企，前大后小，各具硬棘。尾鳍宽短，扫帚形。腹鳍低平，前后缘连续，呈半弧形。胸鳍比前背鳍大，后缘凹陷，外角钝圆，内角微凸。

成年高鳍角鲨体色灰褐，背鳍具白缘。身长95厘米左右。在中国见于台湾东北部海域。

日本角鲨曾称"日本棘鲛"，前后背鳍均具硬棘；前背鳍上角钝圆，后缘凹入，下角延长尖凸；后背鳍较小，所对应的硬棘长。尾鳍上叶发达。腹鳍低平，前后缘连续，呈半弧形，后角尖而微凸。胸鳍大于前背鳍，后缘深凹，外角钝圆，内缘尖而凸出。

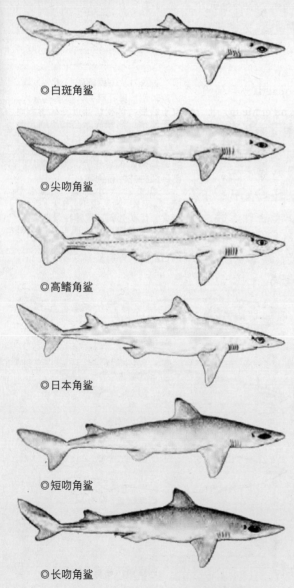

◎白斑角鲨

◎尖吻角鲨

◎高鳍角鲨

◎日本角鲨

◎短吻角鲨

◎长吻角鲨

成年日本角鲨背面灰褐色，腹面淡白色；背鳍顶端黑色，胸鳍后缘浅色。身长91厘米左右。在中国见于台湾海域。

短吻角鲨曾称"短吻棘鲛"，前背鳍颇小，与后背鳍均具硬棘。尾鳍宽短，扫帚形。腹鳍低平。胸鳍后缘深凹，外角钝圆。

成年短吻角鲨背面褐中带赤，腹面淡白色。身长71厘米左右。在中国黄海、东海、南海海域可见。

长吻角鲨前后背鳍均具硬棘；前背鳍上角钝圆，后缘凹入，下角延长尖凸；后背鳍小于前背鳍，上角钝圆，后缘深凹，下角延长尖凸。尾鳍短宽，扫帚形。腹鳍低平，呈半弧形，内角尖而微凸。胸鳍比前背鳍大，后缘凹入，外角钝圆，内角钝尖微凸。

成年长吻角鲨背部呈珍珠灰色，腹部呈白色。身长可达75厘米。在我国南海、东海和黄海均可见。

扁鲨 又称"天使鲨""琵琶鲨"，是扁鲨目 [Squatiniformes] 扁鲨科 [Squatinidae] 扁鲨属 [Squatina] 台湾扁鲨 [*Squatina formosa* （Shen et Ting）]、日本扁鲨 [*Squatina japonica* （Bleeker）]、星云扁鲨 [*Squatina nebulosa* （Regan）]、拟背斑扁鲨 [*Squatina tergocellatoides* （Chen）]、疣突扁鲨 [*Squatina aculeata*]、非洲扁鲨 [*Squatina africana*]、阿根廷扁鲨 [*Squatina argentina*]、澳洲扁鲨 [*Squatina australis*]、加州扁鲨 [*Squatina californica*]、杜氏扁鲨 [*Squatina dumeril*]、南美扁鲨 [*Squatina guggenheim*]、巴西扁鲨 [*Squatina occulta*]、白斑扁鲨 [*Squatina oculata*]、扁鲨 [*Squatina squatina*]、背斑扁鲨 [*Squatina tergocellata*] 等15个品种的统称。在中国有以下品种：

台湾扁鲨曾称"台湾琵琶鲨""台湾琵琶鲛"，前后背鳍同形，前大后小，上角宽圆。尾鳍上下角广圆，后缘略凸，尾椎轴末端具缺刻。腹鳍前缘微凸，后缘直，外角广圆，后角钝尖。胸鳍外缘弧形，后缘稍凹。

成年台湾扁鲨体背灰黄色并具暗褐色斑点；前背鳍具暗褐色三角形斑块；后背鳍具暗褐色垂直横带。身长55厘米左右。在中国见于台湾西南和东北海域。

日本扁鲨曾称"日本琵琶鲨""日本琵琶鲛"，前后背鳍同形同大，外缘斜直，后缘圆凸，上角圆，下角钝圆。尾鳍宽短，扫帚形。腹鳍

◎注 "扁鲨"几近鳐鱼状，身扁，头呈饭铲形；鳃孔5个，紧列于胸鳍基底前方；尾鳍基底圆柱状。

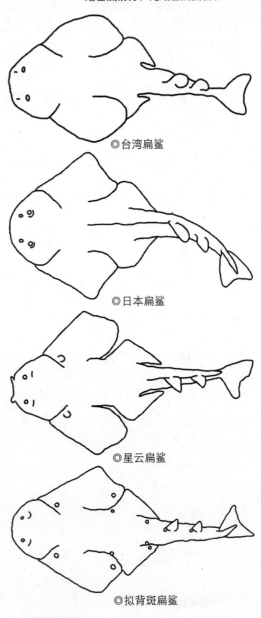

◎台湾扁鲨

◎日本扁鲨

◎星云扁鲨

◎拟背斑扁鲨

宽大，前缘圆凸，后缘斜直。胸鳍很宽大，前缘弧形凹陷。

成年日本扁鲨体色锈褐，具白斑点。身长200厘米左右。在中国黄海、东海及台湾东北海域可见。

星云扁鲨曾称"云纹琵琶鲛"，前后背鳍同形同大，外缘斜直，后缘圆凸，上角圆，下角钝圆。尾鳍宽短，扫帚形。腹鳍宽大，后角延长尖凸。胸鳍大，前缘圆凸，前缘成一角状凸出。

成年星云扁鲨体色锈褐，具白色斑点；胸鳍、背鳍及尾柄具黑斑。身长100厘米左右。在中国东海南部、台湾东北部及南海可见。

拟背斑扁鲨曾称"拟背斑琵琶鲛"，前后背鳍同形同大，外缘斜直，上角钝尖。尾鳍宽短，扫帚形。腹鳍宽大，前缘圆凸，后缘斜直，内角延长并稍尖凸。胸鳍大，前缘凹陷，前端成一角状凸出。

成年拟背斑扁鲨体色黄褐，背面密布白色圆点；胸鳍具黑色圆斑；胸鳍和腹鳍具暗色斑。身长100厘米左右。只见于中国台湾海域。

锯鲨是锯鲨目 [Pristiophoriformes] 锯鲨科 [Pristiophoridae] 锯鲨属 [Pristiophorus] 日本锯鲨 [*Pristiophorus japonicus* (Gunther)] 等4个品种的统称。

日本锯鲨曾称"锯齿鲨"，前背鳍位于体腔后部上方，起点后于胸鳍里角上方；后背鳍比前背鳍稍小而同形。尾鳍狭长。腹鳍比后背鳍小。胸鳍宽大。尾基上下方无凹洼，尾柄下侧具皮褶。

成年日本锯鲨体色灰褐，腹面白色，各鳍后缘浅色；吻上具暗色纵纹。身长136厘米左右。由于肉质佳，其鳍受到关注，晒干后可成上品"鱼翅"。在中国黄海、东海海域可见。

锯鳐是锯鳐目 [Pristiformes] 锯鳐科 [Pristidae] 锯鳐属 [Pristis] 尖齿锯鳐 [*Pristis cuspidatus* (Lathan)]、小齿锯鳐 [*Pristis microdon* (Lathan)] 等6个品种的统称。

尖齿锯鳐前后背鳍同形同大，后缘凹入，上角钝尖，前缘圆凸，下角延长尖凸。尾鳍宽短，上下叶均颇发达，下叶前部呈三角形凸出。腹鳍比背鳍稍小，后缘凹入，里角稍尖凸。胸鳍颇大，后

◎注1："锯鲨"眼侧上位，椭圆形，具瞬褶；喷水孔大，斜列于眼后；齿细小平扁，齿头尖；鳃孔5个，宽大，下半部转入腹面。无臀鳍。

◎注2："锯鳐"眼侧上位，椭圆形，眼上缘连于皮，下眼睑具瞬褶；喷水孔呈卵圆形，位于眼后；齿细小而多，平扁光滑，呈铺石块状排列；鳃孔小，斜列于头的后部腹面、胸鳍基底的内侧。无臀鳍。

◎注3："锯鲨"与"锯鳐"乍看十分相似，很难分清谁是谁，实际上，它们的区别看鳃孔位置，锯鲨鳃孔位于身体的两侧，而锯鳐鳃孔则位于身体的腹面。

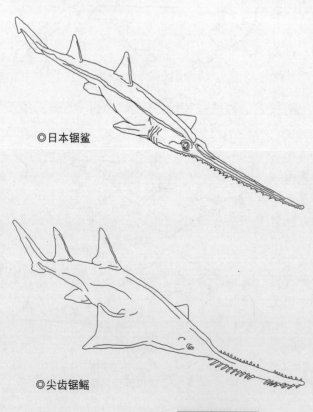

◎日本锯鲨

◎尖齿锯鳐

缘微凹，外角钝圆，内角尖凸，基底伸达第一鳃孔前方。

成年尖齿锯鳐背面暗褐色，腹面白色；体背面肩上、胸鳍和腹鳍前缘均具一浅色横条。身长 450 厘米左右，最大可达 900 厘米。在中国见于东海南部及南海海域。此品种的鱼肉上佳，其鳍晒干后更是上等"鱼翅"的货色。

小齿锯鳐前后背鳍形状相同，前缘圆凸，后缘凹陷，上角钝尖，下角延长尖凸。尾鳍狭长，上下叶发达，下叶前部呈小三角形凸出。腹鳍后缘凹陷，内角略尖凸。胸鳍宽大，外角尖凸。

成年小齿锯鳐背面赤褐色，腹面淡白色，边缘黑色。身长 400 厘米左右。在中国偶见于南海。

犁头鳐又称"提琴鳐""班卓琴鲨"，是鳐目 [Rajiformes] 犁头鳐亚目 [Rhinobatoidei] 圆犁头鳐科 [Rhinidae] 圆犁头鳐属 [Rhina] 圆犁头鳐 [*Rhina ancylostoma* （Bloch et Schneider）]，尖犁头鳐科 [Rhynchobatidae] 尖犁头鳐属 [Rhynchobatus] 及达尖犁头鳐 [*Rhynchobatus djiddensis* （Forsskal）]，犁头鳐科 [Rhinobatidae] 犁头鳐属 [Rhinobatos] 台湾犁头鳐 [*Rhinobatos formosensis* （Norman）]、颗粒犁头鳐 [*Rhinobatos granulatus* （Cuvier）]、斑纹犁头鳐 [*Rhinobatos hynnicephalus* （Richardson）]、小眼犁头鳐 [*Rhinobatos microphthalmus* （Teng）]、许氏犁头鳐 [*Rhinobatos schlegeli* （Muller et Henle）] 等 60 多个品种的统称。

圆犁头鳐曾称"鲨头鳐""波口缸""波口鲨头鳐"，胸鳍前后缘斜直，内外角都钝圆。腹鳍后缘凹陷，外角钝尖，内角钝圆。背鳍前小后大，近三角形。尾鳍短宽，略呈叉形。

成年圆犁头鳐体色灰褐，散布白色斑点；头和背具暗色横纹。身长 270 厘米左右。在中国东海、南海海域可见。鳍晒干后为上等"鱼翅"。

及达尖犁头鳐曾称"吉打龙文鳞"，其胸鳍前缘、后缘、里缘都斜直，内外角钝尖凸出。腹鳍外角钝圆，内角钝尖凸出。背鳍前大后小，同形，上角钝圆，后缘凹陷，

◎注："犁头鳐"身近扁平；因吻凸出如古代耕田的铁犁而得名；眼卵圆形；喷水孔大，椭圆形。无臀鳍。

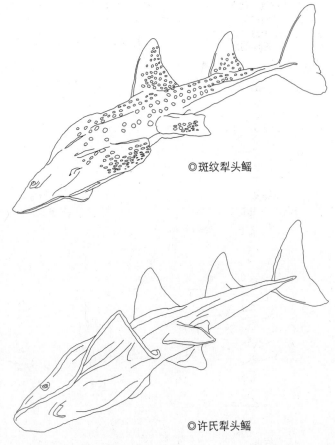

◎斑纹犁头鳐

◎许氏犁头鳐

海味制作图解 II

下角尖凸。尾鳍短宽，近叉形。

成年及达尖犁头鳐暗褐色，吻端具小斑，胸鳍基底具黑色圆斑。身长200厘米左右。在中国东海、南海海域可见。其鳍晒干后为上等"鱼翅"。

台湾犁头鳐曾称"台湾琵琶鲼"，前背鳍高约为基底长的两倍，起点距腹鳍等于背鳍间隔；背鳍间隔约为前背鳍基底长的三倍左右。

成年台湾犁头鳐背褐色，吻软骨两侧透明，腹面及尾部侧褶白色。身长100厘米左右。在中国东海、南海海域可见。鳍晒干后为上等"鱼翅"。

颗粒犁头鳐曾称"颗粒琵琶鲼"，胸鳍前缘斜直，后缘广圆，前后角都是圆形。腹鳍小，前角广圆，后角钝尖凸出。前后背鳍同大同形；前缘圆凸，后缘稍凹；上下角钝圆。尾鳍狭长，上叶较大；下叶不分叶、不凸出，低而广圆形。

成年颗粒犁头鳐背面赤褐色或紫褐色，吻侧淡赤色，腹面淡白色。身长200厘米左右。在中国东海、南海海域可见。其鳍晒干后为上等"鱼翅"。

斑纹犁头鳐曾称"犁头琵琶鲼"，其胸鳍宽大，前缘斜直，与后缘和里缘连续成广圆形。腹鳍狭长，几乎与胸鳍相连，外角圆，后角钝尖微凸。前后背鳍同形同大，前缘稍圆凸，后缘平直，上下角都钝圆。尾鳍短小，上叶较大，下叶不凸出，低而广圆。

成年斑纹犁头鳐背面褐色，除背鳍、尾鳍及吻侧外，均密布暗褐斑点，有的呈睛状、有的呈条状、虫状，花纹不一。身长100厘米左右。在中国沿海可见。此品种鱼鳍晒干后为上等"鱼翅"自然不必说，它吻侧半透明的结缔组织更是与"鱼翅"同样矜贵的"明骨"原料。与此同时，其皮晒干通常不做革，而是做档次较高的、质感软滑的食用"鱼皮"。

小眼犁头鳐与"颗粒犁头鳐"[*Rhinobatos granulatus* (Cuvier)]很相似，区别在于本种前鼻瓣转入鼻间隔区域，而后者不转入。

成年小眼犁头鳐体色锈褐，吻软骨两侧及腹面白色。身长100厘米左右。在中国台湾海域偶见。此品种肉质差，鳍晒干后成"鱼翅"的等级也差。

许氏犁头鳐胸鳍较狭长，基底前沿可伸达吻侧后部；前缘斜直，与后缘和里缘连

◎鲨鱼结构图

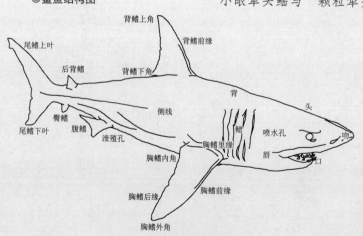

续成广圆形。腹鳍狭长，几与胸鳍相连，外缘和内缘连续成半弧形，内角钝尖稍凸。前后背鳍同形同大。尾鳍短小，上叶较大，下叶不凸出，低而广圆形。

成年许氏犁头鳐背面褐色，吻前部腹面具黑色大斑。身长200厘米左右。为我国南海和东海次要经济鱼类，在南海产量较大。其皮、鳍及吻侧半透明结缔组织的商品等级与"斑纹犁头鳐"[*Rhinobatos hynnicephalus* (Richardson)] 一样，被20世纪30年代声名鹊起的广州名厨吴銮推高至名贵级别。

从明代开始，中国人显然是拉开对"鲛鱼"进行深入研究的帷幕，对其品种进行细分，而在之前只是停留在笼统名字上，如宋代陆佃在《埤雅·卷一·鲛》就如是说"鲛，海鱼也。状似鼍而无足，背文粗错，皮间有珠，可以饰刀。其子鹝则入母腹中，盖龙珠在颔。鲛珠在皮，蛇珠在口，觉珠在足，鱼珠在眼，鲜珠在腹也。素天玄主物簿叙鱼珠曰鱼之怀珠至五十年则无复鼓。总聪上有汗，其鬣鳞暴，皆异鬣。当听色，眼当红色，口当赤色。又曰怀珠之蛇多喜投暗，见人张口，向人吐气，如烬是则蛇珠竖鱼。亦有怀着述异记曰南海有鲛人之室，水居如鱼不废机织其眼能泣则出珠"，仅仅说出这类型的深海生物具卵胎生的特性。而这类型的深海生物，不仅有卵胎生，还有卵生和胎生的区分（真鲨科、双髻鲨科辖内所有品种以及皱唇鲨的灰星鲨为胎生；虎鲨科、鲸鲨科、须鲨科、猫鲨科辖下品种为卵生；余下各科辖下品种均为卵胎生）。

广东南海（今广州）人黄衷（1474—1553）在《海语·卷中·海鲨》中就明确记下鲨鱼有两种："鲨有二种，鱼鲴之鲨。盖闽广江汉之常产海鲨，虎头鲨体黑纹，鳖足，巨者余二百斤。尝以春晦陟于海山之麓旬日而化为虎，惟四足难化，经月乃化矣。或曰虎纹，直疏且长者鲨化也，炳炳成章者常虎也。"并自注曰："《本草》云沙鱼出南海，形如鳖，无足而有尾。《山海经》云可以饰剑。广中亦有沙鱼，其皮可以磨器及作剑室。如叔所记当为别种。传云鱼虎背有刺皮如猬头，如虎；生南海。亦有变为虎者。此疑同类异名，但不云有足。《草木子》曰鳞虫皆卵生，独海鲨胎生，故为鱼也最巨。"

而主要活动于明万历年间（1573—1620）的屠本畯在《闽中海错疏》上又增加了十二个品种，即虎鲨、锯鲨、狗鲨、乌头、胡鲨、鲛鲨、剑鲨、乌髻、出入鲨、时鲨、帽鲨和黄鲨等（当中的"鲨"字写成"鯋"），并解释道："鯋（鲨）之种类不一，皮肉皆同，唯头稍异。"为此，清代《四库全书》在收录此书时也惊叹地用了"《海语》谓鲨有二种，而此书

◎中国系统的脊椎动物学研究在1927年由寿振黄博士牵头展开，由此广大厨师们才知道"群翅"是由犁头鳐身上而不是犁头鲨身上割取下来的。

下图为寿振黄博士绣像。

海味制作图解 II

◎注1：1913年美国科学家台维斯博士发现从鲨鱼肝榨取出来的黄色黏稠液体——鱼肝油可以治愈人类的眼干燥症。英国科学家曼俄特博士将这种液体的主要成分命名为维生素A（Vitamin A）。国际上正式将这种成分确定为人类营养必需品，用以治疗人体缺乏维生素A后导致的夜盲症。

◎注2："维生素A"又称作"视黄醇"，最初认为只来自于鲨鱼等海洋生物，尤其是角鲨属 [Squalus] 辖下品种。经科学家深入研究，由鲨鱼肝脏等榨取的称为维生素A醇（Retionl），和可在植物提取的胡萝卜素（Carotene），两者功用相似。

◎注3：《中华人民共和国野生动物保护法》是在1988年11月8日经七届全国人大常委会第4次会议通过，并于2004年8月28日及2009年8月27日做出修订。该法将国家重点保护的野生动物分为一级保护野生动物和二级保护野生动物，其名目主要是陆生动物为主，水生动物较少，当中并无鲨鱼及鳐鱼的名称被包括在内。

按理，鲨鱼、鳐鱼是合法的膳食材料。

但也先不要鲁莽动箸，因为我们还要遵守在2002年签字加入的俗称《华盛顿公约》（CITES）的《濒危野生动植物种国际贸易公约》的规定。

该公约列明须鲨目 [Orectolobiformes] 鲸鲨科 [Rhincodontidae] 鲸鲨 [Rhincodon typus (Smith)]，鼠鲨目 [Lamniformes] 鼠鲨科 [Lamnidae] 噬人鲨 [Carcharodon carcharias (Linnaeus)]，鼠鲨目 [Lamniformes] 姥鲨科 [Cetorhinidae] 姥鲨 [Cetorhinus maximus (Gunner)] 以及锯鳐目 [Pristiformes] 锯鳐科 [Pristidae] 小齿锯鳐 [Pristis microdon (Lathan)] 受条约附录 II 保护，禁止国际贸易及杀害。

列至十二种，固可称贱具"的话语来形容。

当然，后来的厨师极想了解的是"鲨"和"鳐"的事情。

"鲨"与"鳐"并不限定在中国周边海域生存，但凡是温带和热带的海洋（水温高于20摄氏度），都能见到它们的身影（个别如格陵兰鲨 [Somniosus microcephalus] 还会在寒带生存）。

据统计，"鲨"有359～370种（中国海域可见133种），"鳐"有456～460种（中国海域可见77种）。

这个答案来源于中国脊椎动物学研究开拓者之一的寿振黄（1899—1964）博士在1927年展开的软骨鱼类研究的成果。经过寿振黄博士详细的分类，让广大厨师们终于知道吴銮师傅烹制的"红烧大群翅"所用的原料不是取自于"鲨"，而是取自于"鳐"。

实际上，被归纳为下孔总目 [Hypotremata] 的"鳐"只有圆犁头鳐科 [Rhinidae]、尖犁头鳐科 [Rhynchobatidae] 辖下品种的鳍具经济价值，可以晒干成"鱼翅"。其他各科的品种只能割取鱼皮做革或膳用；榨取鱼肝油做药用；磨烂鱼骨、内脏做饲料用。当中蝠鲼科 [Mobulidae] 辖下约10个品种的鳃耙还可制成较名贵的"膨鱼鳃"做药用。

需要强调的是，此总目辖下品种的鱼肉除个别外，大多数不仅质感差劣，就连味道也腥不堪言，不要说是人，就算动物也不喜啖食。难怪渔民在割取有价值的部分之后，会将剩下硕大的鱼身抛回大海任其自然腐烂。

作为侧孔总目 [Pleurotremata] 的"鲨"在冷兵器时代结束之后便不需再用作饰刀使用，让这种鱼的捕捞业濒临绝望的边缘，首当其冲的是非洲渔民，因为他们生息的那片海域产鲨量丰硕，每年有约50万吨的鲜货产量和相应的皮制产品供应全球，由此养活了一大部分人。

庆幸的是，科学家很快为这种鱼找到了第二个价值，让非洲（还包括南美洲）渔民恢复了生机，因为割下这种鱼类的鱼肝即能榨取维生素A（Vitamin A）和角鲨烯（Squalene）制作鱼肝油。

为了获得利润丰厚的鱼肝油，20世纪上半叶是捕捞鲨鱼的疯狂年代，几乎所有的沿海国家都参与了捕捞行动，最大的远洋捕鲨舰队显然是日本、美国、英国等几个科技大国，非洲渔民只是靠地利因素分得一杯少得可怜的羹汤。

然而这一杯少得可怜的羹汤，在20世纪中叶之后也不复存在了。

因为美国科学家卡勒博士在1931年测出了维生素A的结构式，12年后人工合成的维生素A在市场上以低廉的价格出现了。

20世纪70年代末，非洲渔民从中国这里获得了一个喜讯，这个喜讯让他们可以通过鲨鱼鱼鳍的贸易换取他们的生活所需，因为鲨鱼鱼鳍可以晒干制作成中国人餐桌上名贵的"鱼翅"。

是的，与下孔总目[Hypotremata]的"鳐"不同，作为侧孔总目[Pleurotremata]的"鲨"的所有品种，除了须鲨目[Orectolobiformes]铰口鲨科[Ginglymostomatidae]铰口鲨属[Ginglymostoma]又称"护士鲨"的铰口鲨[*Ginglystoma cirratum*]的鱼鳍因含不可食用的胶质之外，都可成为中国人餐桌上的名贵食材。

当然，个别品种还可以割取带软骨的唇部和脊骨去制作同样是中国人餐桌上的名贵食材——"鱼唇"和"明骨"。

更让非洲人喜悦的是，有科学家做出不亚于当年发现鱼肝油能治疗人类眼干燥症的科研成果，发现鲨鱼对癌症具有天然的免疫力，极少患恶性肿瘤，并且在鲨鱼软骨中提取的黏多糖含有强效的"防止癌瘤新生血管生长因子"。

经过临床结果证实这个科研成果的正确性和有效性。癌细胞增生主要是依靠其周围不断新生的血管网络提供养分，从鲨鱼软骨提取的黏多糖正好可以使癌细胞无法形成新生的血管网络而萎缩，由此让癌细胞代谢毒素无法通过足够的血管网络排出而萎缩死亡。

事过不久，这种科研成果的说法忽然沉寂了下来，换来的是归咎中国人食用鲨鱼鳍让鲨鱼濒临绝种的声音。

是不是不该这样妄下结论！

但有一点需要清楚的是，通过大宗的鱼鳍贸易，中国人与非洲人（当然还有南美洲人）能够和谐紧密地联系起来。这是西方国家不想看到的结果。

◎ "鲸鲨"是现今世界上最大的鲨鱼品种，也是现今世界上最大的鱼类，难怪它的鱼鳍用"天九"来形容。但如今这种鲨鱼受《华盛顿公约》保护。

下图为鲸鲨放在手扶拖拉机上的身型。

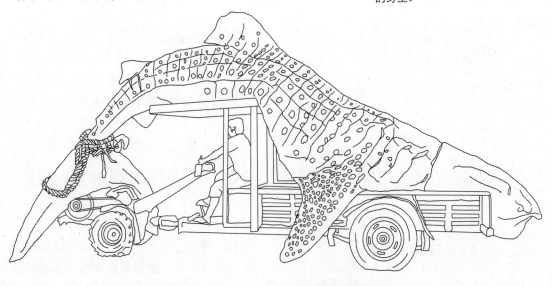

后来的说法更加离谱，甚至形容中国人是鲨鱼的刽子手，说因为中国人嗜好鲨鱼鳍，让"贪婪"的非洲人在捕获鲨鱼并割下鱼鳍后将鱼身暴殄天物地抛回大海。

实际上说这些话的人对鲨鱼肉的了解是无知的，他们对昔年西方在捕捉鲨鱼割取鱼肝的事实置若罔闻，却无端指责中国人或非洲人。

可以这样说，能称肉质上乘的鲨鱼并不多，只有角鲨属 [Squalus]、鲭鲨属 [Isurus]、长尾鲨属 [Alopias]、噬人鲨属 [Carcharodon] 等辖下为数不多的品种。余下的品种不是含有讨厌的尿氨味不堪食用（有厨师曾试过用鲜柠檬汁、柠檬酸浸泡去除尿氨味，但肉质粗敖无法改进），就是含有毒素不能食用。后者如小头睡鲨 [*Somniosus microcephalus*] 有剧毒，黑鳍真鲨 [*Carcharhinus limbatus*]、达氏七鳃鲨 [*Heptranchias dakini* (Whitley)] 和尖吻七鳃鲨 [*Heptranchias perlo* (Bonnaterre)] 有弱毒。

所以长久以来捕鲨者在捕捉到鲨鱼并割取有价值的部分之后都会合力将鲨鱼抛回大海。

这种行为与中国人一点关系都没有，由此形容中国人是刽子手，显然是别有用心，居心叵测。

极具讽刺意义的是，2011 年 9 月 6 日美国加州参议会以 25 对 9 票通过禁止出售、交易和拥有鱼翅法案。这个法案没有禁止捕杀鲨鱼，也不反对割鲨皮、啖鲨肉，且没有禁止有美国人切身利益的取鲨肝榨油的行为。唯一目的就是以美国国内法（甚至于只是州级法案）针对和干扰中国的贸易市场。

鱼鳍从"鲨"或"鳐"身上割下来再晒干，就是中国人餐桌上名贵的"鱼翅"。

作为商品，商家会为特定的鱼鳍命名。当然，命名的方式没有规范，常让新晋厨师糊里糊涂。

以下是各商品名称的定义：

天九翅是最耳熟能详的名称，以大著称，有的长达 40 厘米。不过，这一商品通常不做膳用，会摆在酒楼明显的橱窗内做"镇店之宝"。

所谓"天九"原是中国一种赌博名称，"天"是文子中最大，"九"是武子中最大，"天九"用以形容商品之硕大。

这一商品还可分为"牛皮天九翅"和"挪威天九翅"。前者割取自英文叫 Whale Shark

◎如果鲨鱼鳍高至人的肩是很少膳用的，通常会以红丝带或黄丝带打一个蝴蝶结修饰，摆在酒楼明显的橱窗内做"镇店之宝"。

的鲸鲨 [*Rhincodon typus* （Smith）]，生货时表面色泽灰黑；
后者割取自英文叫 Basking Shark 的姥鲨 [*Cetorhinus maximus*
（Gunner）]，其体积稍小和稍薄，生货时外皮表层呈浅灰色，
沙浮凸，极易弄伤手，处理时一定要小心。

需要强调的是，这种商品只在于硕大，质感并非优秀，
因为常夹带枯骨相当敞口（粗糙）。另外，由于鲸鲨和姥鲨
受《华盛顿公约》（CITES）管制，已被禁止进行贸易及杀害，
不能再做膳食材料（包括标本展示）使用。

猛鲨翅是割取自小型姥鲨 [*Cetorhinus maximus*（Gunner）]
背鳍的商品名称。由于姥鲨受《华盛顿公约》（CITES）管制，
已被禁止进行贸易及杀害，不能再做膳食材料（包括标本展
示）使用。

猛鲨青翅是小型姥鲨 [*Cetorhinus maximus*（Gunner）]
胸鳍的商品名称。由于姥鲨受《华盛顿公约》（CITES）管制，
已被禁止进行贸易及杀害，不能再做膳食材料（包括标本展
示）使用。

猛鲨尾翅是小型姥鲨 [*Cetorhinus maximus*（Gunner）]
尾鳍的商品名称。由于姥鲨受《华盛顿公约》（CITES）管制，
已被禁止进行贸易及杀害，不能再做膳食材料（包括标本展
示）使用。

西沙犁头翅是割取自许氏犁头鳐 [*Rhinobatos schlegeli*
（Muller et Henle）] 鱼鳍的商品名称。由于翅针软滑，被
视为翅中的佼佼者。

黄沙群翅是割取自台湾犁头鳐 [*Rhinobatos formosensis*
（Norman）] 鱼鳍的商品名称，翅针软滑。

珍珠群翅是割取自颗粒犁头鳐 [*Rhinobatos granulatus*
（Cuvier）] 鱼鳍的商品名称。这货色翅身沙粒黄而粗，
翅身不大。浸发方法最早是先用火焙一下，再用滚水
焰；后来改用先猛火焰 30 至 40 分钟，再收火皿（盖）
上盖焗，此时的沙粒就已去得差不多了。由于浸发后
翅针粗而肉膜不太厚，是酒楼食肆制作"排翅"的材
料之一。

软沙群翅是割取自及达尖犁头鳐 [*Rhynchobatus
djiddensis*（Forsskal）] 鱼鳍的商品名称。其翅身较薄，
翅针相当丰富，质感相当软滑。

黄群翅是割取自小眼犁头鳐 [*Rhinobatos microphthalmus*
（Teng）] 鱼鳍的商品名称。

棉群翅是割取自斑纹犁头鳐 [*Rhinobatos hynnicephalus*
（Richardson）] 鱼鳍的商品名称。其体形较小，翅针较细，
质感略显粗敞。

海味制作图解 II

◎除了品种左右售价之外，大
小规格也影响价格。一般以与人的
手臂长短对比作为主流货源定价的
标准。

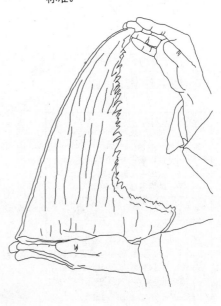

飞虎翅是割取自圆犁头鳐 [*Rhina ancylostoma* （Bloch et Schneider）] 背鳍的商品名称。特点是翅板薄，呈黄褐色，有白色斑点。而尾鳍的商品名称为"飞虎尾翅"，叶片薄，色泽灰褐。均为上等货色，涨发率高。余下鱼鳍则称"上色翅"，品质略逊。

黄胶翅是因沙色黄白，煮后胶质重得名，多在香港市场上标示，来源于尖齿锯鳐 [*Pristis cuspidatus* （Lathan）] 的鱼鳍。背鳍三角形，翅板宽大，后缘较直，板面鼓壮，呈黄褐色且有光泽，透光清晰，无鳍条钙化影。尾鳍呈叉形，上半叶长于下半叶，宽短发达，板面厚实，黄褐色有光泽，翅内有肥猪肉般俗称"唇肉"的白色肉体，所以又有"大肉翅"之名。它翅针软糯，北方人食翅喜焖，糯软滑的食物质感正好适合。

选购这种商品应"选嫩不选老"。因为鱼龄过老，翅针老化就会出现俗称"生骨"的现象。与此同时，其翅膜较厚，做"鲍翅"尚可，做"散翅"就不划算了。

由于鱼龄过老的商品翅形庞大而重，放于橱窗做"生招牌"亦颇吸眼球。

黄玉翅又称"黄肉翅"，是广州市场标示的名称，实质是"黄胶翅"。

沙青翅来源一直说不准，估计是割取自大青鲨属 [Prionace] 辖下品种。正如其名，它的翅身确是沙层粗粒，而长身、老身者更有"沙板"的称号。这一货色翅针较粗，肉膜亦较厚，最适宜做炖翅之用，它的背鳍品质最佳，翅针丰富而粗。至于"钩翅"，在海味店中时有出现，酒楼亦多取之做散翅之用。

白青翅是割自英文叫 White Sandbar Shark 的阔口真鲨 [*Carcharhinus plumbeus* （Nardo）] 鱼鳍的商品名称。此商品很受粤菜厨师欢迎，因为它的翅针粗而且肉膜薄，做散翅或清汤炖翅都是猛火迅速加热，所以成为鱼翅品种中的"天之骄子"。它的胸鳍和背鳍厚而肥大，是做"鲍翅"的上等材料。尾鳍体积不大，经处理后，通常放在参茸海味店出售，留下长尾部分改做"鱼唇"之用。

白翅是割取自真鲨属 [Carcharhinus] 辖下品种鱼鳍的商品名称。其背鳍的品质较好，常做"鲍翅"之用，而臀鳍、胸鳍和尾鳍则做"散翅"用。另外，若是日本产的翅针较细，但色泽鲜明悦目；换上非洲货，则翅针较粗，但色泽暗淡，极易分辨。

春翅是割取自双髻鲨科 [Sphyrnidae] 辖下品种的后背鳍、臀鳍及腹鳍的商品名称。货源来自东南亚、日本、美洲、巴西、

◎鱼翅商品优劣识别

名称	生货	熟货
优质	鳍块饱满、肥大、不卷曲、无皱纹；表皮洁净；沙密平而光滑，鳞面完整，不脱落；鳍根少，肉净。	翅块瘦薄，有卷曲，有小皱纹；表皮不洁净，色暗、无光泽；沙残破且有脱落，脱沙处有红色或白色灰状物。
劣质	翅块完整，无鳍骨、鳍根，无残肉及骨质物；皮面破裂不多，洁净有光泽，色淡白。	翅块不完整，皮面破裂多；形体紊乱，骨条残肉多；色暗不洁净，并有棕、赤、紫黑色。

哥伦比亚、墨西哥等地。特点是翅针粗而硬朗，肉膜薄，骨头少，焗透后甚为美观。

反白青翅是割取自双髻鲨科 [Sphyrnidae] 辖下品种的前背鳍、尾鳍和胸鳍的商品名称。另外，品质较好的前背鳍商品被称为"脊披刀翅"，色泽灰褐；品质较好的胸鳍商品被称为"反白翼翅"，原因是货品一面是灰褐色，另一面为白色；品质较好的尾鳍商品被称为"脊勾尾翅"，色泽灰褐。

五羊翅这个名称来自日本，外皮沙层褐色，沙幼，是割取自光尾鲨属 [Apristurus] 辖下品种。该属品种又称"筐鲨"，英文称 Brown shark。其背鳍可做"鲍翅"用，胸鳍及尾鳍则做"散翅"。这种商品一直受潮州酒楼青睐，用做红烧翅之用。因为其翅针耐火而幼滑，翅皮滑而带胶口，慢火炆之，甘香软滑，味道浓郁。

"散翅"以翅针粗细排序，以骨翼翅为首，其次为海虎、五羊片及牙拣片。

琉球翅可能与"五羊翅"一样，都是割取自光尾鲨属 [Apristurus] 辖下品种，因为它们大多是混搭销售，但与五羊翅相比品质稍逊。

沙婆翅是割取自豹纹鲨 [*Stegostoma fasciatum* (Hermann)] 鱼鳍的商品名称。特点是肉膜嫩滑，翅针柔软，但容易老化，常有"枯骨翅"出现，吃起来有起骨点骨粒的感觉，所以最好不要挑选过于巨大的规格。

沙公翅是香港的叫法，国内称"花鹿翅"，是割取自皱唇鲨 [*Triakis scyllium* (Muller et Henle)] 鱼鳍的商品名称。这一商品的特点是板面较薄，沙外层有斑点，浅灰黑色，翅骨柔软，翅针嫩滑，清炖最适宜。

扇翅又称"耳翅"，因鱼鳍形状尾阔头窄，像一把扇子，香港市场命名为"扇翅"或"耳翅"，广州市场以往将之称为"象耳翅"或"象耳刀翅"，为割取自扁头哈那鲨 [*Notorynchus cepedianus* (Peron)] 鱼鳍制成的商品。生货时色泽灰褐，翅膜薄，翅针粗，以往多晒干制作翅片出售，现今多做水盘翅之用。

蝴蝶青是割取自英文称作 Lemon Shark 的尖鳍柠檬鲨 [*Negaprion acutidens* (Ruppell)] 及柠檬鲨 [*Negaprion queenslandicus* (Whitley)] 鱼鳍的商品名称。这一商品沙色青黄，胸鳍特别发达，取之制翅，翅膜不厚，翅针特粗，与"天九翅"不遑多让。背鳍制翅，肉膜厚，翅针不及胸鳍的粗大，然以之做水盘却是一流，品质甚佳。

天使翅是割取自英文称 Angel Shark 的扁鲨属 [Squatina] 辖下品种鱼鳍的商品名称。这种商品的形状与"珍珠群翅"

◎注：在非洲、南美洲一带，渔民会将星鲨属 [Mustelus]、角鲨属 [Squalus]、田氏鲨属 [Deania]、霞鲨属 [Centroscyllium]、原鲨属 [Proscyllium]、斑竹鲨属 [Chiloscyllium] 及猫鲨属 [Scyliorhinus] 辖下的鲨鱼统称为狗鲨。换言之，这类鲨鱼的鱼鳍制成鱼翅后有"油翅"和"金钱骨"的名称，也有将之统称为"海狗翅"。

海味制作图解 II

相近，但沙粒粗。由于沙粒粗，加工工序相对繁复。

油翅是割取自星鲨属 [Mustelus]、角鲨属 [Squalus]、田氏鲨属 [Deania]、霞鲨属 [Centroscyllium]、原鲨属 [Proscyllium]、斑竹鲨属 [Chiloscyllium] 辖下品种鱼鳍的商品名称。这种商品特点是细嫩沙薄，翅针细而肉膜少，在加工处理时要小心，否则易散而不成形。按照一般鱼翅加工程序，要用滚水浸翅，但由于这种翅细薄，用温水即可，若水温太高翅身会缩作一团而难以去沙。油翅过往是制作"翅饼"的原料之一，后期被酒楼改做"散翅"用途，竟然大受欢迎。这种翅属软骨翅，去沙后无须去骨，可谓"连骨都吃齐"。

金钱骨严格来说是从"油翅"分支出来的，它是割取自猫鲨属 [Scyliorhinus] 辖下品种鱼鳍的商品名称。因其翅骨纹是金钱形状而得名。这种商品分"滑沙"和"糙沙"两类，前者源自英文称为 Lesser Spotted Dogfish 的法国猫鲨 [*Scyliorhinus canicula*] 的鱼鳍，后者源自英文称为 Large Spotted Dogfish 的斑点猫鲨 [*Scyliorhinus stellaris* (Linnaeus)] 的鱼鳍。它们的特点是翅针软滑，肉膜少，浸发成数高。由于体小，摆在海味参茸店中不够大气，一般家庭主妇也认为它是普通货色。只有见多识广的厨师才知它是好货色。

高茶勾翅是割取自英文称为 Mako 的鲭鲨属 [Isurus] 辖下品种尾鳍的商品名称。特点是肉膜少，翅针粗密，入口滑爽而有嚼头。而余下鱼鳍的商品名称则叫"青莲翅"。

青莲翅名字得来众说纷纭，有一种说法是这种鲨鱼很有活力，常在水面窜来窜去，像年轻人一般精力充沛，因此所产的鱼翅起初就叫"青年"翅，后来以讹传讹再写作"青莲"翅。事实上，这种商品是鲭鲨属 [Isurus] 割下的除了尾鳍余下的鱼鳍，余下的货色的肉膜多而翅针疏。另外，在此货色下，还再分"乌羊片"和"青化翅"等级，品质依次走低。

沙板翅是割取自恒河鲨属 [Glyphis] 辖下品种鱼鳍的商品名称。这一货色的翅针较粗，但膜头则略大。其背鳍可做"鲍翅"之用，胸鳍及尾鳍做"散翅"用，但枯骨太多，应小心选购。

象耳白翅是割取自锥齿鲨属 [Eugomphodus] 辖下品种鱼鳍的商品名称，但通常用作胸鳍的称呼，如背鳍会叫"象耳白刀翅"，尾鳍会叫"象耳白尾翅"。生货时三者均为灰褐色。

◎每种鲨鱼会因其特点，鱼鳍会多长肉或多长骨，所以，有些鲨鱼的尾鳍的翅针会靓一点，但有些则是背鳍、胸鳍或臀鳍。另外，有些鲨鱼的鱼鳍尽管少长肉和少长骨，但随着老年化，会长出枯骨来，这些都是采购时要留意的。

海味制作图解 II

玉吉翅是割取自锯鲨属 [Pristiophorus] 和锯鳐属 [Pristis] 辖下品种鱼鳍的商品名称。这一货色很受北方厨师青睐，原因是它唇肉细嫩，翅针柔软。

海虎翅是割取自虎鲨属 [Heterodontus] 辖下鱼鳍的商品名称。如果说"天九翅"是观赏上品的话，"海虎翅"则是膳用的佳品。因其翅针粗壮、条理分明而让老饕食指大动，尾鳍更有"金勾顶"的美誉。

骨翼翅由 Great 这个名称而来，是割取自俗称"大白鲨"的噬人鲨 [*Carcharodon carcharias*（Linnaeus）] 鱼鳍的商品名称。这种货色形体长，翅针粗而无膜，沙色青中带黄，背鳍、尾鳍都很厚实，有"翅中之王"的称号。由于噬人鲨受《华盛顿公约》（CITES）管制，已被禁止进行贸易及杀害，不能再做膳食材料（包括标本展示）使用。

牙拣翅名称来自日本，是割取自半灰鲨属 [Hemitriakis] 日本灰鲨 [*Hemitriakis japanica*（Muller et Henle）] 鱼鳍的商品名称。由于这种鲨鱼肉质上佳，日本人将肉切成"刺身"销售，而鱼鳍则晒干供应中国，因此以日本来货最多。特点是翅针尽管不粗，但胜在翅针质感软滑、味道甘香，而且肉膜薄，被视为中上等鱼翅级别。

软沙翅俗称"大王翅"，是割取自英文称作 Thresher Shark 的长尾鲨属 [Alopias] 辖下品种鱼鳍的商品名称。此货色翅针软滑，沙皮灰色，肉膜薄。背鳍、胸鳍、尾鳍以大见称。若以尾鳍大小排位的话，"天九翅"居首，"骨翼翅"居二，第三就是这种"软沙翅"，至于屈居殿军的则是"海虎翅"。所以，这四种翅往往摆在橱窗陈列，以受人注目。

软沙翅仔是割取自鼬鲨 [*Galeocerdo cuvier*（Lesueur）] 鱼鳍的商品名称。这里是多了个"仔"字，与"软沙翅"不是出自同一种鲨鱼，也有称"日本软沙"。该品种的鲨鱼肉质和味道都很好，日本人常以"刺身"食用。其鱼鳍的翅针软滑，只是因体形小放在橱窗欠缺震撼感，属中等货色。

黑尾青翅是割取自拟皱唇鲨 [*Psendotriakis microdon*（Capello）] 鱼鳍的商品名称。这种货色体积虽小，但翅针粗壮，常被用于按位计算的"鲍翅"制作上。

合包翅是割取自锯鲨属 [Pristiophorus]、锯尾鲨属 [Galeus]、梅花鲨属 [Halaelurus]、光唇鲨属 [Eridacnis] 辖下品种鱼鳍的商品名称。

大明翅是割取自长尾光鳞鲨 [*Nebrius ferrugineus*（Lesson）] 鱼鳍的商品名称。特点是翅中无肉，翅身只有一层薄皮，内部有多层白色隔膜，浸发后即成一条条散开的明翅，是鱼翅中之上品。

◎注：鲨鱼约有 370 个身形大小不一的品种，所以就被分为侏儒型、小型、中型、大型、特大型和超大型等规格。它们的长度分别是 20 厘米～40 厘米（占 8%），40 厘米～100 厘米（42%），100 厘米～200 厘米（占 32%），200 厘米～300 厘米（占 6%），300 厘米～400 厘米（占 4%），400 厘米以上（占 4%），有些似乎未敢肯定。例如阿里小角鲨 [*Squaliolus aliae*（Teng）] 就是侏儒鲨鱼；而身长 20 米的鲸鲨 [*Rhincodon typus*（Smith）] 和身长 15 米的姥鲨 [*Cetorhinus maximus*（Gunner）] 就是特大型鲨鱼的代表。

鲨鱼生长缓慢，雄鲨鱼在 11～14 岁性成熟，雌鲨鱼在 10～20 岁性成熟；寿命为 100 岁左右。

海味制作图解 II

◎注：世界各国的文明文化是有疆域的，也由此形成无形的边界。大多国家、民族的文明文化是友善的，所构筑的无形边界共融一起而呈现缤纷的世界文化。

然而，有些文明文化是带侵略性质的，并不友善，它的存在就是摧毁各国文明文化经历漫长岁月形成的无形边界。

中国饮食文化是十分友善的，最大的体现是对外包容世界各国和民族的饮食文化，对内有一套完整的、独特的文化体系。

膳食鱼翅是中国饮食文化的组成部分，原料的来源是别国在割取鲨鱼的肝脏、鱼皮、骨骼等普世共认有价值的部分之后剩下的废料，本来谁也没有碍着谁。然而，正如中国人的谚语"白猫偷吃，黑猫遭殃"一样，在割取有价值和无价值部分之后的鲨鱼同样都是失去了鱼生命，但一些不具有友善心态的国家却将一切责难都推向了中国——只许他们割取鱼肝，不许中国人啖食鱼鳍。

中国人真是躺着也中枪！

最恶毒的是扛着某些似是而非的旗帜占领道德高地去摧毁中国饮食文化的无形边界，由此让中国人对自己的饮食文化产生负罪感，继而对自己漫长历史积聚而来的文化失去自豪感。

黑沙翅是割取自乌鲨属 [Etmopterus] 辖下品种鱼鳍的商品名称。该属品种为小型鲨鱼，翅针细且短，商家通常会制作成"翅饼"销售，免去买家涨发鱼翅的苦恼。

白蝉翅是割取自小角鲨属 [Squaliolus] 辖下品种鱼鳍的商品名称，因鱼鳍在生货时灰黑色具白边而得名。所制作的翅针不仅软滑烟弹，而且味道甘香。可惜是小型鲨鱼，翅板较小，只能制"散翅"或"翅饼"。

黑蝉翅是割取自下灰鲨 [*Hypogaleus hyugaensis* (Miyosi)] 鱼鳍的商品名称。为下等货色。

磨盆鲨翅是割取自强诺沙条鲨属 [Chaenogaleus]、沙条鲨属 [Hemigaleus] 和半锯鲨属 [Hemipristis] 辖下品种鱼鳍的商品名称。此货色肉膜厚，翅针粗糙。

毛沙翅是割取自绒毛鲨属 [·Cephaloscyllium] 辖下品种鱼鳍的商品名称。为下等货色。

黑尾翅是割取自铠鲨 [*Dalatias licha* (Bonnaterre)] 鱼鳍的商品名称，但商家会将尾鳍称为"黑尾勾翅"，余下各鳍称为"黑尾青翅"。特点是翅针粗短，质感爽弹，味道甘香。为中等货色。

密骨翅是割取自棘鲨属 [Echinorhinus] 和刺鲨属 [Centrophorus] 辖下品种鱼鳍的商品名称。前者称"肥水型"，翅骨阔大，翅身特长；后者称为"瘦水型"，骨似竹帘中的竹片密密分布。均为下等货色。

龙船板翅是隙眼鲨属 [Loxodon]、斜齿鲨属 [Scoliodon]、尖吻鲨属 [Rhizoprionodon] 辖下品种鱼鳍的商品名称。此货色枯骨较多，需谨慎拣选。

牛皮鲨翅是割取自俗称"鳄鲨""杨氏砂鲛"的拟锥齿鲨 [*Pseudocarcharias kamoharai* (Matsubara)] 鱼鳍的商品名称。它与"牛皮天九翅"扯不上边，由于翅针少，为下等货色。

胡须翅是割取自须鲨属 [Orectolobus] 和须角鲨属 [Cirrhigaleus] 辖下品种鱼鳍的商品名称。该商品货源不多，但也属中等货色。

尖翅是割取自斑鲨 [*Atelomyeterus marmorarus* (Bennett)] 鱼鳍的商品名称。

竹鲨翅是割取自俗称"护士鲨"的铰口鲨 [*Ginglymostoma cirratum*] 鱼鳍的商品名称，这是少数鱼鳍无食用价值的鲨鱼。外层呈黄色，骨纹呈竹节形，处理后，只见骨而不见翅针成分。有商家美其名曰"海底金翅"，用来欺骗一些对鱼翅认识不深的消费者，购买时一定要小心。

晒鱼翅

　　中国人捕杀鲨鱼的历史相当悠久，可能是领会到这种海洋生物的肉不堪食用，通常只会割下其皮做饰刀的革套，余下的几乎是弃之不用。大概在唐代时才将鱼皮、鱼骨入药，主治"心气鬼疰，蛊毒吐血；解鱼毒，治食鱼成积不消"等症。迨至明代才被"南人"（李时珍语）将鱼鳍开发成珍贵的食材。

　　后鲨鱼（也包括鳐鱼）之矜贵就聚焦在鱼鳍一处，并且成为中国饮食文化不可缺失的一部分。

　　非洲沿海是鲨鱼的云集地，当地人捕捉鲨鱼所做的制品，最初的时候和中国一样，都是割下鱼皮晒干做革。

　　在20世纪之初，从美国传来了一个讯息，就是鲨鱼的肝脏可以榨取能医治人类眼干燥症的鱼肝油，让非洲人兴奋不已。

　　然而，由于捕捉技术落后，非洲人在真正的鱼肝油贸易之中只分得可怜的一小杯羹，财富都落在了西方科技强国身上。因为后者动辄动用万吨巨轮和庞大的舰队出海捕鲨，年产量超过万吨以上。

　　事实上，在那时期，西方捕鲨舰队眼中只有鲨鱼肚中的肝脏，对鱼皮、鱼骨，甚至是鱼鳍都不屑一顾，捕杀上来的鲨鱼只割下鱼肝，便将鱼身抛回大海，以节约空间装载更多的鲨鱼肝。

　　后来，到了20世纪中叶，由于可以通过人工方法合成鱼肝油的重要成分——维生素A（Vitamin A），西方国家结束了大规模捕鲨的行动。

　　回顾历史，非洲沿海虽然坐拥丰富的鲨鱼资源，但由始至终都无缘获得应有的财富。

　　20世纪后叶，从中国传出了新的喜讯，就是鲨鱼鳍是中国人餐桌上矜贵的食材，非洲人又再次兴奋起来。最大的兴奋之处是中国人只会通过正常的贸易与之打交道，而不是派出庞大舰队去剥夺他们的生计。

　　◎注："眼干燥症"是指缺乏某些营养成分引起起泪液质或量异常或动力学异常，导致泪膜稳定性下降，并伴有眼部不适及眼表组织病变等特征的多种疾病的总称，又称"角结膜干燥症"。是20世纪之前令医生束手无策的顽疾之一。

鲨鱼分布图

鲨鱼生息在南半球自赤道到南纬55°、北半球自赤道到北纬80°这个范围内，主要分布在印度洋、太平洋和大西洋5个区域，即南大西洋区、印度洋区、北大西洋区、西太平洋区和东太平洋区。中国沿海濒临西太平洋区，历来有足够的鲨鱼供应皮革制作刀套之用。最丰产的地区是非洲和南美洲濒临的区域，前者被印度洋区和南大西洋区围绕，后者被南大西洋区和东太平洋区围绕。这两个地区的渔民在割取鱼肝、鱼皮甚至是鱼肉之后，将废弃的鱼鳍割下晒干与中国人进行贸易。

捕鲨方法

◎注：捕杀鲨鱼大概有5种方法，即沿岸的"定置刺网法"、近海的"流动刺网法"、远海的"枪网兼捕法"、远海的"船边投叉法"和深海的"延绳钩钓法"等。

捕杀鲨鱼要视所捕鲨鱼大小以及鲨鱼游弋的海域制定方式。如果是近岸水域制定方式，要用定置刺网或流动刺网捕捉。如果是深海水域，就要在船上射出绳钩捕杀。

鲨鱼座次图

有黑三角标志的鲨鱼受《华盛顿公约》（CITES）保护！

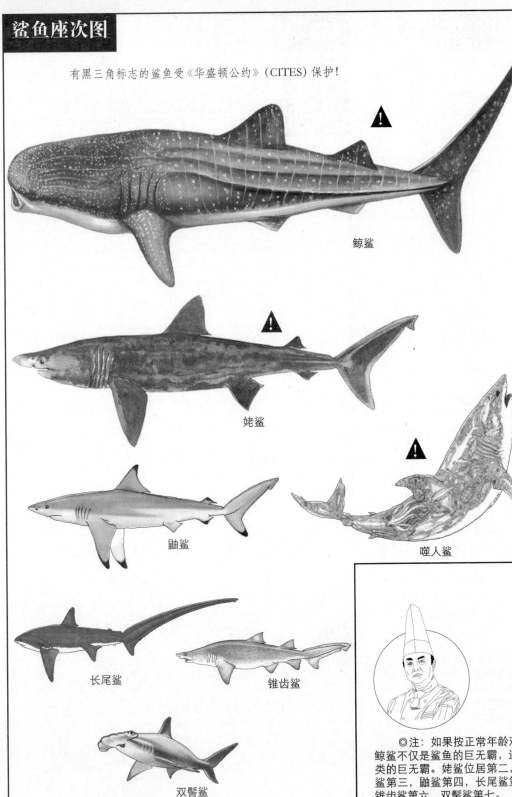

鲸鲨

姥鲨

鼬鲨

噬人鲨

长尾鲨

锥齿鲨

双髻鲨

海味制作图解 Ⅱ

◎注：如果按正常年龄对比，鲸鲨不仅是鲨鱼的巨无霸，还是鱼类的巨无霸。姥鲨位居第二，噬人鲨第三，鼬鲨第四，长尾鲨第五，锥齿鲨第六，双髻鲨第七。

然而在捕捉时，它们并不一定处在同一年龄层上，也就不存在这个座次表了。

海味制作图解Ⅱ

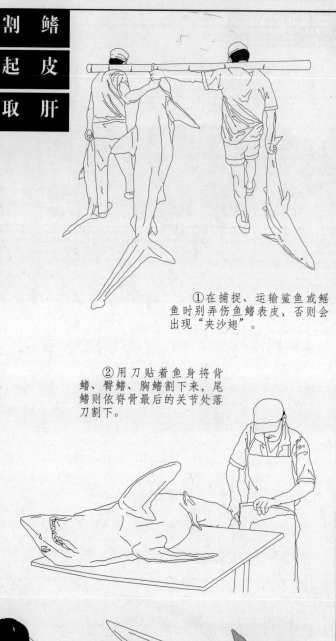

割鳍 起皮 取肝

◎注1：尽管鲨鱼和鳐鱼不是全身都是宝，甚至鱼肉大部分因含有令人讨厌的尿氨味而不堪膳用，但它们的肝脏、表皮、鱼骨也是有一定的价值。肝脏可以制成鱼肝油，表皮可以制成皮革，而鱼骨可以制成鱼骨素。而中国人仅仅是割取普世公认毫无价值的鱼鳍。

◎注2："夹沙翅"是在捕鲨或加工的过程中，不慎弄破鱼鳍，以至沙粒黏入翅中。制成商品后伤口处有较深的皱缩，涨发时沙粒较难除净，一般加工成"散翅"使用。

①在捕捉、运输鲨鱼或鳐鱼时别弄伤鱼鳍表皮，否则会出现"夹沙翅"。

②用刀贴着鱼身将背鳍、臀鳍、胸鳍割下来，尾鳍则依脊骨最后的关节处落刀割下。

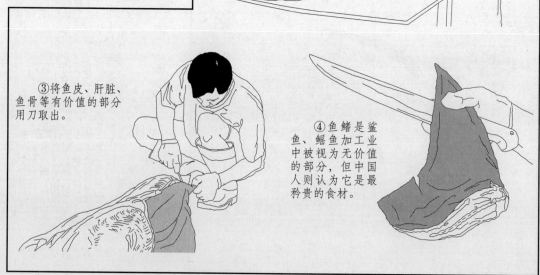

③将鱼皮、肝脏、鱼骨等有价值的部分用刀取出。

④鱼鳍是鲨鱼、鳐鱼加工业中被视为无价值的部分，但中国人则认为它是最矜贵的食材。

海味制作图解Ⅱ

冲洗

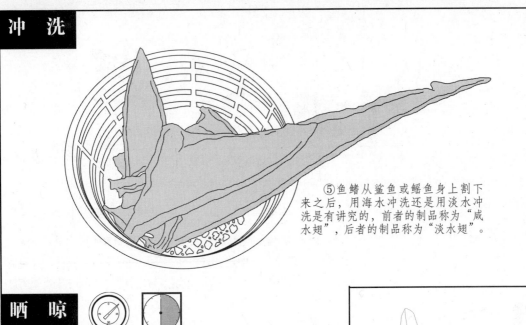

⑤鱼鳍从鲨鱼或鳐鱼身上割下来之后，用海水冲洗还是用淡水冲洗是有讲究的，前者的制品称为"咸水翅"，后者的制品称为"淡水翅"。

晒晾

38℃   3天

⑥用海水或淡水将鱼鳍表面的血水污垢冲洗干净后，用铁钩将鱼鳍吊起，放在阳光照射的通风处，以使鱼鳍内部的水分排清，此过程约3天时间。但遇到天气不佳，就要用炭火焙干。此时的制品被称为"熏板翅"。

吹晾

38℃

15天

⑦鱼鳍在阳光照射的通风处晒晾3天之后，鱼鳍再没有水分滴出，即可将鱼鳍平躺在网架上吹晾，以使鱼鳍内部水分充分挥发。此过程约15天时间。

◎注1："咸水翅"加工时用海水漂洗，带咸味，成品率高，质地较软，但不耐贮藏，返潮时有带卤现象。

◎注2："淡水翅"加工时用淡水漂洗，色泽洁白，质量好，质地较硬，回南天时没有水分溢出的现象，耐贮藏，但成品率低。

◎注3："熏板翅"是因晒晾鱼鳍时遇到天气不佳改用炭火焙干的制品。这种货色质地坚硬，色泽晦暗，涨发时不易退沙（"沙"即鱼皮上附着的又称"盾鳞"的"沙鳞"）。

◎注4："油根翅"主要体现在用海水冲洗的制品上。因为晒晾鱼鳍时适逢阴雨天气，又因保管不善以致返潮，导致刀口处呈紫红色（变质）和腐烂。加工此货色时，须先浸软后割去腐肉部分再涨发。

◎注5："弓线翅"主要体现在制作淡水冲洗的制品上，其翅筋中夹有细长的芒骨，芒骨越多质量越差，因为芒骨不能食用，必须在涨发时予以摘除。

◎注6："枯骨翅"又称"石灰翅"，出现在翅形较大、翅针较粗的制品上，呈现石灰质的白色枯骨。坚硬难嚼，不堪食用。除非是放在橱窗陈列，否则不建议选购。

发鱼翅

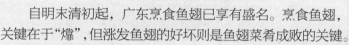

◎注：广州之所以曾经作为涨发鱼翅技术的输出中心，是因为其保持着对鱼翅加工的变革。

鱼翅的食法在不同时期有不同的变化，广州厨师都紧随时代而变革。

历史上口耳相传的两次鱼翅烹制的变革均始于广州。

现在福建名着"佛跳墙"就是由广州的"福寿全"演变过来的。

"福寿全"有什么特点呢？

就是将鱼翅等海味简单又显特色地合烹为一坛浓香扑鼻的汤馔。也就是说，将鱼翅等各物定位为调味增香的材料。

这就是鱼翅烹制的一次变革。

现在仍然为人熟悉的"红烧大群翅"则属于另一次变革的典范。其源头则为更早时期同样在广州诞生的"干烧鱼翅"。

这两道菜式与以往不同之处是让鱼翅担纲，充分体现鱼翅翅针软弹的特性，尤其针对体积较大的货色。

而香港紧接着的是如何让所有厨师都可以轻易地演绎由鱼翅担纲的菜式。

自明末清初起，广东烹食鱼翅已享有盛名。烹食鱼翅，关键在于"爆"，但涨发鱼翅的好坏则是鱼翅菜肴成败的关键。

在 20 世纪 60 年代以前，广州是涨发鱼翅技术的输出中心，包括后来被誉为"东方之珠""美食之都"的香港也是吸收了广州的涨发技术。

在那个时期，鱼翅并无"生货"与"熟货"之分，全部是将干货鱼翅一步到位地涨发成"水盆翅"。

涨发鱼翅是一个很让人讨厌的工作，起货成品率并不高，往往因处理不当，翅针遗落水中，造成不小的损失。后来一次偶然的操作，令涨发鱼翅有了一个飞跃，自此出现了"生货"与"熟货"的称谓，鱼翅涨发技术中心则由广州转到了香港。

根据香港同行的介绍，这件事发生在 1965 年。

由于亚洲金融中心地位的确立，原本只是小渔村的香港迅速进入现代城市化的步伐，食品加工也拉开了中央工场加工的帷幕。

鱼翅粗加工也在这个风起云涌之中应运而生。

最初的加工理念非常原始，目的就是将极其令人讨厌的工作统一由中央工场完成，以让酒楼厨房摆脱脏乱的境况。为了更好地完成这一事项，加工鱼翅坯（即俗称"水盆翅"）有严格的时间流程，一刻也不能耽误。

事情就这么不巧，一家鱼翅加工工场的东主在鱼翅进行到去沙流程的时候遇到一件不得不停止工作的麻烦事要处理，为免损失就匆匆地将去了沙的鱼翅捞起晾在一旁。

东主将麻烦事处理妥当之后重新加工这批鱼翅，发现这批鱼翅的翅针有些不同，极易与翅膜分离，充分体现鱼翅需要突出翅针的特性。于是灵机一动干脆就停止之后非要加工成"水盆翅"的操作，将仅仅刮去沙并褪去翅骨的鱼翅重新晾晒干爽称之为"熟货"供应市场。

这里就介绍这个流程！

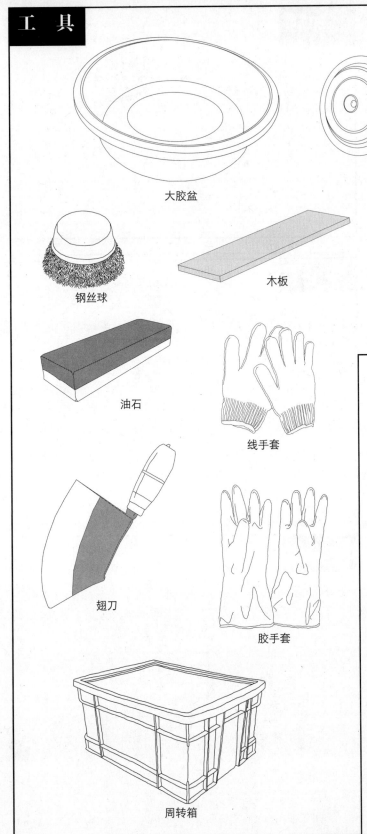

工 具

大胶盆

钢镬

钢丝球

木板

煤炉

油石

线手套

翅刀

胶手套

周转箱

◎注：鱼鳍变身成为鱼翅要经历四次变身。

第一次变身是从鲨鱼或鳐鱼身上割下来，此时称为"鲜货"。由于此时制品内部的翅膜与翅针紧紧地粘连在一起，是不利烹制的，必须将之晒干，让翅膜黏性大大降低，与翅针自然分离。晒干是鱼鳍的第二次变身，即为"生货"，以往直接由厨师处理就可以成为中国餐桌的矜贵菜式。事实上，这种货色对厨师而言只有一个考验，就是要将鱼鳍上俗称"沙"的盾鳞打去。与此同时，翅膜与翅针的粘连度还未到易于分离的地步，所以就有第三次变身的工序，即将盾鳞打去再晒干，此时的商品被称为"熟货"。第四次变身是将"熟货"变成"水盆翅"。

这里要讲述的就是鱼鳍第三次变身的过程。

所需的基本工具有：钢镬、煤炉、大胶盆、木板、翅刀、油石、线手套、胶手套、钢丝球及周转箱等。

65

海味制作图解 II

◎注1："双氧水"是因化学式为 H_2O_2 而得名，又名"过氧化氢"，是一种工业漂白剂、防腐剂、消毒剂。英文称作 Hydrogen Peroxide，是国家法定的食品添加剂之一，但只限定以上用途。也就是说只限定为食品加工之中的助剂，使用之后必须彻底漂清不得残留。

这种食品添加剂对于动物性血红素及植物性色素都有漂白作用，在国外常用于鱼肉制品之中。与此同时对制品中的腐肉有强烈的分解作用。

◎注2："明矾"有"钾明矾"和"铵明矾"之分。前者即"十二水合硫酸铝钾"，所以又有"铝钾矾"之名，化学式为 $KAl(SO_4)_2 \cdot 12H_2O$；后者即"十二水硫酸铝铵"，所以又有"铝铵矾"之名，化学式为 $NH_4Al(SO_4)_2 \cdot 12H_2O$。两者均可作为水溶液的助净剂，将水中的微粒或细菌吸附并沉于水底。

◎注3：在正式操作之前，洗翅的岗位就应摆放好，即俗称的"摆放阵势"。实际上是在大胶盆上放上木板、翅刀和磨刀用的油石。当然，岗位旁边通常还会摆放煤炉煮开水，以便随时处理难去沙的鱼翅。

◎注4：实际上，鲨鱼鳍或鳐鱼鳍晒干之后还不能马上成为商品，必须用刀将翅根边缘的鱼肉斩去，这个工序被称为"修正"。

这种商品以往是直接交由厨师处理，但在20世纪70年代中期开始由鱼翅加工工场进行深加工，然后才交到厨师之手。

也自那时起，这种未做深加工的商品就有了"生货""原翅""皮翅"之名。

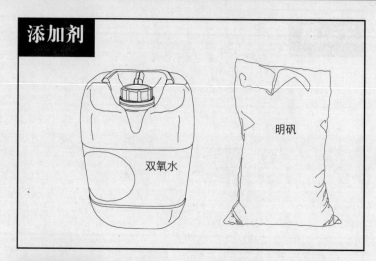

双氧水　明矾

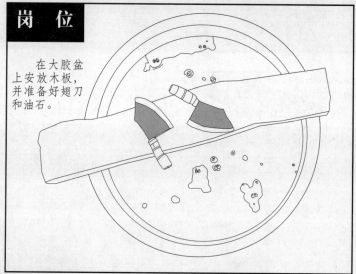

在大胶盆上安放木板，并准备好翅刀和油石。

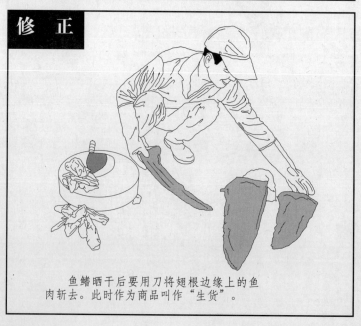

鱼鳍晒干后要用刀将翅根边缘上的鱼肉斩去。此时作为商品叫作"生货"。

浸翅

明矾

在周转箱内放入适量的清水，再按水量的4%～12%的比例放入明矾，在明矾溶解后，将"生货"鱼翅浸入溶液当中27个小时。

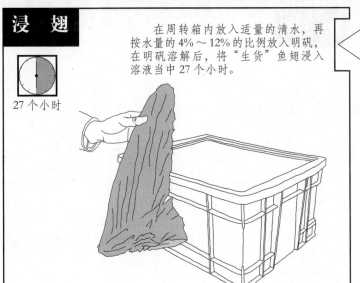

27个小时

煲水

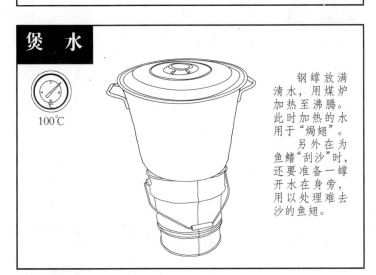

100℃

钢罉放满清水，用煤炉加热至沸腾。此时加热的水用于"焗翅"。

另外在为鱼鳍"刮沙"时，还要准备一罉开水在身旁，用以处理难去沙的鱼翅。

◎注1：如果是作坊大量生产，要计算好每道工序所需的时间，避免空耗时间。

◎注2："浸翅"的目的是让晒干的鱼鳍充分吸收水分，通过一缩（晒干时的反应）一涨（泡浸时的反应）让俗称"沙"的盾鳞有所松动。

由于在此过程中鱼鳍的可水溶性蛋白大量析出，让鱼鳍表面产生滑滑的黏液，而这些黏液极难清洗干净，所以要借助明矾来解决。因为明矾放入水中会迅速发生水解，产生絮状凝集物氢氧化铝，这种氢氧化铝有较大的黏性和重力，能将水中的微粒或细菌吸附并沉于水底，以此防止黏液黏附在鱼鳍表面。一般的用量为水量的4%～12%，即每千克水放40毫克～12毫克明矾。

◎注3：钢罉放满清水，用煤炉加热至沸腾。此时加热的水用于"焗翅"。

另外在为鱼鳍"刮沙"时，还要准备一罉开水在身旁，用以处理难去沙的鱼翅。

◎注4：将煮至沸腾的水与常温水兑成80℃的能充分浸泡鱼鳍且能在1个小时内仍维持在65℃的水放在另外的钢罉内，将浸泡27个小时且晾去水分的鱼鳍浸入水中，冚（盖）上罉盖焗4个小时。

此工序被称为"焗翅"。

焗翅

80℃

1个小时

将煮至沸腾的水与常温水兑成80℃。所用的水必须符合两个条件，一是能充分浸泡鱼鳍，二是1个小时内仍维持在65℃。然后将浸泡27个小时并且晾去水分的鱼鳍浸入水中，冚（掩）上罉盖焗4个小时。

海味制作图解Ⅱ

◎注1：鱼鳍经过4个小时热水浸泡之后即可取出，用翅刀将表面的盾鳞刮去。

此工序被称为"刮沙"。

◎注2：鱼鳍的盾鳞有"粗沙"和"细沙"之分。前者用翅刀可以轻易刮去，但后者则较为顽固，要借用钢丝球反复擦拭才能彻底清除，大胶盆和木板所摆弄的阵势就是便于进行这个工序。

这个工序被称为"去积"。

如果"细沙"反复擦拭也难以清除，可将鱼鳍放入热水中渌一下再擦，这就是为什么岗位旁边要准备一罉滚水的原因。

◎注3：由于"刮沙"和"去积"都接触着水，极易让操作者患上腱鞘炎，因此强烈建议操作者戴手套工作。戴手套的方式是先戴上胶手套，再外戴线手套。

◎注4：鱼鳍处理完"刮沙"和"去积"工序后排放在周转箱内，注入过面的清水和用水量0.3%的双氧水浸泡24个小时。

此工序被称为"漂白"。

双氧水在这里有两个作用，第一个作用是让鱼鳍漂白，第二个作用是分解腐烂的鱼肉。后者以往是通过俗称"翅虫"的小虫噬咬清除，耗时约1年时间，这就是以往的鱼翅越陈越值钱的原因。用了双氧水后，就不用等陈翅了。

刮沙

鱼鳍经过4个小时热水浸泡之后即可取出，用翅刀将表面的较粗的盾鳞刮去，千万别弄破皮膜。

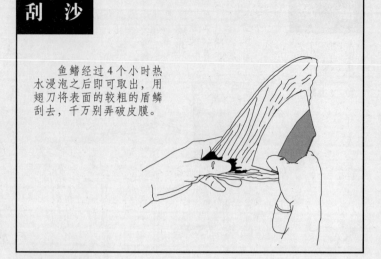

去积

用钢丝球将残留的较细的盾鳞擦拭去。

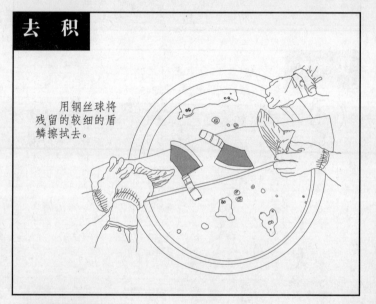

双氧水

漂白

24个小时

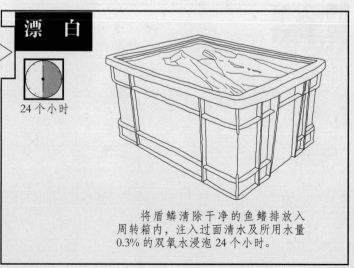

将盾鳞清除干净的鱼鳍排放入周转箱内，注入过面清水及所用水量0.3%的双氧水浸泡24个小时。

漂水

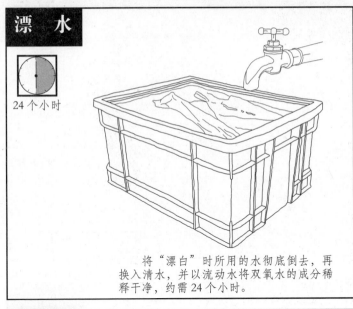

24个小时

将"漂白"时所用的水彻底倒去，再换入清水，并以流动水将双氧水的成分稀释干净，约需24个小时。

褪骨

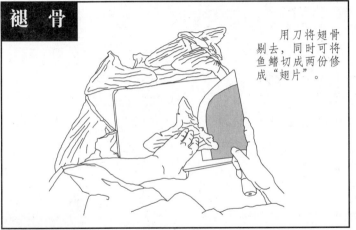

用刀将翅骨剔去，同时可将鱼鳍切成两份修成"翅片"。

◎注1：经过24个小时"漂白"之后，将所用的水彻底倒去，再换入清水，并以流动水将双氧水的成分稀释干净，约需24个小时。期间要多翻动。

此工序被称为"漂水"。

◎注2：在漂完清水后，将鱼鳍捞起并晾去水分，用翅刀将夹藏在翅根内的不可食用的翅骨剔出。

这个工序被称为"褪骨"。

此时可将鱼鳍平切一分为二，修成"翅片"，以利于销售。这种货色只能制"排翅""翅饼""散翅"。

◎注3：在"褪骨"之后再用水冲洗一下，放在竹筛并置在通风处吹晾使鱼鳍再干燥。需时7天左右，以干爽为度。

此工序被称为"吹晾"。

鱼鳍吹晾干爽即为中国餐桌上矜贵的食材——鱼翅。

不过，此时的货色在行内称之为"熟货"，还要进行涨发及烹调才能食用。

以上工序如今基本上都是由鱼翅加工工场操作完成。

吹晾

强风

28℃

7天

鱼鳍褪去骨后冲洗一下，放在竹筛并置在通风处吹晾至干爽。

吹晾干爽后行内称之为"熟货"，为现在海味市场常见的制式。

海味制作图解 Ⅱ

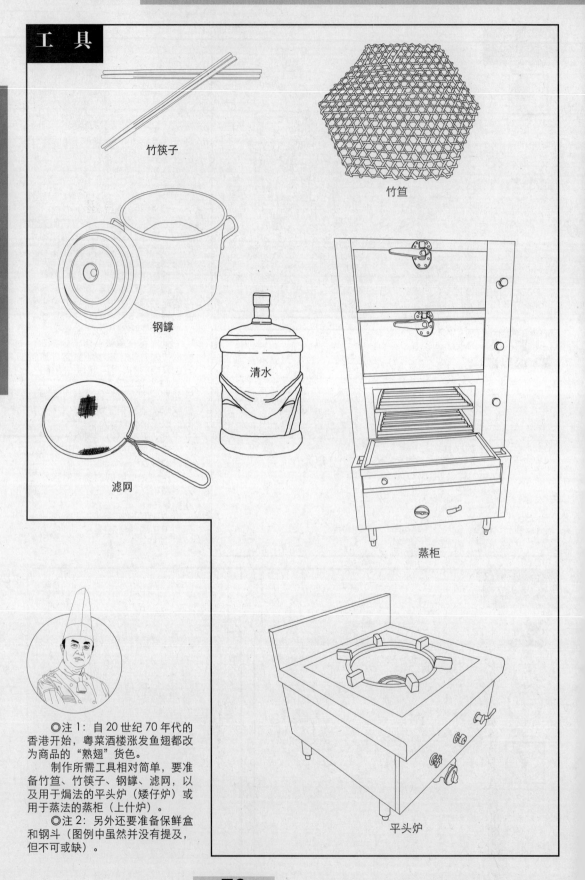

工 具

竹筷子

竹笪

钢罉

清水

滤网

蒸柜

◎注 1：自 20 世纪 70 年代的香港开始，粤菜酒楼涨发鱼翅都改为商品的"熟翅"货色。

制作所需工具相对简单，要准备竹笪、竹筷子、钢罉、滤网，以及用于焗法的平头炉（矮仔炉）或用于蒸法的蒸柜（上什炉）。

◎注 2：另外还要准备保鲜盒和钢斗（图例中虽然并没有提及，但不可或缺）。

平头炉

熟 货

"熟货"就是已经刮沙、褪骨并重新晒干的鱼翅。

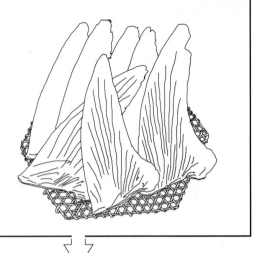

第一步是"浸翅",要准备钢罉和清水。

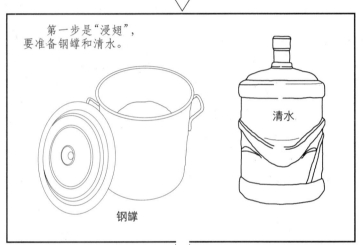

清水

钢罉

浸 翅

24 个小时

将"熟货"鱼翅放在钢罉内,注满清水,冚(盖)上罉盖,让鱼翅吸足水分,需时24 个小时左右。

○注:涨发鱼翅目前有两种方法,一种是焗法,一种是蒸法,它们都有公共工序——"浸翅"和"夹翅"。

这个公共工序最主要的目的是让干结的鱼翅能够从容地吸收足够的水分,以便在后续的工序中更易软化。

而这个公共工序的第一步"浸翅",即将被称为"熟货"的鱼翅放在钢罉内,并注满清水。为了不让其他杂物污染,最好是冚(盖)上罉盖。需24 个小时左右。

海味制作图解Ⅱ

海味制作图解 II

夹 翅

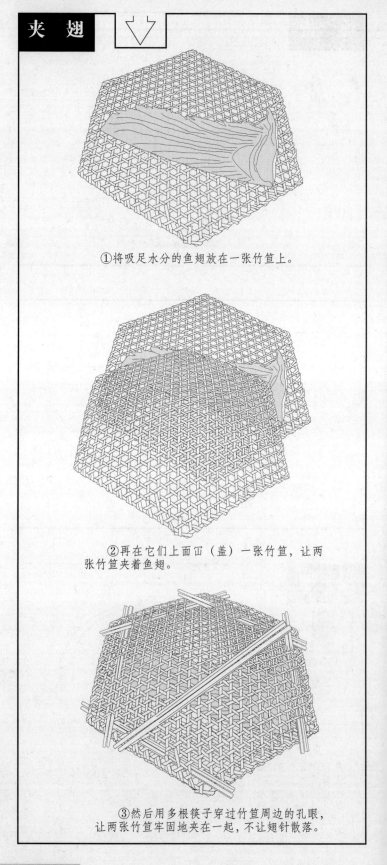

①将吸足水分的鱼翅放在一张竹笪上。

②再在它们上面冚（盖）一张竹笪，让两张竹笪夹着鱼翅。

③然后用多根筷子穿过竹笪周边的孔眼，让两张竹笪牢固地夹在一起，不让翅针散落。

◎注："夹翅"也是焗法和蒸法的公共工序之一。

将吸足水分的鱼翅放在一张竹笪上面，再在它们上面冚（盖）一张竹笪，让两张竹笪夹着鱼翅。然后用多根筷子穿过竹笪周边孔眼，让两张竹笪牢固地夹在一起，不让翅针散落。

焗翅

100℃

猛火

①用平头炉（矮仔炉）煲一罐沸腾的清水。

②用水量必须充分浸过鱼翅，保持水量并控制水温在1个小时内维持80℃以上。

◎注：这是两种涨发方法的一种——"焗翅"。

先在平头炉（矮仔炉）上用钢罐煲一罐沸腾的清水。用水量必须充分浸过鱼翅，保持水量并控制水温在1个小时内维持80℃以上。然后将用竹笪夹好的鱼翅压入水中，熄火焗4个小时左右。

由于鱼翅质地不同，有的鱼翅在这4个小时的焖焗下可达到软弹焖滑的质感，但也有的会较为顽固。如遇到后一种情况，如法再操作一次或两次即可。

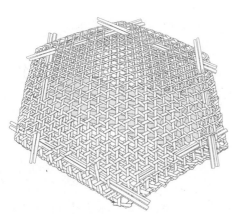

③将用竹笪夹好的鱼翅压在沸腾的清水之中。

80℃

4小时

④冚（盖）上罐盖并熄火，通过余热让鱼翅吸收水分以产生软弹焖滑的质感。

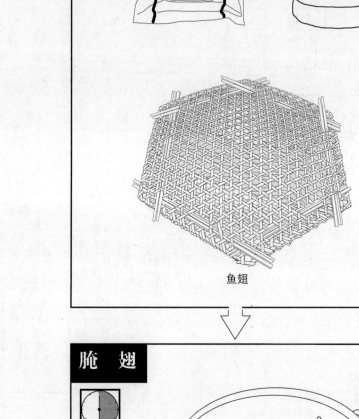

特丽素　　　清水

鱼翅

腌 翅

1 小时

按清水 0.3% ～ 0.5% 的比例加入特丽素兑成渍腌溶液，再将溶液以漫过鱼翅为度渍腌鱼翅。腌制时间约为 1 个小时。

◎注 1：这里介绍的是鱼翅涨发的另一个方法——蒸法。

◎注 2：这是鱼翅涨发用蒸法流程的额外工序，几乎是伴随着蒸法流程而生，所以就安排在这个流程上介绍。

当然，这个额外工序同样适合于焗法流程之中。

方法是按清水 0.3% ～ 0.5% 的比例加入特丽素兑成渍腌溶液，再将溶液以漫过鱼翅为度渍腌鱼翅。腌制时间约为 1 个小时。

特丽素是复合磷酸盐的食品添加剂，具保水的作用。详细知识请参见《厨房"佩"方》。

干蒸

猛火

100℃

40分钟

将经过特丽素腌制过的鱼翅放入蒸柜（上什炉）猛火干蒸40分钟。

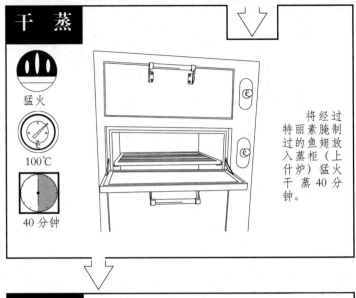

冰镇

将猛火干蒸40分钟的鱼翅放入空钢罉内，加入冰粒冰镇，至冰粒完全溶化。

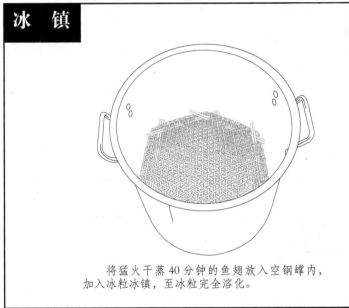

冰粒

事前要用冰粒机预备充足的冰粒。

海味制作图解 II

◎注1：将经过特丽素腌制过的鱼翅放入蒸柜（上什炉）猛火干蒸40分钟。

需要明确的是仅仅干蒸40分钟不足以让其质感达到软弹焖滑的效果，所以整个工序就要分段完成，以40分钟为一段，重复多次，直到鱼翅达到适合的质感。

◎注2：鱼翅经过40分钟猛火干蒸之后取出，放入空钢罉内，随即加入冰粒冰镇，至冰粒完全溶化，视鱼翅翅针是否达到所需的质感，如果未达到，再捞起干蒸。

◎注3：用蒸发的方法涨发鱼翅的工具比用焗发的方法多，至少还得配备一台制冰机，以生产充足的冰粒去冰镇鱼翅。

◎注4：尽管用蒸发方法涨发鱼翅的工具比用焗发方法多，但涨发效果有明显的提升，归纳为涨发率高、翅针明亮诱人、质感清爽且软弹焖滑。

◎注5：特丽素只作为加工助剂，并不产生决定性作用，添加的目的是保水且提高生产效率。也就是说，只要增加"干蒸"和"冰镇"的次数同样可达到预想的效果。

◎注6：鱼翅的感观要求是用筷子夹起翅针时，翅针两端略有下垂。如果翅针两端坚挺或过度下垂都被视为不合格。

◎注7：鱼翅经过焗发和蒸发之后要用有盖的保鲜盒盛起，用清水浸养并置入冰箱保存待用。

此时的制品称为"水盆翅"。

红烧鱼翅

香港之所以最终从广州手中夺得涨发鱼翅技术输出中心的地位，是因为香港人将令人生厌的、技术难度较大的鱼鳍去沙这道工序以工业化的流程在鱼翅制作工场中完成，交到厨师手中已经是"方便鱼翅"，同行们亲切地将之称为"熟货"。

事实上，香港鱼翅制作工场所生产的"方便鱼翅"不止"熟货"一种，还有"水盆翅""鲍翅""排翅""翅饼"和"散翅"之类的货色可供选择。

所谓"**水盆翅**"是指将干货鲨（或鳐）鱼鱼鳍烫焗去沙后继续涨发，使鱼鳍处于只需调味就可食用的状态。因保管过程是用清水浸养而得名。

所谓"**鲍翅**"不是鲍鱼与鱼翅的合称，实际是"包翅"的讹写，是鱼翅货色的一种加工形态。鱼鳍之所以深受中国人青睐，是因为鱼鳍藏有可食用的翅针，当中的翅针是顺着鱼鳍形状生长，两排翅针有间膜，使翅针以合掌形态构成一片鱼鳍。保留这种合掌形态使鱼翅成梳包的称为"包翅"或"鲍翅"。

所谓"**排翅**"是人为地用刀将间膜平开，使两排翅针的鱼鳍成为单边掌。这个名称以往还包括"鲍翅"，后已明确分工，合掌的为"鲍翅"，单掌的为"排翅"。

所谓"**翅饼**"又称"**翅堆**""**凤尾翅**"，是由于鱼鳍太嫩而在涨发时变形，或人为分割间膜不成功使翅针散乱不一的货色。这种货色通常还保留翅膜和唇肉。

所谓"**散翅**"又称"**生翅**"，原来是鱼翅加工中散落下来的翅针，属于下栏（低档）货。但在涨发鱼翅时刻意将翅膜、唇肉洗去专留翅针膳用的，此为高档货。

需要说明的是，由于鱼翅有价，日本人推出"**仿真翅**"以假乱真，必须认清。这种货色多以"散翅"形态出现，是用食用胶、淀粉等配制而成的。

◎注1：2004年浙江省乐清市管辖的蒲岐镇在农业部和国家林业局支持下成为中国的鱼翅加工基地。如今香港、广州只有零星加工，产量不及蒲岐镇的1%，但两地仍然是海味的集散地。

◎注2："仿真翅"制作成食品后，商家给了它一个委婉的名字——"碗仔翅"。

工 具

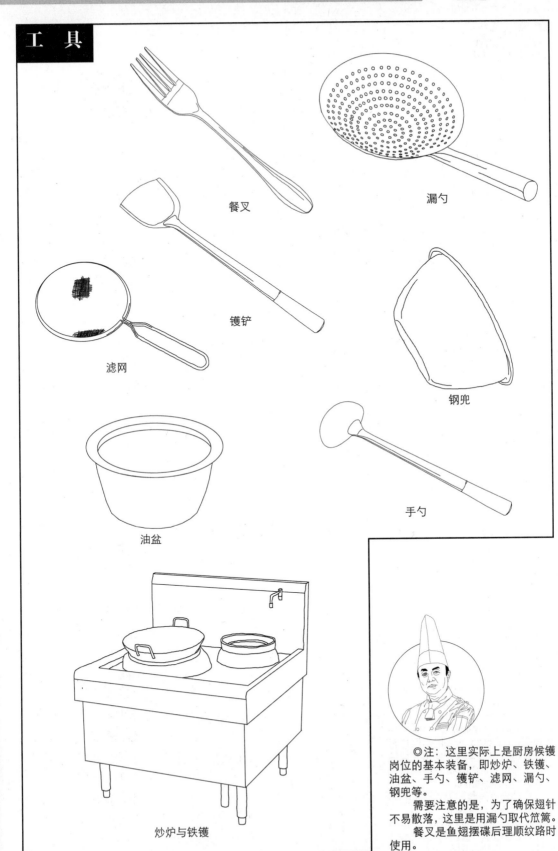

餐叉

漏勺

镬铲

滤网

钢兜

油盆

手勺

炒炉与铁镬

◎注：这里实际上是厨房候镬岗位的基本装备，即炒炉、铁镬、油盆、手勺、镬铲、滤网、漏勺、钢兜等。

需要注意的是，为了确保翅针不易散落，这里是用漏勺取代笊篱。

餐叉是鱼翅摆碟后理顺纹路时使用。

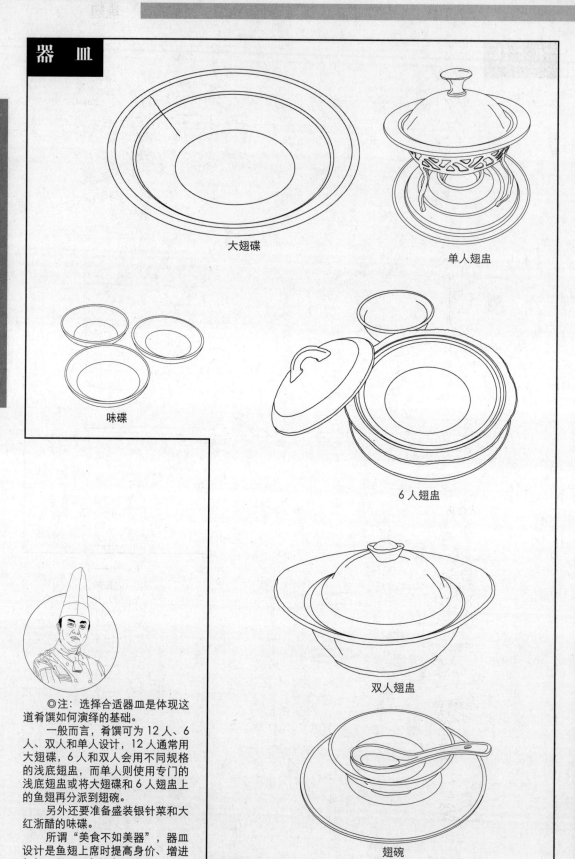

器 皿

海味制作图解Ⅱ

大翅碟

单人翅盅

味碟

6人翅盅

双人翅盅

翅碗

◎注：选择合适器皿是体现这
道肴馔如何演绎的基础。

一般而言，肴馔可为12人、6
人、双人和单人设计，12人通常用
大翅碟，6人和双人会用不同规格
的浅底翅盅，而单人则使用专门的
浅底翅盅或将大翅碟和6人翅盅上
的鱼翅再分派到翅碗。

另外还要准备盛装银针菜和大
红浙醋的味碟。

所谓"美食不如美器"，器皿
设计是鱼翅上席时提高身价、增进
气氛、留下印象的演绎基础。

顶汤料

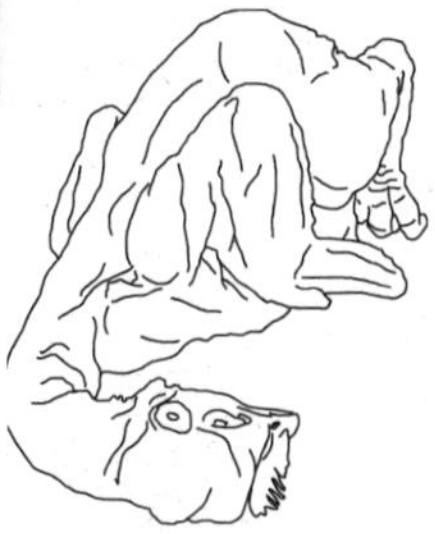

老鸡乸

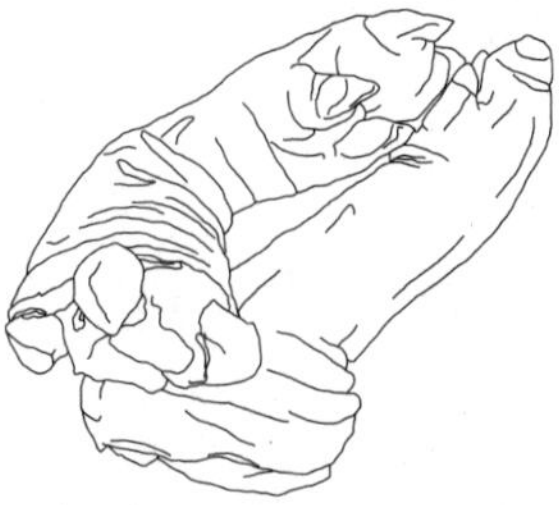

猪手

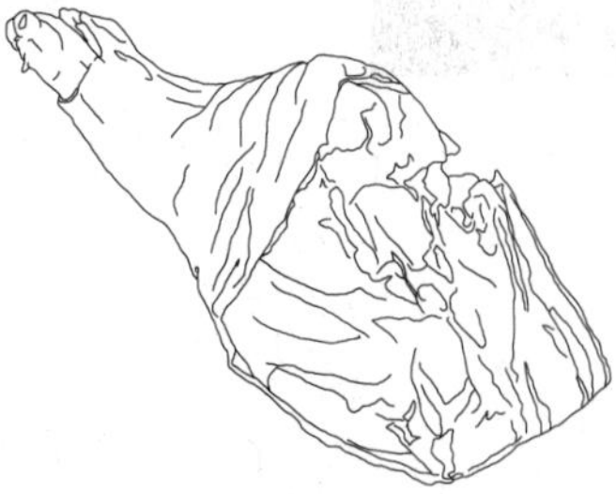

后腿肉

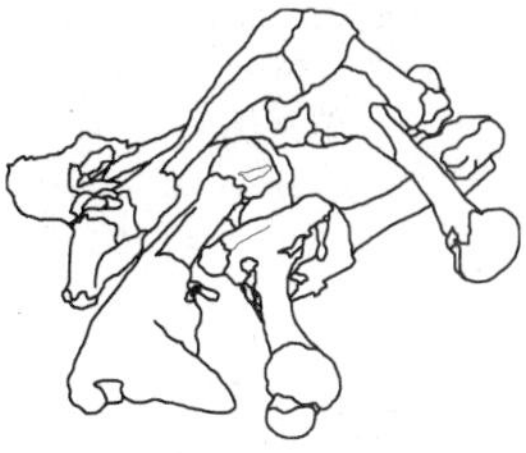

猪大骨

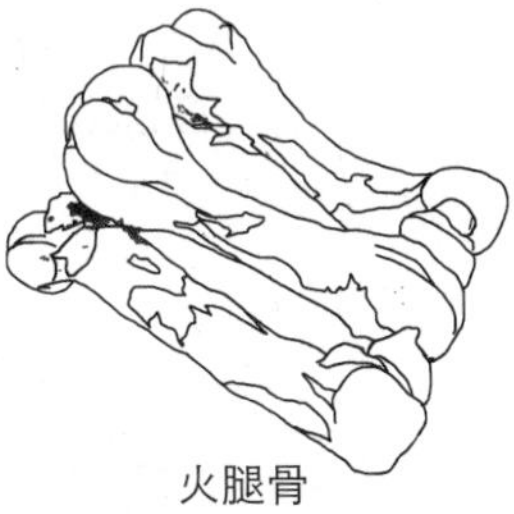

火腿骨

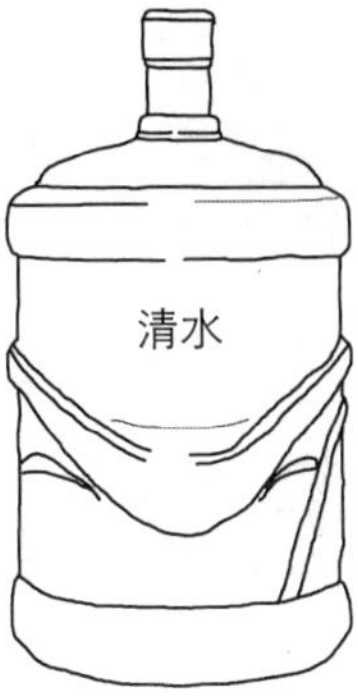

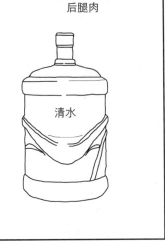

清水

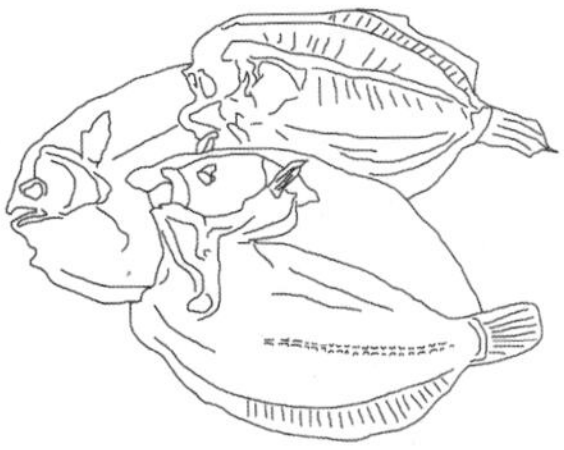

大地鱼

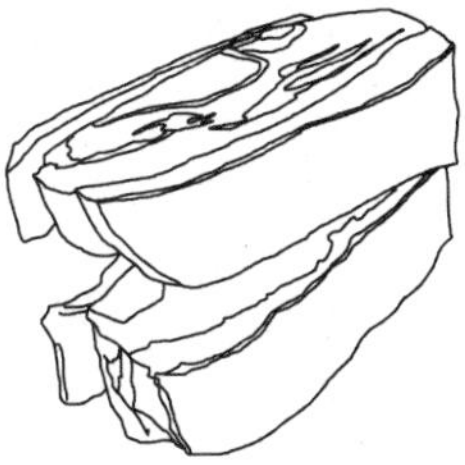

火腿皮

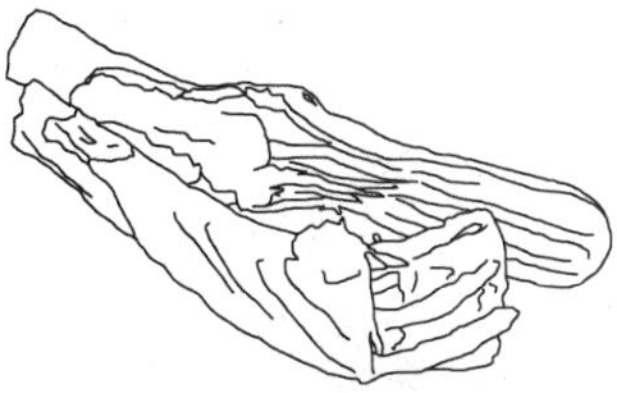

腊鸭头

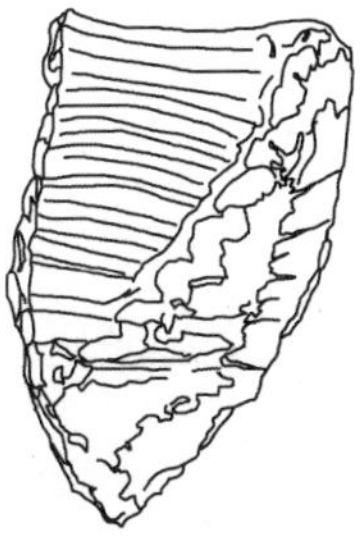

排骨

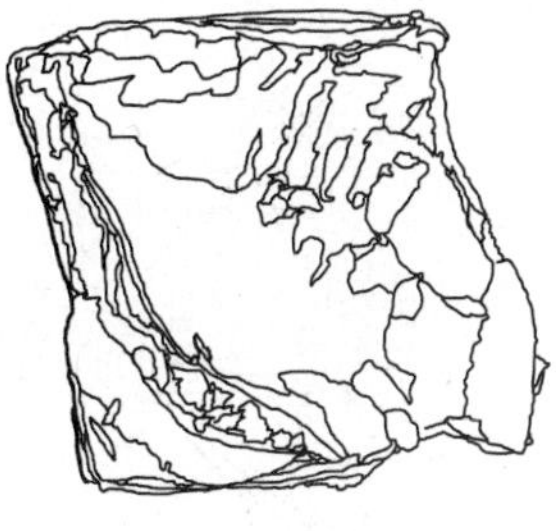

五花肉

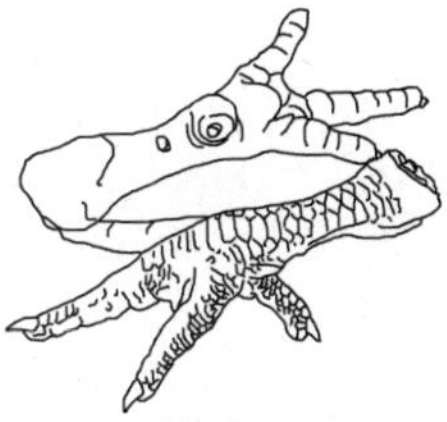

凤爪

顶汤配方

老鸡乸（老母鸡）……3500g
猪手（猪蹄）……1500g
后腿肉……2000g
猪大骨……1000g
火腿骨……1000g
大地鱼……200g
火腿皮……500g
腊鸭头……600g
排骨……950g
五花肉……1000g
凤爪（鸡爪）……600g
清水……25000g

制作方法：

将老鸡乸（老母鸡）、猪手（猪蹄）、后腿肉、排骨、五花肉切成大块，大地鱼在烘炉熯香。所有材料经过“飞水”后同时放入沸腾的清水罐里，猛火加热至清水重新沸腾，即将火候减小，让水温保持在不高于98℃的范围内加热90分钟。用滤网滤去汤渣，即为“顶汤”。

调味料

姜片

葱结

白糖

花生油

胡椒粉

老抽

猪油

姜汁酒

湿淀粉

I&G

精盐

绍兴花雕酒

◎注：除了"顶汤"之外，还要姜片、葱结、花生油、胡椒粉、老抽（深色酱油）、白糖、姜汁酒、猪油、湿淀粉、I&G、精盐、绍兴花雕酒。

当中姜汁酒是将500克肉姜磨成姜茸，然后榨出姜汁再与500克米酒混合而成。

湿淀粉所用的淀粉，粤菜最早是用绿豆淀粉，后来又改用玉米淀粉，如今多见是木薯淀粉。它们的糊丝并不相同，做芡效果和稳定性（回升）也略有差异。

I&G即肌苷酸钠与鸟核酸钠复合制成的类似味精（谷氨酸钠）的增味剂的商品名称。

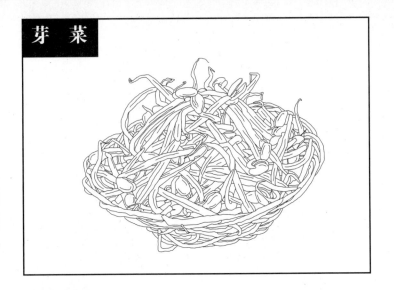

芽菜

火腿

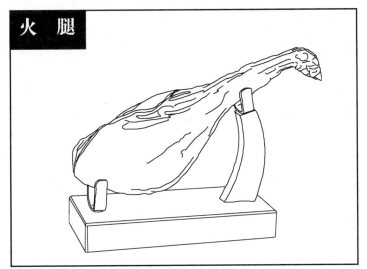

佐料

大红浙醋

海味制作图解 Ⅱ

◎注1：食鱼翅搭配芽菜是粤菜的特色，但不是粤菜发明，概念早已有之，如《随园食单》上说搭配萝卜丝，做清爽口腔之用。

芽菜是绿豆芽菜和大豆（黄豆）芽菜的统称，以前者多汁、无渣、清香为首选，可惜梗细，时常给梗粗的大豆芽菜替代。去豆和须，剩下的梗被称为"银针菜"。

◎注2："火腿"显然是海味烹饪的最佳伴侣，因为它能提供馥郁、厚实、秘醇的香气和味道，是其他原料无法取代的。

"火腿"是指盐腌发酵的猪后腿制品，中国有4个产地较为盛名，即浙江金华、江苏如皋、江西安福以及云南宣威等，当中尤以金华火腿最受欢迎。另外，国外还有意大利火腿（帕尔玛生火腿）可供选择。

◎注3：用顶汤烹制的鱼翅相当腻滞，不容易消化，所以膳食时要配以酸醋解腻。然而，白醋太酸，会影响食品品尝；陈醋香气太浓，会残留气味；只有大红浙醋酸味柔和，香气短，不会干扰食者品尝食物。所以，大红浙醋就入选为品尝鱼翅的解腻佐料。

猪手 　　　　　老鸡髀 　　　　　后腿肉

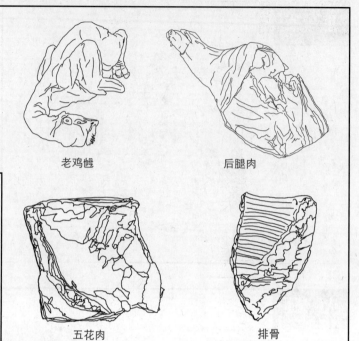

五花肉 　　　　　排骨

◎注：顶汤馥郁的味道是来自肉料的可水溶性蛋白，而不是水溶性蛋白。两者最大的区别是当中是否有一个"可"字。

水溶性蛋白遇水溶解，在水中不会有过多的反应。而可水溶性蛋白遇水不容易溶解，溶解后也不稳定，如果不是完全被水分散，它会相互积集起来形成颗粒或泡沫。这就是从来没有厨师用骨碎肉糜去熬汤的原因（按理肉料更易出味）。所以，熬汤料只需分割成大块即可。

这里可将老鸡髀（老母鸡）沿胸部或脊部破成琵琶状的开边鸡。猪手（猪蹄）沿趾丫破开再横斩分开。排骨顺骨边分成条。五花肉和后腿肉切成大块。

分　割

用刀将老鸡髀、猪手（猪蹄）、排骨、五花肉和后腿肉分割成大块。

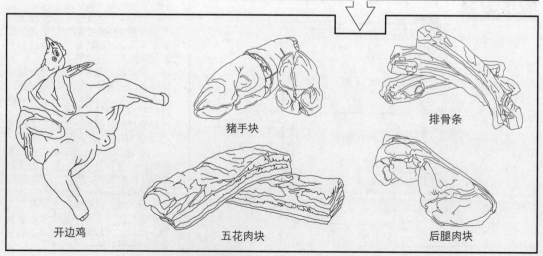

开边鸡 　　　　　猪手块 　　　　　排骨条
　　　　　五花肉块 　　　　　后腿肉块

燉大地鱼

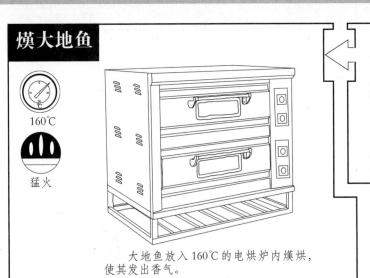

160℃

猛火

大地鱼放入 160℃ 的电烘炉内燉烘，
使其发出香气。

大地鱼

燉大地鱼

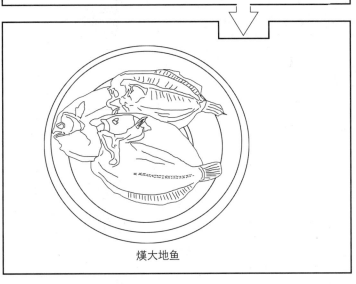

◎注1："大地鱼"是干晒鲽
鱼 [*Paralichthys olivaceus*] 的商
品名称，具浓郁的鱼鲜味道，但欠
缺香气，在经过燉烘之后才能呈现
香气。所以，燉烘这个工序基本上
是加工这种海产品的指定程序。

◎注2：金华火腿先用带有乳
化剂的溶液将外表清洗干净，放入
上汤罉中焓煮 60 分钟，使其在煮
熟之余降低咸味。然后取出自然晾
冻，用锯刀分成"火爪""火踵""中
方"及"上方" 4 个部分。接着又
将除"火爪"之外部分的皮、骨剔
去，剩下精肉裁去零散边缘使其成
方块，再切成细丝，即为"火腿丝"。

切火腿

金华火腿经清洗、焓煮
之后，取火踵、中方或上方
的精肉切成细丝。

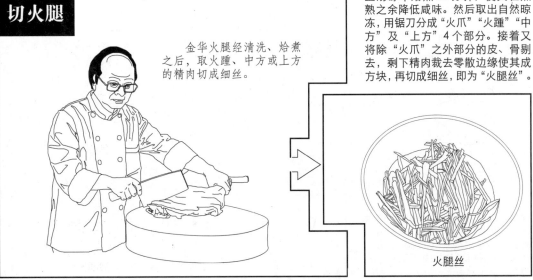

火腿丝

海味制作图解 II

83

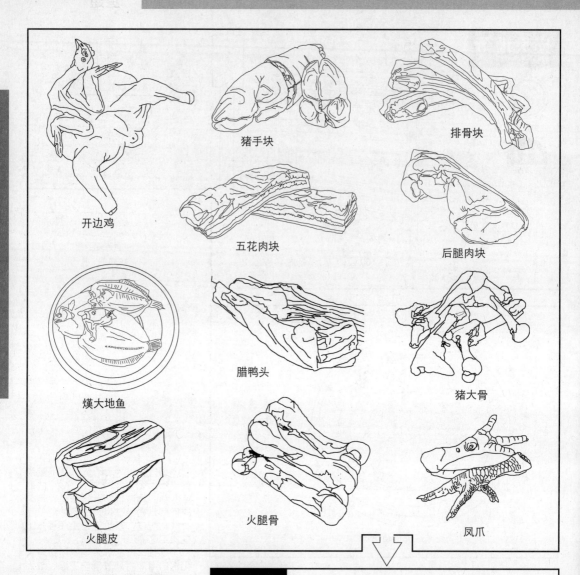

开边鸡

猪手块

排骨块

五花肉块

后腿肉块

熝大地鱼

腊鸭头

猪大骨

火腿皮

火腿骨

凤爪

◎注：将开边鸡、猪手块、排骨块、五花肉块、后腿肉块、熝大地鱼、腊鸭头、猪大骨、火腿皮、火腿骨及凤爪（鸡爪）分别放入以猛火加热的沸腾清水中"飞"（拖）过，以起清洁目的，防止汤水混浊。

飞 水

猛火

100℃

15秒

将开边鸡、猪手块、排骨块、五花肉块、后腿肉块、熝大地鱼、腊鸭头、猪大骨、火腿皮、火腿骨及凤爪（鸡爪）分别放入以猛火加热的沸腾清水中"飞"（拖）过。

清水

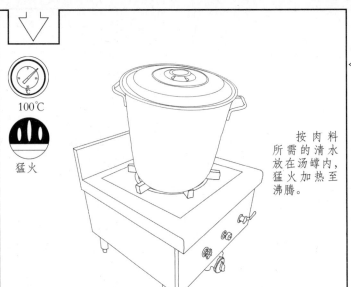

100℃

猛火

按肉料所需的清水放在汤罉内，猛火加热至沸腾。

海味制作图解 II

熬汤

慢火

98℃

90分钟

清水沸腾后，将"飞"（拖）过水的开边鸡、猪手块、排骨块、五花肉块、后腿肉块、燶大地鱼、腊鸭头、猪大骨、火腿皮、火腿骨及凤爪（鸡爪）放入其中，继续以猛火加热。待到清水重新沸腾，即将火候降低，用慢火让水温保持在不高于98℃的范围内。

◎注："熬汤"实际上是提取肉中鲜味成分的过程。

然而现代与传统对这过程的理解恰恰相反，传统理解为"浓缩"，而现代则理解为"稀释"，所以在熬煮时间上产生分歧。前者动辄要240分钟（4个小时），后者则需要90分钟。

做"稀释"理解的认为，汤之鲜味在于可水溶性蛋白，在维持98℃的水环境里，该物质会慢慢溶解并分散于水中。这个时间大概是60～90分钟，再长的时间，藏于肉中的可水溶性蛋白与非水溶性蛋白组成的架构也不会被拆解的。再继续加热，只会让已分散到水中的可水溶性蛋白老化，失去酯香和醇香。

顶汤

熬煮90分钟后，用滤网将汤渣滤去，即为"顶汤"。

此时可加入同样分量的沸腾水再以相同的方法熬煮、过滤，即为"二汤"。

那么，为什么传统理解的"浓缩"的方法曾经盛行呢？

这是因为以往的肉料来源并非人为饲养品，肉质较为紧密，可水溶性蛋白与非水溶性蛋白容易组成强有力的架构，要通过一定时间让非水溶性蛋白的结构疲软下来，才能让可水溶性蛋白稀释出来。由于耗费了大量时间，使做稀释用的清水也耗费了不少，故而让人错误理解这个过程是浓缩过程。

熬完顶汤的肉料可再加入沸腾水熬煮，所得的汤水称为"二汤"。技巧是再加入的必须是沸腾水。如果是热水或温水等，会让可水溶性蛋白收缩凝固，就难以溶于水中了。

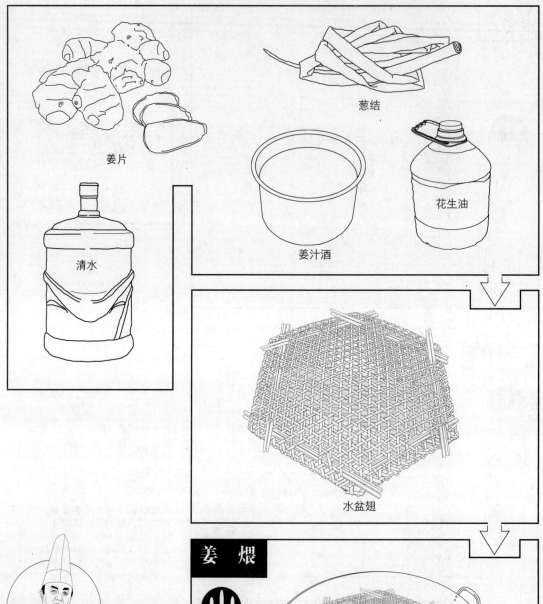

姜片

葱结

姜汁酒

花生油

清水

水盆翅

◎注：即使再好的鱼翅都带有腥灰味，故而要用姜葱去辟除。

所谓"有味使其出，无味使其入"，而作为"有味使其出"并达到辟除异味的工序称为"煨"。

在此定义下，这里的工序应为"姜煨"或"姜葱煨"。

其工作流程是用中火烧热铁镬，放入花生油爆香姜片、葱结，并加入适当的清水和姜汁酒，待水沸腾后，放入用竹笪夹好的水盆翅，加热15分钟。

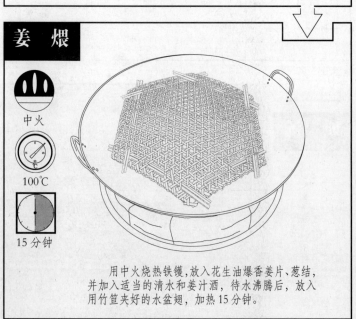

姜 煨

中火

100℃

15 分钟

用中火烧热铁镬，放入花生油爆香姜片、葱结，并加入适当的清水和姜汁酒，待水沸腾后，放入用竹笪夹好的水盆翅，加热15分钟。

汤煨

中火

100℃

10分钟

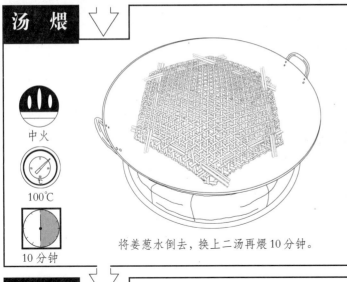

将姜葱水倒去，换上二汤再煨10分钟。

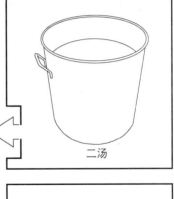

二汤

顶汤

汤㸆

慢火

98℃

45分钟

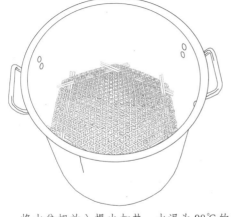

将水盆翅放入慢火加热、水温为98℃的顶汤中㸆45分钟，使鱼翅赋上肉味。

拆竹笪

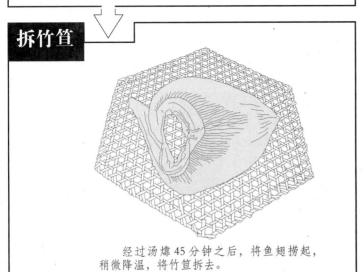

经过汤㸆45分钟之后，将鱼翅捞起，稍微降温，将竹笪拆去。

◎注1：由于葱的缘故，若有残留会影响翅针色泽，所以，在完成"姜煨"工序之后，要将姜葱水倒去，换入二汤再煨10分钟。
这个工序称为"汤煨"。
◎注2："汤煨"工序完成即将鱼翅放入慢火加热、水温为98℃的顶汤中㸆45分钟，使鱼翅赋上肉味。
这个工序称为"汤㸆"。
◎注3：经过汤㸆45分钟之后，将鱼翅捞起，稍微降温，将竹笪拆去。
这个工序称为"拆竹笪"。
此时应再次检查鱼翅是否有残存枯骨、翅骨等不利食用的杂物，并及时清理。
◎注4：此时鱼翅的感观标准是用筷子夹起翅针中部，两端均完全下垂，并具轻微弹性；用手指轻掐即断。

海味制作图解Ⅱ

餐叉

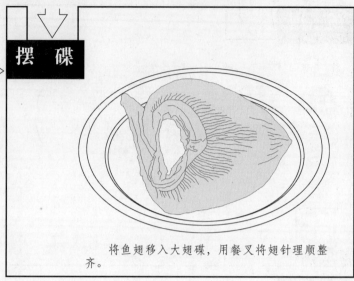

摆碟

将鱼翅移入大翅碟，用餐叉将翅针理顺整齐。

◎注1：拆去竹笪后，将鱼翅移入大翅碟（或分份移入6人、双人及单人浅底翅盅）内，并用餐叉将翅针理顺整齐。

这个工序称为"摆碟"。

如果鱼翅在上席时已经晾凉，可在蒸柜焗热才作调味。

◎注2：芽菜是作为膳食鱼翅的爽口辅料，使用时要将豆尾、须头掐去，只留肉梗。

芽菜肉梗在行中有专门的名称叫"银针"或"银针菜"。

需要补充说明的是，"银针菜"致熟的方法大概有三种：

一是用"猛镬阴油"的形式放入"银针菜"，并加入精盐和二汤，将"银针菜"炒至七成熟，倒入笊篱晾去水。再以"猛镬阴油"的形式放入七成熟的"银针菜"，加入顶汤炒至刚熟。

这是吴銮师傅留下的方法，"银针菜"的味道相当好，但容易疲软和出水。

二是用加有白糖的沸腾水灼熟。为20世纪80年代香港酒楼常见的方法。

三是本文要介绍的方法。为20世纪60年代著名的粤菜师傅王光所创。

芽菜

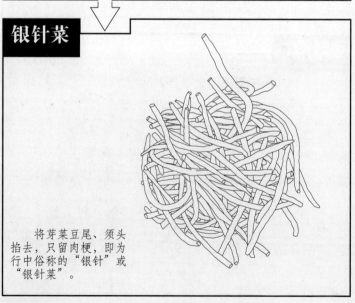

银针菜

将芽菜豆尾、须头掐去，只留肉梗，即为行中俗称的"银针"或"银针菜"。

海味制作图解 Ⅱ

炒芽菜

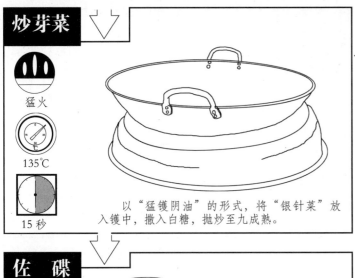

猛火

135℃

15秒

以"猛镬阴油"的形式，将"银针菜"放入镬中，撒入白糖，抛炒至九成熟。

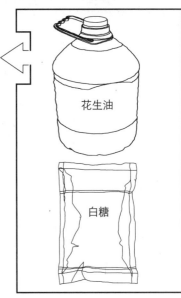

花生油

白糖

佐　碟

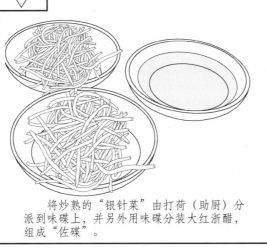

将炒熟的"银针菜"由打荷（助厨）分派到味碟上，并另外用味碟分装大红浙醋，组成"佐碟"。

大红浙醋

花生油

绍兴花雕酒

◎注1：将铁镬（锅）猛火烧热，先倒入一手勺花生油将镬（锅）搪满，将油倒出，再放入适当的花生油，此即为"猛镬阴油"。随即将"银针菜"放入镬（锅）里，撒入白糖，随即抛炒使"银针菜"均匀受热，至九成熟即可。

这里必须是使用白糖，而非精盐。因为白糖的黏性会产生保护膜，不易让"银针菜"脱水，使其显得坚挺；精盐具渗透压，会让"银针菜"脱水疲软。

◎注2：打荷（助厨）将"银针菜"分派到味碟上，另外用味碟分装大红浙醋，组成"佐碟"。

◎注3：正式开始为鱼翅调味。

顶汤

红烧鱼翅配方

水盆鱼翅·······2500g
顶汤·······2300g
猪油·······190g
湿淀粉·······70g
精盐·······10g
I&G·······8g
老抽（深色酱油）·······20g
胡椒粉·······0.5g
花生油·······75g
绍兴花雕酒·······25g

◎注1：同样是采用"猛镬阴油"的形式，然后溃入绍兴花雕酒，并加入顶汤，以中火加热至沸腾。

但这里所使用的火候一定要注意，不能过于剧烈，因为汤中呈味的肉类可水溶性蛋白在高温之中会劣化，且呈现分散的凝固状态，导致汤色发白。正确方法是用中火将其加热至沸腾，端离火位调味。

◎注2：汤水中火加热至沸腾后，端离火位，用精盐、I&G、胡椒粉调味。

◎注3：用老抽（深色酱油）将汤水调至金红色。

◎注4：用湿淀粉将汤水调成"琉璃芡"。

◎注5：用猪油做包尾油，让芡汁增加光泽。

◎注6：将芡汁淋在鱼翅上。

◎注7：打荷（助厨）将火腿丝撒在鱼翅上面，并与"银针菜"、大红浙醋一道上席。

调汤

中火

120℃

20 秒

同样是采用"猛镬阴油"的形式，然后溃入绍兴花雕酒，并加入顶汤，以中火加热至沸腾。

精盐　胡椒粉　I&G　老抽

湿淀粉　猪油　火腿丝

淋芡

中火

100℃

30 分钟

①用精盐、I&G、胡椒粉调味。
②用老抽（深色酱油）调色。
③用湿淀粉将汤水调成"琉璃芡"。
④用猪油做包尾油。
⑤将芡汁淋在鱼翅上。
⑥再撒上火腿丝做点缀即成。

过桥龙虾翅

"过桥龙虾翅"是由龙虾与鱼翅两个担纲演绎的看馔。龙虾与鱼翅好理解，但"过桥"则会让人费解。难道将龙虾与鱼翅比作牛郎与织女，要靠喜鹊搭桥才能相会？

不是的。

所谓"过桥"是借用云南著名食品"过桥米线"的做法创新而来。

关于"过桥米线"，云南有一个经典故事。

相传在清朝时，云南蒙自一个秀才为了考取功名搬到城外的湖心小岛潜心攻读，秀才贤惠的妻子每天都要将煮好的米线送去小岛给秀才充饥。但由于路途遥远，米线大多已冷，不太可口。

有一次，秀才妻子为了给秀才补身，就用瓦罐熬了煲鸡汤准备送过去。可是当时没有保温瓶，一时找不到盛载的器皿，情急之下干脆就将瓦罐放在竹篮里提起就走。秀才那天能品尝到美味的鸡汤自不消说，然而最大的趣味不在这里，而是秀才妻子从中发现了一个秘密。

发现了什么秘密呢？

原来秀才妻子细心地发现，尽管路途遥远，鸡汤还是热乎乎的。如果继续这样做，丈夫岂不就不用吃冷的米线？

秀才妻子很快就找到了窍门，将烧热的鸡油浇到汤水上面，汤水就起到很好的保温效果。

自那次起，秀才每天都能吃上热乎乎的米线了。

后人将这种无火传热的米线形象地称为"过桥米线"！

实际上，这种食品的原理与"火锅"不同，后者是要保持加热状态，而这种食品是通过油脂保温并传热，别有一番趣味。再后来，这种食品走出了云南，外地的烹饪界就将这种不用加热而利用余温将食物致熟的方法称为"过桥"。

"过桥龙虾翅"就是粤菜厨师根据这种食品的制作精髓创新出来的！

◎注：事实上，"过桥龙虾翅"是将云南的"过桥米线"与粤菜的"清汤蟹底翅"糅合而成的看馔。

在这道菜的案例中让新晋厨师领悟到创新菜式技法，摆脱只传承不创新的思维。

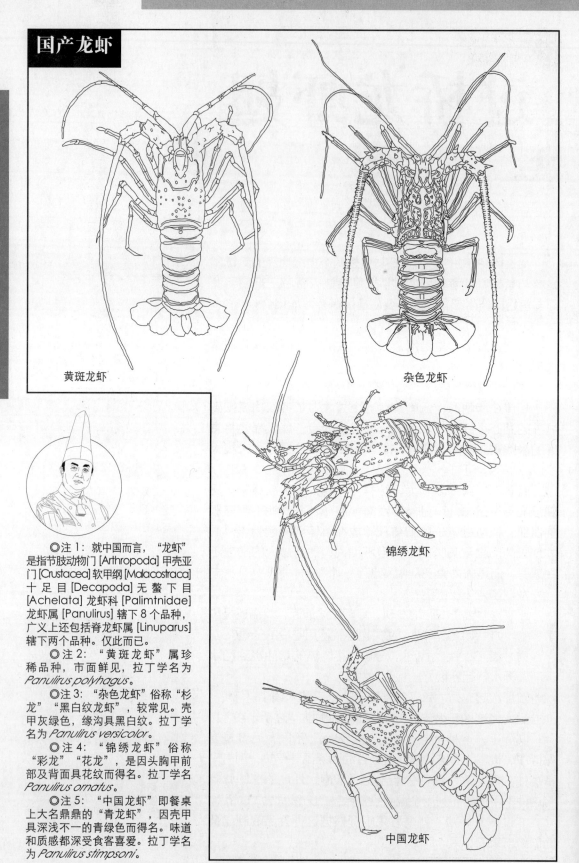

国产龙虾

海味制作图解 II

黄斑龙虾

杂色龙虾

锦绣龙虾

中国龙虾

◎注 1：就中国而言，"龙虾"是指节肢动物门 [Arthropoda] 甲壳亚门 [Crustacea] 软甲纲 [Malacostraca] 十足目 [Decapoda] 无螯下目 [Achelata] 龙虾科 [Palimtnidae] 龙虾属 [Panulirus] 辖下 8 个品种，广义上还包括脊龙虾属 [Linuparus] 辖下两个品种。仅此而已。

◎注 2："黄斑龙虾"属珍稀品种，市面鲜见，拉丁学名为 *Panulirus polyhagus*。

◎注 3："杂色龙虾"俗称"杉龙""黑白纹龙虾"，较常见。壳甲灰绿色，缘沟具黑白纹。拉丁学名为 *Panulirus versicolor*。

◎注 4："锦绣龙虾"俗称"彩龙""花龙"，是因头胸甲前部及背面具花纹而得名。拉丁学名 *Panulirus ornatus*。

◎注 5："中国龙虾"即餐桌上大名鼎鼎的"青龙虾"，因壳甲具深浅不一的青绿色而得名。味道和质感都深受食客喜爱。拉丁学名为 *Panulirus stimpsoni*。

国产龙虾

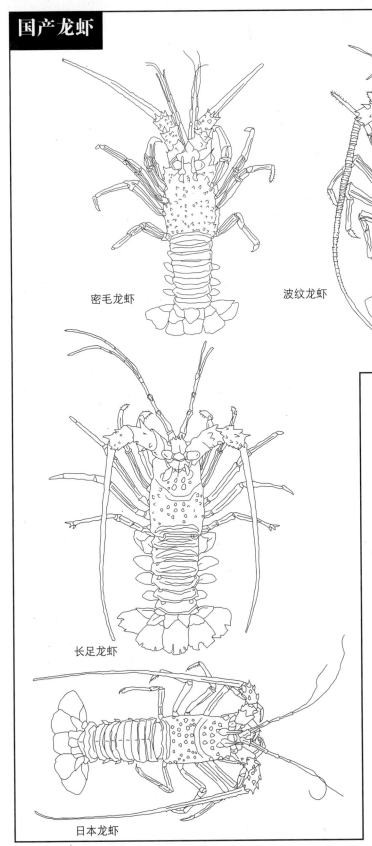

密毛龙虾

波纹龙虾

长足龙虾

日本龙虾

海味制作图解 II

◎注1："密毛龙虾"又称"纹身龙虾"，市面鲜见，壳色墨绿，甲壳具小圆棘。拉丁学名为 *Panulirus peniciliatus*。

◎注2："波纹龙虾"又称"珍珠龙虾"，简称"珠龙"。甲壳薄，以瘀红色为基调，散布白色星斑点。拉丁学名为 *Panulirus homarus*。

◎注3："长足龙虾"又称"红虾""珠仔虾""花点龙虾""白须龙虾"，因缘沟具色纹，香港人将它纳入"杉龙"看待。不过此种缘沟的色纹是浅红与白相衬，加上壳色为淡灰红，很容易区分。拉丁学名为 *Panulirus longipus*。

◎注4："日本龙虾"又称"红龙虾"，壳甲以枣红色为基调，个头不大，在25厘米左右。拉丁学名为 *Panulirus japonicus*。

◎注 1: 除了龙虾属 [Panulirus] 品种之外，中国海域还有甲壳背部具棱形脊凸的脊龙虾属 [Linuparus] 品种。该属在中国有两个品种，即脊龙虾 [Linuparus trigonus]、泥污脊龙虾 [Linuparus sordidus]。前者多见，又称"函虾""海南岛龙虾"，可惜壳多肉少，且味淡质糯难成大器。

◎注 2: "澳洲龙虾"是"纽澳多刺岩龙虾"的商品名称。特点是通体深红色或橙色，胸甲坚硬多棘刺，胸部和步足为亮黄色，体长可达 50 厘米。拉丁学名为 *jasus edwardsii*。

◎注 3: "新西兰龙虾"是"吉氏真龙虾"的商品名称。通体火红色，甲壳薄。拉丁学名为 *Palinurus gilchristi*。

◎注 4: "南非龙虾"是"帝加洛真龙虾"的商品名称。甲壳多棘刺，以褐色为基调，带有黑白斑纹。拉丁学名为 *Palinurus delagoae*。

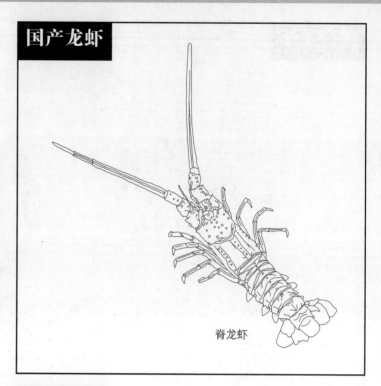

国产龙虾

脊龙虾

国外龙虾

新西兰龙虾

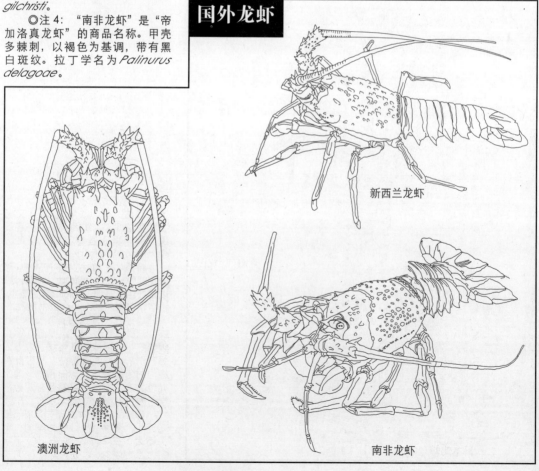

澳洲龙虾

南非龙虾

海
味
制
作
图
解
Ⅱ

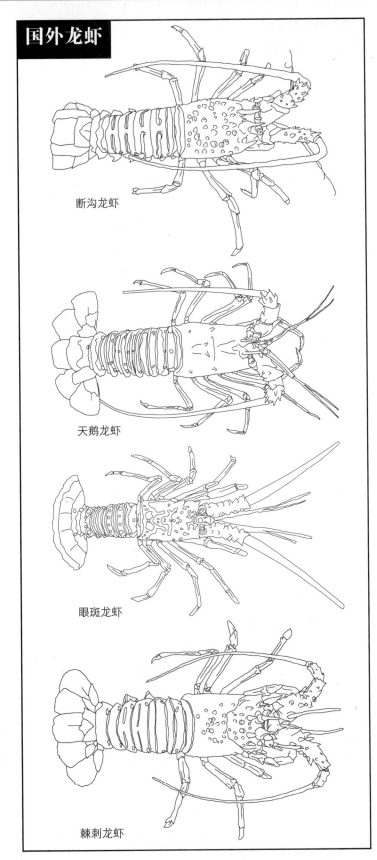

国外龙虾

断沟龙虾

天鹅龙虾

眼斑龙虾

棘刺龙虾

◎注1："断沟龙虾"又称"加州龙虾"或"墨西哥龙虾"，是分布在加利福尼亚州蒙特利湾（Monterey Bay）至墨西哥特万特佩克湾（Gulf of Tehuantepec）的一种东太平洋物种。身长30厘米，呈红褐色，足上有刺，有一对很大的触须，甲壳具凹槽。拉丁学名为 *Panulirus interruptus*。

◎注2："天鹅龙虾"与天鹅无关，是命名时借用澳洲国徽黑天鹅而来。这种龙虾褐紫色，外骨骼分节，会随着生长变化而脱壳。最重可达5.5千克，一般身长为8厘米～10厘米。拉丁学名为 *Panulirus cygnus*。

◎注3："眼斑龙虾"又称"佛罗里达龙虾""西印度龙虾"。身体呈长圆柱形，表面覆盖着棘刺。眼柄上有两条大棘刺，犹如对角。甲壳呈橄榄绿色或褐色，也有黄褐色至红褐色；散布黄色至奶白色斑点，腹部的斑点较大。一般长20厘米，最长可达60厘米。拉丁学名为 *Panulirus argus*。

◎注4："棘刺龙虾"明显标志是甲背具棘刺，体色会随年龄变化，成年者体色大部分是红褐色或蓝绿色，若是老年者体色就会偏向橘红色，年纪越大，体色越红。身长为65厘米左右，重约20千克。拉丁学名为 *Panulirus elephas*。

◎注1：中国人将Lobster译作"龙虾"，有吻合也有脱节。中国的"龙虾"是指节肢动物门[Arthropoda]甲壳亚门[Crustacea]软甲纲[Malacostraca]十足目[Decapoda]无螯下目[Achelata]龙虾科[Palimtnidae]龙虾属[Panulirus]的品种，另外还加有质感不太好的脊龙虾属[Linuparus]品种。

然而，Lobster除了包括节肢动物门[Arthropoda]甲壳亚门[Crustacea]软甲纲[Malacostraca]十足目[Decapoda]无螯下目[Achelata]龙虾科[Palimtnidae]龙虾属[Panulirus]、脊龙虾属[Linuparus]的品种，还包括同科的真龙虾属[Palinurus]、岩龙虾属[Jasus]的品种，由原来10个品种，扩展到48个品种左右。

除此之外，Lobster与中国人所认定的"龙虾"最大的脱节是其还包括节肢动物门[Arthropoda]甲壳亚门[Crustacea]软甲纲[Malacostraca]十足目[Decapoda]螯虾次目[Astacidea]海螯虾总科[Nephropsidea]海螯虾科[Nephropidae]螯龙虾属[Homarus]的品种，中国人称之为"螯虾"。这是有像蟹一样螯钳的虾类，在美洲、欧洲和非洲各有一个品种。

◎注2："美洲螯龙虾"有"波士顿龙虾""加拿大龙虾""缅因龙虾""美国龙虾"等商品名称，为世界上最重的海洋甲壳类动物。壳色以橄榄绿或绿褐色为主。在美国、加拿大等国广为养殖，商品分为Chicken或chix级（454克）、Quarters级（454克～681克）、Selects级（681克～908克）及Jumbo级（908克以上）。如果失去螯钳则称为cull级。拉丁学名为 *Homarus americanus*。

◎注3："欧洲螯龙虾"体长可达100厘米，壳色深蓝掺杂浅黄色斑点，腹部为黄色。长有一对巨大的螯钳及一对粗壮的触角。拉丁学名为 *Homarus gammarus*。

◎注4："南非螯龙虾"又称"好望角螯龙虾"，小型，约10厘米左右，壳厚肉少，价格便宜。拉丁学名为 *Homarus capensis*。

国外龙虾

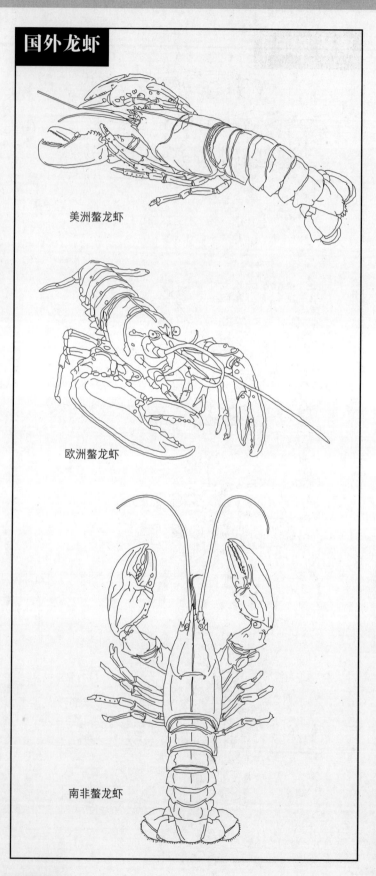

美洲螯龙虾

欧洲螯龙虾

南非螯龙虾

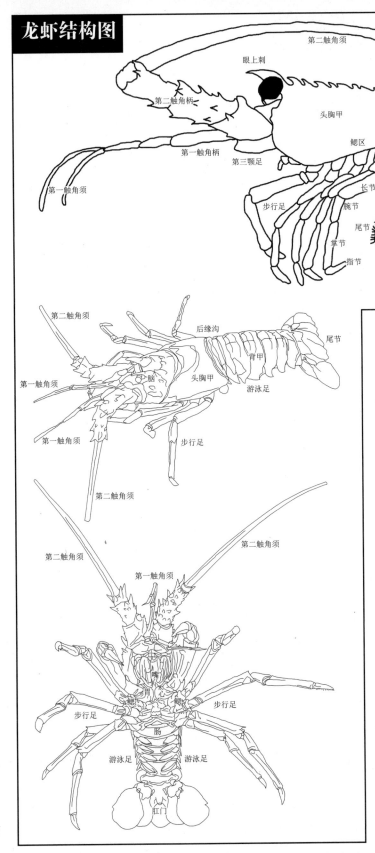

龙虾结构图

第二触角须
眼上刺
后缘沟
第二触角柄
背甲
头胸甲
鳃区
底节
基节
第一触角柄
第三颚足
座节
腹节
长节
第一触角须
步行足
腕节
内肢
尾节
尾节
外肢
掌节
指节

第二触角须
后缘沟
尾节
背甲
脑
头胸甲
第一触角须
游泳足
第一触角须
步行足
第二触角须
第二触角须
第二触角须
第一触角须
嘴
胃
心
鳃
鳃
步行足
步行足
肠
游泳足
游泳足
肛门

◎注：至少在明代以前，中国古人没有"龙虾"一说，以致李时珍撰写《本草纲目》时没有任何专门的记录。相信"龙虾"一词是形容身形硕大的虾类，据闻被称作"中国护城河"的渤海、黄海、东海、南海所能捕到这样的大虾，是没有螯钳的。这种大虾有两对触角，第一触角短小，第二触角粗长。头胸甲及背甲有棘刺，头胸甲底部有 5～6 对步行足。头胸甲包裹着肺、胃、心、鳃等器官。头胸甲有后缘沟与背甲相连。背甲由 5～6 块可活动的甲片组成，包裹身体。背甲底部有与甲片两边数目相等的游泳足。背甲末端与尾节相连。尾节像折扇一样可以自由散开和收拢。肛门位于背甲末端与尾节交接处底部中央。

这里重点是要清楚后缘沟和肛门的位置，前者是龙虾拆肉的关键，后者是为龙虾放尿的关键。

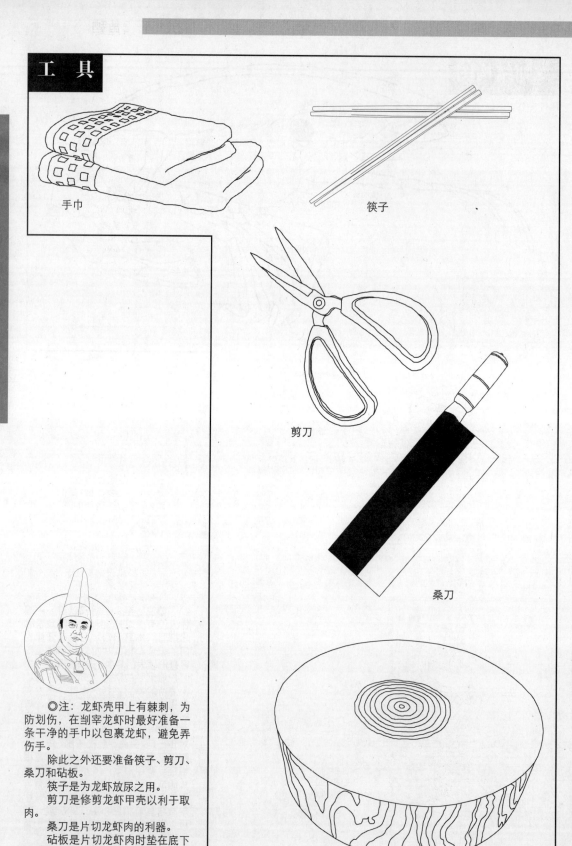

工 具

海味制作图解 II

手巾

筷子

剪刀

桑刀

砧板

◎注：龙虾壳甲上有棘刺，为防划伤，在剖宰龙虾时最好准备一条干净的手巾以包裹龙虾，避免弄伤手。

除此之外还要准备筷子、剪刀、桑刀和砧板。

筷子是为龙虾放尿之用。

剪刀是修剪龙虾甲壳以利于取肉。

桑刀是片切龙虾肉的利器。

砧板是片切龙虾肉时垫在底下的器物，可选塑料砧板、木质砧板、竹质砧板、钢化玻璃砧板等，以木质砧板最佳。

放尿

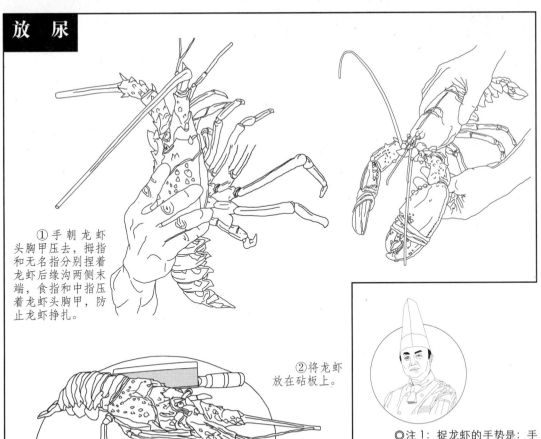

①手朝龙虾头胸甲压去，拇指和无名指分别捏着龙虾后缘沟两侧末端，食指和中指压着龙虾头胸甲，防止龙虾挣扎。

②将龙虾放在砧板上。

③再将龙虾以背朝下、爪朝天的姿势放在砧板上，一手拿着手巾压着龙虾爪（步行足），一手拿筷子从龙虾肛门插入往龙虾头部捅去，以龙虾不再挣扎为度，然后将筷子抽出。

◎注1：捉龙虾的手势是：手朝龙虾头胸甲压去，拇指和无名指分别捏着龙虾后缘沟两侧末端，食指和中指压着龙虾头胸甲，防止龙虾挣扎。

◎注2：将龙虾放在砧板上。

◎注3：再将龙虾以背朝下、爪朝天的姿势放在砧板上，一手拿着手巾压着龙虾爪（步行足），一手拿筷子从龙虾肛门插入往龙虾头部捅去，以龙虾不再挣扎为度，然后将筷子抽出。此时常常会见到有透明的液体同时排出，行中将这些液体称为"龙虾尿"。

◎注4：螯虾（波士顿龙虾）与龙虾的刮法相同。

筷子

手巾

海味制作图解 II

剥 离

④双手分别握紧龙虾头胸甲和背甲并用力旋扭。

⑤将龙虾头胸甲部和尾甲部分剥离开来。

◎注1：双手分别握紧龙虾头胸甲和背甲并用力旋扭，将龙虾的胸甲部和尾甲部分剥离开来。

◎注2：胸甲部除了与步行足相连，也起着保护心脏等器官的功能，所以，龙虾的心、胃、肺、鳃都在胸甲部里。将步行足从头胸甲扯下来，即见肺、鳃等内脏粘连在头胸甲内和步行足肉上。此时用手将这些内脏撕去，并用清水将头胸甲和步行足冲洗干净。

去鳃肺

⑥将龙虾步行足从头胸甲扯下来。

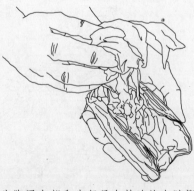

⑦将头胸甲内部和步行足上粘连的内脏撕去，并用清水将头胸甲和步行足冲洗干净。

抽沙肠

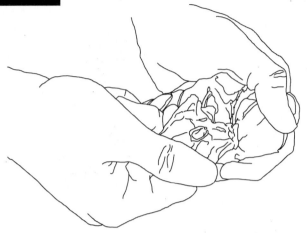

⑧一手握着龙虾背甲身段，一手握着龙虾尾节，然后将龙虾尾节往外扳，使龙虾尾节与龙虾背甲分离。

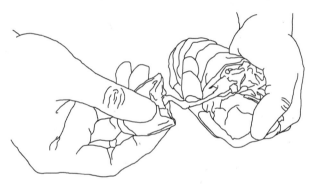

⑨龙虾尾节与龙虾背甲分离开后，·可见龙虾尾节有条状物，这就是"沙肠"。小心抽拉，将整条沙肠抽出。

起 肉

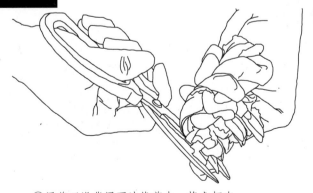

⑩用剪刀沿背甲两边缘剪去，将龙虾肉完整地起出来。

◎注1：一手握着龙虾背甲身段，一手握着龙虾尾节，并将龙虾尾节往外扳，使龙虾尾节与龙虾背甲分离，此时可见龙虾尾节有条状物，这就是"沙肠"。小心抽拉，将整条沙肠抽出。

◎注2：用剪刀沿背甲两边缘剪去，将龙虾肉完整地起出来。

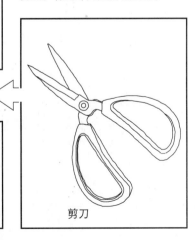

剪刀

海味制作图解 II

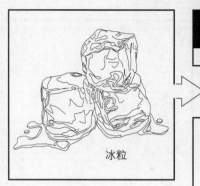

冰粒

冰 镇

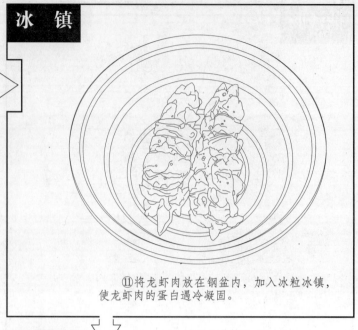

⑪将龙虾肉放在钢盆内,加入冰粒冰镇,使龙虾肉的蛋白遇冷凝固。

片 切

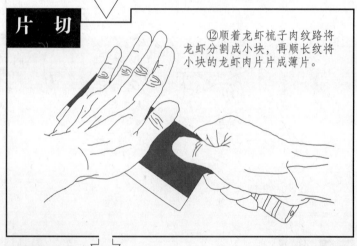

⑫顺着龙虾梳子肉纹路将龙虾分割成小块,再顺长纹将小块的龙虾肉片片成薄片。

◎注 1:龙虾肉是典型的梳子肉,如果生剥下来就拿去片切是很难整齐划一的。处理的办法是将龙虾肉放在钢盆内,再加入冰粒冰镇,使龙虾肉的蛋白遇冷凝固。这样用刀片切就方便多了。由于龙虾肉是梳子肉纹,片切时要顺纹分割,并且顺长纹片薄。

◎注 2:将片薄的龙虾肉排放在瓦碟中央,把龙虾头胸甲、龙虾爪(步行足)、龙虾背甲及尾节砌回龙虾形状,即成"龙虾刺身盘"。

摆 砌

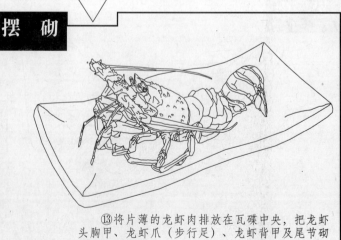

⑬将片薄的龙虾肉排放在瓦碟中央,把龙虾头胸甲、龙虾爪(步行足)、龙虾背甲及尾节砌回龙虾形状。

102

海味制作图解 II

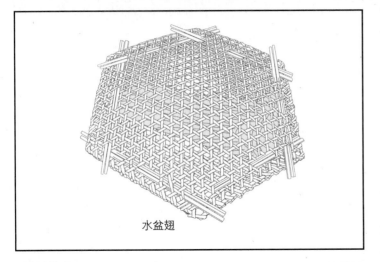

水盆翅

调味料

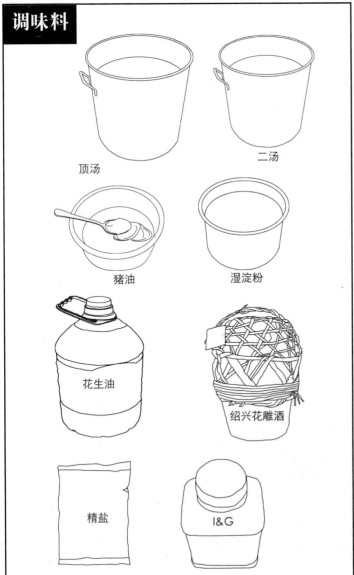

顶汤

二汤

猪油

湿淀粉

花生油

绍兴花雕酒

精盐

I&G

过桥龙虾翅配方

龙虾	500g
水盆翅	150g
猪油	80g
湿淀粉	10g
精盐	12g
I&G	8g
顶汤	1200g
二汤	100g
花生油	75g
绍兴花雕酒	25g

制作方法:
　　龙虾肉片切成薄片。用花生油起镬,赞入绍兴花雕酒,加入二汤,中火加热至沸腾,放入水盆翅滚煨20秒左右,用精盐和I&G调味,用湿淀粉勾芡,将鱼翅放入预先加热至60℃的砂锅内。然后将以中火加热至沸腾的顶汤也加入其中,浇入加热至120℃的猪油,即为"厚油清汤鱼翅"锅底,连同片薄的龙虾肉一同上席,由食客或服务员将龙虾肉倒入"厚油清汤鱼翅"中即成。

　　◎注 1:来到这里,肴馔之中的第二个主角正式盛装登场,此时可选用"生货鱼翅"或"熟货鱼翅"操作,但最终要加工成"水盆翅"。
　　"水盆翅"的加工流程请参阅本书的"发鱼翅"章节上的介绍。
　　◎注 2:要完成这道肴馔,还要准备顶汤、二汤、猪油、湿淀粉、花生油、绍兴花雕酒、精盐及I&G。
　　顶汤和二汤的加工流程请参阅本书的"红烧鱼翅"章节上的介绍。

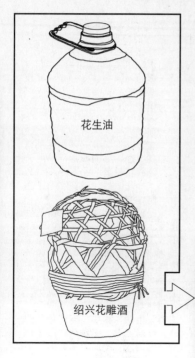

花生油

绍兴花雕酒

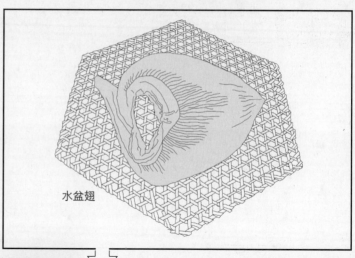

水盆翅

煨翅
调味
勾芡

中火　　20 秒

120℃

①将铁镬（锅）烧热，放入花生油，并攒入绍兴花雕酒，滗入二汤，以中火加热至沸腾。
②放入"水盆翅"以中火滚煨 20 秒左右。
③用精盐和 I&G 调味，再用湿淀粉将汤水勾芡。

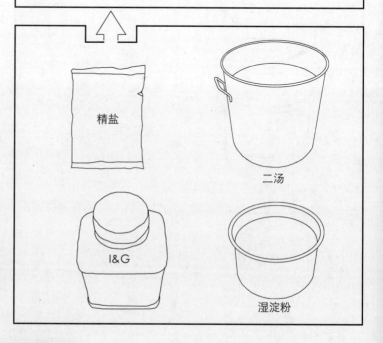

精盐

二汤

I&G

湿淀粉

◎注：将铁镬（锅）烧热，放入花生油，并攒入绍兴花雕酒，滗入二汤，以中火加热至沸腾，再放入"水盆翅"，以中火滚煨 20 秒左右。用精盐和 I&G 调味，再用湿淀粉将汤水勾芡。

装 翅

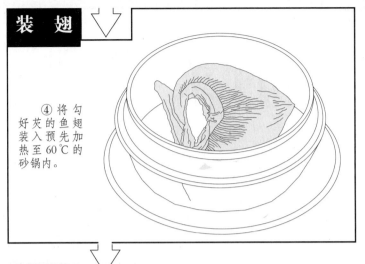

④将勾好芡的鱼翅装入预先加热至60℃的砂锅内。

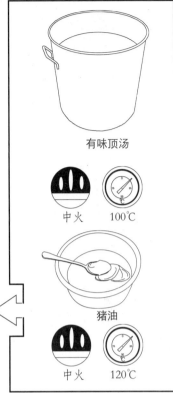

有味顶汤

中火　100℃

猪油

中火　120℃

海味制作图解 II

装 汤
浇 油

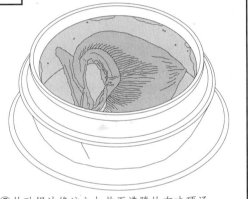

⑤从砂锅边缘注入加热至沸腾的有味顶汤。
⑥再浇入加热至120℃的猪油，即成"厚油清汤翅"。

上 席

50秒

⑦将"厚油清汤翅"与"龙虾刺身盘"一同端上席面，由食客或服务员将龙虾肉放入"厚油清汤翅"中即成。

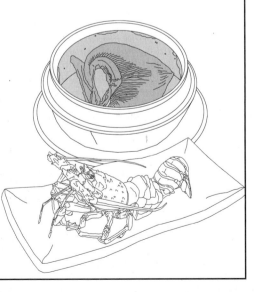

◎注1：将勾好芡的鱼翅装入体壁较厚、预先加热至60℃的砂锅内；再从砂锅边缘注入加热至沸腾的有味顶汤（八成满）；再浇入加热至120℃的猪油，即成"厚油清汤翅"。将"厚油清汤翅"与"龙虾刺身盘"一同端上席面，由食客或服务员将龙虾肉放入"厚油清汤翅"中，约50秒后可膳用。

◎注2："有味顶汤"是10千克顶汤放80克精盐及40克I&G配成。

◎注3：这道肴馔需要清楚两大原则，即汤水温度和汤水用量。也就是说，汤水在上席时是否达到足够的温度；在投放生料后汤水用量是否能够在不再加热的情况下维持足够的温度让生料致熟。

金肘菜胆翅

"金肘菜胆翅"是由三个主角联袂演绎的肴馔。

哪三个主角呢？

金肘、菜胆和鱼翅。

鱼翅在之前的篇幅已有介绍，菜胆在本节内文中介绍，这里先说说什么是"金肘"。

金肘其实是金华火腿的腿肘。

所谓肘，也就是粤菜厨师口中的"踭"。正是这个原因，粤菜厨师见到"金肘菜胆翅"这个菜名时，十有八九都会不自觉地读成"金踭菜胆翅"。

"肘"在粤语读作 zeo²，普通话为 zhou³；而"踭"粤语读作 zang¹，普通话为 zheng¹，是有着不同的发音。

当然，"踭"是方言用字，要真正理解，还是要通过对"肘"的解释。《说文解字》曰："肘，臂节也。"通俗地说是上臂与前臂相接处向外凸并起弯曲功能的关节，后来也引申为大腿和小腿相连的关节，与"膝"（通常是指前关节）字混用，尤其是在书写猪这种食材时。

在餐饮行当里，"肘"与"踭"不是指猪臂和猪腿上的关节，而是指与该关节相连的肢体。不过，粤菜厨师根据猪前肢和猪后肢又会有明确的术语分工，前肢称"圆蹄"，后肢称"猪踭"。如果是北方厨师则将两者统称为"肘子"。

与此同时，"金"作为定语也有专门的用意，尽管这个定语大多是借用于金华火腿的"金"，但实际上是泛指腌干火腿，包括云南火腿、如皋火腿等；与"银"相对，后者是指新鲜腿肉。

◎猪后腿行业用语示意图

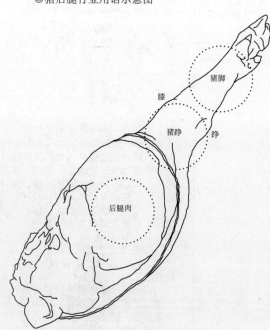

膝
猪脚
猪踭
踭
后腿肉

大白菜

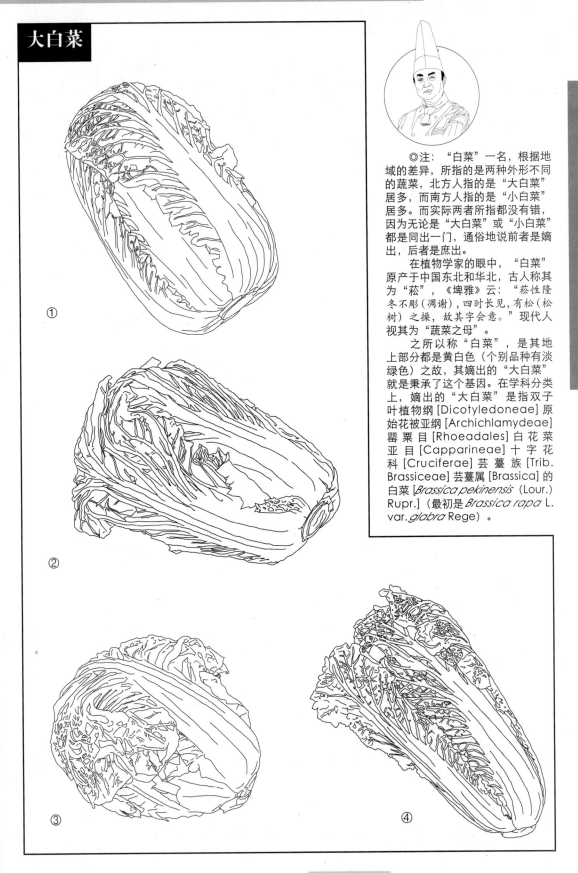

① ② ③ ④

◎注："白菜"一名，根据地域的差异，所指的是两种外形不同的蔬菜，北方人指的是"大白菜"居多，而南方人指的是"小白菜"居多。而实际两者所指都没有错，因为无论是"大白菜"或"小白菜"都是同出一门，通俗地说前者是嫡出，后者是庶出。

在植物学家的眼中，"白菜"原产于中国东北和华北，古人称其为"菘"，《埤雅》云："菘性隆冬不彫（凋谢），四时长见，有松（松树）之操，故其字会意。"现代人视其为"蔬菜之母"。

之所以称"白菜"，是其地上部分都是黄白色（个别品种有淡绿色）之故，其嫡出的"大白菜"就是秉承了这个基因。在学科分类上，嫡出的"大白菜"是指双子叶植物纲 [Dicotyledoneae] 原始花被亚纲 [Archichlamydeae] 罂粟目 [Rhoeadales] 白花菜亚目 [Capparineae] 十字花科 [Cruciferae] 芸薹族 [Trib. Brassiceae] 芸薹属 [Brassica] 的白菜 [*Brassica pekinensis* (Lour.) Rupr.]（最初是 *Brassica rapa* L. var. *glabra* Rege）。

海味制作图解 II

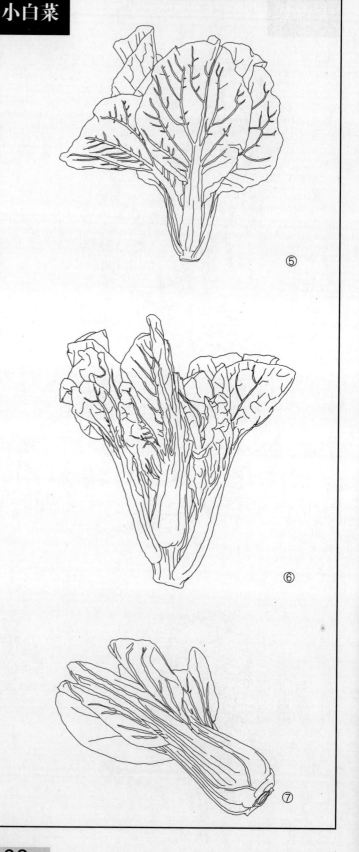

小白菜

◎注："白菜"往南方扩散栽培之后，这种蔬菜出现了三方面的变异：第一是身形变得瘦小，第二是梗茎变窄，这两种变异是它得名"小白菜"的原因。第三是叶片由黄白色变成墨绿色或青绿色。这是它改名"青菜"的原因。

实际上，"青菜"这个庶出品种还有横向的变异：一种是横向成梗茎企立状，另一种是横向成梗茎平塌状。植物学家将前者确定为芸薹属 [Brassica] 的青菜 [Brassica chinensis L.]，后者确定为芸薹属 [Brassica] 的塌棵菜 [Brassica narinosa (L.H.Bailey)] [Brassica rapa L.var.chinensis (L.) Kitam.]。前者又分为两支：一支是抱茎梗，蔬菜型，学名为普通青菜 [Brassica chinensis var. chinensis]；另一支是柄茎梗，油用型，学名为油用青菜（油白菜）[Brassica chinensis var. oleifera Makino et Nemoto]。后者尽管为油用型，也可在细嫩时采摘作普通蔬菜食用，即广东人所说的"白菜心"。

本肴馔尽管是三主角联袂演出，但成败是看如何拣选合适的"白菜"品种，这也是这道肴馔被视为"时菜"的原因。

⑤

⑥

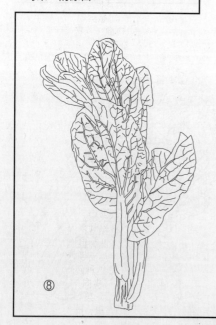

⑧

⑦

小白菜

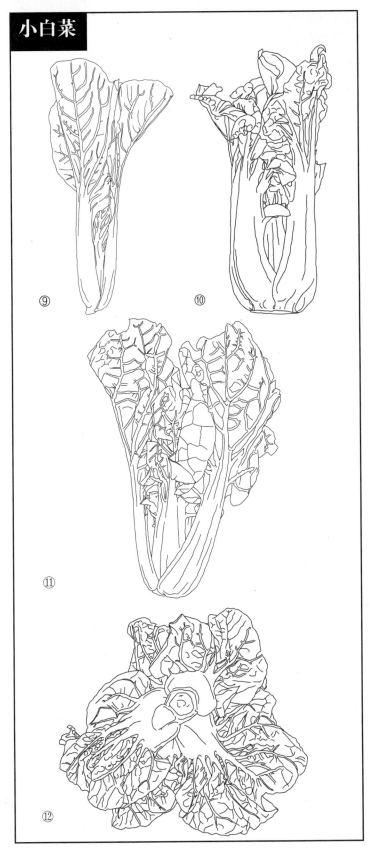

◎注 1："白菜"嫡出的"大白菜"主要有以下四个种型：

①为长身紧苞型，此种型的质感以爽脆居多，味道较淡。

②为长身松苞型，为长江以北的品种。此种型叶片滑烩，梗茎爽脆，味道清香。

③为短身紧苞型，此种型的质感较为艮韧，味道清淡。

④也为长身松苞型，与②不同的是梗茎与叶片的比例相若（大多种型是梗茎占的比例较大）。此种型无论是叶片抑或梗茎的质感以软烩居多，味道清香，是长江以南的品种，有"绍菜""黄芽白"的别名。

◎注 2："白菜"庶出的"小白菜"常见有以下种型：

⑤梗茎窄厚，抱茎梗型，叶片占大比例。此种型质感艮敱（糙），味道粗涩。

⑥梗茎窄厚，柄茎梗型，是"油用青菜"的细嫩阶段，质感艮韧，味道清淡。

⑦连梗茎也带淡淡青绿色的种型，原为江南特有的品种，有"小棠菜""小塘菜"的别名。此种型除江南栽种的质感较烩滑之外，其他地方栽种都以爽脆质感居多。

⑧也是柄茎梗型，与⑥不同的是梗茎更窄，质感爽软，味道清香。

⑨抱茎梗型，质感软烩，味道清香，适合以短时间烹饪食用。

⑩抱茎梗型，梗茎宽厚修腰，叶片较少，质感软烩，味道浓郁。此种型不适合短时间烹饪食用，是本肴馔应选的种型。不过，此种型会因产地和季节略有变化，主要体现在纤维多少，梗皮厚薄等方面。优良的品种应该是梗皮薄、肉厚、质感烩滑而味道香。为了区别于其他种型，广东人将之称为"匙羹白"。做好这道肴馔的核心就是善于拣选优良品种，这样才能让食客大快朵颐。

⑪也是抱茎梗型，与⑩十分相似，不同的是其梗茎不修腰，较窄，叶片比例较大。此种型适合短时间烹饪，长时间烹煮反而令其质感变艮。

◎注 3：⑫这种蔬菜是"白菜"庶出"小白菜"横向产生的品种，叫"塌棵菜""瓢儿菜""塌古菜""乌塌菜"，质感爽艮，味道清淡。

火 腿

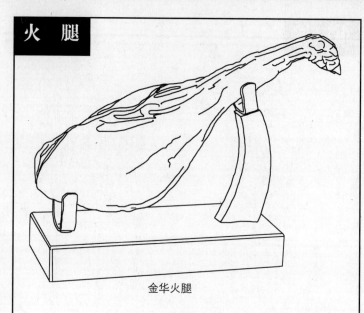

金华火腿

◎注1："火腿"用于烹调，一般都是以"金华火腿"为首选。不过，真正可选择的远不止这种，还有江苏的"如皋火腿"（简称北腿）、江西的"安福火腿"（简称福腿）以及云南的"宣威火腿"（简称云腿）等可供选择。

◎注2："火腿"是由猪后腿腌制而成的商品，酒楼选购回来还要加以分割，最原始的方法是用刀分割，这样很容易导致碎骨和刀口参差不齐等现象，现在多改为钢锯或电锯分割，省力、省事且刀口平整。

"火腿"是指经过盐渍、烟熏、发酵和干燥处理的腌制动物后腿，根据产地有浙江的"金华火腿"，江苏的"如皋火腿"，江西的"安福火腿"以及云南的"宣威火腿"等商品可供选择。

火腿分割

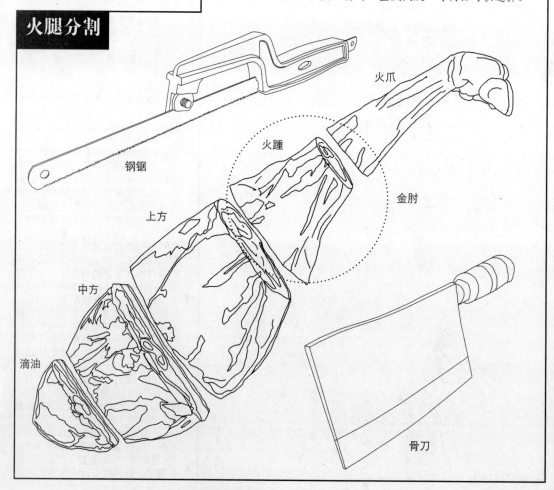

火爪

钢锯

火踵

上方

金肘

中方

滴油

骨刀

器 具

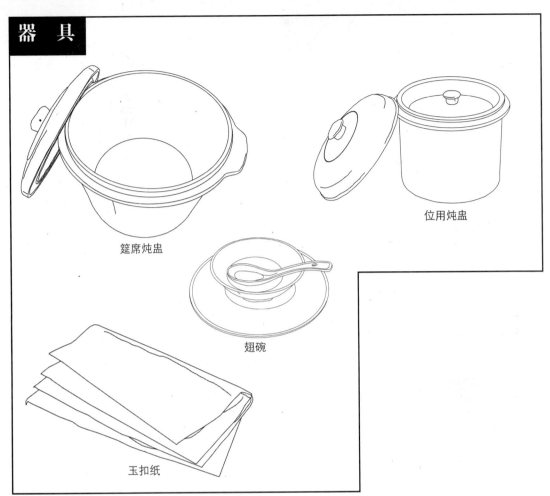

筵席炖盅

位用炖盅

翅碗

玉扣纸

用 料

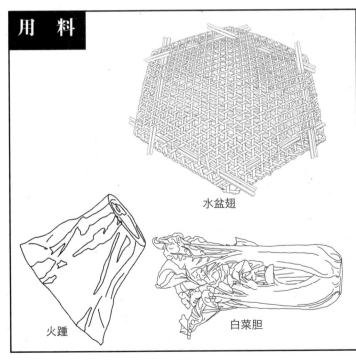

水盆翅

火踵

白菜胆

◎注1：这道肴馔通常分三种上席形式，即12人筵席用（大）、6人聚餐用（中）和单人便餐用（例），所选器皿尺寸各不相同。另外，除了单人便餐只用位用炖盅外，其他形式还需配备一套翅碗。

为了便于蒸炖，需要准备玉扣纸。

玉扣纸是闽西宁化一带的传统手工造纸，质薄透气且不易烂。

◎注2：这道肴馔有三大主角，即鱼翅、火踵（火腿）和白菜胆。

鱼翅要经过涨发制成"水盆翅"才能使用。"水盆翅"的涨发方法请参阅本书"发鱼翅"章节或《粤厨宝典·砧板篇》上介绍的方法操作。

海味制作图解Ⅱ

◎注1：这道肴馔除了鱼翅、火踵（火腿）和白菜胆外，还要准备生姜、青葱和瘦肉做料头。

◎注2：在调味料方面，这道肴馔要使用花生油、精盐、I&G（增味剂）、胡椒粉、顶汤、二汤、绍兴花雕酒。

顶汤和二汤的配方及熬制方法请参阅本书的"红烧鱼翅"章节或《粤厨宝典·候镬篇》上的介绍操作。

料 头

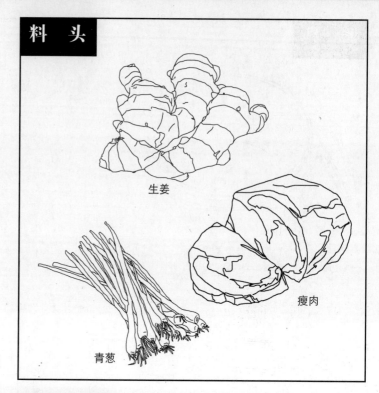

生姜

瘦肉

青葱

调味料

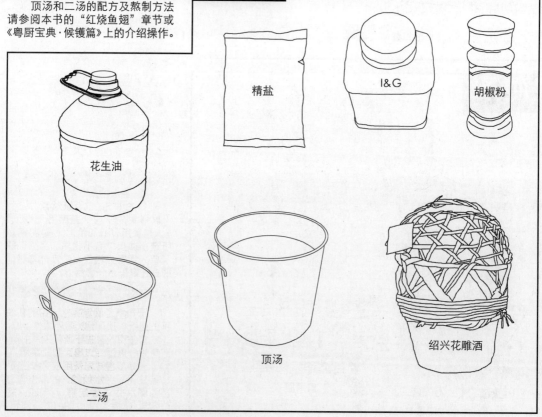

精盐

I&G

胡椒粉

花生油

顶汤

绍兴花雕酒

二汤

工 具

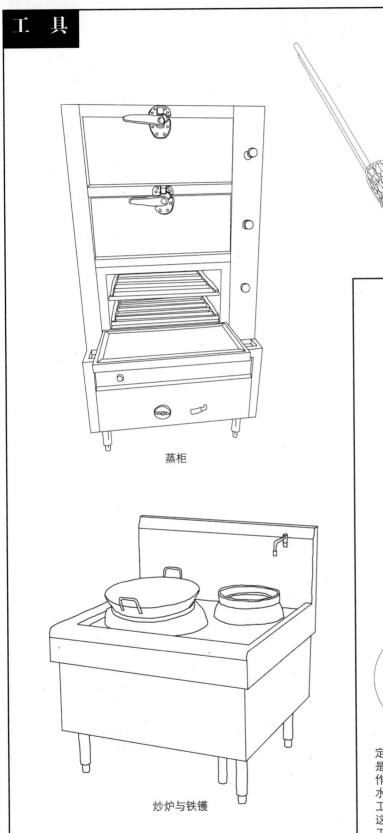

笊篱

蒸柜

炒炉与铁镬

◎注：这道肴馔的烹调方法被定性为"炖"，所以蒸柜（上什炉）是必不可少的。由于所用原料在制作过程中需要经过粤菜厨师的"飞水"工序，还得配备用以完成这个工序的炒炉、铁镬和笊篱。实际上，这些工具是中餐厨房日常必备的工具。

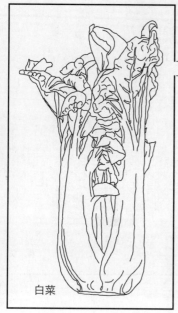

白菜

由于菜叶在烹饪过程中容易烂，在肴馔制作前必须用刀将菜叶尽可能削去。

裁菜胆

削去菜叶，只留菜梗。

◎注1：肴馔所用的"白菜"应拣选梗肉厚、梗皮薄、叶片偏少的"匙羹白"品种。

◎注2：由于菜叶在烹饪过程中容易烂，在肴馔制作之前必须用刀将菜叶尽可能削去。

◎注3：由于白菜味道略带酸味和涩味，事先要进行"飞水"处理，即将白菜放入沸腾且多量的清水中加热30秒左右。为了降低菜叶烂带来的影响，此时可将白菜放入流动的清水中浸泡，并用手轻轻洗去烂的菜叶。

灼菜胆

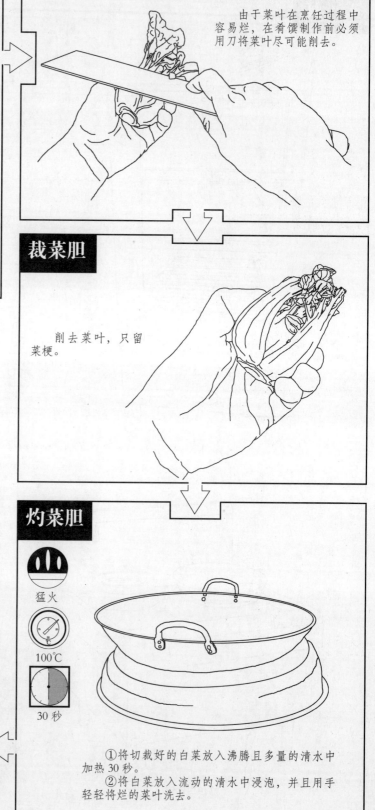

猛火

100℃

30秒

①将切裁好的白菜放入沸腾且多量的清水中加热30秒。

②将白菜放入流动的清水中浸泡，并且用手轻轻将烂的菜叶洗去。

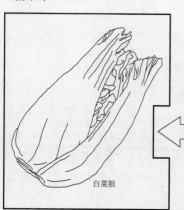

白菜胆

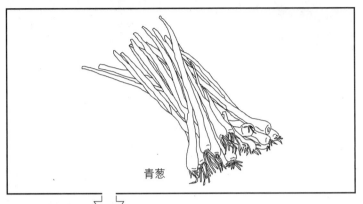

青葱

切葱段

用刀将青葱的葱白横切成长5厘米的段。

葱段

用刀将生姜切成普通姜片和指甲姜片。

生姜

◎注1：用刀将青葱的葱白横切成长5厘米的段。

需要强调的是，这里只要葱白，不要葱叶。

◎注2：用刀将生姜切成普通姜片和指甲姜片。

切姜片

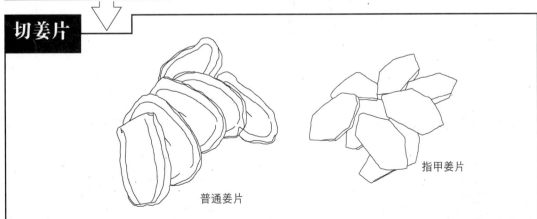

普通姜片

指甲姜片

海味制作图解Ⅱ

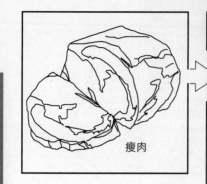

瘦肉

切肉粒

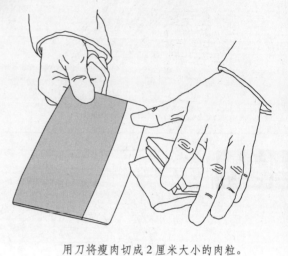

用刀将瘦肉切成2厘米大小的肉粒。

猛火

100℃

15秒

①将肉粒放入沸腾的清水中加热15秒。
②将肉粒捞起放入流动的清水中浸泡使其凉。

灼肉粒

◎注1：用刀将瘦肉切成2厘米大小的肉粒。
◎注2：将瘦肉粒放入沸腾的清水中加热15秒，目的让肉粒血水凝固，杜绝血糜产生。
◎注3：将瘦肉粒捞起放入流动的清水中浸泡令凉，避免肉纤维在热环境下崩断糜烂。

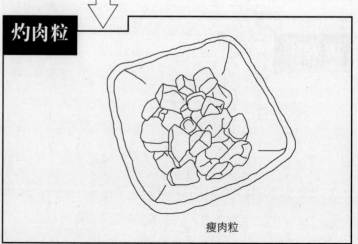

瘦肉粒

海味制作图解 Ⅱ

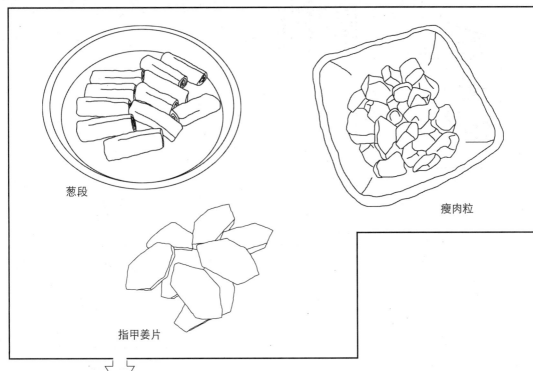

葱段

瘦肉粒

指甲姜片

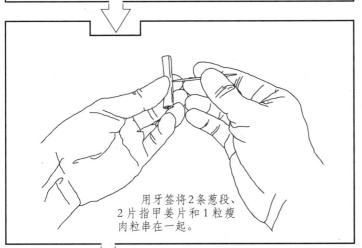

用牙签将2条葱段、
2片指甲姜片和1粒瘦
肉粒串在一起。

姜葱签

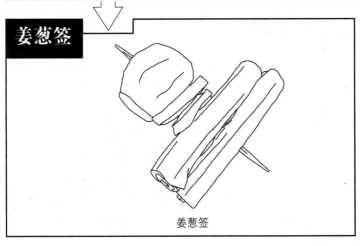

姜葱签

◎注1：但凡炖汤，粤菜厨师
都会准备一串俗称"定海神针"的
姜葱签，以作为定味、辟膻、提鲜、
增香等的作用。
　　姜葱串不难制作，用牙签将2
条葱段、2片指甲姜片和1粒瘦肉
粒串在一起。

海味制作图解Ⅱ

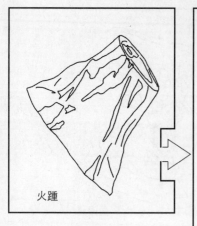

火踵

猛火

100℃

40秒

"火踵"（火腿）用毛刷刷洗干净表面，然后放入沸腾且多量的清水加热 40 秒左右。

灼金肘

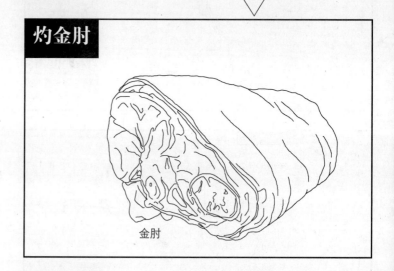

金肘

水盆翅

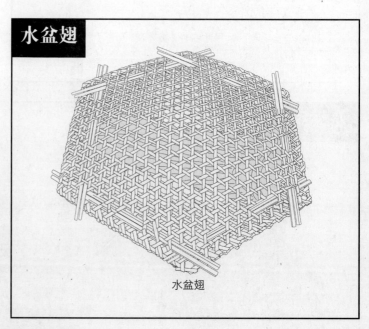

水盆翅

　◎注 1："火踵"（火腿）用毛刷刷洗干净表面，然后放入沸腾且多量的清水加热 40 秒左右。用意是洗净油垢和清理杂味。

　◎注 2：由于这道肴馔是汤菜，所选的"水盆翅"大多无须用到"鲍翅"的级别，"排翅"甚至"生翅"（散翅）是不错的选择。另外，也无须长翅针的货色，一般在 5 厘米左右的规格较为适宜。

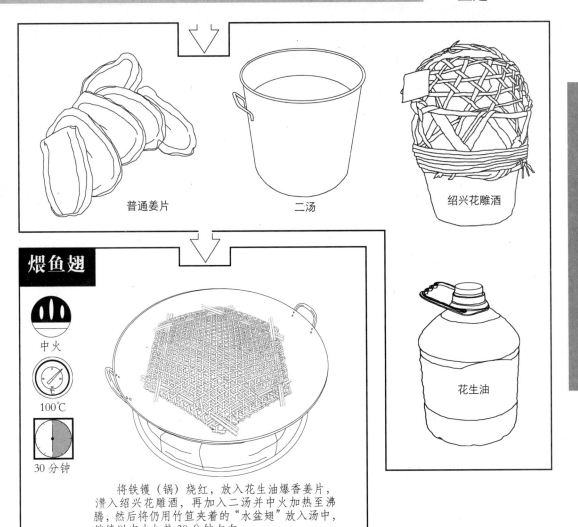

普通姜片

二汤

绍兴花雕酒

花生油

煨鱼翅

中火

100℃

30分钟

　　将铁镬（锅）烧红，放入花生油爆香姜片，潜入绍兴花雕酒，再加入二汤并中火加热至沸腾，然后将仍用竹笪夹着的"水盆翅"放入汤中，继续以中火加热30分钟左右。

拆竹笪

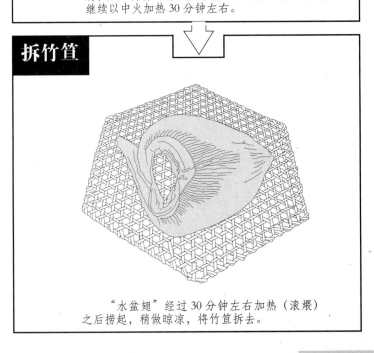

　　"水盆翅"经过30分钟左右加热（滚煨）之后捞起，稍做晾凉，将竹笪拆去。

◎注1：将铁镬（锅）烧红，放入花生油爆香姜片，潜入绍兴花雕酒，再加入二汤并中火加热至沸腾，然后将仍用竹笪夹着的"水盆翅"放入汤中，继续以中火加热30分钟左右。

◎注2："水盆翅"经过30分钟左右加热（滚煨）之后捞起，稍做晾凉，将竹笪拆去。

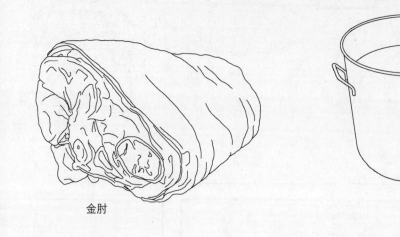

金肘

顶汤

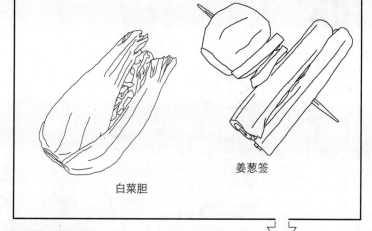

白菜胆

姜葱签

◎注1："水盆翅"煨好后将竹笪拆去，按分量排放在炖盅底层。

◎注2：排好鱼翅后，将灼过水的白菜胆铺在鱼翅上面。根据规格，12人筵席用（大）炖盅放24棵白菜胆；6人聚餐用（中）炖盅放12棵白菜胆；单人便餐用（例）炖盅放2棵白菜胆。

◎注3：将灼过水的金肘放在白菜胆上。12人筵席用（大）炖盅放整只；6人聚餐用（中）炖盅放半只；单人便餐用（例）炖盅放片块。

◎注4：将"定海神针"——姜葱签放在金肘两侧。12人筵席用（大）炖盅放4签；6人聚餐用（中）炖盅放2签；单人便餐用（例）炖盅放1签。

◎注5：各用料铺砌入炖盅后即可滗入炖盅容量九成满的顶汤。

装 盅

①将煨好的鱼翅排放在炖盅底层。
②将灼过水的白菜胆铺在鱼翅上面。
③将灼过水的金肘放在白菜胆上。
④将姜葱签放在金肘的两侧。
⑤滗入炖盅九成满的顶汤。

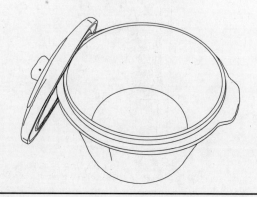

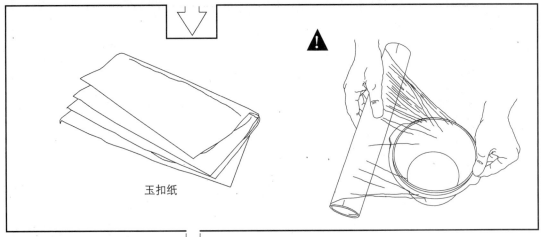

玉扣纸

封纸

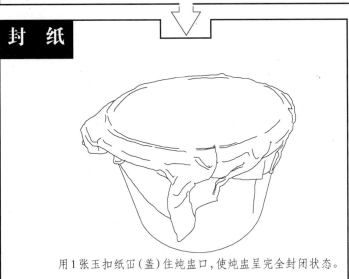

用1张玉扣纸冚(盖)住炖盅口,使炖盅呈完全封闭状态。

蒸炖

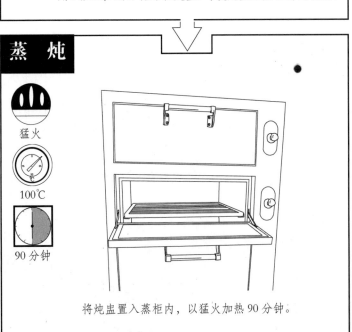

猛火

100℃

90分钟

将炖盅置入蒸柜内,以猛火加热90分钟。

海味制作图解 II

◎注1:尽管炖盅有盖,但在蒸炖食物时却是很少冚(盖)着盖的。这是为什么呢?

表面上看,蒸气的最高温度为100℃,但是在密闭空间里,热量无法释放,真实温度会略有提升。与此同时,密闭空间还会产生较强的压力。

这一切都对蒸炖的原料不利!

首先是食物中的可水溶性蛋白在高于98℃时会呈凝固状态,很难释于水中。再就是食物中的非水溶性蛋白在强压下会由线状崩断为段状,继而失去让人赞叹的弹性质感并呈现令人讨厌的霉、散、烂的质感,十分不妥。

正是这些原因,炖盅盖在烹饪食物时是派不上用场的。

此时有读者又会有担心:如果炖盅不冚(盖)盖,俗称"倒汗水"的蒸馏水岂不会侵扰汤水?

不用担心,历代厨师已经设计好了解决方法,就是在炖盅口冚(盖)上1张玉扣纸,用来阻隔"倒汗水"和避免产生压力。

近年不知为什么有用保鲜膜代替玉扣纸的劣习。保鲜膜是为冷藏食物而设计,低温对人无害,但在高温环境会释放对人体有害的俗称"塑化剂"的酞酸二辛酯 $[C_6H_4(CO_2C_8H_{17})_2]$ 等成分。▲为错误操作。

◎注2:冚(盖)上玉扣纸后,将炖盅置入蒸柜(上什炉)内,以猛火加热90分钟。

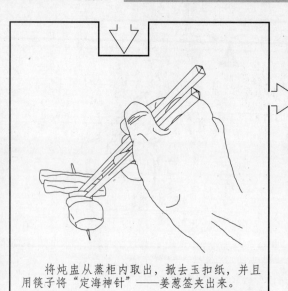

将炖盅从蒸柜内取出,掀去玉扣纸,并且用筷子将"定海神针"——姜葱签夹出来。

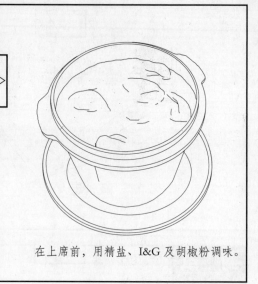

在上席前,用精盐、I&G 及胡椒粉调味。

金肘菜胆翅配方

水盆鱼翅	1000g
火腿	480g
白菜胆	620g
顶汤	2600g
二汤	2000g
生姜	35g
青葱白	15g
瘦肉	20g
精盐	6g
I&G	12g
胡椒粉	0.3g
花生油	75g
绍兴花雕酒	35g

调 味

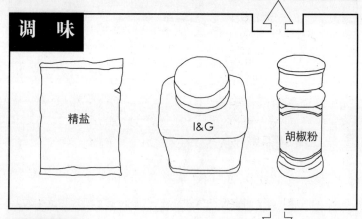

精盐　　I&G　　胡椒粉

上 席

肴馔上席冚(盖)上盅盖,端到台面由服务员掀开,将白菜胆和金肘夹起膳用,随即将翅汤分入翅碗内。

◎注 1:将炖盅从蒸柜内取出,掀去玉扣纸,并且用筷子将"定海神针"——姜葱签夹出来。

◎注 2:在上席前用精盐、I&G 及胡椒粉调味。

◎注 3:肴馔上席冚(盖)上盅盖,端到台面由服务员掀开,将白菜胆和金肘夹起膳用,随即将翅汤分入翅碗内。

另配上豉油(酱油)小碟佐味。

很显然，"蟹黄扒翅"是双主角演绎的菜式，所以，在了解鱼翅之余，就必须了解蟹。

蟹因自带一对剪力强大的螯钳且行走方式令人联想到"横行霸道"一词，多少让人产生惶恐的感觉，这就有了将"第一个吃螃蟹者"视为勇士和先行者的观点。

实际上，我们的祖先在远古时期就已有食蟹的习惯了，古籍《关尹子·四符》上的"庖人羹蟹，遗一足几上，蟹已羹而遗足尚动。是生死者，一气聚散尔，不生不死，而人横计曰生死"一段话提供了证据。

由于没有系统分类，古人常常给品种繁多、大小不一、都具"八跪而二螯"的蟹弄得糊里糊涂，最典型的例子记于《圣宋掇遗》一书上，书中说（北宋大臣）陶谷奉旨出使吴越，忠懿王设宴送行。忠懿王知道陶谷嗜好食蟹，就命厨子准备蟹宴款待。可厨子却十分颠顸，因为他不知道陶谷嗜好的那种蟹，无奈之下干脆就将蝤蛑（青蟹）、蟛蜞（蟛蚑）等由大至小都有螯钳的蟹弄熟搬上席，陶谷吃后一脸索然无味的样子说出"何一蟹不如一蟹也"的话语来。

现代厨师可能最感兴趣的是想知道古人如何烹蟹。

根据汉末刘熙撰写的《释名·释饮食》介绍，古人有"蟹胥"和"蟹藋"两种食法，并对两种食法做了解释。前者为"取蟹藏之，使骨肉解之，胥胥然也"；后者为"去其匡，藋，熟捣之，令如藋也"。用现在的话说，两种食法都将蟹变成酱，不同的是，蟹胥是通过腌藏分解形成酱，蟹藋则是将蟹肉取出煮熟捣烂成酱。

整蟹放入水中炝熟并由食客自行剥壳啖吃的风气应该是始自清末民初时期的江苏阳澄湖一带，当地人将可以这样啖吃的蟹称为"大闸蟹"。其他地方的食法都是由厨师代劳，预先将蟹中的肉与膏取出，并以此做原料烩制别的食材，"蟹黄扒鱼翅"就是这样的做法之一。

◎注：古人对蟹定义为"蟹八跪而二螯，八足折而容俯，故谓之跪，两螯倨而容仰，故谓之螯，字从解者，以随潮解甲也。壳上多作十二点深胭脂色，如鲤之三十六鳞。其腹中虚实亦应月"（《尔雅》），因其不是向前行而是横向行走就有了"旁蟹"之名，在"旁"字上加上虫的部首就成了"螃"，《唐韵》曰："螃蟹，本只名蟹，俗加螃字。"不过，"螃"字的真实意思强调的是横行的披壳带螯的节肢爬行动物。

古人发现蟹除了"八跪而二螯"之外，还有一些最后一对跪不是足而是桨，因此将之称为"蝤蛑"。《岭南录异·卷下·蝤蛑》云："蝤蛑乃蟹之巨而异者，蟹螯上有细毛如苔，身八足，蝤蛑则螯无毛，后两小足薄而阔，俗谓之拨掉子。与蟹有殊，其大如升，南人皆呼为蟹。八月此物与虎斗，往往夹杀人也。"

按此一说，蝤蛑应该是指以锯缘青蟹 [Scylla serrata] 为代表的"青蟹"。再后来，古人又发现类似蝤蛑的又可分为两类，为此就造出了"蟳"和"蠘"。前者在《六书故》云："蟳，青蟳也。螯似蟹，壳青，海滨谓之蝤蛑。"用以代替"蝤蛑"之名；后者在《闽中海错疏》云："蠘似蟹而大壳，螯有棱锯。"应该是指以三疣梭子蟹 [Portunus trituberculatus] 为代表的"花蟹"。

现在问题在于生物学家为这类爬行动物分类时没有"蠘属"却有"蟳属"，而"蟳属"的代表锈斑蟳 [Charybdis feriatus] 又是"花蟹"的上品，因此现代人常将"花蟹"类视为"蟳"，按古人造字原意实属不然，应该是"蠘"。

◎注1："大闸蟹"是节肢动物门 [Arthropoda] 甲壳动物亚门 [Crustacea] 甲壳纲 [Crustacea] 软甲亚纲 [Malacostraca] 十足目 [Decapoda] 爬行亚目 [Reptantia] 短尾次目 [Brachyura] 方蟹科 [Grapsidae] 弓腿亚科 [Varuninae] 绒螯蟹属 [Eriocheir] 中华绒螯蟹 [*Eriocheir sinensis* (H.Milne-Edwards)] 的俗称，又有"清水蟹""螃蟹""河蟹""毛蟹""紫蟹""方海"等别名。

这种蟹是生殖洄游性生物，每到性成熟就会从阳澄湖洄游到崇明岛海域交配繁殖而结束生命。受精卵孵化后再经5次蜕皮成为俗称"扣蟹"的幼蟹体又回到淡水区生活。性成熟的成蟹即为人类盘中飧的上品，此时大概为农历的九月至十月间，并有"九月团脐（雌蟹）十月尖（雄蟹）"之说。所以，膳用此蟹可谓名副其实的"时菜"。

这种蟹以阳澄湖所产最佳，外貌特征是"青背、白肚、金爪、黄毛"。
◎注2："帝王蟹"在中国不产，因西餐视其为蟹之上品得名。而它严格上说不是"蟹"，因为《尔雅》云："蟹八跪而二螯，八足折而容俯，故谓之跪，两螯倨而容仰，故谓之螯，字从解者，以随潮解甲也。"它则只有3对步行足，实为十足目 [Decapoda] 歪尾亚目 [Anomura] 石蟹科 [Lithodidae] 拟石蟹属 [Paralithodes] 的堪察加拟石蟹 [*Paralithodes camtschaticus*]，又称"石蟹""岩蟹""越前蟹""鳕场蟹""皇帝蟹""霸王蟹"。根据壳色可分为红、蓝、棕（金）三色。商品有焓熟冷冻、鲜品冷冻的形式。
◎注3："雪蟹"又称"皮匠蟹""皇后蟹""松叶蟹""板蟹"。与"帝王蟹"身形相近，但此蟹具4对步行足，壳甲棘凸较少，步行足较为光滑，味道和质感有所逊色。实为十足目 [Decapoda] 腹胚亚目 [Pleocyemata] 短尾次目 [Brachyura] 蜘蛛蟹科 [Majidae] 雪蟹属 [Chionoecetes] 的灰眼雪蟹 [*Chionoecetes opilio*]、红眼雪蟹 [*Chionoecetes bairdi*]、日本雪蟹 [*Chionoecete japonicus*] 的统称。商品有焓熟冷冻、鲜品冷冻两种形式。

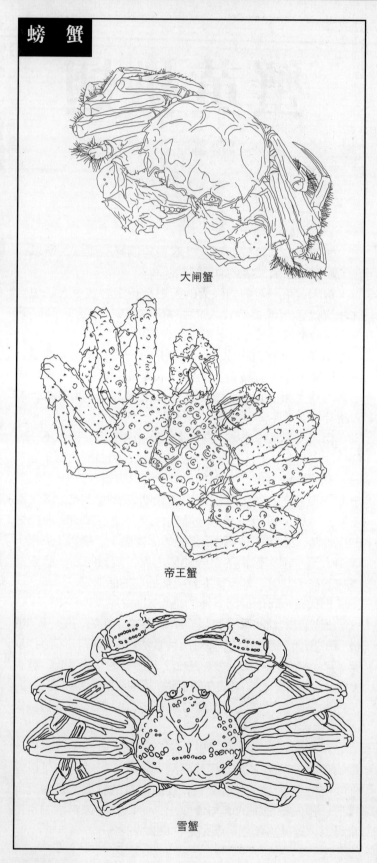

螃蟹

大闸蟹

帝王蟹

雪蟹

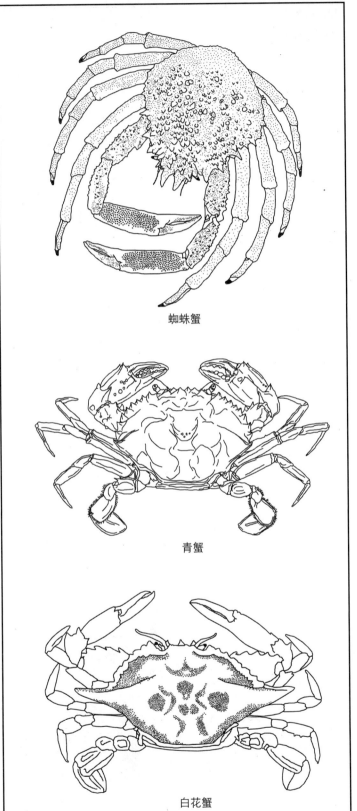

蜘蛛蟹

青蟹

白花蟹

◎ 注 1："蜘蛛蟹"是因蟹形酷似蜘蛛而得名。由于它是俗名，有的地方甚至将雪蟹属 [Chionoecetes] 的灰眼雪蟹 [Chionoecetes opilio]、红眼雪蟹 [Chionoecetes bairdi]、日本雪蟹 [Chionoecete japonicus] 等蟹也包含其中。不过，它实际是指（图中所示）十足目 [Decapoda] 腹胚亚目 [Pleocyemata] 短尾次目 [Brachyura] 蜘蛛蟹科 [Majidae] 巨螯蟹属 [macropodia] 又称"巨型蜘蛛蟹"的甘氏巨螯蟹 [macropodia kaempferi] 或同科蜘蛛蟹属 [Maja] 又称"日本尖头螯"的日本蜘蛛蟹 [Maja japonica]。两者均在日本东南海域可见，中国沿海无；均为蟹类的巨无霸，它们的爪（步行足）长，前者可达 400 厘米，后者可达 370 厘米。商品有焙熟冷冻、鲜品冷冻两种形式。

◎ 注 2："青蟹"又称"蟳""蟳蚨""潮蟹""红蟳""青蟳""花脚蟳""和乐蟹""黄甲蟹"等，为十足目 [Decapoda] 爬行亚目 [Reptantia] 短尾次目 [Brachyura] 梭子蟹总科 [Portunoidea] 梭子蟹科（蟳蚨科）[Portunidae] 青蟹属（青蟳属）[Scylla] 锯缘青蟹 [Scylla serrata]，盛产于温暖的浅海中，主要分布在中国浙江、广东、广西、福建和台湾的沿海等地。

此蟹一生要换 13 次壳，在换第 6 次以前叫作"软皮蟹"，在换第 7 次之后叫作"奄仔蟹"。与此同时，在未完全褪净旧壳及新壳未发硬之际叫作"重皮蟹"。最后一次脱壳并在甲壳发硬、肌肉未完全长成期间叫作"水蟹"，不堪食用。肌肉完全长成并性成熟之后，雌蟹先叫作"黄油蟹"，及后称作"膏蟹"；而雄蟹则直接称作"肉蟹"。

此蟹没有"九月团脐十月尖"之说，原因是其生长要素受产地气候影响。重点是，此蟹的雌蟹与"大闸蟹"的雌蟹都是获取蟹黄（卵细胞）的重要蟹种。

◎ 注 3："白花蟹"又称"蟦""白蟹""飞蟹""青花蟹"，即梭子蟹属 [Portunus] 的三疣梭子蟹 [Portunus trituberculatus]。

海味制作图解 II

海味制作图解 II

◎注1："三点蟹"又称"三眼蟹""梭子蟹""枪蟹""海虫""水蟹""门蟹""童蟹""盖鱼"等，即十足目 [Decapoda] 短尾次目 [Brachyura] 梭子蟹总科 [Portunoidea] 梭子蟹科 [Portunidae] 梭子蟹属 [Portunus] 红星梭子蟹 [*Portunus sanguinolentus*]。

◎注2："蓝花蟹"又称"花蟹""蓝蟹""沙蟹""外海蟹""梭子蟹"等，即节肢动物门 [Arthropoda] 甲壳动物亚门 [Crustacea] 软甲亚纲 [Malacostraca] 十足目 [Decapoda] 短尾次目 [Brachyura] 梭子蟹总科 [Portunoidea] 梭子蟹科 [Portunidae] 梭子蟹属 [Portunus] 远海梭子蟹 [*Portunus pelagicus*]。

◎注3："红花蟹"又称"花蟹""锈斑蟳""花市仔""火烧公""十字蟹""花蟳仔""花纹石蟹""红虫市仔"等，即十足目 [Decapoda] 短尾次目 [Brachyura] 梭子蟹总科 [Portunoidea] 梭子蟹科 [Portunidae] 蟳属 [Charybdis] 的锈斑蟳 [*Charybdis feriatus*]。

◎注4：在海鲜市场，商贩会将梭子蟹属 [Portunus] 的三疣梭子蟹 [*Portunus trituberculatus*]、红星梭子蟹 [*Portunus sanguinolentus*]、远海梭子蟹 [*Portunus pelagicus*] 及蟳属 [Charybdis] 的锈斑蟳 [*Charybdis feriatus*] 统称为"花蟹"销售。三疣梭子蟹壳甲青色并带少量白斑点而被称为"白花蟹"。红星梭子蟹的壳甲同样是青色，但其壳背有三点明显的圆黑斑而被称为"三点蟹"或"三点花蟹"。远海梭子蟹壳甲呈青色之余还带有紫蓝色，尤其是雌蟹更加明显，因此就有了"蓝花蟹"之名。以上三种蟹的蟹肉带有咸水味，且肉较瘦削，售价较锈斑蟳低。锈斑蟳壳甲以红褐色为主调，除散布白色小斑点之外还带有棕色或黑色像"H"字形的斑纹。因受主调影响，便有了"红花蟹"的别名。此蟹味鲜而肉厚，很受欢迎。

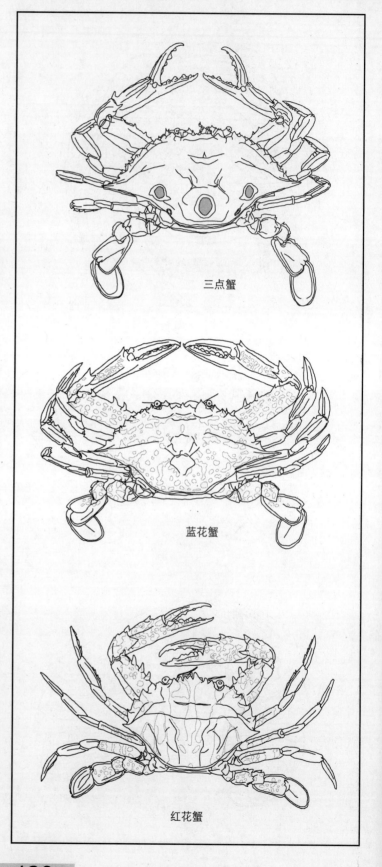

三点蟹

蓝花蟹

红花蟹

126

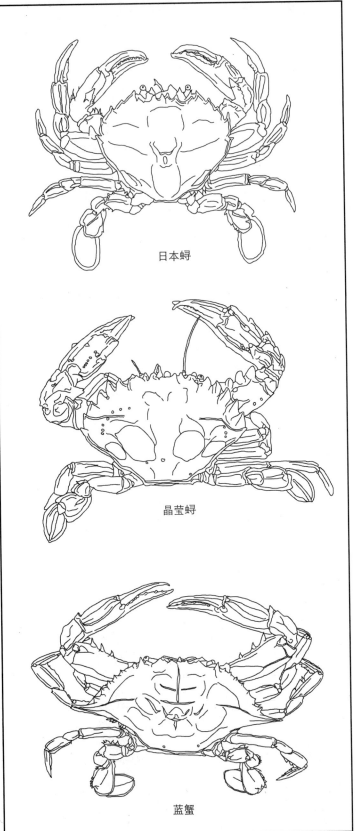

日本蟳

晶莹蟳

蓝蟹

◎注1："日本蟳"又称"石蟹""海蟳""石钳爬""靠山红""石杂蟹""赤夹子"，即十足目[Decapoda]短尾次目[Brachyura]梭子蟹总科[Portunoidea]梭子蟹科[Portunidae]梭子蟹亚科[Portuninae]蟳属[Charybdis]的日本蟳[Charybdis japonica]。尽管此蟹与锈斑蟳[Charybdis feriatus]同属，但腰间（鳃区）的第一锯齿不太尖，甲壳呈扇形，虽在中国广东、福建、浙江、山东、台湾海域可捕，但市场不将其作"花蟹"看待，宁波人称其为"杂蟹"。与此同时，此蟹生命力不强，基本上离水即死，所以在海鲜市场见到活着的真不易。此蟹壳色青褐，下腰两端各有棕褐色圆斑。

◎注2："晶莹蟳"在中国只有台湾可见，所以对大部分国人来说较为生疏，在南亚及东南亚则较为常见。它为十足目[Decapoda]短尾次目[Brachyura]梭子蟹总科[Portunoidea]梭子蟹科[Portunidae]梭子蟹亚科[Portuninae]蟳属[Charybdis]晶莹蟳[Charybdis lucifera]。此蟹甲壳黑色，腰背（鳃区）各具2个斑点，内斑点较外斑点大，褐红色。

◎注3："蓝蟹"又称"青蟹""美味优游蟹"，即十足目[Decapoda]短尾次目[Brachyura]梭子蟹总科[Portunoidea]梭子蟹科[Portunidae]美青蟹属（优游蟹属）[Callinectes]的蓝蟹[Callinectes sapidus]。此蟹（雌蟹与雄蟹）与远海梭子蟹[Portunus pelagicus]的雌蟹壳色十分相似，但后者是紫蓝色带白花纹，而它的壳甲是青色带天蓝色芝麻点，螯钳及步行足以天蓝色为基调，很易分辨。另外，远海梭子蟹[Portunus pelagicus]广泛分布于印度洋及西太平洋，在中国广东、广西、福建、浙江、海南岛、台湾等海域可捕。而蓝蟹则分布于大西洋、波罗的海、地中海及黑海海域，中国沿海难见踪影。

海味制作图解 II

◎注1："紫螯青蟹"又称"紫泥青蚼""特兰奎巴青蟹"等，即十足目 [Decapoda] 爬行亚目 [Reptantia] 短尾次目 [Brachyura] 梭子蟹总科 [Portunoidea] 梭子蟹科（蝤蛑科）[Portunidae] 青蟹属（青蚼属）[Scylla] 的紫螯青蟹 [Scylla tranquebarica]。

◎注2："榄绿青蟹"又称"泥蟹""红脚蚼"，即梭子蟹科（蝤蛑科）[Portunidae] 青蟹属（青蚼属）[Scylla] 的榄绿青蟹 [Scylla olivacea]。

◎注3："拟穴青蟹"又称"正蚼""菜蚼"等，即梭子蟹科（蝤蛑科）[Portunidae] 青蟹属（青蚼属）[Scylla] 的拟穴青蟹 [Scylla paramamosain]。

◎注4：中国有"四大青蟹"，即锯缘青蟹 [Scylla serrata]、紫螯青蟹 [Scylla tranquebarica]、榄绿青蟹 [Scylla olivacea] 及拟穴青蟹 [Scylla paramamosain]。当中以锯缘青蟹最常见，特征是壳甲呈椭圆形，除背甲中心（胃区与心区之间）具明显的"H"字形凹痕外，壳甲均光滑，甲面及附肢呈青绿色，螯足与泳足有明显的深绿色网状花纹，体重为1.5千克左右。然而，居四大之首的则数拟穴青蟹，广东人所说的"台山膏蟹"就是出自这个品种。之所以雄居首位，主要有两个原因，首先是其体重可达2千克；其次是雌蟹俗称"蟹黄"的卵细胞十分充盈，雄蟹的蟹肉相当丰腴。遗憾的是其出"水蟹"的比率又是最高。未成年的雄蟹、雌蟹，多次交配的雄蟹，交配后的雌蟹等都会出现这种货色。其特征是背甲横椭圆形，两侧较尖；甲面平滑，棕黑色。擅长挖穴栖息，学名中的 paramamosain 就是挖掘深洞螃蟹的意思，在西太平洋地区的河口、内湾、红树林等盐度较低的泥沼中可见。紫螯青蟹因螯钳呈紫褐色而得名。甲壳厚硬，呈横椭圆形，两侧较尖。甲面平滑。我国仅偶见于海南岛。榄绿青蟹因背甲呈橄榄绿色而得名，但其附肢在此基色下又夹杂橘红色。此蟹较其他"青蟹"体形小，产量也较低。

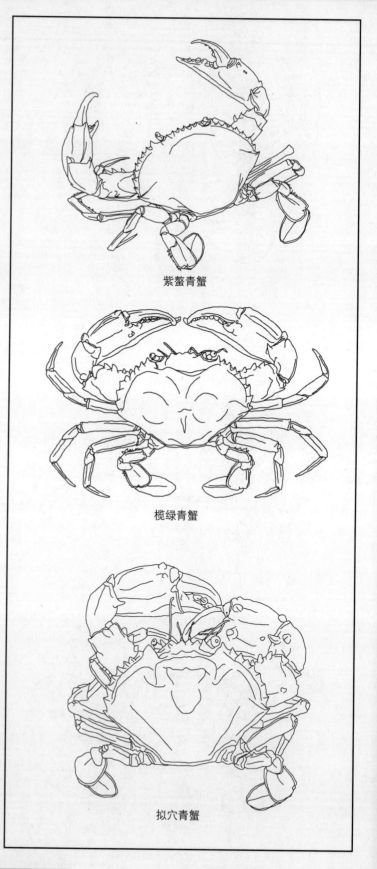

紫螯青蟹

榄绿青蟹

拟穴青蟹

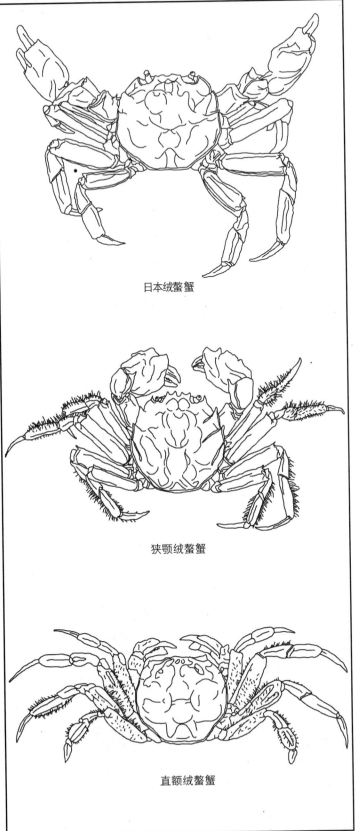

日本绒螯蟹

狭颚绒螯蟹

直额绒螯蟹

◎注1："日本绒螯蟹"又称"涩钳蟹"，即十足目 [Decapoda] 爬行亚目 [Reptantia] 短尾次目 [Brachyura] 人面蟹总科 [Homolidea] 方蟹科 [Grapsidae] 弓腿亚科 [Varuninae] 绒螯蟹属 [Eriocheir] 的日本绒螯蟹 [*Eriochier japonica* (de Haan)]。

◎注2："狭颚绒螯蟹"又称"狭额绒螯蟹"，即是绒螯蟹属 [Eriocheir] 的狭颚绒螯蟹 [*Eriochier leptognathus* (Rathbun)]。

◎注3："直额绒螯蟹"即是绒螯蟹属 [Eriocheir] 的直额绒螯蟹 [*Eriochier rectus* (Stimpson)]。

◎注4：看到"绒螯蟹"的名字，有些读者不禁嘀咕这个名字怎么这么耳熟，好像在哪听过且见过。没有错，中国人口中的"大闸蟹"——中华绒螯蟹 [*Eriocheir sinensis* (H.Milne-Edwards)] 就是它们的同类。

长期以来，食评家都认为产自中国各大淡水中螯钳具绒毛的蟹同属一种，只不过产自阳澄湖的，因水质成就了"青背、白肚、金爪、黄毛"的特征。这是一个常识上的错误，因为所谓"大闸蟹"的中华绒螯蟹只有一个婚床地——上海崇明岛海域。这种在太湖、阳澄湖生活将近两年达到性成熟时会不约而同地洄游到崇明岛交配并结束生命的爬行动物，凭步行足洄游，行走距离有限，不可能像坐飞机一样去到其他淡水湖。由此断定其他地方的绒螯蟹，不一定是中华绒螯蟹。

最早揭开谜底的是高士贤教授，他在 1996 年撰写的《中国药动物志》中首次提到了"日本绒螯蟹"。书中说中华绒螯蟹的头胸甲呈近圆形，而日本绒螯蟹的头胸甲是前窄后宽形，额后凸尖不太尖锐。

日本绒螯蟹分布在朝鲜东岸、日本以及中国广东、福建、台湾等地。晚秋为其繁殖季节，由淡水区向河口咸水区迁移以及产卵。

后来生物学家还发现有"狭颚绒螯蟹"和"直额绒螯蟹"两种，前者头胸甲呈圆方形，表面平滑，具小凹点；额窄。从朝鲜西岸到中国广西一带近海水域、陆地淡水区都可见其踪影。后者见于广东、台湾地区。头胸甲扁平，明显特征是额齿不明显。台湾人称之为"青毛蟹"。

◎注1："窦眼梭子蟹"又称
"圆弧梭子蟹"，分布于日本、澳
大利亚、塞舌尔、马达加斯加等海
域，中国近年重新在南沙群岛进
行生物资源整理时才证实这个品
种在中国海域有产。1986 年由戴
爱云教授编写的被坊间誉为"蟹
类大全"的《中国海洋蟹类》没
有对它做出详细介绍。其为十足目
[Decapoda] 短尾次目 [Brachyura]
梭子蟹总科 [Portunoidea] 梭
子蟹科 [Portunidae] 梭子蟹属
[Portunus] 的窦眼梭子蟹 [*Portunus
orbitosinus*]。此蟹外貌更像蝤蛑类，
因为其甲壳没有梭子蟹明显向两边
横生的尖齿，近圆弧形。壳甲以青
色衬黑花纹，游泳足天蓝色。

◎注2："纤手梭子蟹"俗称
"杂花蟹"，即梭子蟹科 [Portunidae]
梭子蟹属 [Portunus] 的纤手梭子蟹
[*Portunus gracilimanus*]。其头胸
甲表面隆起，具绒毛，甲壳胃区、
鳃区、心区具隆嵴。螯钳长，具锐刺。
腕节与掌节比长节纤细，这是其得
名的原因。主要分布在澳大利亚、
新西兰、菲律宾、马来西亚、印度
安达曼等海域，在我国广西、海南
岛、福建的海域可见其踪影。

◎注3："矛形梭子蟹"俗称
"杂花蟹"，即梭子蟹科 [Portunidae]
梭子蟹属 [Portunus] 的矛形梭子蟹
[*Portunus hastatoides*]，属小型
种。其头胸甲灰青色，扁平；甲面
密覆细绒毛及颗粒群。额分 4 齿，
中间 2 齿较小。内眼窝齿钝，背眼
缘具缺刻，腹内眼窝齿凸出而钝。
螯钳长节宽大，前缘具有 4 棘，后
缘末端具 2 棘；腕节内、外末角均
具锐刺。主要分布在日本、澳大利
亚、菲律宾、新加坡、印度尼西亚、
印度、马达加斯加及东非部分国家
等海域，在我国广西、广东、福建
的海域可见其踪影。

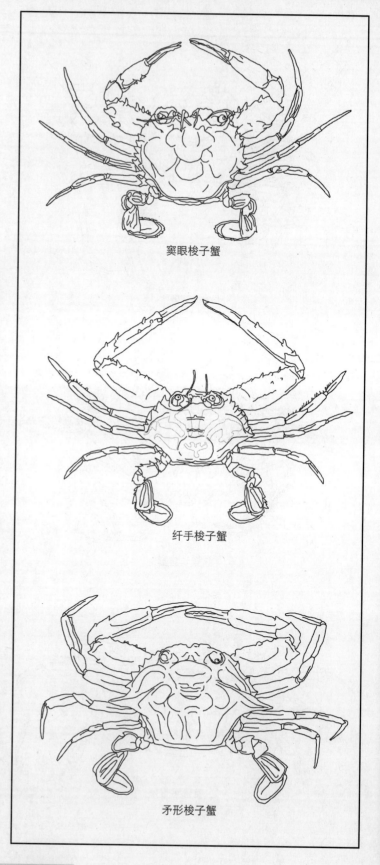

窦眼梭子蟹

纤手梭子蟹

矛形梭子蟹

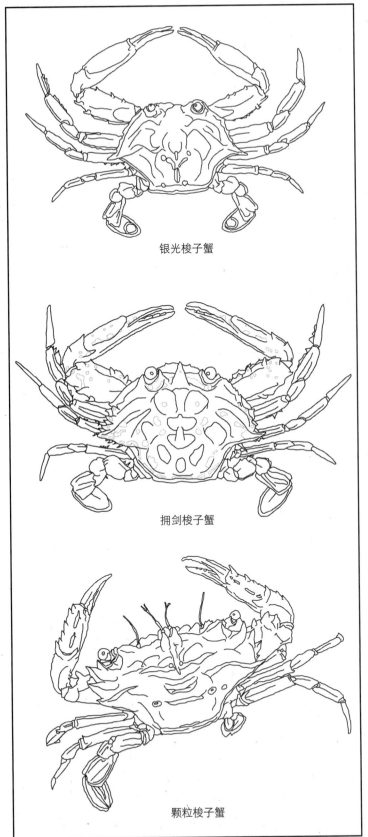

银光梭子蟹

拥剑梭子蟹

颗粒梭子蟹

◎注1："银光梭子蟹"俗称"杂花蟹"，即梭子蟹科 [Portunidae] 梭子蟹属 [Portunus] 的银光梭子蟹 [Portunus argentatus]。在大洋洲西部、东非，红海，日本，波利尼西亚、菲律宾、新加坡、马达加斯加、美国夏威夷等广大海域可见，但在中国只有广东及海南有。此蟹甲壳青灰色带黑色斑纹，并有分散的红棕色颗粒。头胸甲扁平，眼窝背缘具锐齿。游泳足末端各有不规则紫色或黑色斑块。

◎注2："拥剑梭子蟹"又称"扁蟹""汉氏梭子蟹"，即梭子蟹科 [Portunidae] 梭子蟹属 [Portunus] 拥剑梭子蟹 [Portunus gladiator]。它是中国人较早认识的梭子蟹，南北朝时期的药学家陶弘景就有"蟹类甚多，蟧蛑、拥剑、蟛皆是……"的记载，不过，其名望最终被分布更广、产量更大的，俗称"白花蟹"的三疣梭子蟹 [Portunus trituberculatus] 掩盖。此蟹在福建、台湾海域多产，广东和广西海域也有。其头胸甲呈梭子状，甲面前部具颗粒，后部不滑，含眼窝外齿共9齿，最外齿凸出成棘。螯钳粗壮，较侧扁，密布绒毛。甲壳主色橘红色并透出青紫色。螯钳及游泳足有白斑，游泳足末端有其主要特征的紫红色斑。

◎注3："颗粒梭子蟹"又称"杂花蟹"，即梭子蟹科 [Portunidae] 梭子蟹属 [Portunus] 的颗粒梭子蟹 [Portunus granulatus]。此蟹头胸甲表面几乎全部覆盖灰黑色的颗粒。胃区、心区、肠区分区明显，胃心区具"H"字形浅沟。眼窝大，背缘向上翘起，内眼窝角较钝并具隆嵴。螯钳长节前侧与背面也覆盖致密的颗粒，并且外侧具隆嵴。腹部呈塔形。游泳足长圆形，蓝紫色。从日本、夏威夷、萨摩亚群岛、澳大利亚到马达加斯加、坦桑尼亚、红海广泛分布。但中国只在台湾及西沙群岛海域可见。

◎注1："浅礁梭子蟹"又称"杂花蟹""伊朗梭子蟹"，即梭子蟹科 [Portunidae] 梭子蟹属 [Portunus] 的浅礁梭子蟹 [Portunus iranjae]。这种只在中国西沙群岛海域可见，所以对它较为陌生。不过，相对于同在西沙群岛海域出没的窦眼梭子蟹 [Portunus orbitosinus] 也算是幸运，后者一早就被认定为在中国可产，因为其游弋的地方较为近岸，在潮间带覆盖有藻类的珊瑚沙里生活。这种蟹全身青黄色，头胸甲覆盖短绒毛。额窄。分4齿，中额齿短小，锐齿形，侧额齿大而凸出，使甲壳呈宽三角形。螯钳不对称，长节前缘具3弯齿，后缘末端具微锯齿。

◎注2：在古人的定义中，"蟹"与"蟳"是有分别的。《尔雅》云："蟹八跪而二螯，八足折而容俯，故谓之跪，两螯倨而容仰，故谓之螯，字从解者，以随潮解甲也。壳上多作十二点深胭脂色，如鲤之三十六鳞。其腹中虚实亦应月。"当中"八跪"即八只步行足。而《六书故》云："蟳，青蟳也。螯似蟹，壳青，海滨谓之蟳蚸。"尽管这已是古人最详细的解释，但字里行间也透露了上半身像蟹的就是蟳。而下半身就让我们接着继续解释，蟳最后的一对步行足改为游泳足。按照这样的解释，现在俗称的"肉蟹""白花蟹"及"红花蟹"都为蟳类。

◎注3："武士蟳"又称"石蟹""红蟹""石蟳仔""石形蟹""外洋红蟹"，即梭子蟹科 [Portunidae] 蟳属 [Charybdis] 的武士蟳 [Charybdis lucifera (Fabricius.)]。此蟳以橙黄色至粉红色为主色，甲背颗粒及隆嵴红色，后鳃区具白色圆斑。螯钳杂布红色斑纹。在中国东海、南海海域可见。

◎注4："光掌蟳"又称"红蟹"，即梭子蟹科 [Portunidae] 蟳属 [Charybdis] 的光掌蟳 [Charybdis riversandersoni]。此蟳壳面光滑无毛，呈橘红色。头胸甲近后侧缘两侧各具一淡黄色圆纹，圆纹外缘饰有鲜红色晕。在中国东海海域可见。

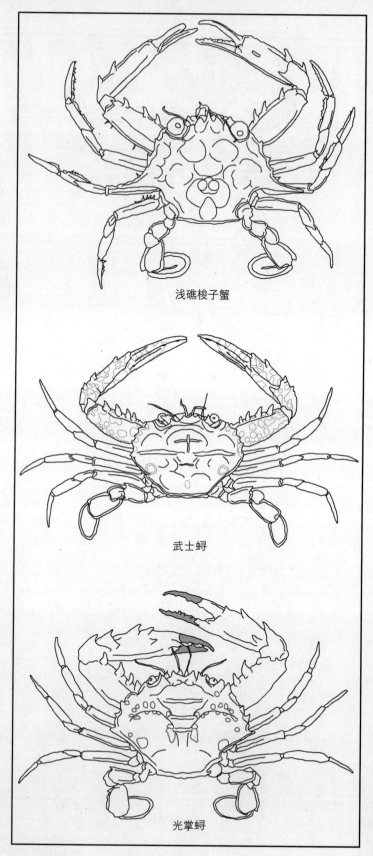

浅礁梭子蟹

武士蟳

光掌蟳

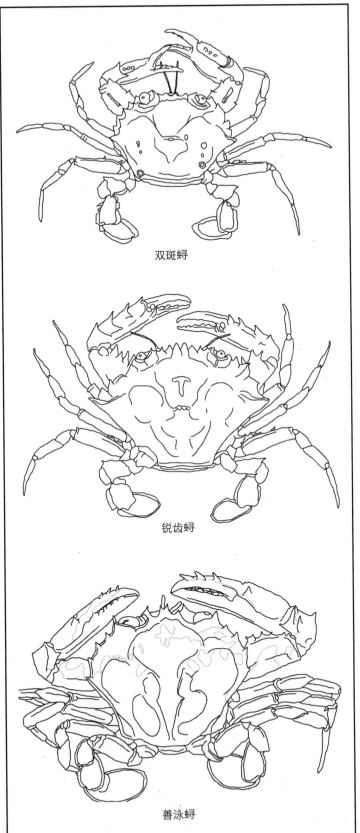

双斑蟳

锐齿蟳

善泳蟳

◎注 1："双斑蟳"壳甲浅褐色，前侧缘分 6 齿，第 6 齿略长于前 5 齿。因在中鳃区甲壳各有一点黑色小圆斑而得名。即梭子蟹科 [Portunidae] 蟳属 [Charybdis] 的双斑蟳 [Charybdis bimaculata]。此蟳在广东较为陌生，原因是广东有当地可产的其他品种的蟳或梭子蟹，不太关注这种产自山东、福建、浙江及台湾海域的蟳。

◎注 2："锐齿蟳"在台湾称"石蟳"。其头胸甲灰黑色，密生短绒毛，前半部具数条断折的横行颗粒隆嵴。额缘分成 6 尖锐齿，末齿较长。螯钳长节前缘有 3 锐刺，腕节内末角具长锐刺。即梭子蟹科 [Portunidae] 蟳属 [Charybdis] 的锐齿蟳 [Charybdis acuta]。在中国见于台湾海域。

◎注 3："善泳蟳"又称"红蟳""石蟳"，即梭子蟹科 [Portunidae] 蟳属 [Charybdis] 的善泳蟳 [Charybdis natator]。其头胸甲橙红色，密生短软毛，前侧区具粗糙颗粒，前半部有断折横行颗粒隆嵴。额缘分 6 齿，中央 4 齿钝圆。螯钳粗大，长节前缘具刺。游泳足内侧宝蓝色。此蟳与锐齿蟳 [Charybdis acuta] 均俗称"石蟳"，区别在于后者甲壳为灰黑色，而本种甲壳为橙红色并在印度洋、西太平洋暖水海域栖息，但在中国只台湾海域较为常见。

◎注 4：中国人膳用的蟹分为三类，一类是以中华绒螯蟹 [Eriocheir sinensis] 为代表的"毛蟹"（大闸蟹）；另一类是以锯缘青蟹 [Scylla serrata] 为代表的"青蟹"；再一类是以三疣梭子蟹 [Portunus trituberculatus] 及锈斑蟳 [Charybdis feriatus] 为代表的"花蟹"。前两类都以性成熟的"膏肥鬐满"时期最受青睐，而最后一类则不能这样。因为它们是春季产卵的，此时捕捞是对这种膳食资源赶尽杀绝之举，国家已出台了"春保、夏养、冬捕"政策，同时禁止在夏秋两季贩卖 125 克以下的幼蟹。所以渔夫就有了"夏吃龙虾，冬吃蟹"之说，与第一类的"秋风起，蟹脚痒"不同。

◎注1："沙蟹"又称"沙花蟹""台湾蟹"，即十足目 [Decapoda] 腹胚亚目 [Pleocyemata] 短尾次目 [Brachyura] 人面蟹总科 [Homolidea] 梭子蟹科 [Portunidae] 大蟳蟹亚科 [Macropipinae] 圆趾蟹属 [Ovalipes] 细点圆趾蟹 [*Ovalipes,punctatus*]。

◎注2："溪蟹"又称"篾蟹""石蟹""淡水蟹"，是十足目 [Decapoda] 腹胚亚目 [Pleocyemata] 短尾次目 [Brachyura] 溪蟹总科 [Potamoidea] 溪蟹科 [Potamonidae] 溪蟹属 [Potamon] 及华溪蟹科 [Sinopotamidae] 华溪蟹属 [Sinopotamon] 蟹类的总称。前一属约17个品种，常见的有如图所示的锯齿溪蟹 [*Potamon denticulatus*]；后一属为中国独有，约58个品种，如福建华溪蟹 [*Sinopotamon fukienense*] 和锯齿华溪蟹 [*Sinopotamon denticulatum*] 等。

此类蟹在淡水区栖息并就近交配繁衍，不像俗称"大闸蟹"的中华绒螯蟹 [*Eriocheir sinensis*] 在淡水区生长却在咸水区交配，所以溪蟹就没有秋冬交替时节成群结队往咸水区跋涉的惊人场面。"大闸蟹"之名源于"大煠（焓）蟹"，这是因为此蟹每当交配时节奔着同一方向跋涉的场面十分吓人，当时有胆大者捉之扔到水罐里焓熟，颇感美味，从而成为日后的食法及蟹的名称。不过，螯钳没有绒毛的"溪蟹"大多不以"焓"而是用"醉"的方法加工，因为没有绒毛，也就没有清洁不净的担忧。当然，雌蟹的"蟹黄"（卵细胞）同样是可以入膳的。

◎注3："老虎蟹"又称"旭蟹""红蟹""蛙蟹""板手蟹""海臭虫""狮蛄猫""虾蛄头""倒退噜"，即十足目 [Decapoda] 腹胚亚目 [Pleocyemata] 短尾次目 [Brachyura] 裸甲亚派 [Gymnopleura] 人面蟹总科 [Homolidea] 蛛形蟹科 [Latreillidae] 蛙蟹亚科 [Ranininae] 蛙蟹属的蛙形蟹 [*Ranina ranina* (Linnaeus)]。此蟹十分易认，头胸甲既像蛙形，又像旭日东升貌。广东、广西、台湾及西沙群岛都可见。最让食客食指大动的是其雌蟹俗称"蟹黄"的卵细胞比其他蟹类所产的更为甘香。

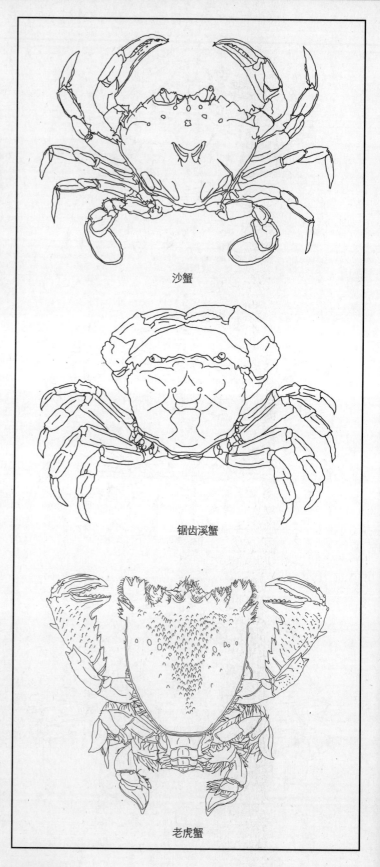

沙蟹

锯齿溪蟹

老虎蟹

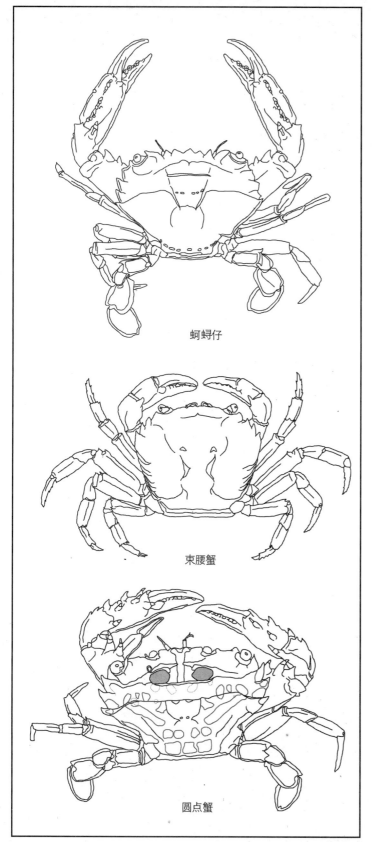

蚵蜅仔

束腰蟹

圆点蟹

◎注1："蚵蜅仔"又称"石蜅仔"，即十足目 [Decapoda] 腹胚亚目 [Pleocyemata] 短尾次目 [Brachyura] 人面蟹总科 [Homolidea] 梭子蟹科 [Portunidae] 梭子蟹亚科 [Portuninae] 短桨蟹属 [Thalamita] 的钝齿短桨蟹 [Thalamita crenata]。此蟹青黄色；背甲呈扇形，稍隆；侧缘含眼窝；有 5 齿，两眼之间有 6 平钝齿。步行足近关节处偏黄绿色，指节为暗红色，游泳足蓝紫色，末端深红色。渔民常将它与锐齿蜅 [Charybdis acuta]、善泳蜅 [Charybdis natator] 归为"石蜅"，以区别于"花蟹""杂花蟹"。

顺带一说，东海渔民将三疣梭子蟹 [Portunus trituberculatus]、红星梭子蟹 [Portunus sanguinolentus]、日本蜅 [Charybdis japonica]、锈斑蜅 [Charybdis feriatus]、武士蜅 [Charybdis lucifera] 及细点圆趾蟹 [Ovalipes punctatus] 构成东海中北部海域的六大捕捞蟹类，这显然是"花蟹"的主要成员。

◎注2："束腰蟹"又称"泽蟹"，为十足目 [Decapoda] 腹胚亚目 [Pleocyemata] 短尾次目 [Brachyura] 拟地蟹总科（又称"泽蟹总科"）[Gecarcinucoidea] 束腰蟹科 [Parathelphusidae] 拟地蟹科（又称"泽蟹科"）[Gecarcinucidae] 束腰蟹属 [Somanniathelphusa] 辖下品种的总称，中国有 30 个品种左右，如图中所示的台湾束腰蟹 [Somanniathelphusa taiwanensis]。此类蟹在淡水区栖息，甲壳侧齿退化成束腰状。一般做"醉蟹"食用。

◎注3："圆点蟹"又称"功勋短桨蟹""底栖圆点蟹"，即梭子蟹科 [Portunidae] 梭子蟹亚科 [Portuninae] 短桨蟹属 [Thalamita] 的底栖短桨蟹 [Thalamita prymna]。此蟹以墨绿为主色，淡黄花纹，壳背有两点冒充眼睛的圆斑，游泳足紫蓝色。在广西、海南、台湾及西沙群岛的低潮线附近岩石区或珊瑚礁中可见。

海味制作图解 II

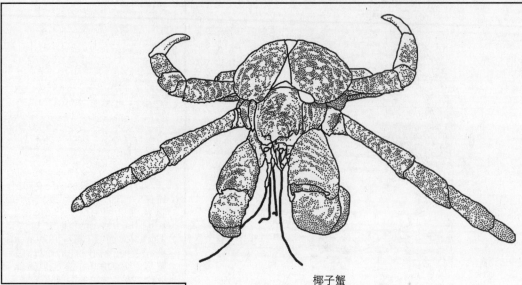

椰子蟹

◎注1："椰子蟹"又称"八卦蟹"，即十足目 [Decapoda] 腹胚亚目 [Pleocyemata] 歪尾次目 [Anomura] 陆寄居蟹科 [Coenobitidae] 椰子蟹属 [Birgus] 的椰子蟹 [*Birgus latro*]。此蟹摆脱寄居并以善攀椰树和剥吃椰子而得名。其外壳坚硬，螯钳强壮。最诱人的是此蟹可重达 6 千克，并且肉质鲜美。在中国海南及台湾可见。

◎注2："关公蟹"又称"蚝"平家蟹""武士蟹"，因壳背沟痕和隆起处犹如戏剧中的关公脸谱而得名。为十足目 [Decapoda] 短尾次派 [Brachyura] 尖口亚派 [Oxystomata] 人面蟹总科 [Homolidea] 关公蟹科 [Dorippidae] 关公蟹属 [Dorippe] 辖下品种，中国有 19 个品种，如图所示的中华关公蟹 [*Dorippe polita*] 就是其中之一。它们只有 3 对步行足。

◎注3："蟛蜞"又称"相手蟹"，即十足目 [Decapoda] 腹胚亚目 [Pleocyemata] 短尾次目 [Brachyura] 方蟹科 [Grapsidae] 相手蟹亚科 [Sesarminae] 相手蟹属 [Sesarma] 无齿相手蟹的 [*Sesarma dehaani*]。此蟹体形较小，头胸甲不到 4 厘米，在腐泥质涌（溪）边栖息，故味道具泥腥味，不过其卵及鳌则能媲美"蟹黄"的"礼云子"，曾为粤菜著名的食材。

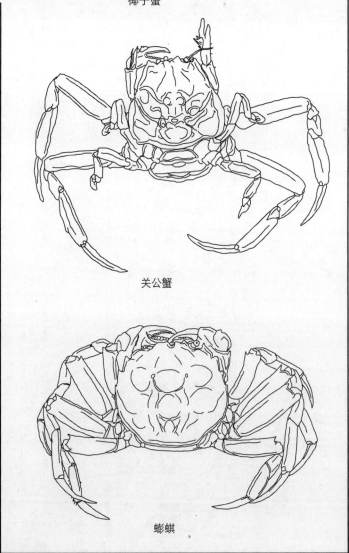

关公蟹

蟛蜞

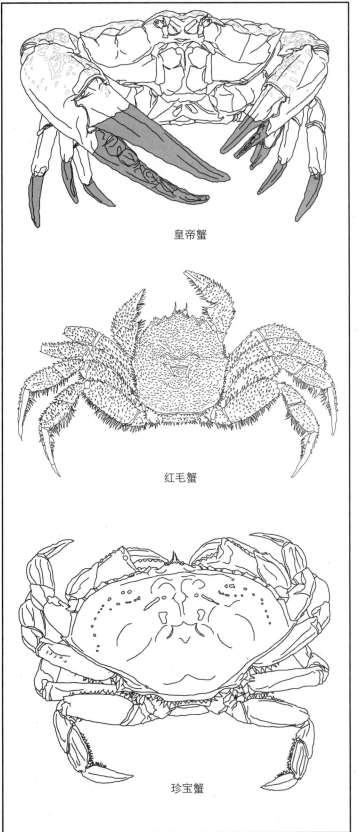

皇帝蟹

红毛蟹

珍宝蟹

◎注1："皇帝蟹"又称"澳洲巨蟹""奇重伪背蟹"，为十足目 [Decapoda] 腹胚亚目 [Pleocyemata] 短尾次目 [Brachyura] 扇蟹科 [Xanthidae] 拟滨蟹属 [Pseudocarcinus] 的巨大拟滨蟹 [*Pseudocarcinus gigas*]。因最重可达 36 千克，为蟹类中最重，故有"皇帝蟹"的称号。不过，这个名称常与堪察加拟石蟹 [*Paralithodes camtschaticus*] 产生混淆，后者称为"帝王蟹"，为蟹类体形最大，两者都不在中国海域生长。此蟹甲壳坚硬，红白色相衬（壳红色衬白色花纹，爪白色衬红色花纹，腹白色），甲壳扇形。螯钳粗壮，钳指黑色。主产于澳大利亚的巴斯海峡。商品有焓熟冷冻和鲜品冷冻两种形式。

◎注2："红毛蟹"又称"大栗蟹""北海道红毛蟹""日本海毛蟹"，为十足目 [Decapoda] 腹胚亚目 [Pleocyemata] 短尾次目 [Brachyura] 真短尾派 [Eubrachyura] 异孔亚派 [Heterotremata] 黄道蟹总科 [Cancroidea] 近圆蟹科 [Atelecyclidae] 毛甲蟹属 [Erimacus] 的伊氏毛甲蟹 [*Erimacus isenbeckii*]。此蟹主要分布在日本、海参崴及朝鲜湾的狭窄海域，尤以日本北海道地区及鄂霍次克海域出产最佳。其外形独特，全身披有淡红褐色的粗短绒毛。雄蟹在 2 千克左右，雌蟹在 700 克左右。最重要的是具壳软、肉滑、味鲜的特点，几乎可以与日本的"国蟹"，与中国俗称"大闸蟹"的中华绒螯蟹 [*Eriocheir sinensis*] 媲美。

◎注3："珍宝蟹"因壳形近似中国的元宝而得名，又称"唐金蟹""邓津蟹""太平洋巨蟹""邓杰内斯蟹""丹金尼斯大海蟹"，即十足目 [Decapoda] 爬行亚目 [Reptantia] 短尾次目 [Brachyura] 盔蟹亚族 [Corystoidea] 黄道蟹总科 [Cancroidea] 黄道蟹科 [Cancridae] 黄道蟹属 [Cancer] 的首长黄道蟹 [*Cancer magister*]。产于美国北加利福尼亚、俄勒冈、华盛顿州等地。其壳淡红棕色，下腹为白色或橘色，螯钳白色。

◎注1："黄金蟹"又称"可食蟹（Edible Crad）""黄道蟹"，即十足目 [Decapoda] 爬行亚目 [Reptantia] 短尾次目 [Brachyura] 盔蟹亚族 [Corystoidea] 黄道蟹总科 [Cancroidea] 黄道蟹科 [Cancridae] 黄道蟹属 [Cancer] 的普通黄道蟹 [Cancer pagurus]。此蟹虽与俗称"珍宝蟹"的首长黄道蟹 [Cancer magister] 同为一属，但两者栖息地不同，后者产于西北太平洋海域，是美国、加拿大等国重要的海产品；而它则在东北太平洋海域，北至挪威，南至北非都有其踪影。此蟹甲壳红褐色，杂白色小斑点。螯钳强壮，尖端黑色。腹部退化并折叠至甲壳底。雄蟹与雌蟹的腹部有不同形状：雄蟹较窄，雌蟹较阔。在腹部以下藏有性器官及肛门。与"珍宝蟹"一样，进口到中国的商品以鲜货居多，每年12月至次年2月是捕抓的时节，此时正值秋季换壳后的活跃生长期。但也有照顾西餐操作模式引入焓熟冷冻的商品。

◎注2：中国也有与"珍宝蟹"和"黄金蟹"同属的品种，一个是在山东半岛及渤海湾出产的头胸甲呈圆菱形的两栖黄道蟹 [Cancer amphioetus]，另一个是在辽东半岛出产的头胸甲呈圆扇形的隆背黄道蟹 [Cancer gibbosulus]。但均因商品规模较小而鲜为人知。

◎注3："肝叶馒头蟹"即十足目 [Decapoda] 腹胚亚目 [Pleocyemata] 短尾次目 [Brachyura] 人面蟹总科 [Homolidea] 馒头蟹科 [Calappidae] 馒头蟹亚科 [Calappinae] 馒头蟹属 [Calappa] 的肝叶馒头蟹 [Calappa hepatica]。中国见于海南、台湾、西沙群岛海域。

◎注4："逍遥馒头蟹"又称"面包蟹"，即馒头蟹属 [Calappa] 的逍遥馒头蟹 [Calappa philargius]。中国见于广东、海南、台湾、福建海域。

◎注5："馒头蟹"属于冷门的食用蟹，并未形成真正的产业及市场，尽管肉质或味道都相当诱人，但风头一直被俗称"大闸蟹"的中华绒螯蟹 [Eriocheir sinensis] 掩盖。

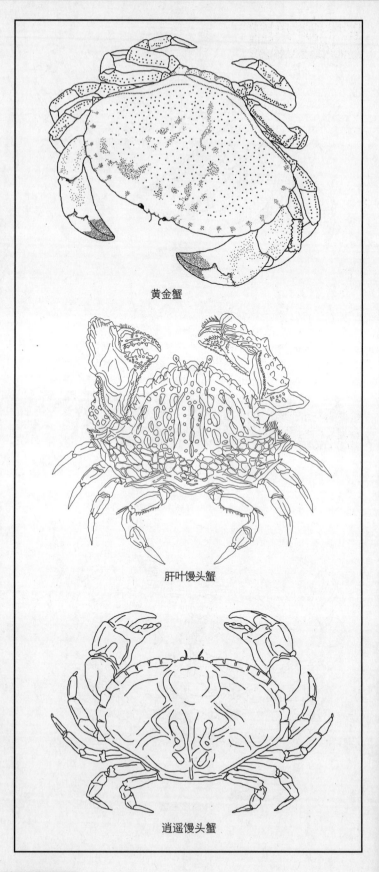

黄金蟹

肝叶馒头蟹

逍遥馒头蟹

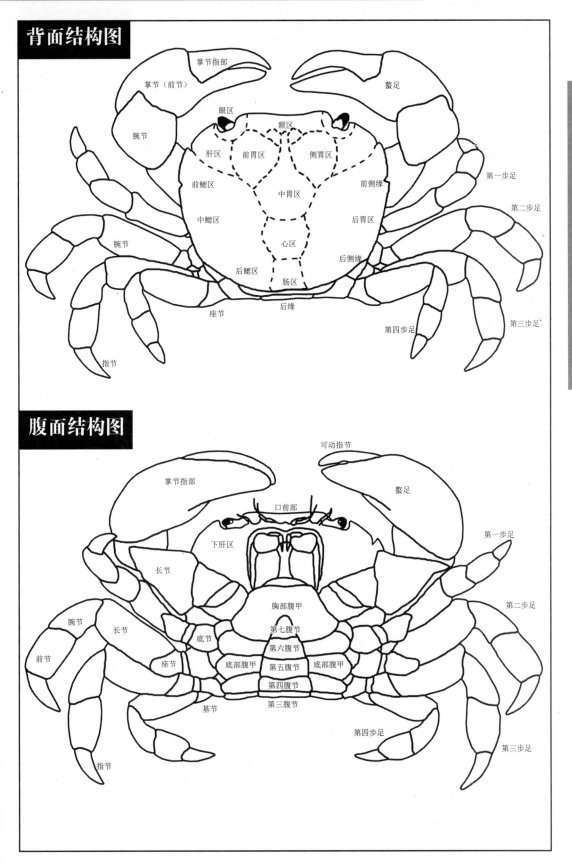

背面结构图

掌节指部
掌节（前节）
螯足
腕节
眼区
额区
第一步足
肝区
前胃区
侧胃区
前鳃区
前侧缘
第二步足
中胃区
中鳃区
后胃区
腕节
心区
后侧缘
第四步足
后鳃区
肠区
座节
后缘
第三步足
指节

腹面结构图

掌节指部
可动指节
螯足
下肝区
口前部
第一步足
长节
胸部腹甲
第七腹节
第二步足
腕节
长节
第六腹节
前节
底节
第五腹节
底部腹甲
座节
底部腹甲
第四腹节
基节
第三腹节
第四步足
第三步足
指节

海味制作图解Ⅱ

雄蟹解剖图

胃前肌　外壳
胃　肝
胃后肌
大颚肌
鳃　射精管　鳃
三角膜　副性腺　三角膜

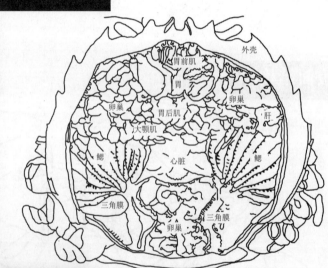

雌蟹解剖图

胃前肌　外壳
胃
卵巢　卵巢
胃后肌　肝
大颚肌
鳃　心脏　鳃
三角膜　三角膜
卵巢

海味制作图解 II

◎注：中国古人早在两千多年前就试图对披甲带螯的爬行动物做记录，并创出"蜡""蜂""蚩""螃""蛫"等相关文字。此时古人的认知度不深，仅从体形大小和步行足数目入手辨别，《尔雅·释鱼》有相关的解释："蜡蜂，小者螃。"同时又对"蛫"——步行足数目给出相应的解释，标准的蟹是"八跪而二螯"，而"蛫""蚩"则分别是"蟹六足者"和"似蟹而四足"。

随着对这种爬行动物的深入了解，按它们的栖息习惯有淡水蟹、咸水蟹和咸淡水蟹的分类，由此就有了"一湖蟹、二江蟹、三河蟹、四溪蟹、五沟蟹、六海蟹"的食味等级。

对于其步行足的问题，生物学家将"八跪而二螯"的编入短尾次目 [Brachyura] 项下，当中又分成"蟹"——螯钳加步行足，"蜉"——螯钳加步行足及游泳足；将"蟹六足者"和"似蟹而四足"的编入歪尾次目 [Anomura] 项下。它们的共通点都是由头胸部、腹部及附肢构成。头胸部有完整的俗称"蟹盖"的头胸甲覆盖保护；腹部也有较软的甲壳保护，当中有依"雄尖雌圆"形状的俗称"蟹脐"的腹节盖可活动。

古人常以"无肠公子"去形容蟹，用以强调蟹是没有肠脏的生物。这显然是讹传，在蟹的头胸甲下就有肠区以及额区、眼区、胃区、心区、肝区和鳃区的分布。

尖脐雄蟹　　　**圆脐雌蟹**

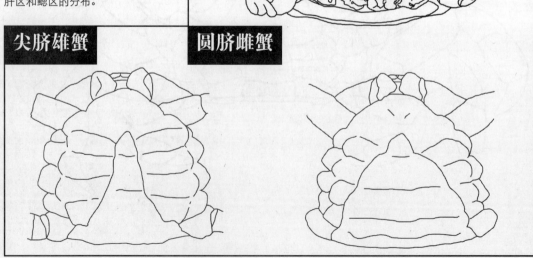

拣蟹

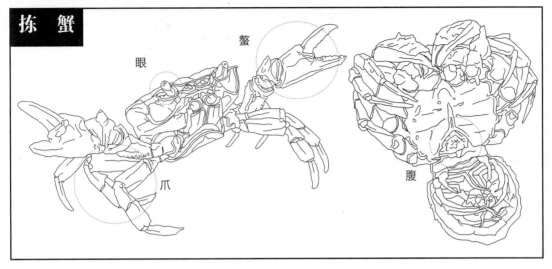

眼　　　螯

爪　　　腹

海味制作图解 II

捉蟹

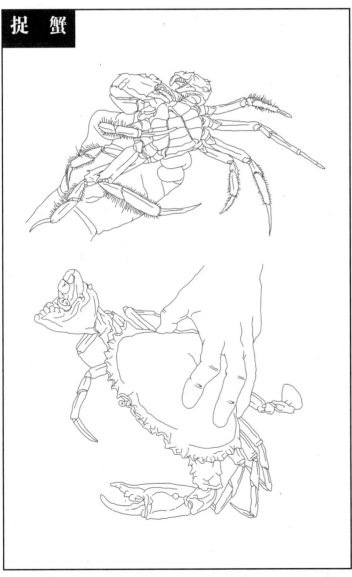

◎注 1：早在东汉时期，名医张仲景已发现蟹不宜乱食，否则有害无益，并在《金匮要略·禽兽鱼虫禁忌并治》记"蟹目相向，足班目赤者，不可食之。食蟹中毒，治之方：紫苏。凡蟹未遇霜，多毒。其熟者乃可食之。蜘蛛落食中，有毒，勿食之。凡蜂、蝇、虫蚁等，多集食上，食之致瘘"的食蟹要诀。

现代人拣蟹则集中在两个方面，即是否生猛以及是否肉厚膏满。之所以要生猛，是因为蟹体内具有寄生菌，当蟹体力不支时，寄生菌就会肆虐，令蟹肉的蛋白质产生对人体有害的组织胺（Histamine）。因此，在烹蟹之前要对蟹进行生猛认定。这主要通过蟹的眼、螯、爪的反应得出结果：眼灵敏、螯有力和爪坚定。如果是慢爪和掉爪，说明蟹已死亡，不宜烹食。接着是辨别是否肉厚膏满。将蟹拿在手，坠手的说明肉厚，然后翻开蟹厣见蟹腹膏黄（雌）或膏白（雄）充盈说明膏满，可以入膳。

◎注 2：尽管蟹有一对钳人的螯足，但并非不能收服，因为其钳只会正面伤人，若从蟹背入手，按着蟹的后侧缘就能将蟹收服。因此，标准的捉蟹手法是用手按着蟹背并扣紧蟹侧缘。

◎注：绑蟹的目的是将蟹钳捆绑起来以免伤人。主要有"十"字绑和"八"字绑两种手法。

"十"字绑主要针对没有游泳足的蟹（河蟹）。方法是用手从蟹背扣紧后缘将蟹捉起。顺着关节将蟹爪、蟹钳弯曲收于蟹腹；用水草或蟹绳横蟹腰捆上一圈，将蟹爪、蟹钳收贴；再顺蟹腰也捆上几圈，使横腰一圈不易松动；最后在蟹腹面打上结便可。

"八"字绑是针对具有游泳足的蚐（青蟹）和蟹（花蟹）。不同的是，前者用粗绳，后者用细绳。方法是用手从蟹背扣紧后缘将蟹捉起，顺着关节将蟹爪、蟹钳弯曲收于蟹腹；用水草或绳在一边螯钳上绕一圈，绳头在蟹壳后缘通过，将另一边的螯钳也绕上一圈，将两边的螯钳牢牢捆紧，留下蟹爪及游泳足可活动；绳头再依蟹壳后缘通过，并在蟹壳背上打结。

绑蟹

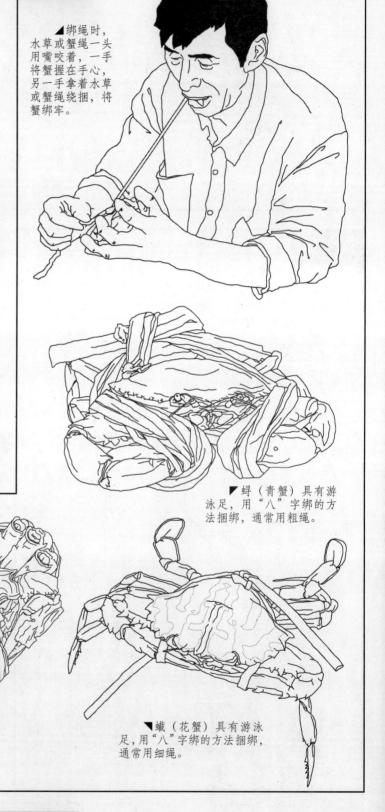

▲绑绳时，水草或蟹绳一头用嘴咬着，一手将蟹握在手心，另一手拿着水草或蟹绳绕捆，将蟹绑牢。

▲蚐（青蟹）具有游泳足，用"八"字绑的方法捆绑，通常用粗绳。

▲蟹（河蟹）没有游泳足，用"十"字绑的方法捆绑。

▲蟹（花蟹）具有游泳足，用"八"字绑的方法捆绑，通常用细绳。

海味制作图解 II

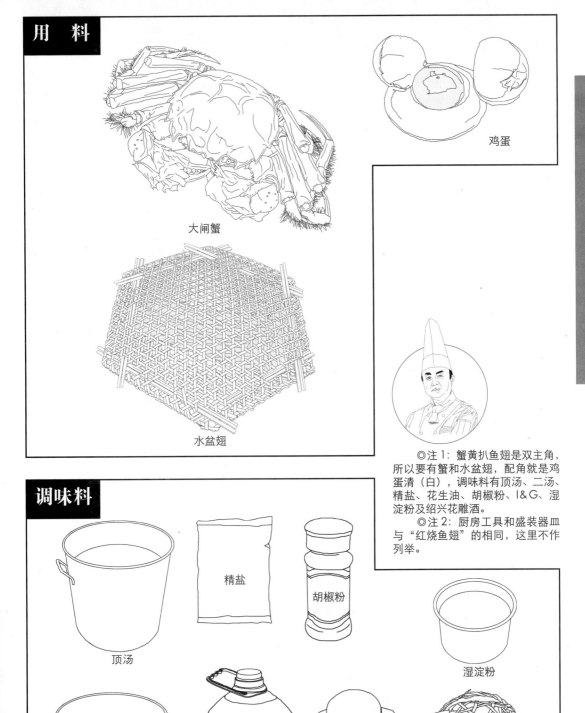

用料

大闸蟹

鸡蛋

水盆翅

◎注 1：蟹黄扒鱼翅是双主角，所以要有蟹和水盆翅，配角就是鸡蛋清（白），调味料有顶汤、二汤、精盐、花生油、胡椒粉、I&G、湿淀粉及绍兴花雕酒。

◎注 2：厨房工具和盛装器皿与"红烧鱼翅"的相同，这里不作列举。

调味料

精盐

胡椒粉

顶汤

湿淀粉

二汤

花生油

I&G

绍兴花雕酒

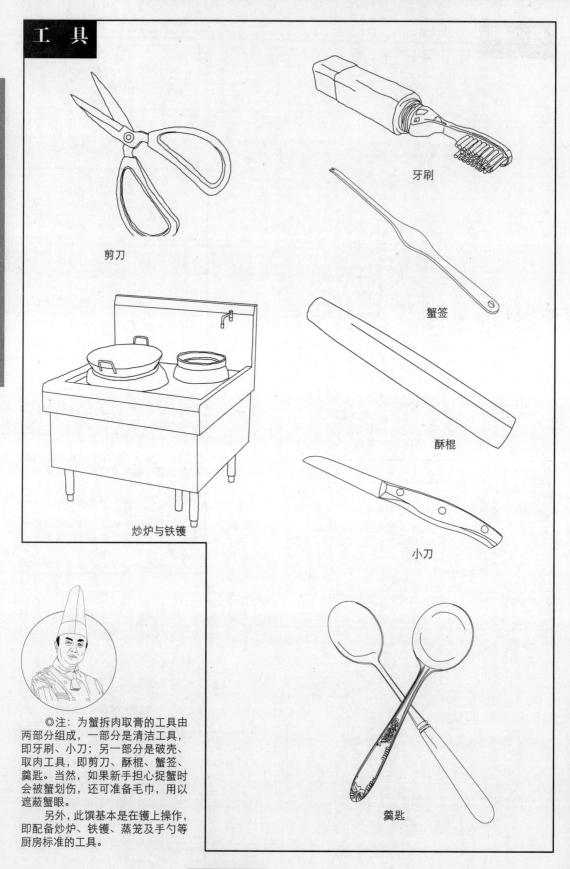

海味制作图解 II

牙刷

剪刀

蟹签

酥棍

炒炉与铁镬

小刀

◎注：为蟹拆肉取膏的工具由两部分组成，一部分是清洁工具，即牙刷、小刀；另一部分是破壳、取肉工具，即剪刀、酥棍、蟹签、羹匙。当然，如果新手担心捉蟹时会被蟹划伤，还可准备毛巾，用以遮蔽蟹眼。

另外，此馔基本是在镬上操作，即配备炒炉、铁镬、蒸笼及手勺等厨房标准的工具。

羹匙

海味制作图解 II

刮屎

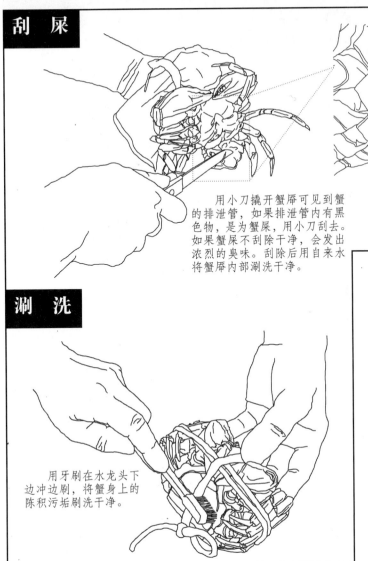

用小刀撬开蟹厣可见到蟹的排泄管，如果排泄管内有黑色物，是为蟹屎，用小刀刮去。如果蟹屎不刮除干净，会发出浓烈的臭味。刮除后用自来水将蟹厣内部涮洗干净。

涮洗

用牙刷在水龙头下边冲边刷，将蟹身上的陈积污垢刷洗干净。

◎注1：广义的蟹分淡水蟹和咸水蟹两类，古人所说的"蟹"（毛蟹）和"蟳"（青蟹）都是淡水蟹，它们是在沼泽、泥潭栖息，很容易藏污纳垢，烹饪前必须进行彻底刷洗。毛蟹清洗主要是针对其螯毛、蟹爪关节以及蟹腹隙罅。方法是用牙刷在水龙头下边冲边刷，将陈积污垢刷洗干净。而青蟹通常还要多一道工序，就是刮屎，否则蟹熟后会发出浓烈臭味。蟹的排泄器官在蟹厣上，所以为蟹刮屎的方法是用小刀将蟹厣撬开，见排泄管内藏有黑色物的就是蟹屎，顺势用小刀刮去，并用水冲洗干净。如果蟹厣内部还有黑色污物，再用牙刷刷洗干净。"蟳"（花蟹）则是咸水蟹，在沿岸浅海沙底栖息，通常不用刷洗。

◎注2：为蟹拆肉取膏有生拆和熟拆两种方式。由于生拆时蟹肉多有粘连，效率较低，故而以熟拆居多。

◎注3：熟蟹有两种方法，一种是将蟹放入滚水罐内焓熟；另一种是将蟹放在蒸笼内蒸熟。由于焓蟹常有掉爪现象出现，寻找蟹爪会耽误时间；而蒸蟹即使有掉爪，也可在蟹的身旁找到。因此，蒸蟹逐渐成为主选方法。焓蟹以中火焓10分钟；蒸蟹以猛火蒸6分钟。

为免活蟹在蒸笼内乱蹿，可掀开蟹厣，用筷子从蟹腹捅入蟹的心脏让蟹断气。

蒸蟹

猛火

100℃

6分钟

将蟹放在蒸笼内以猛火蒸6分钟。

◎注：蟹焯熟或蒸熟后取出自然晾凉。

蟹肉和蟹膏都藏于蟹壳内，但分布的位置并不相同，所以进行拆肉取膏时应将蟹视为 4 个部分，即蟹盖、蟹屏、蟹身和蟹爪，并应采取相应的次序操作，切忌先扳下蟹爪拆肉然后才掀盖取膏。因为扳下蟹爪之后要掀开蟹盖就会失去支撑点，无形中自找麻烦。

正确的次序是掀蟹盖、剥蟹屏、掰蟹身、卸蟹爪。

掀蟹盖，把蟹平放在工作台上，操作者一只手按着蟹爪，另一只手扣着蟹盖侧边缘往上用力，将蟹盖掀开。因为蟹盖边缘具锯齿，为防刮伤手，可铺上毛巾才操作。

剥蟹屏，操作者一只手握着蟹身，另一只翻开蟹屏并向下扳，将蟹屏剥下。

掰蟹身，操作者左右手分别握着蟹身左右两边，并用左右拇指顶着蟹腹同时往下掰，将蟹身掰成左右两份。操作前应先将蟹鳃去掉。

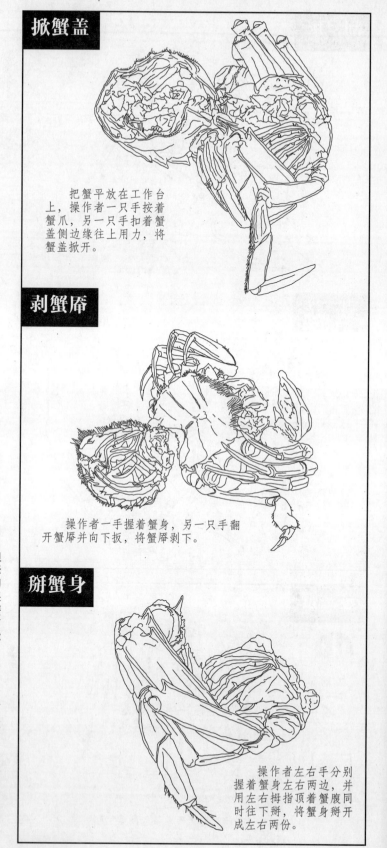

掀蟹盖

把蟹平放在工作台上，操作者一只手按着蟹爪，另一只手扣着蟹盖侧边缘往上用力，将蟹盖掀开。

剥蟹屏

操作者一手握着蟹身，另一只手翻开蟹屏并向下扳，将蟹屏剥下。

掰蟹身

操作者左右手分别握着蟹身左右两边，并用左右拇指顶着蟹腹同时往下掰，将蟹身掰开成左右两份。

卸蟹爪

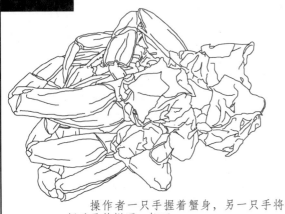

操作者一只手握着蟹身,另一只手将蟹爪及螯钳逐一卸下。

剪蟹爪

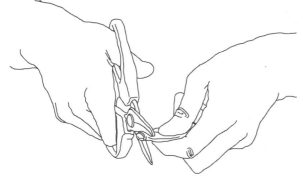

用剪刀将蟹爪上的关节剪去,使蟹爪成爪筒。

碾爪壳

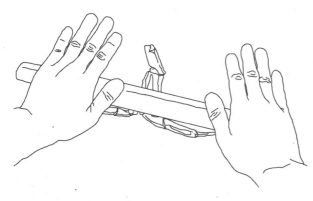

用酥棍碾压将爪壳碾裂,以方便将爪肉取出。

◎注1:卸蟹爪及卸蟹螯,操作者一手握着蟹身,另一手将蟹爪及螯钳逐一卸下。

◎注2:完成了掀蟹盖、剥蟹脐、掰蟹身、卸蟹爪的步骤之后就可正式进入拆肉取膏。其次序可不分先后。

剪蟹爪,用剪刀将蟹爪上的关节剪去,使蟹爪成爪筒。

碾爪壳,主要是针对个别蟹爪,之所以要这样做是因为个别蟹爪内的肉与爪壳粘连得太紧,用蟹签难以捅出,只有通过酥棍碾压将爪壳碾裂,以方便将爪肉取出。需要注意的是,在碾压时不宜将爪壳碾得太碎,稍碾裂即可。

海味制作图解 Ⅱ

◎注 1：敲蟹螯，蟹的螯钳完全由硬壳包裹，用一般的剪刀难以破开，通常要借助酥棍砸敲，但砸敲时要将螯钳放平，巧力打在螯壳的薄弱处，使螯壳开裂即可，切不可用蛮力敲打，令螯壳碎裂。

◎注 2：处理好蟹爪、蟹螯后，就可以接着取蟹厴、蟹盖及蟹身上的肉和膏了。蟹厴是通过挤压将蟹膏挤出；蟹盖是借助羹匙的帮助，将雌蟹俗称"蟹黄"的蟹膏及雄蟹俗称"蟹白"的蟹膏取出；蟹身是借助蟹签的帮助，将蟹肉取出。

敲蟹螯

用酥棍以巧力砸蟹钳，令钳壳开裂，然后将蟹钳肉取出。

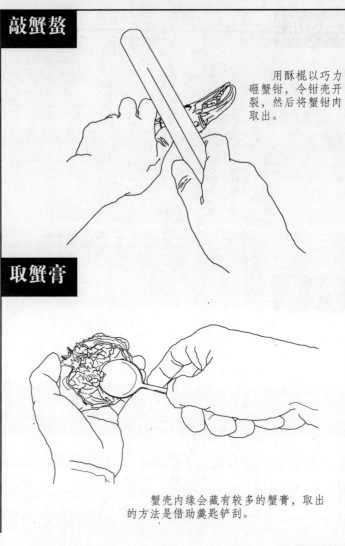

取蟹膏

蟹壳内缘会藏有较多的蟹膏，取出的方法是借助羹匙铲刮。

取蟹厴

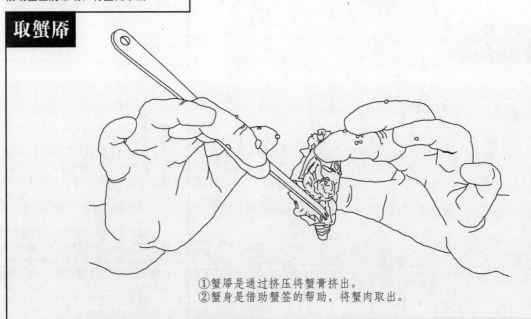

①蟹厴是通过挤压将蟹膏挤出。
②蟹身是借助蟹签的帮助，将蟹肉取出。

蟹肉

蟹膏

从蟹拆下的肉和取出的膏分别用钢斗盛起，即为"蟹肉"和"蟹膏"。如果将两者放在一起则为"蟹粉"。

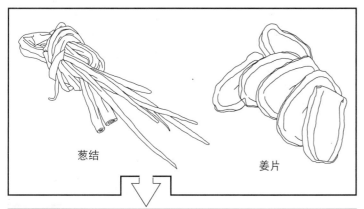

葱结　　　　　　　　　姜片

◎注 1：从蟹拆下的肉和取出的膏分别用钢斗盛起，即为"蟹肉"和"蟹膏"。如果将两者放在一起则为"蟹粉"。除非菜肴特别名贵，否则通常做菜是蟹肉、蟹膏混合在一起用。

◎注 2：为蟹拆肉取膏的整个过程由打荷（助厨）完成。

◎注 3：蟹肉、蟹膏的标准是不能残留蟹壳及不宜食用的其他部分。

◎注 4：在蟹肉和蟹膏准备好后，综合制作就可以开始了，也就是说，候镬师傅开始工作了。

◎注 5：将铁镬用中火烧至120℃，放入花生油爆香葱结和姜片，加入适量的清水。待水沸腾后，将水盆翅放入加热 15 分钟。这个工序称为"煨翅"。

煨翅

中火

120℃

15 分钟

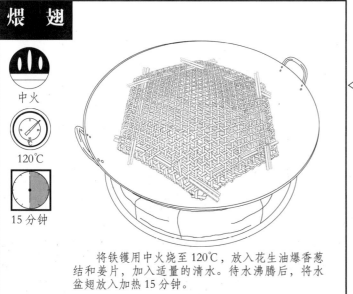

清水

将铁镬用中火烧至120℃，放入花生油爆香葱结和姜片，加入适量的清水。待水沸腾后，将水盆翅放入加热 15 分钟。

蟹黄扒鱼翅配方	
水盆鱼翅	480g
顶汤	250g
二汤	650g
蟹肉	80g
蟹膏	80g
鸡蛋清（白）	50g
湿淀粉	30g
葱结	25g
姜片	20g
精盐	4g
I&G	3g
胡椒粉	0.5g
花生油	55g
绍兴花雕酒	15g

◎注 1：煨好的翅放在流动的清水中漂浸 30 分钟，以去除鱼翅上的杂味。这个工序称为"漂翅"。

◎注 2：在水中将固定竹笪的筷子拔去，揭去上层竹笪，然后小心地将鱼翅残余的翅骨清除。这个工序称为"拆竹笪"。

◎注 3：将适量的二汤放在铁镬内加热，沸腾后，再将拆去竹笪的鱼翅放入汤内，保持 100℃加热 25 分钟。这个工序称为"熻翅"。

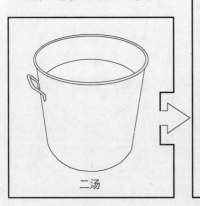

二汤

漂翅

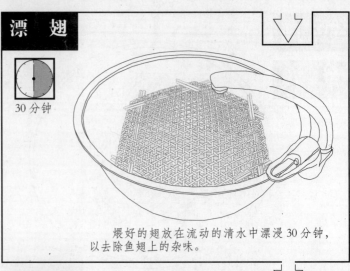

30 分钟

煨好的翅放在流动的清水中漂浸 30 分钟，以去除鱼翅上的杂味。

拆竹笪

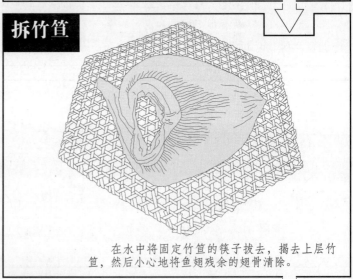

在水中将固定竹笪的筷子拔去，揭去上层竹笪，然后小心地将鱼翅残余的翅骨清除。

熻翅

中火

100℃

25 分钟

将适量的二汤放在铁镬内加热，沸腾后，再将拆去竹笪的鱼翅放入汤内，保持 100℃加热 25 分钟。

摆碟

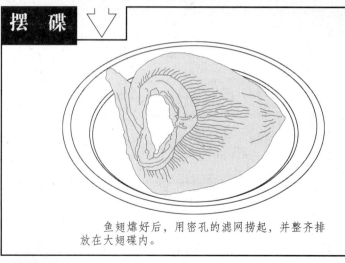

鱼翅爝好后，用密孔的滤网捞起，并整齐排放在大翅碟内。

蟹粉

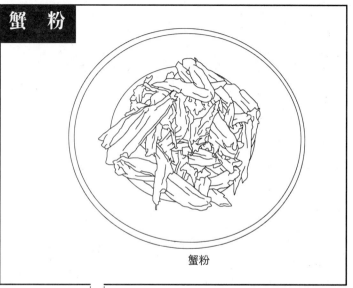

蟹粉

飞水

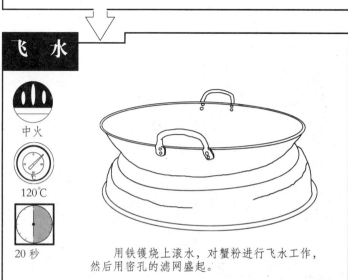

中火

120℃

20秒

用铁镬烧上滚水，对蟹粉进行飞水工作，然后用密孔的滤网盛起。

◎注1：鱼翅爝好后，用密孔的滤网捞起，并整齐排放在大翅碟内。这个工序称为"摆碟"。

在实际操作中，这些工序完成后，宴席仍未开始，摆放的鱼翅就会凉下来。如果遇着这种情况，可将鱼翅连碟放在上什炉（蒸炉）内烟热。

◎注2：宴席开始即进行以下工序：

打荷（助厨）将蟹粉交到候镬师傅手上，候镬师傅随即用铁镬烧上滚水，对蟹粉进行飞水工作，然后用密孔的滤网盛起。

这个工序的目的是清理蟹粉摆放时产生的螯液、异味。

有厨师建议将蟹肉和蟹膏分开处理，前者飞水，后者拉油。不过，在对蟹膏进行拉油处理时须把握好油温，因为蟹膏是油溶性物质，在油温超过145℃时就会发生油溶反应，即蟹膏从固体变成液体，这显然不是这道菜想要的。因此，最保险的方法还是用飞水处理。

清水

海味制作图解 II

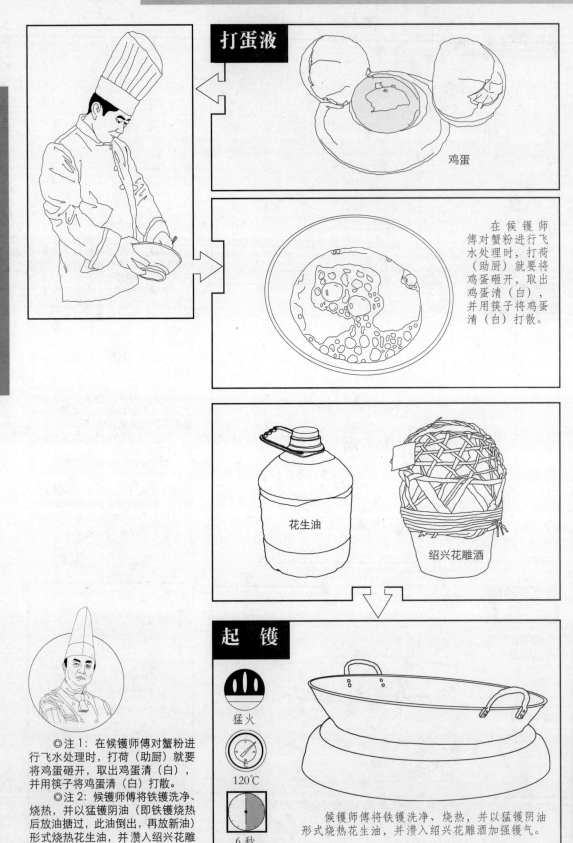

打蛋液

鸡蛋

在候镬师傅对蟹粉进行飞水处理时，打荷（助厨）就要将鸡蛋砸开，取出鸡蛋清（白），并用筷子将鸡蛋清（白）打散。

花生油

绍兴花雕酒

起镬

猛火

120℃

6秒

◎注1：在候镬师傅对蟹粉进行飞水处理时，打荷（助厨）就要将鸡蛋砸开，取出鸡蛋清（白），并用筷子将鸡蛋清（白）打散。

◎注2：候镬师傅将铁镬洗净、烧热，并以猛镬阴油（即铁镬烧热后放油搪过，此油倒出，再放新油）形式烧热花生油，并潝入绍兴花雕酒加强镬气。

候镬师傅将铁镬洗净、烧热，并以猛镬阴油形式烧热花生油，并潝入绍兴花雕酒加强镬气。

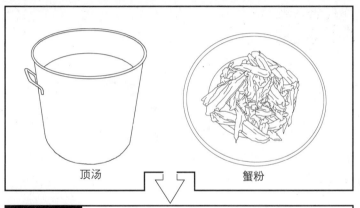

顶汤　　　　　　　　蟹粉

◎注1：随即放入适量的顶汤，并以中火加热至沸腾，再将飞过水的蟹粉放入铁镬内，烩煮45秒左右。这个工序称为"烩汁"。

◎注2：用精盐、I&G及胡椒粉调味。这个工序称为"调味"。

◎注3：用湿淀粉将汁水勾成琉璃芡状。操作时要用镬壳搅动汁水，边搅动边注入湿淀粉，防止淀粉结团。及后以同样的方法将鸡蛋清（白）也搅入汁内，使其成蛋花状。

◎注4：将呈琉璃芡状的蟹粉汁淋在大翅碟内的鱼翅上面，即成著名的粤菜"蟹黄扒鱼翅"。

◎注5：为让汁芡产生光泽，还会用上"包尾油"。因现代饮食提倡少油，应谨慎使用。

烩　汁

中火

100℃

45秒

　　随即放入适量的顶汤，并以中火加热至沸腾，再将飞过水的蟹粉放入铁镬内，烩煮45秒左右。

调　味
勾　芡
淋　芡

中火

120℃

20秒

①用精盐、I&G及胡椒粉调味。
②用湿淀粉将汁水勾成琉璃芡状。
③将鸡蛋清（白）也搅入汁内。
④将呈琉璃芡状的蟹粉汁淋在大翅碟内的鱼翅上面。

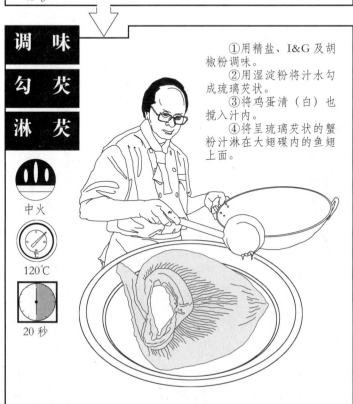

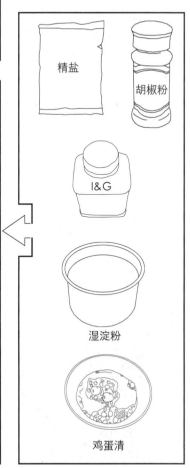

精盐

胡椒粉

I&G

湿淀粉

鸡蛋清

海味制作图解Ⅱ

鱼肚

利用鱼鳔熬制出来的胨胶是远古时期工匠所使用的黏合剂之一，称为"鳔胶"。约于东汉时期，医学家发现鳔胶与驴胶一样具有药用价值，鳔胶也由此成为药品及食品。大概是鳔胶不甚耐放的缘故，所以后来就有了将鱼鳔直接晒干的制品，制品就称作"鱼肚"。

鱼鳔成为鱼肚之后马上得到厨师的青睐，并成为"海八珍"之一，由此形成一个特殊的产业，精美的菜式纷至沓来。

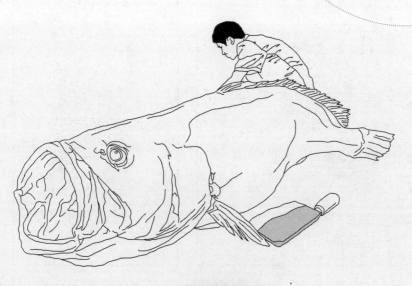

认识鱼肚

现在但凡书写鱼肚这种食材的文章，都会不约而同地将"鳔鳑"视为别名，这恐怕是行业中存了几百年的误会。而这个误会应该是明代著名药学家李时珍引起的。李时珍在撰写《本草纲目》时本想接续唐代药学家陈藏器的话语，大概因为当时的手抄本书写不工整的缘故，错将陈藏器在《本草拾遗》上的"鳔鳀"看成了"鳔鳑"。

为了查明真相，先看陈藏器在《本草拾遗》是怎样写的。

陈藏器将"鳔鳀"编列在《本草拾遗·虫鱼部·卷第六》中："鳔鳀（上逐下题）鱼白，主竹木入肉，经久不出者，取白傅（敷）疮上，四边肉烂，即出刺。一名鳔。"

怎样理解这段话呢？

要理解这段话，首先要了解什么是鳔鳀。

鳔，《尔雅·释鱼》曰："鳘是鳔。鳘，鳍属也。体似鳝鱼，尾如鲔鱼，大腹，喙小锐而长，齿罗生上下相衔，鼻在额上，能作声，少肉多膏，胎生，健啖细鱼，大者长丈余，江中多有之。"

鳀，《博雅》曰："鲇也。"

◎鱼鳔位于鱼体腔背侧、肾与消化管之间，大多中间有一凹陷，分为前后二室并形成葫芦形薄囊；也有单室及三室者，呈圆锥形、卵圆形、心形或马蹄形。

根据鱼的进化程度，鱼鳔又分"喉鳔"和"闭鳔"两种类型。

喉鳔为低等硬骨鱼类所拥有，例如鲱形目 [Clupeiformes]、鲤形目 [Cypriniformes] 等辖下品种。这种鱼鳔后室前方腹侧有呈"S"形的鳔管（Pneumatic duct）伸至食道的背面，开口于咽部，并且前室紧接于第4椎骨的悬器上；鳔内气体主要是通过鳔管直接由口吞入或排出气体进行调节。

闭鳔为高等硬骨鱼类所拥有，例如鲈形目 [Perciformes] 等辖下品种。这种鱼鳔没有鳔管，鳔内气体调节是依靠鳔内壁的红腺（Red gland）放出气体和鳔后背面的卵圆室吸收气体。红腺具有众多毛细血管，使其上皮细胞可分离出血液中的氧、二氧化碳等气体。卵圆室内壁也布满毛细血管，气体能渗透到血管里。

下图为鱼的内脏结构示意图。

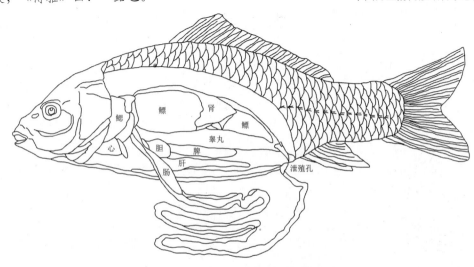

海味制作图解 II

◎注：李时珍在《本草纲目》说齐明帝嗜鲯鰊，但沈括在《梦溪笔谈》则说是宋明帝。

《梦溪笔谈·卷二十四·杂志一》云："宋明帝（刘彧）好食蜜渍鲯鰊，一食数升。鲯鰊乃今之乌贼肠也，如何蜜渍食之？大业中，吴郡贡蜜蟹二千头、蜜拥剑四瓮。又何胤嗜糖蟹。大底南人嗜咸，北人嗜甘。鱼蟹加糖蜜，盖便于北俗也。如今之北方人，喜用麻油煎物。庆历中，群学士会于玉堂，使得生蛤蜊一篑，令庖人烹之。久且不至，客讶之，使人检视，则曰：'煎之已焦黑，而尚未烂。'坐客莫不大笑。余尝过亲家设馔，有油煎法鱼，鳞鬣虬然，无下箸著处。主人则捧而横啮，终能咀嚼而罢。"

再查李延寿《南史·卷三·宋本纪下第三》云："太宗明皇帝，讳彧，字休景，小字荣期，文帝第十一子也……以蜜渍鲯鰊，一食数升，啖腊肉常至二百脔。奢费过度，每所造制，必为正御三十，副御、次副又各三十。须一物，辄造九十枚。天下骚然，民不堪命。宋氏之业，自此衰矣。"

按照这两本字书的说法，鲯鳀应该是鲇形目 [Siluriformes] 鲇（鲶）科 [Siluridae] 辖下的品种。那么，陈藏器在《本草拾遗》上的一番话就可以这样理解：如果竹刺或木刺入肉而难以拔出，可以用鲇（鲶）科的鱼的鱼白敷在患处，这样就可以让患处四周的肉腐烂而轻易将竹刺或木刺取出。与此同时，陈藏器似乎还强调了一点，鲇（鲶）科的鱼的鱼白即是鳔，而不是鲇（鲶）科的鱼是鳔。

然而，李时珍在《本草纲目·卷四十四·鳞部·鲯鰊》则说："鲯鰊（书中强调出处是陈藏器的《本草拾遗》）释名鳔，作胶名鳔胶。藏器曰鲯鰊，音逐题（从这里可见李时珍将陈藏器的鲯鳀错看成了鲯鰊），乃鱼白也。时珍曰音逐夷。其音题者，鲇鱼也。按贾思勰《齐民要术》云汉武逐夷至海上，见渔人造鱼肠于坑中，取而食之。遂命此名，言因逐夷而得是矣。沈括《（梦溪）笔谈》云鲯鰊乌贼鱼肠也。孙愐《唐韵》云盐藏鱼肠也。《南史》云齐明帝（萧鸾）嗜鲯鰊，以蜜渍之，一食数升（经笔者核对《梦溪笔谈》《南史》，此事的主人公应该是宋明帝刘彧）。观此，鳔与肠皆得称鲯鰊矣。今人以鳔煮冻（脒）作膏，切片以姜醋食之，呼为鱼膏者是也。故宋齐丘《化书》云鲯鰊与足垢无殊，鳔即诸鱼之白脬，其中空如泡，故曰鳔。可治为胶，亦名胶。诸鳔皆可为缱胶，而海渔多以石首鳔作之，名江鳔。谓江鱼鳔也粘物甚固。此乃工匠日用之物，而记籍多略之。"从中可见，李时珍虽然在编书时参考了众多名家的书籍，但始终先入为主地将陈藏器的鲯鳀与贾思勰的鲯鰊混为一谈。

从正史上说，南朝宋明帝刘彧算是嗜食鲯鰊第一人，但文字早见于唐代李延寿撰写的《南史》，因此，北魏（又称后魏）高阳太守贾思勰应该是鲯鰊的始作俑者。

在《齐民要术·卷八·作酱等法·第七十·作鲯鰊法》里，贾思勰先述鲯鰊名字来由："昔汉武帝逐夷至于海滨，闻有香气而不见物，令人推求，乃是渔父造鱼肠于坑中，以至土覆之，香气上达。取而食之，以为滋味。逐夷得此物，因名之，盖鱼肠酱也。"将鲯鰊面世时间上推至汉代（可惜是野史不能作实），然后再有鲯鰊做法："取石首鱼、鲨鱼（古时称可割鱼翅的沙鱼或鲛鱼是没有鱼鳔的）、鲻鱼三种肠、肚、胞，齐净洗，空著白盐，令小倚咸内器中，密封，置日中。夏二十日，春秋五十日，冬百日，乃好熟。食时下姜、酢等。"

细心阅读鲯鰊的做法，正确的答案便可见端倪。

第一，鲯鰊是因"逐夷"两个字各添加鱼字旁而得，与"鲯鳀"并无必然关系。

第二，按贾思勰著书的编排，鮧鲑显然是菜肴或酱的名称，并且也强调为鱼肠酱。

第三，鱼鳔是鱼类的器官，割取下来可成菜肴的基础原料，但与菜肴不是同一概念。

由此可见，将"鮧鲑"或"鮧鯷"视为可成为俗称"鱼肚"的名贵食材的原料——鱼鳔，显然是不正确的。

撇开名字不说，《本草纲目》所收集的资料无疑是提供了一定的线索。大众通过这些资料便可以知道鱼鳔是在不晚于公元6世纪北魏（又称后魏）贾思勰所处的时期就已入馔；作为外用药则在不晚于8世纪唐代陈藏器所处的时期；又在不晚于10世纪南唐宋齐丘（实际在公元前）所处的时期成为木匠黏合胶的原料……

鱼鳔在《本草纲目》获益使它从此登上名贵海味宝座的步伐，最终与鲍鱼、海参、鱼翅齐名。

不过，不是所有的鱼鳔都能顺理成章地攀上名贵海味的宝座，它必须符合两个条件：第一是必须经过干制，第二是摘取自大型的或珍贵的鱼种，否则只能称作"鱼卜"。符合条件的则称为"鱼肚"或"花胶"。

说到这里，有读者不禁会问，鱼鳔干制品为什么既有"鱼肚"之名，又有"花胶"之名呢？

关于这个问题，会有两个答案。

先说第一个答案，它已经在《本草纲目》介绍鮧鲑中列出——"今人以鳔煮冻（胨）作膏，切片以姜醋食之，呼为鱼膏者是也。"

但更深层的意义则要从《齐民要术》所介绍的说起。

在《齐民要术·卷九·煮胶·第九十》有关于胶的介绍，为了便于理解，全文照录："煮胶法：煮胶要用二月、三月、九月、十月，余月则不成。热则不凝，无作饼。寒则冻瘃，令胶不黏。沙牛皮、水牛皮、猪皮为上，驴、马、驼、骡皮为次。其胶势力，虽复相似，但驴、马皮薄毛多，胶少，倍费樵薪。破皮履、鞋底、格椎皮、靴底、破鞍、鞁，但是生皮，无问年岁久远，不腐烂者，悉皆中煮。然新皮胶色明净而胜，其陈久者固宜，不如新者。其脂朒、盐熟之皮，则不中用。譬如生铁，一经柔熟，永无镕铸之理，无烂汁故也。唯欲旧釜大而不渝者。釜新则烧令皮着底，釜小费薪火，釜渝令胶色黑。法：于井边坑中，浸皮四五日，令极液。以水净洗濯，无令有泥。片割，着釜中，不须削毛。削毛费功，于胶无益。凡水皆得煮；然咸苦之水，胶乃更胜。长作木匕，匕头施铁刃，时时彻底搅之，勿令着底。匕头不施铁刃，虽搅不彻底，不彻底则焦，焦则胶恶，是以尤

◎注：鱼卜是广东一带的写法，别的地方写成"鱼泡"，应为"鱼胞"或"鱼脬"之伪，胞读作bao[1]，脬读作pao[1]。《类篇》曰："鱼鳔，鱼胞也。"《集韵》曰："脬，通作胞。"

须数数搅之。水少更添，常使滂沛。经宿晬时，勿令绝火。候皮烂熟，以匕沥汁，看末后一珠，微有黏势，胶便熟矣。为过伤火，令胶焦。取净干盆，置灶埵上，以漉米床加盆，布蓬草于床上，以大杓挹取胶汁，泻着蓬草上，滤去滓秽。挹时勿停火。火停沸定，则皮膏汁下，挹不得也。淳熟汁尽，更添水煮之；搅如初法。熟复挹取。看皮垂尽，着釜焦黑，无复黏势，乃弃去之。胶盆向满，舁著空静处屋中，仰头令凝。盖则气变成水，令胶解离。凌旦，合盆于席上，脱取凝胶。口湿细紧线以割之。其近盆底土恶之处，不中用者，割却少许。然后十字坼破之，又中断为段，较薄割为饼。惟极薄为佳，非直易干，又色似琥珀者好。坚厚者既难燥，又见黯黑，皆为胶恶也。近盆末下，名为'笨胶'，可以建车。近盆末上，即是'胶清'，可以杂用。最上胶皮如粥膜者，胶中之上，第一黏好。先于庭中竖槌，施三重箔樀，令免狗鼠，于最下箔上，布置胶饼，其上两重，为作荫凉，并扞霜露。胶饼虽凝，水汁未尽，见日即消；霜露沾濡，复难干燥。旦起至食时，卷去上箔，令胶见日；凌日气寒，不畏消释；霜露之润，见日即干。食后还复舒箔为荫。雨则内敞屋之下，则不须重箔。四五日浥浥时，绳穿胶饼，悬而日曝。极干，乃内屋内，悬纸笼之。以防青蝇尘土之污。夏中虽软相着，至八月秋凉时，日中曝之，还复坚好。”

正如《潜夫论·务本》所说的“器以便事为善，以胶固为上”，说明胶原本是工匠做工必不可少的材料，与漆配对成“脂胶丹漆”。为此，我们先祖还专门设计了煮胶的工具——鏕（《说文解字》曰：煎胶器也）。《齐民要术》这段文字的重要性正是公开了当时算是前沿技术的黏合剂的煮炼材料及煮炼方法。

◎大多数鱼类体内借以涨缩控制沉浮的囊状器官其实是分作两层，外层质感焖软，加热易于溶解，食界将之称为“胶”；内层质感艮韧，加热不易溶解，食界将之称为“肚”。

尽管《齐民要术》所提及的煮胶材料没有鱼鳔，但如果按照《周礼·冬官·考工记》中“凡相胶，欲朱色而昔；昔也深，深瑕而泽，紾而抟廉；鹿胶青白，马胶赤白，牛胶火赤，鼠胶黑，鱼胶饵，犀胶黄”的说法，鱼鳔也应该是煮胶的材料之一。

事实上，早在公元3世纪初（东汉时期），胶已开始从黏合剂的角色跻身到药用的角色中，药学家张仲景在《金匮要略》中便多次提到“阿胶”和“内胶”的名称及其药用方法。阿胶是山东特产，取山东阿县一口叫阿井的水所煮成的驴皮胶。内胶就是各种兽皮、鱼皮（应该还包括鱼鳔）等杂料煮成的胶。

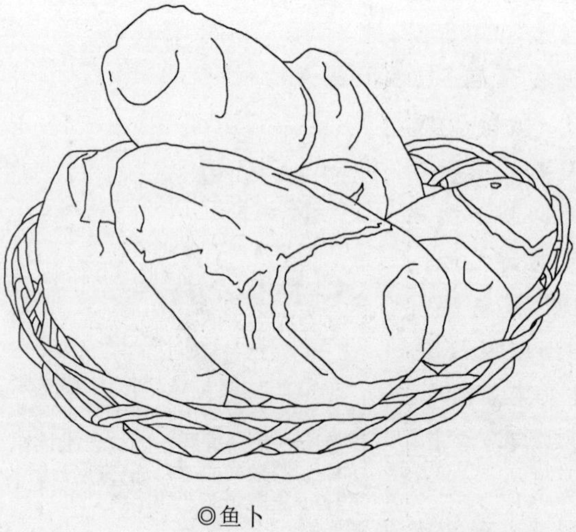

◎鱼卜

经过 1000 多年的验证，药学家们最终确认只有驴皮的胶和鱼鳔的胶具有药效。因此，李时珍在《本草纲目》总结列出这两种胶的功效。前者为"驴皮煎胶食之，治一切风毒，骨节痛，呻吟不止"，后者为"鳔胶治妇人产难，产后风搐，破伤风痉，止呕血，散瘀血，消肿毒"。从中也说明，古时作为药用的鱼鳔是需要先炼煮成胶而不是直接用鱼鳔入药的。

这就是鱼鳔干制品有"花胶"之名的原因之一！

第二个答案则简单得多。因为大多数鱼类体内借以涨缩控制沉浮的囊状器官其实是分作两层，外层质感烟软，加热易于溶解，食界将之称为"胶"；内层质感艮韧，加热不易溶解，食界将之称为"肚"。而将鱼鳔内外层撕开晒干就有了"鱼肚"和"花胶"两个商品。

将鱼鳔直接晒干称作鱼肚估计是岭南人的杰作，因为只有岭南人才将动物内脏呈囊状的器官称为"肚"，如将猪胃称为"猪肚"，将猪膀胱称为"猪小肚"，将牛瘤胃称为"草肚"，将牛网胃称为"金钱肚"等。但这种干制方法始于何时已无法考究。

根据资料介绍，除了热门的干晒原料——石首鱼的鱼鳔外，实际上还有很多合适的原料。

长江鲟又称"沙腊子""小腊子""鲟龙"，英文名称 Yangtse River sturgeon，即脊索动物门 [Phylum chordata] 脊椎动物亚门 [Vertebrata] 鲟形目 [Acipenseriformes] 鲟亚目 [Acipenseroidei] 鲟科 [Acipenseridae] 鲟亚科 [Acipenserinae] 鲟属 [Acipenser] 的达氏鲟 *Acipenser dabryanus*（Dumeril）]。其体长 10.3 厘米～26.5 厘米，梭形。背鳍数为 48～53 枚，臀鳍数为 32～34 枚，胸鳍数为 38～39 枚，腹鳍数为 30～31 枚。胸鳍前部平扁，后部侧扁。头呈楔形。吻端尖细，稍向上翘。鼻孔大，位眼前方。眼小，均位于头侧中央部。口下位，横裂，能伸缩，上下唇具有许多凸起。吻腹面具 2 对长角须。鳃裂大。鳃耙多且排列紧密，薄片状。寿命约 8 年，最大个体可达 15 千克。原栖息在长江干支流，上溯可达乌江、嘉陵江、渠江、沱江、岷江及金沙江等，文献记载在黄河流域、黄海、东海等处可见。曾被列为国家二级保护动物。

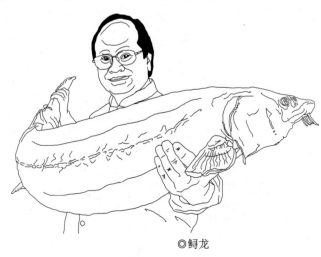

◎鲟鱼俗称"鲟龙"，用大型鲟龙的鱼鳔晒作花胶或鱼肚见于清代，因野生资源枯竭一度销声匿迹，随着近年人工繁殖鲟龙的技术获得成功，相信鲟龙鱼鳔制品也会重登中国人的餐桌。

◎鲟龙

这种鲟龙除了肉味丰腴之外，卵、骨都是名贵食材，而其鳔及脊索更是制作花胶或鱼肚的上等材料。

海味制作图解 II

黑龙江鲟又称"施氏鲟""七粒浮子""鲟龙"，英文名称 Amur sturgeon，是鲟科 [Acipenseridae] 鲟亚科 [Acipenserinae] 鲟属 [Acipenser] 的史氏鲟 [*Acipenser schrenckii* (Brandt)]。其体长 11 厘米以上，一般重 5 千克左右，最重可达 90 千克。背鳍数为 40 枚，臀鳍数为 30 枚，胸鳍数为 35 枚。头略呈三角形，吻尖，头顶部扁平。口小，下位，横裂，口唇具皱褶。口前方有 2 对横行并列且较长的触须，须的基部具疣状凸起，这是东北人将之称为"七粒浮子"的原因。眼小，位于头的中侧部。体无鳞，具 5 行纵列骨板，每个骨板均有锐利的棘。主要分布在黑龙江中游、松花江、乌苏里江，以及俄罗斯境内的黑龙江河口、石勒喀河、额尔古纳河。体侧及背部褐色或灰色，腹部银白色，褐色者栖息在黑龙江中下游；灰色者栖息在黑龙江河口。

这种鲟龙的鱼卵是出口欧洲的名贵食材，鱼鳔及脊索（可做胶或直接晒干做龙筋的商品）是制作中国餐桌上名贵海味鱼肚或花胶的材料。

中华鲟又称"黄鲟""鲟龙""腊子""着甲""大腊子"，英文名称 Chinese sturgeon，是鲟科 [Acipenseridae] 鲟亚科 [Acipenserinae] 鲟属 [Acipenser] 的中华鲟 [*Acipenser sinensis* (Gray)]。其体长 13 厘米～44 厘米，体重为 50 千克～300 千克，最重可达 600 千克。长筒形，两端尖细，背部狭，腹部平直。背鳍数为 50～54 枚，臀鳍数为 30～34 枚，胸鳍数为 48～54 枚，腹鳍数为 32～42 枚。头呈长三角形。吻尖长，鼻孔大，位于眼前方。喷水孔裂缝状。眼椭圆形，位于头后半部，眼隔较宽。口横裂，下位，凸出，能伸缩。唇不发达，具细小乳凸。口吻部中央有 2 对呈弓形排列的触须。鳃裂大，假鳃发达。侧骨板以上为青灰色、灰褐色或灰黄色，侧骨板以下由浅灰色过渡到黄白色；腹部乳白色；各鳍具浅灰色边。其分布十分广，从黄海北部海洋岛起至珠江、海南省万宁市近海均有分布；溯长江可到金沙江下游，沿珠江可达广西浔江。

这种鲟龙是全世界 27 种鲟类中发育得最快的，所以历代烹饪书籍提及最

◎注：《清稗类钞·第十二册·动物类·鲟鳇》云："鲟鳇一名鳇，产江河及近海深水中，无鳞，状似鲟鱼，长者至一二丈，背有骨甲，鼻长，口近颔下，有触须，脂深黄，与淡黄色之肉层层相间，脊骨及鼻皆软脆，谓之鲟鱼骨，可入馔。上海浦东之渔人尝得一尾，权之，重二百四十余斤。"

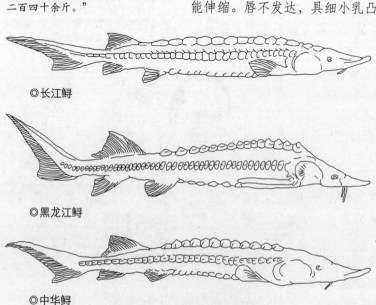

◎长江鲟

◎黑龙江鲟

◎中华鲟

多。现在野生品种已列为国家一级保护动物。做膳食时，包括其头骨、脊骨在内俗称"明骨"的软骨比其鱼肉更吸引人。与此同时，鱼鳍及鱼唇富含胶质，煮熟后焖焖软软的，十分诱人，故而过去也有干制品销售。当然绝不能漏下鱼鳔和脊索（可做胶或直接晒干做龙筋的商品），因为它们是制作鱼肚或花胶的上等材料。

尖吻鲟 又称"贝氏鲟"，英文名称 Siberian sturgeon，是鲟科 [Acipenseridae] 鲟亚科 [Acipenserinae] 鲟属 [Acipenser] 的西伯利亚鲟 [*Acipenser baerii*（Brandt）]。其体长 79.3 厘米～105.9 厘米，最大个体可达 200 厘米，重 200 千克。长筒形，背侧较窄，向后渐细尖，背侧被骨板。背鳍数为 44～47 枚，臀鳍数为 28～30 枚，胸鳍数为 37～46 枚，腹鳍数为 28～29 枚。吻凸出，平扁。眼小，侧位，眼隔宽，中央凹。鼻孔位于眼前方。鳃孔大，侧位。硬鳞 5 纵行，均有棘状凸起。体侧青绿色，腹侧银白色。主要分布在俄罗斯鄂毕河至科雷马河等流域，在中国仅见于额尔齐斯河流域。

由于这种鲟龙在中国的产量极低，旧文献很少提及。实际上其鱼卵是出口欧洲的名贵食品，而将鱼鳔及脊索做鱼肚或花胶是近年的事。

裸腹鲟 因样子与鳇龙相似而得名"鲟鳇鱼"，英文名称 Ship sturgeon，是鲟科 [Acipenseridae] 鲟亚科 [Acipenserinae] 鲟属 [Acipenser] 的裸腹鲟 [*Acipenser nudiventris*（Lovetzky）]。其体长可达 200 厘米。长筒状，腹部宽平，背侧较窄，向后渐细长。头，三角形，体侧被 5 行骨板，背鳍数为 44 枚，臀鳍数为 26 枚，胸鳍数为 35 枚，腹鳍数为 26 枚。吻凸出，略平扁。眼小而圆，侧位，眼隔宽。鼻孔椭圆形。口横裂，腹位，上下颌无齿。吻腹部具 4 对长须。鳃孔大，侧位。体背青绿色，腹侧银白色。分布于多瑙河到咸海水系的锡尔河等流域，苏联人在 1933—1934 年从欧洲引养到巴尔喀什湖，大概是水系相通的缘故，后来我国伊犁河水系也能见到，初时渔民还误认为它是鳇龙。

这种鲟龙的矜贵程度比中华鲟更高，有渔民捕获一夜暴富的传说。按照欧洲的惯例，甲皮及鱼卵是这种鲟龙的图取对象。不过，中国人还是钟情于

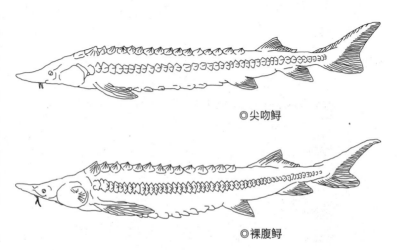

◎尖吻鲟

◎裸腹鲟

包括其头骨、脊骨在内的俗称"明骨"的软骨，以及可干晒成鱼肚或花胶的鱼鳔及脊索。

小体鲟又称"小种鲟""西德鲟"，英文名称 Sterlet，是鲟科 [Acipenseridae] 鲟亚科 [Acipenserinae] 鲟属 [Acipenser] 的小体鲟 [*Acipenser ruthenus* （Linnaeus）]。其体呈长锥形。吻端尖，具 2 对较长触须。口小，下位，呈花瓣状，口能伸出呈管状。身被 5 行骨板，背骨板数为 12～16 枚，体侧骨板数为 58～71 枚，背鳍数为 41～48 枚，臀鳍数为 22～27 枚。尾歪形。体色灰黑，骨板及鳍边白色。主要分布在里海、黑海、亚速海、波罗的海河流，在我国新疆的额尔齐斯河水系有零星分布。

由于这种鲟龙体形很小，通常不作膳用，而是作为观赏鱼，因此其鱼鳔只能叫作"鱼卜"。

闪光鲟又称"大型鲟"，英文名称 Tar Sturgeon、Stellate Sturgeon、Star Sturgeon，即鲟科 [Acipenseridae] 鲟亚科 [Acipenserinae] 鲟属 [Acipenser] 的闪光鲟 [*Acipenser stellatus* （Pallas）]。其体重可达 54 千克，体长可达 218 厘米。呈纺锤体形。吻长而细，其背腹扁形。口横裂，中等宽，下唇中部断开。具 2 对短须。身被 5 行骨板，体表覆有星状小骨板和栉形颗粒。背骨板 9～16 枚，呈辐射状条纹排列，与直的尾尖一起形成韧棘，侧骨板 26～43 枚，腹骨板 9～14 枚。背鳍数为 40～54 枚，有缺刻；臀鳍数为 22～35 枚，钝或有轻微缺刻。体背和体侧黑褐色，腹部浅色，腹骨板灰白色。非中国原产，主要分布在里海、亚速海、黑海和爱琴海，以及与之相通的河流。

这种鲟龙被饲养主要为了西餐所需要的鱼子酱，该鱼子酱还有专门的名称——Sevruga。中国在 1990 年前后开始引养这种鲟的目的也是为了面向这样的市场。

俄国鲟又称"金龙王鲟"，英文名称 Russian Sturgeon，即鲟科 [Acipenseridae] 鲟亚科 [Acipenserinae] 鲟属 [Acipenser] 的俄罗斯鲟 [*Acipenser gueldenstaedti* （Brandt）]。分为黑海种和里海种，前者硕大，长可达 300 厘米，重可

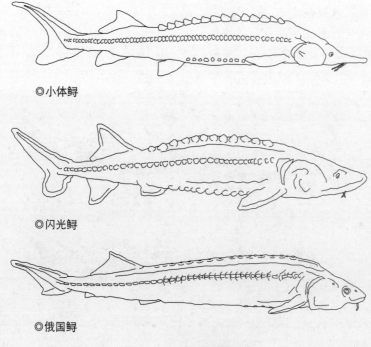

◎小体鲟

◎闪光鲟

◎俄国鲟

达 115 千克；后者长可达 215 厘米，重可达 65 千克。均呈纺锤形。吻短而钝，略呈圆形。吻端具 2 对触须。口横裂并凸出。被 5 行骨板，骨板行之间体表具俗称"小星"的小骨板。背骨板数为 8 ～ 18 枚，侧骨板数为 24 ～ 50 枚，腹骨板数为 6 ～ 13 枚。背鳍数为 27 ～ 51 枚，臀鳍数为 18 ～ 33 枚。背部灰黑色、浅绿色或墨绿色，体侧灰褐色，腹部灰色或掺杂柠檬黄色。原分布在里海、亚速海及黑海水系内。

这种鲟龙在 1993 年被引养到中国，饲养目的是供应西餐的鱼子酱及烤鱼。因饲养时间较短，忽略了鱼鳔、脊索可制作鱼肚和花胶的市场，实际上后者的升值能力更强。

高首鲟又称"高原鲟""美国白鲟"，英文名称 White sturgeon，是鲟科 [Acipenseridae] 鲟亚科 [Acipenserinae] 鲟属 [Acipenser] 的高首鲟 [*Acipenser transmontanus*（Richardson）]。其身长可达 457 厘米，重可达 454 千克（曾有捕获 800 千克的记录）。呈纺锤形。头部大而宽，眼小。吻短而扁平，钝圆形。口下位，口前具 2 对触须。身被 5 行骨板，背骨板大而尖，有 11 ～ 14 枚；侧骨板钻石形，有 38 ～ 48；腹骨板圆丘形，有 9 ～ 12 枚。背鳍数为 44 ～ 48 枚，臀鳍数为 28 ～ 30 枚。尾柄长，歪形。体色灰棕，骨板及鱼鳍边缘白色。原分布在加拿大弗雷泽河和美国加州萨克拉门托河。

这种鲟龙为十大淡水鱼之一，曾因拦河造坝而数量锐减。1970 年前后被人工成功繁殖，在 2000 年前后引养到中国，目的是获取其硕大的鱼鳔、脆软的鱼骨。

短吻鲟又称"缩吻鲟""圆吻鲟""小鲟"，英文名称 Esturion hociquicorto、Shortnose sturgeon，即鲟科 [Acipenseridae] 鲟亚科 [Acipenserinae] 鲟属 [Acipenser] 的短吻鲟 [*Acipenser brevirostrum*（Lesueur）]。为小型鲟类，体长可达 122 厘米，体重可达 24 千克。吻短宽、钝圆，吻端不上翘。口横裂，下位。吻腹面具 2 对触须。眼小，上侧位，眼距宽，位于眼前缘有 2 对外鼻孔。身被 5 行骨板，背骨板 7 ～ 13 枚，侧骨板 21 ～ 35 枚，腹骨板 5 ～ 11 枚。尾柄较短。在咸水区的体背和体侧呈棕黄色，腹部白色；在淡水区的体背和体侧呈黑色，骨板白色，鱼鳍棕色。原来广泛分布在加拿大新不伦瑞克至美国科罗拉多州的大型河流

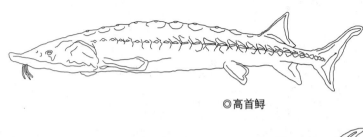

◎高首鲟

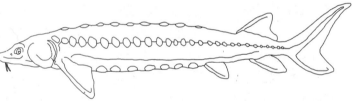

◎短吻鲟

◎注1：《本草纲目·卷四十四·鱣鱼》云："鱣鱼，时珍曰食疗黄鱼系重出，今拼为一。释名黄鱼、蜡鱼、玉版鱼。时珍曰鱣肥而不善游，言其腊色也；玉版言其肉色也；《异物志》名含光，言光脂肉夜有光也；《饮膳正要》云辽人名阿八儿忽鱼。藏器曰鱣长二三丈，纯灰色，体有三行甲。逆上龙门，能化为龙也。时珍曰鱣出江淮、黄河、辽海深水处，无鳞大鱼也。其状似鲟，其色灰白，其背有骨甲三行，其鬐长有须，其口近颔下，其尾歧。其出也，以三月逆水而生。其居也，在矶石湍流之间。其食也，张口接物听其自入，食而不饮，蟹鱼多误入之。昔人所谓鳣鲔岫居，世俗所谓鲟鳣鱼喫自来食，是以其行也。在水底去地数寸，渔人以小钩近于沉而取之，一钩着身，动而护痛，诸钩皆著。船游数日，待其困惫，方敢掣取。其小者近百斤。其大者长二三丈，至一二千斤。其气甚鲑（腥）。其脂与肉层层相间，肉色白，脂色黄如蜡。其脊骨及鼻，并鬐（脊）与鳃，皆脆软可食。其肚及子盐藏亦佳，其鳔亦可作胶。其肉骨煮炙及作鲊皆美。《翰墨大全》云江淮人以鲟鳣鱼作鲊，名片酱，亦名玉版鲊也。"

◎注2：《本草纲目·卷四十四·鲟鱼》云："鲟鱼释名鱣（寻、淫二音）鱼、鲔鱼、王鲔、碧鱼。时珍曰此鱼延长，故从寻从覃，皆延长之义。《月令》云季春天子荐鲔于寝庙，故有王鲔之称。郭璞云大者名王鲔，小者名叔鲔，更小者名鲹子，音洛。李奇《汉书》云周洛曰鲔，蜀曰鲼鱣，音亘懵。《毛诗疏义》云辽东登莱人名尉鱼，言乐浪尉仲明溺海死，化为此鱼。盖尉亦鲔字之讹耳。《饮膳正要》云今辽人名乞里麻鱼。藏器曰鲟生江中。背如龙，长一二丈。时珍曰出江淮、黄河、辽海深水处，亦鱣属也。岫居，长者丈余。至春始出而浮阳，见日则目眩。其状如鱣，而背上无甲。其色青碧，腹下色白。其鼻长与身等，口在颔下，食而不饮。颊下有青斑纹，如梅花状。尾歧如丙。肉色纯白，味亚于鱣，鬐（脊）骨不脆。罗愿云鲟状如鬺鼎，上大下小，大头哆口，似铁兜鍪，其鳔亦可以作胶，如鲟鳇也，亦能化龙。"

之中。

这种鲟龙体形较小，所摘取的鱼鳔不上档次。

鳇龙只是鲟龙的近亲，故各有名称。

"鳇"本称作"鱣"，《尔雅·释鱼》云："鱣，大鱼；似鳣而短鼻，口在颔下，体有邪（斜）行甲，无鳞，肉黄，大者长二三丈，江东呼为黄鱼。"以及陆玑《毛诗草木鸟兽虫鱼疏·有鳣有鲔》云："鱣出江海，三月中从河下头来上，鱣身形似龙，锐头，口在颔下，背上腹下皆有甲，纵广四五尺。今于盟津东石碛上钓取之，大者千余斤，可蒸为臛，又可为鲊子，可为酱。鲔鱼形似鱣而色青黑，头小而尖，似铁兜鍪；口在颔下，其甲可以磨姜，大者不过七八尺。益州人谓之鱣鲔，大者为鮌鲔，小者为鮛鲔，一名鲹。肉色白，味不如鱣也。今东莱辽东人谓之尉鱼，或谓之仲明鱼。仲明者乐浪尉也，溺死海中化为此鱼。又河南巩县东北崖上山腹有穴，旧说此穴与江湖通，鲔从此穴而来，北入河西，上龙门，入漆沮。故张衡赋云：'鮌鲔岫居山穴，为岫认此穴也。'"由于后来"鱣"字与"鳝"字相通而成为"黄鳝"的旧称，为免产生混淆，民间就将江东所称的黄鱼的黄加鱼字旁成"鳣"作专用字，再后来便干脆将"鳣"字写成"鳇"（《广韵》曰："鳣，鱼名，或作鳇"），用以寓意此鱼之矜贵。

鳇的近亲则称作"鱣"。奇怪的是，鱣不读作覃——tan^2，而是读作寻——xun^2，后来就有了鲟的写法。不过，按照古字书的解释，鱣与鲟显然不能简单地画上等号，鱣在《尔雅·释鱼疏》的解释是"长鼻鱼也，重千斤"，大概就是本文之后的鲟类，如白鲟 [*Psephurus gladius* (Martens)] 等；而鲟在《本草拾遗》的解释是"鲟生江中。背如龙，长一二丈"，应该是旧称的"鲹"或"鲔"，大概就是本文之前的鲟类，如中华鲟 [*Acipenser sinensis* (Gray)] 等。其实这应该是正确的，因为现代生物学家就将鲟、鳇、鱣划为不同的属下。

按生物学家的划分，鳇共有2种，我国可见的是鲟科 [Acipenseridae] 鲟亚科 [Acipenserinae] 鳇属 [Huso] 的达氏鳇 [*Huso dauricus* (Georgi)]，又称"黄鱼""蜡鱼""玉版鱼""含光鱼"，英文名称 Siberian huso sturgeon。体呈长梭形，吻凸呈三角形。幼体吻长尖，成体吻短钝。口较大，下位，弯月形。眼小，离吻端较近。口前方有2对触须，中间1对偏向前。身被5行菱形并有尖锐微弯的刺骨板，背骨板数为12～15枚，侧骨板数为36～45枚，腹骨板数为8～12枚。尾鳍歪形。背部青绿色，体侧略淡，腹部白色。有2个种群，即黑龙江河口种群以及鄂霍次克海与日本海沿岸淡化水域种群，在中国栖息的为后一个种群。另一种鳇是欧洲

鳇 [*Huso huso*（Linnaeus）]，中国不产。

中国产的鳇龙性成熟在 16 岁以上，体长 230 厘米左右，体重约 70 千克，由于具有百年寿命，长可达 500 厘米，重可达 1000 千克。渔民捕捞鳇龙最初只是面向欧洲市场，摘下其十分矜贵的鳇龙籽（Ova of huso sturgeon）；近年兼顾本地市场，将头骨、脊骨晒干做明骨，将吻部晒干做鱼唇，将鱼鳔、脊索晒干做鱼肚或花胶。

顺带一说，鲟龙肉虽然丰腴也算味鲜，但美中不足的是其质感略显散口（粗糙）；而鳇龙不仅肉味鲜美，而且质感嫩滑，更胜一筹。

鳇龙与鲟龙均无鳞而披 5 行甲，因此称为"龙"，两者区别在于有无喷水孔，有者为鲟龙；另外还可看口形，鳇龙口形呈半"月"形，鲟龙口形呈"一"字形。

白鲟又称"象鲟""象鱼""箭鱼""象鼻鱼""琵琶鱼""朝剑鱼""柱鲟鳇""鲟钻子""长江白鲟""扬子江白鲟"，英文名称 Chinese elephant fish，是脊索动物门 [Chordata] 脊椎动物亚门 [Vertebrata] 硬骨鱼纲 [Osteichthyes] 鲟形目 [Acipenseriformes] 鲟亚目 [Acipenseroidei] 长吻鲟科 [polyodontidae] 白鲟属 [Psephurus] 的白鲟 [*Psephurus gladius*（Martens）]。其体重可达 908 千克，体长可达 700 厘米。呈梭棱形，体表无鳞。胸鳍前部扁平，后部扁圆。背鳍数为 46～53 枚，臀鳍数为 48～52 枚，胸鳍数为 33 枚，腹鳍数为 32 枚。头长占体长的一半以上，布有梅花状俗称"陷器"的感觉器。吻剑状，前端扁而窄，基部宽大肥厚。吻两侧具柔软皮膜。眼小，圆形，侧位。口弧形，下位，两颌具小尖齿。吻腹面有 1 对短须。尾鳍歪形，上叶具 8 个棘状硬鳞。背部和尾鳍灰色，各鳍及腹部白色。为中国特产，分布在海河、黄河、淮河、长江、钱塘江和黄海、渤海、东海等，沿长江上溯可达乌江、嘉陵江、渠江、沱江、岷江、金沙江。

四川有"千斤腊子、万斤象"的民谚，当中的"腊子"是指中华鲟 [*Acipenser sinensis*（Gray）]，而"象"就是指白鲟。这种鲟已属稀有品种，现已被国家列为一级野生保护动物。文献记载其肉、骨、卵曾经被列为上膳佳品，鱼鳔及脊索也会制成等级极高

◎注：《清稗类钞·第十二册·动物类·鳣鳇》云："鳣鳇奉天之鱼，至为肥美，而鳣鳇尤奇。巨口细睛，鼻端有角，大者丈许，重可三百斤，冬日可食，都人目为珍品。出黑龙、混同等江，非钓所能得，捕之以网，围之岸边，伺鱼首向岸，挽强射之。鱼负痛，一跃而上。既至陆地，即易掩取。或凿冰以捕，则必系长绳于箭以掣取之。"

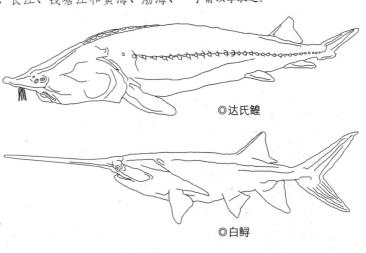

◎达氏鳇

◎白鲟

◎匙吻鲟

的鱼肚及花胶。值得注意是，这种鲟的鱼鳔大，单室。

匙吻鲟又称"鸭嘴鱼"，英文名称 Spoonfish、Paddlefish、Spoonbill cat、Duckbill cat，是长吻鲟科 [polyodontidae] 长吻鲟属 [Polyodon] 的长吻鲟 [*Polyodon spathula*（Walbaum）]。其体长可达 180 厘米，体重可达 37 千克。呈长梭形，体表光滑。胸鳍前部扁平，后部扁圆。头长为体长的一半以上。吻呈桨状，扁平，前宽后窄，犹如鸭嘴，故有"鸭嘴鱼"之名。背鳍数为 50～55 枚，臀鳍数为 50～51 枚，胸鳍数为 30～34 枚，腹鳍数为 34～40 枚。眼侧位，椭圆形。口下位，弧形，口裂大，两颌具尖细小齿。尾鳍歪形，具 13～20 枚棘状硬鳞。体背橄榄灰色，背鳍、臀鳍、尾鳍末端黑色。

这种鲟因为没有鳞甲，恐怕不能用"鲟龙"称呼，而且也与古时的"鳣""鳟""鲔""鮥"等名称没有丝毫关系，因为它原产美国，在 1995 年前后才被引养到中国来。20 年来，中国的养殖户根据市场的需求只将这种鲟养到 6 千克左右，没有摘取鱼鳔做鱼肚的打算。实际上，其鱼鳔的胶性并不差，晒干可为鱼肚的上等货色，更有价值。

黄花鱼又称"黄鱼""大鲜""红瓜""金龙""大仲""红口""江鱼""大黄鱼""石首鱼""石头鱼""黄瓜鱼""大王鱼""黄金龙""大黄花鱼""桂花黄鱼"，英文名称 Pseudosciaena crocea、Large yellow croaker，是脊索动物门 [Chordata] 脊椎动物亚门 [Vertebrata] 有颌上纲 [Gnathastomata] 硬骨鱼纲 [Osteichthyes] 棘鳍总目 [Acanthopterygii] 鲈形目 [Perciformes] 鲈亚目 [Percoidei] 鲈总科 [Percoidea] 石首鱼科 [Sciaenidae] 石首鱼属 [Pseudosciaena] 的黄花鱼 [*Pseudosciaena crocea*（Richardson）]。其体形长，侧扁。尾柄细。头钝尖，黏液腔发达。吻钝圆。颏孔 4 个，细小而不明显。眼侧上位，斜形。上下颌具绒状牙。头体前部蒙圆鳞，向后蒙栉鳞。鲜鱼背侧灰黄色，侧线下方各鳞多具发光体，使身体呈金黄色。耳石扁卵圆形。鳔大，伸达腹腔后端。分布于黄海南部、东海及南海广大水域。

这种鱼之所以有"石首鱼"的称谓，是因为其脑后具俗称"鱼脑石"的耳石。古人还为这种鱼造了两个字——"鲮"及"鮸"。《广韵》曰："鲮，石首鱼名。"《正字通》曰："石首鱼一名鮸，生东南海中，形如白鱼，扁身弱骨细鳞，头中白石二，腹内白鳔可作胶。《岭表录异》谓之石头鱼，《浙志》谓之江鱼，干者名鲞鱼。"

◎注：《清稗类钞·第十二册·动物类·石首鱼》云："石首鱼以头中有石状小块二，故名，亦名黄花鱼，俗称黄鱼，可食。体扁口阔，上颚长于下颚，鳞细，色黄如金。集于近海泥底。曝干曰鲞鱼，俗称白鲞。其鳔可制鳔胶。石首鱼每于楝花开时，结队趁潮而至，一网可得数百头。渔者多放船，候于山礁间，截竹为筒，每至，则海风吹腥，江潮喷雪。网得者，盛于淡水，沃以厚冰，可支数日。四五月间，渔艘市冰以往，满载进黄浦，小船插三角粉红旗，鸣锣集市，曰贩冰鲜。吴俗最尚此鱼，每尝新时，不惜重价，故有'典帐买黄鱼'之谚。"

《本草纲目·卷四十四·鳞部·石首鱼》云："石首鱼释名石头鱼、鲩鱼、江鱼。干者名鲞鱼，音想，亦作鱶。时珍曰鲞能养人，人恒想之，故字从养。罗愿云诸鱼薧干皆为鲞，其美不及石首，故独得专称。以白者为佳，故呼白鲞。若露风则变红色，失味也。志曰石首鱼初出水能鸣，夜视有光，头中有石如碁（棋）子。一种野鸭头中有石，云是此鱼所化。时珍曰生东南海中。其形如白鱼，扁身、弱骨、细鳞，黄色如金。首有白石二枚，莹洁如玉。至秋化为冠凫，即野鸭有冠者也。腹中白鳔可作胶。《临海异物志》云小者名蹈水，其次名春来。田九成《游览志》云每岁四月，来自海洋，绵亘数里，其声如雷。海人以竹筒探水底，闻其声乃下网，截流取之。泼以淡水，皆围困无力。初水来者甚佳，二水、三水来者，鱼渐小而味渐减矣。"

从中也可以看到，石首鱼其实是个泛称，并不一定专指这种鱼。

这种鱼引以为傲的是其质感细腻和软滑的鱼鳔，有一种观点认为，花胶这种名字来源于黄花胶的缩写，理由是再没有其他鱼的鱼鳔含胶量比它丰富。

小黄花是与黄花鱼 [*Pseudosciaena crocea*（Richardson）] 相对而得的名字，又称"黄花鱼""黄灵鱼""小首鱼""厚鳞仔""小鲜""大眼""古鱼""花鱼"，英文名称 Little yellow croaker，是石首鱼科 [Sciaenidae] 石首鱼属 [Pseudosciaena] 的小黄鱼 [*Pseudosciaena polyactis*（Bleeker）]。其身长形，侧扁。头大，黏液腔发达。耳石扁卵圆形。吻钝尖。颏孔6个，细小而不明显。眼侧上位。口前位，大而斜。上下颌具绒状牙。头部腹侧无鳞，背及两侧蒙小圆鳞；体蒙栉鳞。尾鳍楔状。鲜鱼背侧黄灰色，侧线下方鳞片具发光腺体而令鱼身呈金黄色。唇橘红色。鳔大，伸达体腔后端，每侧约有24个小凸。主要分布在渤海、黄海和东海。

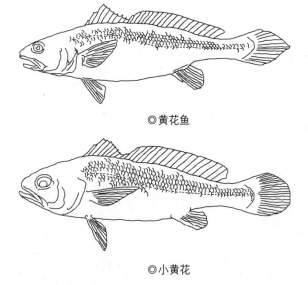

◎黄花鱼

这种鱼很早就成为先祖们的盘中飧了，先祖们也观察到它与当时称作"鲩"的鱼不同，为此专门造了个"鮇"字以示区别。《正字通》曰："鮇似鲩而小，一名黄花鱼。福温多有之。《温海志》名黄灵鱼，即小首鱼，首亦有石。"

尽管这种鱼冠以小字，但在自然环境下也能长着硕大的身躯。

白花鱼是与黄花鱼 [*Pseudosciaena crocea*

◎小黄花

（Richardson）]相对而得的名字，又称"白梅""白姑子""白米子""白眼鱼""白鳖子""白果子""画仔鱼"，英文名称 White chinese crodrer，是石首鱼科 [Sciaenidae] 白姑鱼属 [Argyrosomus] 的白姑鱼 [*Argyrosomus argentatus*（Houttuyn）]。其体呈椭圆形，侧扁。口前位，斜形。上颌外行与下颌内行牙较大。颏孔6个，较小。头体蒙栉鳞，背鳍及臀鳍具鳞鞘。尾鳍短楔状。背侧淡灰色，下侧银白色。前背鳍黄灰色，后背鳍具白色纵纹。尾鳍灰黄色。主要分布在西太平洋至印度洋，中国沿海均有其踪迹。

这种鱼在中国有三大群，即山东半岛南方群、长江口群及温州外海群。虽则如此，它们的产量并不高，故而比黄花鱼更难得。其鱼鳔晒干可为等级极高的白花胶。

另外，除了这个品种外，同属的还有分布在中国台湾海峡、琉球群岛海域的厦门白姑鱼 [*Argyrosomus amoyensis*]，分布在南非德班海域的喙吻白姑鱼 [*Argyrosomus beccus*]，分布在东南大西洋区的花冠白姑鱼 [*Argyrosomus coronus*]，分布在阿拉伯海及阿曼海域的海氏白姑鱼 [*Argyrosomus heinii*]，分布在马达加斯加海域的腋斑白姑鱼 [*Argyrosomus hololepidotus*]，分布在纳米比亚至南非海域的无味白姑鱼 [*Argyrosomus inodorus*]，分布在东海海域又称"日本银身鯎"的日本白姑鱼 [*Argyrosomus japonicus*]，分布在中国台湾海域的大头白姑鱼 [*Argyrosomus macrocephalus*]，分布在波斯湾和阿拉伯海的大眼白姑鱼 [*Argyrosomus macrophthalmus*]，分布在印度洋海域的鮸状白姑鱼 [*Argyrosomus miichthioides*]，分布在中国台湾至印尼爪哇海域的斑鳍白姑鱼 [*Argyrosomus pawak*]，分布在地中海、黑海及欧洲靠大西洋沿岸与非洲西海岸海域的大西洋白姑鱼 [*Argyrosomus regius*]，分布在马达加斯加、莫桑比克海域的方尾白姑鱼 [*Argyrosomus thorpei*] 等，这些都是摘取大型鱼鳔的品种。

花鲷鱼又称"鮸鲈""白鮸""罗鱼""黄鲞""皮鲷""铜锣鱼""黄婆鸡""黄姑子""春水鱼"，英文名称 Spotted maigre，是石首鱼科 [Sciaenidae] 黄姑鱼属 [Nibea] 的黄姑鱼 [*Nibea albiflora*（Richardson）]。其体长梭形，侧扁。头钝尖。吻微凸出。眼位头侧上方。口斜形，近下位。颏孔5个。头前部蒙圆鳞，向后蒙栉鳞。背鳍具深凹刻。尾鳍短楔状。背侧灰黄色且有细波状斜纹。腹侧黄白色。背鳍上缘黑褐色，尾鳍灰黄色，其他鳍黄色。

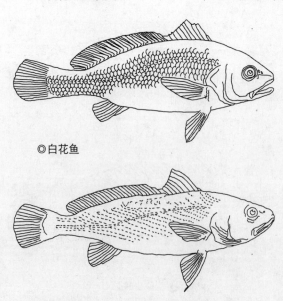

◎白花鱼鱼鳔形状

◎白花鱼

◎花鲷鱼

分布在中国各海域。

这种鱼的鱼肉为蒜瓣肉型（肉与肉之间成团状），对于淡水鱼而言，实属难得；但比起同属黄花鱼 [*Pseudosciaena crocea*(Richardson)]，无论味道或质感都略差，导致价格偏低，有不法商人用工业色素染色以求好销。当然，其鱼鳔却真的是上等货色。

另外，除了这个品种外，同属还有分布在东海海域的元鼎黄姑鱼 [*Nibea chui*]，分布在中国台湾海域又称"金丝触（觸）"的双棘黄姑鱼 [*Nibea diacanthus*]，分布在东海至南海海域又称"金丝鲵"或"库氏黄姑鱼"的浅色黄姑鱼 [*Nibea coibor*] 及黑缘黄姑鱼 [*Nibea soldado*]，分布在浙闽粤沿海又称"鲵鲈"的鲵状黄姑鱼 [*Nibea miichthioides*] 及斑纹黄姑鱼 [*Nibea maculata*]、分布在黄海至南海海域又称"假黄鱼"或"半斑黄姑鱼"的半花黄姑鱼 [*Nibea semifasciata*]，分布在日本海域常被误认为白鲵的日本黄姑鱼 [*Nibea japonica*]，分布在马来半岛海域的尖头黄姑鱼 [*Nibea acuta*]，分布在澳洲北部海域的小鳞黄姑鱼 [*Nibea leptolepis*] 及小口黄姑鱼 [*Nibea microgenys*]，分布在日本海域的箕作黄姑鱼 [*Nibea mitsukurii*]，分布在巴布亚新几内亚海域的细鳞黄姑鱼 [*Nibea squamosa*] 等。

叫姑鱼因捞起后发出"咕咕"叫声而得名，又称"加网""黄古""黄婆""赤头""小叫姑""叫吉子""小白鱼""黑耳津"，英文名称 Called gu fish，是石首鱼科 [Sciaenidae] 叫姑鱼属 [Johnius] 的皮氏叫姑鱼 [*Johnius belangerii* (Cuvier et Valenciennes)]。其体长梭形，侧扁。前背锐棱状。吻钝圆，凸出。口下位。颏孔5个，中央孔内具核凸。上颌外行牙较大。吻颊小圆鳞，向后栉鳞。尾鳍圆楔状。背侧淡灰色，下侧银白色。前背鳍上端黑色。中国沿海均有分布。

这种鱼属小型鱼，摘下的鱼鳔只属"鱼卜"的级别。

另外，除了这个品种之外，同属还有分布在中国台湾海域又称"团头叫姑鱼"的钝头叫姑鱼 [*Johnius amblycephalus*]，分布在新几内亚岛及澳洲西北部海域的澳洲叫姑鱼 [*Johnius australis*]，分布在太平洋海域的勃氏叫姑鱼 [*Johnius bleekeri*]，分布在印度与西太平洋海域的婆罗叫姑鱼 [*Johnius borneensis*]，分布在马来西亚海域的坎氏叫姑鱼 [*Johnius cantori*]，分布在东南亚海域的卡氏叫姑鱼 [*Johnius carouna*]，分布在巴基斯坦至马来半岛海域的白条叫姑鱼 [*Johnius carutta*]，分布在印度洋及南海海

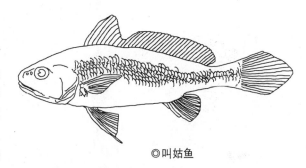

◎叫姑鱼

域的突吻叫姑鱼 [*Johnius coitor*]，分布在东海至南海海域又称"丁氏叫姑鱼"的鳞鳍叫姑鱼 [*Johnius distinctus*]，分布在肯尼亚至莫桑比克海域的莫桑比克叫姑鱼 [*Johnius dorsalis*]，分布在巴基斯坦至印度安达曼群岛海域又称"杜氏叫姑鱼"的道氏叫姑鱼 [*Johnius dussumieri*]，分布在印度西岸及斯里兰卡海域的长体叫姑鱼 [*Johnius elongatus*]，分布在中国台湾海峡至南海海域的条纹叫姑鱼 [*Johnius fasciatus*]，分布在莫桑比克及马达加斯加海域的非洲叫姑鱼 [*Johnius fuscolineata*]，分布在印度恒河流域的恒河叫姑鱼 [*Johnius gangeticus*]，分布在巴基斯坦海域的斑鳍叫姑鱼 [*Johnius glaucus*]，分布在摩鹿加群岛及菲律宾海域的戈氏叫姑鱼 [*Johnius goldmani*]，分布在马来西亚海域的异鳞叫姑鱼 [*Johnius heterolepis*]，分布在印尼海域的下口叫姑鱼 [*Johnius hypostoma*]，分布在澳洲及巴布亚新几内亚海域的滑鳞叫姑鱼 [*Johnius laevis*]，分布在泰国及印尼海域的宽眼叫姑鱼 [*Johnius latifrons*]，分布在泰国及缅甸海域的大鳍叫姑鱼 [*Johnius macropterus*]，分布在南海至斯里兰卡海域又称"大鼻孔叫姑鱼"的大吻叫姑鱼 [*Johnius macrorhynus*]，分布在印度洋流域的印度叫姑鱼 [*Johnius mannarensis*]，分布在中国台湾海峡至印度洋海域的黑鳃叫姑鱼 [*Johnius melanobranchium*]，分布在新几内亚岛海域的新几内亚叫姑鱼 [*Johnius novaeguineae*]，分布在澳洲新南威尔士海域的麦氏叫姑鱼 [*Johnius novaehollandiae*]，分布在太平洋海域的太平洋叫姑鱼 [*Johnius pacificus*]，分布在东南亚海域的斜口叫姑鱼 [*Johnius plagiostoma*]，分布在泰国海域的尖尾叫姑鱼 [*Johnius trachycephalus*]，分布在中国香港海域的屈氏叫姑鱼 [*Johnius trewavasae*]，分布在泰国海域的韦氏叫姑鱼 [*Johnius weberi*] 等。

鮸鱼 按《正字通》"鳘与鮸同"的说法，即为鳘鱼，不过，香港地区则将鳘鱼作为鳕鱼属 [Gadus] 某些品种的别称。为免混淆，这里继续沿用鮸鱼的写法，当然，它还有"米鱼""黑鮸"的叫法，英文名称 Brown croaker、Nibe croaker、Roncadore，实际上是石首鱼科 [Sciaenidae] 鮸鱼属 [Miichthys] 的鮸鱼 [*Miichthys miiuy* (Basilewsky)]。其体长梭形，侧扁。头稍尖而吻钝圆。眼侧上位。口前位，斜形，外行牙为犬牙状。颏孔 4 个。吻到鳃盖蒙圆鳞，向后蒙栉鳞。尾鳍短楔状。背侧暗褐色带紫色，腹侧污褐色，前背鳍上缘黑色，后背鳍具黑纵纹。分布在渤海、黄海及东海海域。

这种鱼生长速度快，身躯普遍较黄花鱼 [*Pseudosciaena crocea* (Richardson)] 大，野外捕捉的最高纪录是 147 千克，因此连

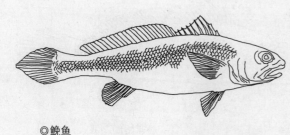

◎鮸鱼

其鱼鳔制品也被渔民另眼看待，称之为"鲵肚"，等级极高，被鱼肚收藏家视为珍品。

毛鲿鱼又称"大鱼""莽撞鱼""木撞鱼"，英文名称 Megalonibea、Dusky roncador，是石首鱼科 [Sciaenidae] 毛鲿属 [Megalonibea] 的褐毛鲿 [*Megalonibea fusca*（ChuLo et Wu）]。其体长梭形，侧扁。吻尖凸。颏孔 5 个。耳石长圆形。眼小，上侧位。口前位，小而斜裂，上颚外行牙及下颚内行牙较大，锥形。体蒙栉鳞，背鳍鳍条部及臀鳍基部有一行鳞鞘。侧线伸达至尾鳍后端。尾鳍双凹形。鳔中大，特征明显，呈锚状，前端广弧形凸出，侧端向后凸出成 2 个髻状侧囊，侧囊具 6 对较小侧肢；鳔侧有 26 对树枝状侧肢。分布于我国浙江、江苏等地沿海。

这种鱼的种群不大，知名度较黄花鱼 [*Pseudosciaena crocea*（Richardson）] 低，但矜贵程度则不相上下。在 20 世纪 70 年代前，渔民通过钩钓方式捕获 100 千克左右的大鱼是常有的事，及后 10 年用拖网及爆炸方式作业带来的极大伤害，甚至让这种鱼差点成为濒危物种，2000 年前后国家采用禁捕政策才让鱼群逐渐恢复，但要捕获大鱼相信还要等不少时间。

黄唇鱼又称"黄甘""金钱鲵""金钱鳌""金钱鱼""赤嘴鳌""黄鳌鱼""大澳鱼""金钱猛鱼"，英文名称 Bahaba taipingensis，是石首鱼科 [Sciaenidae] 黄唇鱼属 [Bahaba] 的大头黄唇鱼 [*Bahaba flavolabiata*]、尖头黄唇鱼 [*Bahaba taipingensis*] 的统称。前者俗称"大鳍""鲱口"。体呈纺锤形，背部隆起，腹部从胸鳍至肛门较平直，臀鳍至尾柄急速向上收窄。鱼头背部呈"八"字形，侧扁。吻凸出，钝圆。口前位，口裂从吻端向下侧倾斜，达眼前缘下方。上下颌具细尖齿。眼似铜铃，上侧位。尾鳍尖楔形。头部蒙圆鳞，向后蒙银币般栉鳞。体背侧棕灰色带橙黄色，腹侧灰白色，胸鳍腋下具特征性的黑斑。鱼鳔形状特殊，呈圆筒形，前端宽平，前端有两条俗称胡须的侧管直通至头部的耳石处。后者俗称"白花"，与前者的区别是吻钝尖，胸鳍腋下没有黑斑。均分布在上海、福建、浙江、台湾、广东（包括香港和澳门）等近岸海域。

这两种鱼是中国特有品种，因其鱼鳔占体重的 1.78%，历来是制作鱼肚和花胶的上等原料。可惜近年资源枯竭，已被列为国家二级保护动物。

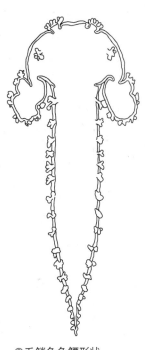

◎毛鲿鱼鱼鳔形状

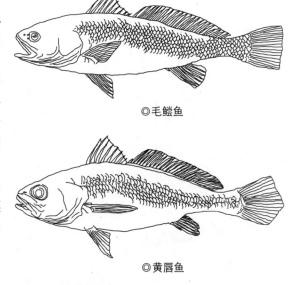

◎毛鲿鱼

◎黄唇鱼

海味制作图解Ⅱ

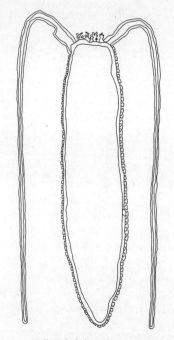

◎黄唇鱼鱼鳔形状

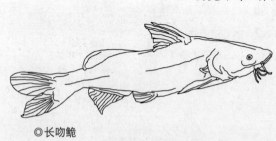

◎长吻鮰

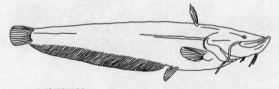

◎欧洲巨鲇

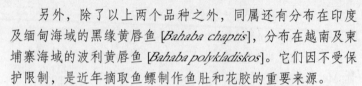

另外，除了以上两个品种之外，同属还有分布在印度及缅甸海域的黑缘黄唇鱼 [*Bahaba chaptis*]，分布在越南及柬埔寨海域的波利黄唇鱼 [*Bahaba polykladiskos*]。它们因不受保护限制，是近年摘取鱼鳔制作鱼肚和花胶的重要来源。

长吻鮠又称"江团""鮰鱼""肥沱""梅鼠""习鱼""白哑鲅""石首鮰""鮰老鼠""白戟鱼""阔口鱼"，英文名称 Longirostral fish。

对于鮠，《正字通》曰："鮠似鲇而大，白色，背有肉鬐，秦人呼为獭鱼。"

有些书说它还有"鮽""鳠""鮋""鮱"的古称。

对于鮽，《说文解字》曰："大鳠也。其小者名鮋。"《尔雅·释鱼》又曰："鮽，大鳠。似鲇而大，白。"

对于鳠，《本草图经》曰："鮹口腹俱大者名鳠。"

对于鮋，《集韵》曰："吾禾切，音讹。鱼名。或作鮍。"

对于鮱，《广韵》曰："鮱鱼似鲇也。"

它们与鮠画上等号，显然大多来自南北朝梁国药学家陶弘景《本草经集注》的笔下，该书说："鮠生江淮间，无鳞鱼，亦鲟属也。头尾身鳍，俱似鲟状，惟鼻短尔。口亦在颔下，骨不柔脆，腹似鲇鱼，背有肉鳍。郭璞云鳠鱼似鲇而大，白色者是矣。北人呼鳠，南入呼鮠，并与鮰音相近，遂来通称鮰鱼，而鳠、鮠之名不彰矣。"

需要指出的是，陶弘景说鮠为鲟属与现代的观点并不吻合。

而这里介绍的品种是脊索动物门 [Chordata] 脊椎动物亚门 [Vertebrata] 硬骨鱼纲 [Osteichthyes] 骨鳔总目 [Ostariophysi] 鲇形目 [Siluriformes] 鲿（鮠）科 [Bagridae] 鮠属 [Leiocassis] 的长吻鮠 [*Leiocassis longirostris*（Gunther）]。其体长形，侧扁，无鳞。头大，高宽略等。吻凸出，锥形。口下位，新月形。唇肥厚。触须4对。

背鳍、胸鳍具硬刺，刺后缘均有锯齿。肩骨显著凸出，位于胸鳍前上方，头顶部分裸露，侧线平直。尾鳍深叉形。体粉红色，背部略灰，腹部白色，各鳍灰黑色。分布在北达黄河，南至闽江水系的广大淡水水域。

这种鱼一般重量在2千克左右，虽然鱼鳔肥厚但也只能做鱼卜食用。不过，由于其寿命可达22年，因而有重达68千克以上者。此时的鱼鳔则被另眼相看，可晒干成珍贵的鱼肚。

欧洲巨鲇与长吻鮠 [*Leiocassis longirostris*（Gunther）] 同目不同科，中国不产，英

文名称 Wels catfish，Sheatfish，European catfish，是鲇形目 [Siluriformes] 鲇（鲶）科 [Siluridae] 六须鲇（鲶）属 [Silurus] 的欧洲六须鲇 [*Silurus glanis*（Linnaeus）]。其体榄形，头大宽扁。吻钝圆。口大，上位，上颌较下颌为短，后伸超过眼后缘；颌齿显露；两颌及犁骨均具尖细齿。触须 3 对；上颌须 1 对，伸达胸鳍；下颌须 2 对，前须较后须长。眼小，侧上位。体无鳞。背鳍小，无硬。胸鳍硬刺较弱，前后缘光滑，伸达腹鳍。腹鳍位于背鳍基后方，伸达臀鳍。臀鳍基部长，略连尾鳍。尾鳍圆截形。体背及体侧灰黑透绿色，腹部灰白色。广泛分布于欧洲淡水水域。

这种鱼为十大凶猛淡水鱼之一，主动攻击游泳者已不是什么新鲜事，所以是国家明令禁止引养的鱼类之一，活体不得进口。由于其体形硕大，长可达 500 厘米，重可达 200 千克，其鱼鳔自然受到鱼肚收藏家青睐，以取代资源逐渐枯竭的产于中国黑龙江及辽河水系的国家野生二级保护动物怀头鲇所产的鱼肚。后者又称"河鲶""怀子""六须鲶""怀头鱼""怀头鲇""叉口鲶""鲶巴朗""大口鲶""大河鲶""大鲶鲐""南方鲇"，英文名称 Northern sheatfish，学名南方大口鲇 [*Silurus soldatovi meridionalis*（Chen）]。其体长 200 厘米左右，重 40 千克左右。

有读者表示不解，为何此鱼既写作"鲇"又写作"鲶"？

其实，鱼名本称鲇，《尔雅·释鱼注》云："鲇别名鳀，江东通呼鲇为鮧。"《本草图经》也云："鮧背青而口小者名鲇。"关键是鲇不读作占——zhan[1]，而是读作黏——nian[2]。（《唐韵》曰："鲇，尼占切，音黏。"）所以就有了根据读音而造出的"鲶"字。

海鲇 又称"青松鱼""赤鱼""成鱼""成仔""黄松""油松""尖珠""光鱼""骨鱼"，英文名称 Arius，是鲇形目 [Siluriformes] 海鲇科 [Ariidae] 海鲇属 [Arius] 的大海鲇 [*Arius thalassinus*（Ruppell）]、中华海鲇 [*Arius sinensis*（Lacpede）]、斑海鲇 [*Arius maculatus*（Thunberg）]、硬头海鲇 [*Arius leiotetocephalus*（Bl.）] 等的统称。当中只有大海鲇能符合摘取鱼鳔晒做鱼肚的要求。大海鲇在台湾又称"泰来海鲇"，体长形，后部侧扁，无鳞。头宽平，吻钝圆而略长。口大，下位。两颌具细绒毛头牙带，上颌骨凸出。触须 3 对，上颌 1 对较长，几达胸鳍基；下颌须 2 对。背鳍和胸鳍具硬刺和锯齿。尾鳍叉形。体背灰褐色，腹部灰白色，各鳍灰黄色。分布在中国东海南部及南海海域。

◎注：《清稗类钞·第十二册·动物类·鲇》云："鲇俗称鲶鱼，体圆长，头大尾扁，无鳞，多黏质，口曲而阔，两颚生细齿，有须，背苍黑色，腹白，长尺余。产于淡水。"

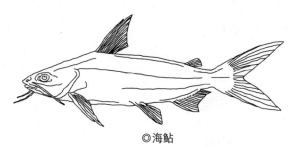

◎海鲇

海味制作图解 Ⅱ

根据《中国有毒及药用鱼类新志》记载，大海鲣为刺毒鱼，所以以往是谨慎膳用。实际上，这种鱼除了鳍刺有毒之外，鱼肉是没有毒的，大可以放心食用。由于其寿命较长，体长可达180厘米，为摘取鱼鳔晒做鱼肚提供原料。

大头鳕又称"大口""大头鱼""太平洋真鳕"，英文名称 Alaska cod，是脊索动物门 [Chordata] 脊椎动物亚门 [Vertebrata] 硬骨鱼纲 [Osteichthyes] 鳕形目 [Gadiformes] 鳕亚目 [Gadoidei] 鳕科 [Gadidae] 鳕属 [Gadus] 的大头鳕 [*Gadus macrocephalus* (Tilesius)]。其体长形，稍侧扁。头大，尾部向后收窄。眼圆凸，侧位。鼻孔2个。口大，微斜，前位。唇厚，吻缘具绒状小凸。尾鳍后端截形，呈浅叉状。体背侧淡灰色，布满棕黑色及黄色小斑点；腹部灰白色；各鳍蓝褐色。分布在渤海、黄海到白令海海域。

这种鱼通常栖息在水深500厘米～800厘米海区，是中国北方海区经济鱼类之一，常见长度70厘米左右。偶然也有超过这个长度的，此时则是摘取鱼鳔晒做鱼肚的原料。

另外，除了这个品种之外，同属还有分布在大西洋东北和西北海域的大西洋真鳕 [*Gadus morhua*]，分布在大西洋北纬40°以北到北极海海域的格陵兰真鳕 [*Gadus ogac*]。

江鳕又称"山鳕""鲶鱼""山鲶鱼""淡水鳕"，英文名称 Gadidae，是鳕形目 [Gadiformes] 鳕亚目 [Gadoidei] 鳕科 [Gadidae] 江鳕属 [Lota] 的枣江鳕 [*Lota lota* (Linnaeus)]。其体长形，前部圆柱形，后部侧扁。头扁平，头骨背面呈宽三角形。眼位于头的前半部。吻钝圆，口裂仅达眼前缘。上颌长于下颌，两颌及犁骨具绒状牙群，下颌有须一条。每侧有2个鼻孔，前鼻孔具皮质凸起。体有侧线及埋入式小圆鳞。分布于额尔齐斯河、黑龙江及鸭绿江等水系。另外，还有分布在北美洲北部以及西伯利亚东北至加拿大西北部的变种，前者是前背鳍偏后，眼隔宽的"北美江鳕" [*Lota lota* (leptura)]，后者是尾柄较细的"短尾江鳕" [*Lota lota* (Maculosu)]。

这种鱼因肝脏较大，是为数不多能割取鱼肝制鱼肝油的淡水鱼，所以往往忽视它的鱼鳔。随着人工合成具有鱼肝油功效的维生素A的普及，养殖户开始注重其鱼鳔的价值。

石斑鱼又称"过鱼"，英文名称 Groupers，是脊索动物门 [Chordata] 脊椎动物亚门 [Vertebrata] 硬骨鱼纲 [Osteichthyes]

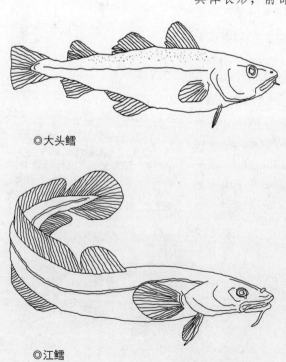

◎大头鳕

◎江鳕

棘鳍总目 [Acanthopterygii] 鲈形目 [Perciformes] 鲈亚目 [Percoidei] 鲈总科 [Percoidea] 鮨科 [Serranidae] 石斑鱼亚科 [Epinephelinae] 石斑鱼属 [Epinephelus]60 多个品种（中国有 31 个）的统称。该属鱼体呈长椭圆形，侧扁。头长大于体长。口尖，上颌骨后端达眼后缘下方。上颌前端具 2 对圆锥齿，两侧外列牙一行较大，内侧为绒毛齿；下颌齿疏松多行，排列不规则；犁骨与腭骨具细齿；前鳃盖骨边缘具弱锯齿。鳃盖骨有 3 个扁平棘。背鳍鳍棘部强大，与鳍条部相连；胸鳍宽大，位低；腹鳍位于胸鳍基部下方；臀鳍具 3 鳍棘，第二鳍棘强大；尾鳍圆形。体被小栉。侧线完全达尾鳍基部。为暖水性中下层鱼类，广泛分布于太平洋、印度洋和大西洋海域。

　　这种鱼的鱼肉呈俗称"蒜子肉"的团状结构，质感较为爽弹，十分受人欢迎。它们体形的大小因品种而异，有的长只有 10 厘米、重 30 克，有的长可达 500 厘米、重 150 千克以上。实际上，若鱼体长达 150 厘米的，已是摘取鱼鳔的上等材料。

　　以下是这种鱼的体形较大品种。

　　分布在中国沿海向南至澳洲西北部海域俗称"龙趸王"的鞍带石斑鱼 [*Epinephelus lanceolatus*]，分布在中国南海海域俗称"龙趸"的巨石斑鱼 [*Epinephelus tauvina*]，分布在大西洋海域的岩石斑鱼 [*Epinephelus adscensionis*]，分布在非洲沿岸海域的青铜石斑鱼 [*Epinephelus aeneus*]，分布在西印度洋海域的白缘石斑鱼 [*Epinephelus albomarginatus*]，分布在印度洋和太平洋西部海域的宝石石斑鱼 [*Epinephelus areolatus*]，分布在澳大利亚西部海域的白背石斑鱼 [*Epinephelus bilobatus*]，分布在中国东海及南海的褐石斑鱼 [*Epinephelus bruneus*]，分布在葡萄牙至安哥拉海域的犬牙石斑鱼 [*Epinephelus caninus*]，分布在墨西哥海域的德氏石斑鱼 [*Epinephelus drummondhayi*]，分布在塞内加尔至刚果海域的伊氏石斑鱼 [*Epinephelus itajara*]，分布在莫桑比克北部海域的星点石斑鱼 [*Epinephelus magniscuttis*]，分布在加勒比海西印度群岛海域的拿骚石斑鱼 [*Epinephelus striatus*]，分布在太平洋海域的九州石斑鱼 [*Epinephelus suborbitalis*]。

　　《本草纲目·卷四十四·鳞部·石斑鱼》云："石斑鱼释名石矾鱼、高鱼。时珍曰石斑生南方溪涧水石处。长数寸，白鳞黑斑。浮游水面，闻人声则划然深入。《临海水土记》云长者尺余，其斑如虎文（纹），而性淫，春月与蛇医交牝，故其子有毒。《南方异物志》云高鱼似鳟，有雌无雄，二三月与蜥蜴合于水上，其胎毒人。

◎石斑鱼

◎鳗鲇

◎注：《清稗类钞·第十二册·动物类·鳗鲡》云："鳗鲡亦称白鳝，生于淡水。体长为圆柱状，皮肤甚厚，有胶质之黏液，鳞柔软，细不可辨，大者长至三尺。体色随居处而异，有苍黑、茶褐等色，腹纯白。可食，味浓美，含滋养料甚富。亦作鳗鲡，又作鳗鲡。"

《酉阳杂俎》云石斑与蛇交。南方有土蜂，土人杀此鱼标树上，引鸟食之，蜂窠皆尽也。"

鳗鲇又称"沙鳗""柳叶鱼"，英文名称 Plotosid、Eeltailcatfish，是鲇形目 [Siluriformes] 鳗鲇科 [Plotosidae] 鳗鲇属 [Plotosus] 的鳗鲇 [*Plotosus anguillaris* (Bloch)]、短须鳗鲇 [*Plotosus brevibarbus* (Bessednov)]、线纹鳗鲇 [*Plotosus lineatus* (Thunberg)] 的统称。由于短须鳗鲇在《中国濒危动物红皮书》中被列为稀有物种，线纹鳗鲇体形较小不适合摘取鱼鳔，因此只有鳗鲇受到了关注。鳗鲇体呈柳叶形，前部平扁，后部侧扁，光滑无鳞。吻钝而长，口下位，略横直。唇厚，具小乳凸。两颌牙锥状，呈窄带；犁骨牙白齿状。眼小而圆，位于头侧前部。有鼻须和颌须各 2 对，鼻须短而颌须长。前背鳍短，硬刺前后缘有锯齿。后背鳍、尾鳍与臀鳍连成一体。体背侧灰黑色，腹部灰白色。原产于中国东海南部及南海海域。

鳗鲇之所以称鳗是因其体长似鳗，称鲇则是其头扁且有触须似鲇。在一般情况下，中国渔民捕捉到的鳗鲇只有体长 24 厘米者，这是中国渔民在鳗鲇的产卵场（东海与南海）周围下网的结果。实际上，在远离产卵场，鳗鲇体长会加大，有达到 180 厘米的记录，所以尽管鳗鲇在中国海域诞生，但却在外国海域滋养成长。此时的鳗鲇则是摘取鱼鳔晒做鱼肚的真正原料。

白鳝是广东人对鳗鱼的俗称，又名"青鳝"，英文名称 Eel。是脊索动物门 [Chordata] 脊椎动物亚门 [Vertebrata] 硬骨鱼纲 [Osteichthyes] 鳗鲡目 [Anguilliformes] 鳗鲡科 [Anguillidae] 鳗鲡属 [Anguilla] 的日本鳗鲡 [*Anguilla japonica* (Temminck et Schlegel)]。其体细长，前部圆筒形，后部侧扁。头钝尖，吻部略扁。眼位于头的前部。鼻孔每侧 2 个。口大而阔。下颌略长于上颌，两颌及犁骨具小牙。鳞小，埋在皮下，为席纹状排列。侧线发达。背鳍、尾鳍、臀鳍相连。体上部淡墨绿色，腹部灰白色。分布在东亚淡水水系。

《本草纲目·卷四十四·鳞部·鳗鲡》云："鳗鲡释名白鳝、蛇鱼，干者名风鳗。时珍曰鳗鲡旧注音漫黎。按许慎《说文解字》鲡与蠡同。赵辟公《杂录》亦云此鱼有雄无雌，以影漫于鳢鱼，则其子皆附于鳢鬐（脊）而生，故谓之鳗鲡曰蛇，曰鳝，象形也。颂曰所在有之。似鳝而腹大，青黄色。云是蛟蜃之属，善攻江岸，人酷畏之。诜曰歙州溪潭中出一种背有五色纹者，头似蝮蛇。入药最胜。江河中难得五色者。时珍曰鳗鲡其状如蛇，背有肉鬐连尾，无鳞有舌，腹白大者长数尺，脂膏最多。背有黄脉者名金丝鳗鲡，此鱼善穿深穴，非若蛟蜃之攻岸也。或云鳗与蛇通。弘景曰鳗鲡能缘树食藤花。恭曰鲵鱼能上树。鳗无足，安能上树耶？谬说也。"

《本草纲目》这篇文章其实对白鳝生育带有疑问，在没有合理的科学解释以前，只能以神话般口吻解说。实际上，白鳝的婚床地在日本及琉球海域。性成熟的白鳝从各地洄游到这片海域交配，并诞下俗称"鳗线"的幼苗，幼苗分雌雄两群又游到淡水水系生长。所以，在一群白鳝当中只有雌性或雄性。古人不解，故误以为是与蛇杂交得来。

按照《本草纲目》的说法，白鳝长数尺，即长度在100厘米左右，说明这种货色可以成为摘取鱼鳔晒做鱼肚的原料，并得到《中国药用海洋生物·鳗鲡》证实。不过，现在野生品鲜见，而饲养品多为25厘米左右，并不具备这样的条件。

另外，除了这个品种之外，同属还有分布在欧洲大陆沿海的欧洲鳗鲡 [*Anguilla anguilla*]，分布在北美东岸淡水河流的美洲鳗鲡 [*Anguilla rostrata*]，分布在澳大利亚淡水河流又称"黑鳝"的澳洲鳗鲡 [*Anguilla australis*]，分布在新西兰淡水河流的新西兰鳗鲡 [*Anguilla dieffenbachi*]，分布在非洲淡水河流的非洲鳗鲡 [*Anguilla mossambica*]，分布在菲律宾中部淡水河流又称"鲈鳗"的菲律宾鳗鲡 [*Anguilla mormorata*]，分布在印度尼西亚淡水河流的印尼鳗鲡 [*Anguilla bicolor* (Pacifica)]。这些品种中国不产，体形硕大者是摘取鱼鳔晒做鱼肚的原料。

门鳝又称"鳞鳝""九鳝""虎鳗""勾鱼""尖嘴鳗""乌皮鳗""狼牙鳝"，英文名称 Pike eel，是鳗鲡目 [Anguilliformes] 海鳗科 [Muraenesocidae] 海鳗属 [Muraenesox] 的海鳗 [*Muraenesox cinaereus* (Forskal)]。其体细长，前部圆筒状，尾部侧扁，向后收窄。吻尖长，尖端圆而膨大，其后部深凹。上颌长于下颌，均具3行牙；腭骨部中间具1行侧扁呈三尖形的犬牙，两侧各有1行小牙。体无鳞。背鳍、尾鳍与臀鳍连成一体。体色黄褐。广泛分布于非洲东部、印度洋及西北太平洋海域。

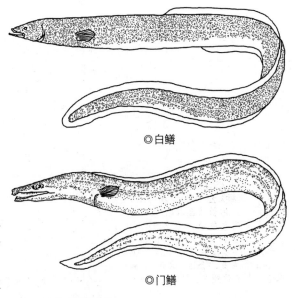

◎白鳝

◎门鳝

这种鳝体长可达200厘米，是鳝（鳗）类摘取鱼鳔晒做鱼肚的首选原料。

另外，除了这个品种之外，同属还有分布在中国东海到南海海域的原鹤海鳗 [*Muraenesox talabon* (Cuvier)]、山口海鳗 [*Muraenesox yamaguchiensis*]，分布在

海味制作图解 II

太平洋西部（中国只见于南海）海域的鹤海鳗 [*Muraenesox talabonoides*]。它们都是摘取鱼鳔晒做鱼肚的原料。

说到这里，能摘取鱼鳔晒做鱼肚的主要鱼类基本归类齐全。

有读者可能还有疑问，因为在清代汪绂撰写的《医林纂要探源·鲛鲨白》有"鲛鲨白，腹中泡也，又曰鳔鳅，非此鱼独有，而此尤大，今人谓之鱼肚，其实非肚也"的论述，按此说应该还包括鲨鱼。

可以明确地说，鲨鱼是没有鱼鳔的，所谓鲛鲨白其实是某些卵胎生雌性鲨鱼的胎盘或者是雄性鲨鱼的精巢。

鱼鳔晒干后成为鱼肚，作为商品又有其特殊的名称。

花胶这个名词有多种解释。一是医家沿袭历史对鱼鳔制品的别称，食家则称之"鱼肚"。但综合而言，鱼肚是直接将鱼鳔晒干的制品，而花胶则是将鱼鳔（也包括脊索）熬煮成胨胶的制品，制品形式略有分别。二是特指利用鱼鳔的胶鳔层（鱼鳔的外层）所晒干的制品。三是所谓花有多样的意思，不特指某种鱼鳔。四是黄花胶、白花胶的简称。

鲟龙肚又称"玉龙肚"，是摘取大型鲟鱼的鱼鳔晒干所成的制品。由于鲟鱼曾是国家一级野生保护动物，这个制品已脱销多年。其色淡黄或深黄，体大质厚，具深浅皱纹，大者重可达 2 千克，厚可达 1.5 厘米。

鳇龙肚是摘取大型鳇鱼的鱼鳔所晒干的制品。由于鳇鱼曾是国家一级野生保护动物，这个制品已脱销多年。另外，将鲟龙肚和鳇龙肚合起来销售则称"鲟鳇肚"。

黄花胶简称"花胶"，是沿用医家的叫法，如今又有改称黄花肚的。为摘取大型黄花鱼及小黄花鱼的鱼鳔所晒干的制品，一般不包含鱼鳔的胶鳔层，用鱼鳔的胶鳔层制作的成品不能称黄花肚。这种制品色泽金黄，具"从"字纹，公肚较牸（母）肚明显。按加工季节分，秋季的称"秋水肚"或"冷水肚"，品质较好；春夏季的称"大水肚"或"热水肚"，品质略逊。按加工形态分，顺长剪开晒干的为"片胶"或"片肚"，然后再细分有片大体厚的"提片"、片小体薄的"吊片"和更小更薄的"黄片"；仅横向略剪肚头晒干成笔筒状的为"胶筒"或"肚筒"。另外，为求片大，也有将数个顺长剪开的鱼鳔叠起或连起晒干的称为"粘片"，具体而言，前者称"塔片"，后者称"块胶"；也有将鱼鳔剪开拉成长条状，并将数个叠连在一起使其成宽 7 厘米、长 100 厘米的条形，此时则称"带胶"或"长胶"。

白花胶简称"花胶"，同样是沿用医家的叫法，如今又有改称白花肚的。为摘取个体较大的白花鱼（白姑鱼）

◎注：医界制作花胶的方法是先将新鲜鱼鳔上的油脂撕去，并用清水冲洗干净，按鱼鳔重量的 80% 用水量，将鱼鳔和清水放入搅拌机内搅碎成鱼鳔浆。然后将鱼鳔浆倒入钢罐内，慢火加温至 85℃，并保持 5 分钟，将鱼鳔自身含有的组织蛋白酶（Cathepsin）之一的脂肪酶灭活。及后降温至 60℃，加入鱼鳔重量 1.5% 俗称"松肉粉"的木瓜蛋白酶并搅拌均匀。在 5℃环境静置 6 小时，使鱼鳔酶解。再以慢火加温至 85℃，并保持 5 分钟，将木瓜蛋白酶灭活。接着用 60 目筛过滤，并用重物压榨脱水，待含水量在 20% 时，加入冰糖粉调味。尔后再压榨，至含水量在 15% 时入模定型，以 60℃左右热风干燥至含水量为 10% 为止，即可脱模并真空包装。

的鱼鳔所晒干的制品。由于野生白花鱼资源枯竭，能捕捉大型规格者已属罕见，即使偶然捕捉到中型大小的，渔民多数即时刌宰自行享用，不会在市面流通。而人工繁殖及饲养的都属于小型规格，难以加工。因此，片大质厚的白花胶差不多已成历史。这种制品属于矜贵食材之一，但等级略逊于黄花胶，清末周楚良《竹枝词》有"贡府头纲重留，大沽三月置星邮；白花不似黄花好，鳃下分明莫误求"的诗句就是强调这一点。为与黄花鱼鳔制品区分开来，其加工形态以"片肚"居多，故呈纸片状，色泽黄白，具"从"字纹不明显。

鮸鱼肚简称"鮸肚"，是摘取大型鮸鱼的鱼鳔所晒干的制品。但有时还包括摘取大型花鯞鱼（黄姑鱼）、叫姑鱼及黄唇鱼的鱼鳔所晒干的制品。

斗湖胶也是"鮸鱼肚"，大概是区别国产而强调由马来西亚沙巴州斗湖省的来货而得名。原来是用鮸鱼鱼鳔的胶鳔层晒干的制品，后来该鱼肚的名气日盛，才有将鱼鳔肚鳔层晒干的制品。坊间不了解，便有了这种鱼鳔制品分柔肉和粗肉之说。

鳖鱼肚这个名称争议较大，首先是鳖鱼为鮸鱼的别称，所以它即是鮸鱼肚。其次是鳖鱼又等同于鳕鱼，所以它又是鳕鱼肚。现在多指后者，为摘取大型大头鳕、江鳕（枣江鳕）及它们同属鱼种的鱼鳔所晒干的制品，有公肚、乸肚之分。公肚形如马鞍，略带红色，具"从"字皱纹，体质厚，涨性好，加热不易泻身（朦变）；乸肚平展，体质薄，皱纹不明显，涨性差，加热较容易泻身（朦变）。

鮰鱼肚是摘取大型长吻鮠的鱼鳔所晒干的制品。一般以顺长剪开晒干成"片肚"，片大手掌，肥大厚实，质地细嫩。因片中具"山"字纹，故而又有"笔架鱼肚"的外号。

鮰鱼肚即"鮰鱼肚"，是摘取大型长吻鮠的鱼鳔所晒干的制品。之所以有这名称，是因为有的地方将鮠鱼称为鮰鱼。然而，这个名称存有歧义，因有的地方将普通的鲇（鲶）鱼称作鮰鱼，所以，有不法商人将鲇（鲶）鱼肚充作鮰鱼肚，以蒙骗不了解的消费者。

毛鲿肚是摘取大型毛鲿鱼（褐毛鲿）的鱼鳔所晒干的制品。呈椭圆形，片状，两边有小圆坠（从背面顺长剪开的有，由腹面顺长剪开的则不明显），凸面有鼓状波纹，凹面光滑，色泽黄白，有光泽，半透明。

乳房肚因鳔边有两个小圆坠像乳房而得名，简称"房肚"，是摘取大型毛鲿鱼（褐毛鲿）的鱼鳔并从背面顺长剪压成片而晒干的制品。

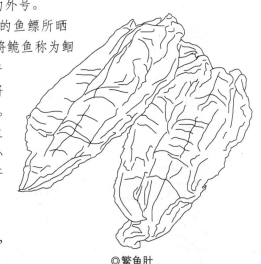

◎鳖鱼肚

黄唇肚曾归入鳔鱼肚类，由于黄唇鱼资源逐渐稀少而身价暴涨，连带其鱼鳔制品也不必依附在其他鱼鳔制品的名下而单列开来。现在的鱼肚炒家主要是收藏这个制品居多。其形状椭圆，扁平，淡黄色或金黄色，光泽鲜艳。鳔头带有两条长约 20 厘米、宽约 1 厘米俗称"须"的鳔管。

这种鱼肚是近年收藏界最炽热的品种之一，国内主要产自广东的台山和湛江。以往香港大澳也有，由于资源枯竭，香港特区政府明令禁捕（但没有禁止外地所产的鱼肚在香港销售）。

事实上，中国商人早在清代就利用印度、越南、泰国、缅甸、印尼、柬埔寨等地方以当地可捕获（中国黄唇鱼的近亲）的鱼种加工。因为当时鱼获丰富，加工也不讲究，通常没有特意将这类鱼的标志性鳔管同时晒干。与此同时，为了体现鱼肚体大肉厚，多采用背面顺长剪开的手法，使鱼肚呈现外缘厚、中间薄的形状（在腹面顺长剪开则是外缘薄、中间厚），所以在涨发时还得将厚实的边缘剪去。

金钱肚是以鱼的俗名命名，是摘取大型黄唇鱼的鱼鳔所晒干的制品。黄唇鱼有俗名"金钱鳘""金钱鳘""金钱猛鱼"等。

赤嘴肚是以鱼的俗名命名，是摘取大型黄唇鱼的鱼鳔所晒干的制品。黄唇鱼有俗名"赤嘴鳘"。

蜘蛛肚是因鱼鳔鼓胀像蜘蛛形状而得名，是摘取除黄花鱼、小黄花、白花鱼（白姑鱼）、花鳒鱼（黄姑鱼）、叫姑鱼及黄唇鱼以外的石首鱼科 [Sciaenidae] 辖下大型石首鱼类（有人误为大型鲈鱼）的鱼鳔所晒干的制品。这类石首鱼中国没有，它们的鱼鳔与中国所产的石首鱼类的鱼鳔形状略有不同，顺着鱼鳔长有一条筋络，且雄鱼较为明显。

鸭泡肚是摘取大型海鮎、鳗鮎、欧洲巨鮎的鱼鳔所晒干的制品。因鱼鳔没有剪开晒干后成鸭泡图形而得名。

石斑肚是摘取大型石斑鱼的鱼鳔所晒干的制品。鱼肚收藏家最不喜欢的石斑鱼是珊瑚鱼，容易积存由珊瑚产生的对人体带来危害的雪卡毒素 (Ciguatoxin)，所以市面较为鲜见。

广肚是因广州而得名，它没有特定指出是什么鱼的鱼鳔所晒干的制品，而是强调"大"。这是因为自 20 世纪 20 年代起，广州披上了"食在广州"的光环，并得以成为大型鱼鳔制品的集散地，外地人将从广州购得的大型鱼肚赋予了"广肚"的称号。其时多是指毛鳕肚、鳔鱼肚等剪开成片状的制品。

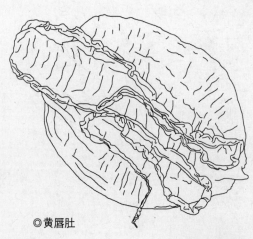

◎黄唇肚

北海胶又称"巴西肚""巴西鳕鱼肚",是强调以巴西所产的鳕鱼摘取下来的鱼鳔加工而成的制品。由于该鳕鱼鱼鳔用以排放气体的红腺(Red gland)十分发达,制成鱼肚后,可明显看到鳔肉有血丝般的网络纹。这种鱼肚腥味特别重,吃惯国产无腥味鱼肚的食客未必能够接受。所以厨师在加工这种鱼肚时要在去腥方面多花心思。

秋叶肚又称"叶子胶",是养殖的石首科鱼类的鱼鳔所晒干的制品。这种制品由于壁肉太薄,既没有采用剪开压扁的"片肚"形加工,也没有采用鼓胀撑开的"筒肚"形加工,而是另辟蹊径,将两种形式糅合在一起,即剪开小口让鱼鳔排出气体,然后压扁晒干。由于鱼鳔晒干后犹如叶片而得名。

另外,这个名字也可用于与"片肚""筒肚""塔片"性质一样加工形式的鱼鳔制品,此时则不局限于某类型的鱼。

鳝肚又称"胱肚""鳗鱼肚",原来是指从大型野生白鳝(鳗鱼)摘取出来的鱼鳔所晒干的制品,由于大型野生白鳝(鳗鱼)资源枯竭,后改为从大型门鳝(海鳗)及其同属品种摘取出来的鱼鳔所晒干的制品。呈长筒形,壁薄中空,两端尖似牛角,淡棕黄色,有光泽。

札肚又称"窄肚""长肚""扎肚",属低档品,是摘取大型鲇(鲶)鱼的鱼鳔所晒干的制品。这种制品所涉及的鲇(鲶)鱼中国没有出产,是由南美洲加工而来。名字是因制品形状长而窄先得"窄肚",后商家又从"窄"音写成"札"及"扎"。

波板肚外形与带须的黄唇肚非常相似,但它则是典型的塔片,即用一些如鲩鱼、鲢鱼、鲇(鲶)鱼、塘虱等低价鱼的鱼鳔砌叠压制而成。

花心鱼肚不是某类鱼鳔所晒干成鱼肚的名称,而是因鱼肚的加工状况而产生的,即鱼鳔在晾晒过程中得不到均衡干燥,有的位置仍处于半干半湿之间,由于鱼鳔是胶原蛋白构成,具有强烈的包裹性和密封性,当半干半湿位置周边已完全干燥,其水分则难以排出便形成花心的状况。均衡干燥后的鱼鳔折光率极高,成半透明状;而半干半湿的鱼鳔折光率极差,不透明且显现白色的样子。所以,如果近半透明的鱼肚呈现白点或白块,鱼肚行中就将之称为"花心鱼肚"。这种鱼肚无论用何种涨发方法加工都无法扭转其黐牙的特性,因为胶原蛋白含水量高时加热是不能产生膨化反应的。

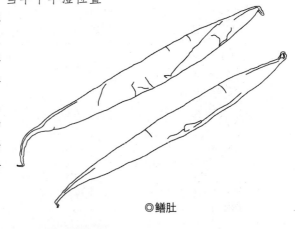

◎鳝肚

海味制作图解 II

晒鱼肚

在 1987 年由山西人民出版社出版的《简明中国烹饪辞典·动物性原料·水产类·鱼肚》中写道："鱼肚也叫鱼鳔，是鱼体的沉浮器官，经干制而成。主要制法是，取鳔切开，冲洗，加少许石灰和盐酸漂净，张于板床上干燥，色黄白，薰（熏）制后呈白色。我国广东、福建、浙江等省海域都有出产。以广东鱼肚最佳。鱼肚分鲨鱼肚、回（鮰）鱼肚、毛鲿鱼肚几种。所含蛋白质、钙较干贝丰富，磷含量较干贝少。是宴会常用的珍贵原料之一。"如果细心阅读不难发现文章的内容是没有科学根据的，首先是将《医林纂要探源》的鲛鲨白等同于鱼白，继而误以为是鱼鳔所晒干的鱼肚。其次是在鱼肚加工中使用盐酸（HCl）是不严谨的做法，显然是个馊主意。因为盐酸虽然是食品添加剂，但其使用范围只能局限在食品加工的助剂上，不能像同为食品酸性调节剂的醋酸（CH₃COOH）那样直接放入食品当中。如果文中将盐酸改为醋酸就没有太多的争议了。

有读者不禁会问，为什么要在鱼鳔加工中添加石灰和盐酸呢？

答案可能是设计者担心鱼鳔带有油脂影响鱼鳔水分挥发，所以就通过碱性物质或酸性物质对鱼鳔上的油脂进行分解，以谋求省时、省力且高效干燥的目的。殊不知，这种设计却是床板医驼背——只看到一个结果（背直了人也没气了）。

鱼肚之所以成为"海八珍"之一，不是因为它曾经是贡品，而是它背后有众多的收藏家。收藏家认为，鱼肚的矜贵不在于鲜，而在于陈。如果在加工途中破坏了鱼鳔的结构而不能久存，岂不是失去收藏的意义？

其实，鱼鳔加工成鱼肚的过程并不复杂，只要不在梅雨天操作，在能够充分利用好猛烈的阳光和干燥的天气等条件就已经完全满足需要了。这样做的鱼肚更耐储存，更具滋补作用，更具收藏价值。

◎注：《清稗类钞·第十三册·饮食类三》云："鱼肚，以鱼类之鳔制之，产于浙江之宁波及福建沿海。由外国输入者，产于波斯海及印度群岛。为动物胶质，略带黄色。食之者或清炖，或红烧。有假者，则以猪肉皮置沸油中灼之。"

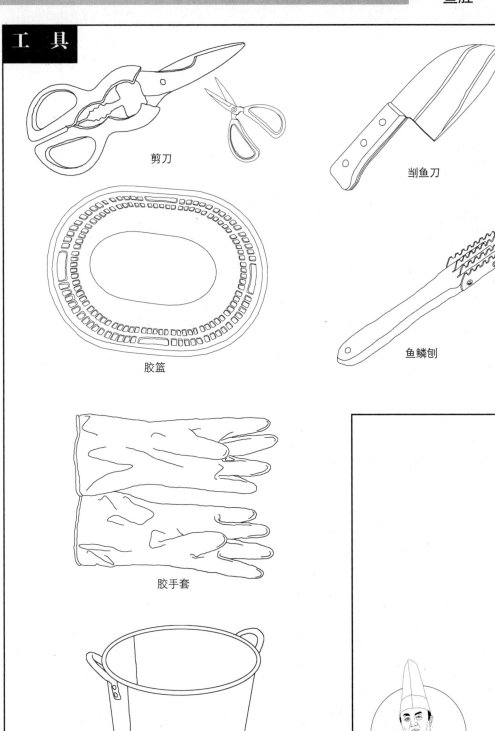

工 具

剪刀

剀鱼刀

胶篮

鱼鳞刨

胶手套

钢桶

海味制作图解 II

◎注：摘取鱼鳔的工具并不多，主要有为鱼去鳞的鱼鳞刨，为鱼开腹的剀鱼刀，为鱼开腹及剪开鱼鳔的剪刀，做周转用的胶篮，做清洗及泡浸用的钢桶以及防护双手的胶手套等。

◎注：鱼鳔占鱼重的百分比并不一致，例如黄花鱼的鱼鳔占鱼重的 2.2%，而黄唇鱼的鱼鳔占鱼重的 1.8%。同时可以肯定鱼的大小决定鱼鳔的重量。

鱼鳔晒干成鱼肚，主要分为收藏级及膳用级两个级别，收藏级别是该鱼种的最大者，例如现在收藏界最热衷收藏的毛鲿肚就达 3 千克左右。而该鱼肚的膳用级通常在 0.5 千克上下。

目前，鱼肚收藏家主要对石首鱼科、鳕科以及鲿（鮸）科辖下的大型品种感兴趣，这主要是它们的制品具有质厚、体大等特点。由于鱼肚与橘皮一样，以陈存久放为佳，所以也有一部分鱼肚收藏者是不分鱼的品种及大小储存的，制品只为膳用而不具观赏作用。

摘鱼鳔

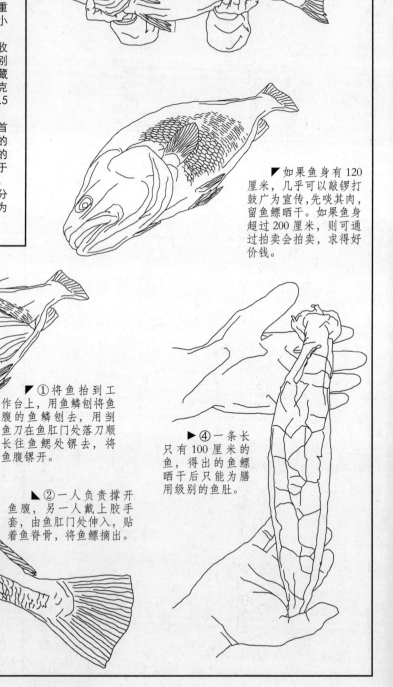

▶ 这样规格的鱼的鱼鳔晒干后只能做膳用级的鱼肚。如果是收藏级的鱼肚，鱼的规格没有两三个人的合力是搬动不了的。

▶ 如果鱼身有 120 厘米，几乎可以敲锣打鼓广为宣传，先啖其肉，留鱼鳔晒干。如果鱼身超过 200 厘米，则可通过拍卖会拍卖，求得好价钱。

▶ ①将鱼抬到工作台上，用鱼鳞刨将鱼腹的鱼鳞刨去，用剀鱼刀在鱼肛门处落刀顺长往鱼鳃处锛去，将鱼腹锛开。

▶ ②一人负责撑开鱼腹，另一人戴上胶手套，由鱼肛门处伸入，贴着鱼脊骨，将鱼鳔摘出。

▲③操作过程中尽量不要弄破鱼的脂肪团，以免污染鱼鳔。

▶④一条长只有 100 厘米的鱼，得出的鱼鳔晒干后只能为膳用级别的鱼肚。

摘鱼鳔

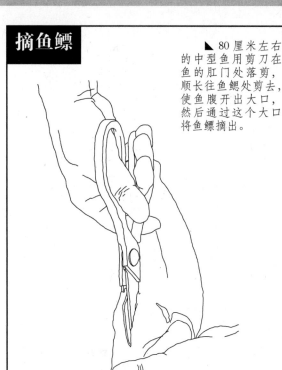

▲ 80 厘米左右的中型鱼用剪刀在鱼的肛门处落剪，顺长往鱼鳃处剪去，使鱼腹开出大口，然后通过这个大口将鱼鳔摘出。

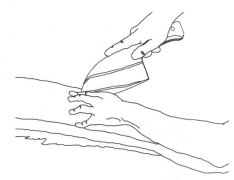

▲门鳝等鳝（鳗）类，在鳃下30厘米处落刀，顺长锊出5厘米开口。

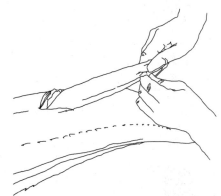

▲用手指钩着鳝（鳗）鳔头的底部，将鳔钩出部分，然后双手扯着这部分将整个鳔摘出。

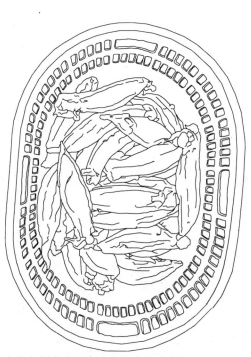

▲将鱼鳔集中放在胶篮里准备后续加工。

◎注1：可将鱼鳔加工成鱼肚的主要有鳕、鲟、鲇（包括鲍）、鳝（鳗）4种类型。除鱼在操作过程中需要刨鳞之外，鲟、鲇（包括鲍）、鳝（鳗）因无鳞而没有这样的需要，为它们开腹并不强调一定要用刀或剪刀，视操作流程需要而定。

◎注2：在摘取鱼鳔时应戴上胶手套，以避免指甲弄破鱼的脂肪团。同时，在操作过程中应用手背拨开脂肪团，尽量不要让鱼鳔沾有脂肪。

海味制作图解Ⅱ

◎注1：鱼鳔是由胶原蛋白构成的鱼类器官，要让其干燥并不难，而当中最大障碍是鱼鳔沾有或残留油脂。

油脂会对鱼鳔带来以下影响：

第一，鱼鳔沾有或残留油脂，会影响鱼鳔干燥的进度，鱼鳔不能迅速干燥就会发生发酵霉变，这样的鱼鳔即使最终得到干燥，质量也会大打折扣，色泽也会变得黯瘀。

第二，油脂在陈放之后，就会出现酸败，发出广州人俗称"臊"（粤语读 yig'）的哈剌气味来。从而让鱼肚身价大跌。

第三，油脂团在陈放后会发黑，从而破坏鱼肚的外观。

基于以上原因，在鱼鳔晒成鱼肚的过程中要有"搣油"的工序。值得庆幸的是，鱼鳔所带的脂肪多集中在鳔头上，如果摘取鱼鳔时不弄破周边的脂肪，鳔身基本上是没有油脂的。

搣油的工序也不复杂，将鱼鳔泡在水里，用手轻轻地将残留的脂肪团搣去。脂肪团基本上都有薄膜包裹，搣时不要用力挤压就不会让油脂流出。

为了让鱼鳔清爽而易于干燥，在搣油后，可用适量的白醋泡浸，再用流动清水漂洗干净。有不法商人为求达到此目的，也有用盐酸（HCl）、双氧水（H_2O_2）等浸泡的，但实不可取。

◎注2：鱼鳔晒干成鱼肚后会加工成三种形态，即肚片、肚条及肚筒。当中除了鳝（鳗）肚多加工成肚筒外，其他无严格要求。所以，在完成搣油及必要的泡浸、清洗工序之后，都要用剪刀将鱼鳔顺长剪开。至于是在鱼鳔的腹面还是背面，抑或是在侧面，都没有严格要求。其目的只是为了鱼鳔易于干燥。不过，如果是毛鳖鱼，鱼肚收藏家则建议从鱼鳔的背面落剪，以便让这种鱼鳔独有的两个小圆坠更好地表露出来，从而让鱼肚呈现乳房状。

◎注3：将鱼鳔压扁、摊平，以一定间距放在晾晒架上，并置在带阳光的通风处，当天晾晒以每2小时翻动一次，以免鱼鳔粘牢在晾晒架上。另外，晾晒时的温度不宜过高，35℃以下为宜，避免鱼鳔内的油珠因高温破裂而让油脂外渗。以晾晒至鱼鳔完全发硬为度。

搣油

将鱼鳔泡在水里，用手将残留在鳔头的脂肪团轻轻搣去。然后用适量的白醋泡浸约15分钟，并用流动的清水漂洗干净。

剪肚

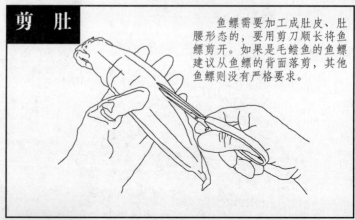

鱼鳔需要加工成肚皮、肚腰形态的，要用剪刀顺长将鱼鳔剪开。如果是毛鳖鱼的鱼鳔建议从鱼鳔的背面落剪，其他鱼鳔则没有严格要求。

晾晒

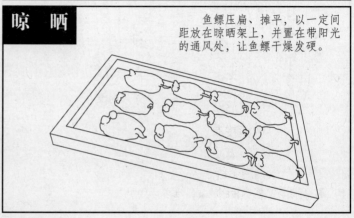

鱼鳔压扁、摊平，以一定间距放在晾晒架上，并置在带阳光的通风处，让鱼鳔干燥发硬。

鱼肚保管

明代药学家李时珍在《本草纲目·果部·黄橘皮》就收集了"橘皮疗气大胜。以东橘为好，西江者不如；须陈久者为良""橘皮以色红日久者为佳，故曰红皮、陈皮；去白者曰橘红也"两段说明，前一段出自南北朝时期陶弘景笔下，后一段出自元代王好古笔下，他们不约而同地证实了橘皮入药不以鲜为佳，而是以陈为上，因而后世就有了"陈皮"的药品。《本草纲目》也提到鱼肚（见鳞部鳔条），但只字不提鱼肚以陈者为佳。由此判断，说鱼肚陈者为佳的应不是出自医家，而是源自食家。

那么，鱼肚是否越陈越好呢？

于食家而言的确如是。因为鱼肚是由动物胶原蛋白构成，而胶原蛋白最大的特点是容易水解以及吸收大量水分而膨胀，例如300多年前江苏镇江人创出的"水晶肴肉"就是利用胶原蛋白这个特性烹制而成。当然，此馔的原料不是鱼肚，而是猪手（蹄），但两者都是由动物胶原蛋白构成。从"水晶肴肉"的原理就可以看出食家最担心之处，因为食家并不希望鱼肚在烹饪时溶化，要的是能够享受到鱼肚实体软滑爽弹的质感。而鱼肚晒干只是打擦边球而已，还会致使涨发和烹饪时常有所谓"泻身"（朦变）的出现。所谓打擦边球是出于对胶原蛋白具有强力的吸水性能的考虑，该特性容易导致刚晒干的鱼肚剩存水分一时三刻干燥不了，使鱼肚处于溏心阶段，只有假以时日让水分自然散发殆尽才称得上彻底干透。当含水量低于8%时，鱼肚会从溏心状态变为凝结状态，此时再被水涨发就不太容易溶化了，这就是鱼肚要陈放的原因。

事实上，谁也说不清鱼肚内部仅存的水分何时散发殆尽，所以就不像橘皮有超过3年即可称"陈皮"的标准，因此陈放鱼肚的方式也就分为膳用级（短期保管）和收藏级（长期保管）两个级别。

以下是介绍这两个级别的保管工具。

◎注："水晶肴肉"的做法是将猪手（蹄）起骨，用亚硝酸盐和食盐腌透，用香料和汤水炆煮致猪手（蹄）熟透，捞起香料，将猪手（蹄）和汤水倒入方盘内晾凉。由于猪手（蹄）中的胶原蛋白在炆煮时溶入汤水之中，所以汤水晾凉后就形成胶（冻），呈啫喱状，再用刀将猪手（蹄）锓成骨牌形即成。

详细做法还可参阅《粤厨宝典·味部篇》。

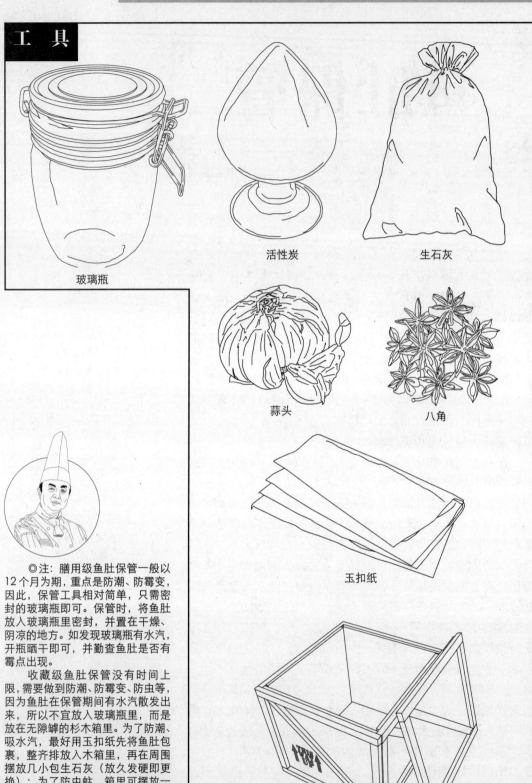

工 具

海味制作图解 Ⅱ

玻璃瓶

活性炭

生石灰

蒜头

八角

玉扣纸

杉木箱

◎注：膳用级鱼肚保管一般以12个月为期，重点是防潮、防霉变，因此，保管工具相对简单，只需密封的玻璃瓶即可。保管时，将鱼肚放入玻璃瓶里密封，并置在干燥、阴凉的地方。如发现玻璃瓶有水汽，开瓶晒干即可，并勤查鱼肚是否有霉点出现。

收藏级鱼肚保管没有时间上限，需要做到防潮、防霉变、防虫等，因为鱼肚在保管期间有水汽散发出来，所以不宜放入玻璃瓶里，而是放在无隙罅的杉木箱里。为了防潮、吸水汽，最好用玉扣纸先将鱼肚包裹，整齐排放入木箱里，再在周围摆放几小包生石灰（放久发硬即更换）；为了防虫蛀，箱里可摆放一些蒜头和八角（大茴香）；为防鱼肚在保管期间吸入异味，可在箱里放几包活性炭（两年更换）。这些处理妥当后封箱，并将木箱放于高处，以防水浸。

拣鱼肚

从营养学的角度来说，鮸鱼鳔与鲟龙鳔所晒成的鱼肚没有本质上的区别，它们均含有易被人体吸收的小分子胶原蛋白肽。从中药的角度来说，《本草纲目》也偶有提及"石首鱼胶"这个名字，但多数以"鳔胶"二字表述，说明只要服用从鱼鳔熬制出来的鳔胶就已达到疗效，不必大费周章挑选什么鱼的鳔。

挑选什么鱼的鳔显然是厨师和鱼肚收藏家的事。

不过，厨师和鱼肚收藏家的关心点显然不同，厨师关心的是有怎样的鱼肚适合做怎样的菜式，是着眼于现在；而鱼肚收藏家关心的是有什么鱼肚值得收藏，是着眼于未来。所以，他们心目中对鱼肚指标自然有宏观和微观的区别。

鱼肚收藏家基本上对某一鱼种所晒成的鱼肚感兴趣，就单个鱼肚品种也能定下十大指标，即品种、产地、规格（大小和厚薄）、品相、质量（粗肉或柔肉）、色泽（包括透光度）、性别（公肚或乸肚）、气味、年份、湿度（硬度）等。

相对而言，厨师拣选鱼肚仅三个指标，是综合各种鱼肚而做出的要求。即规格（大小和厚薄）、质量（粗肉或柔肉）及性别（公肚或乸肚）。

有读者不禁会问，为什么厨师拣选鱼肚只有三个指标呢？

厨师拣选鱼肚有三个要求，一是鱼肚规格（大小和厚薄），规格决定厨师以怎样的形式去烹制，如果是体薄的鱼肚便以羹的形式去烹制，如果是体厚的鱼肚便以扒的形式去烹制。二是鱼肚的质量（粗肉或柔肉），质量决定厨师采用哪种涨发方法，粗肉用油发，柔肉用水发。三是鱼肚的性别（公肚或乸肚），性别决定鱼肚涨发后的泻身（朦变）情况，关乎整个制作流程。

◎从营养学的角度来说，鮸鱼鳔与鲟龙鳔所晒成的鱼肚没有本质上的区别，它们均含有易被人体吸收的小分子胶原蛋白肽。

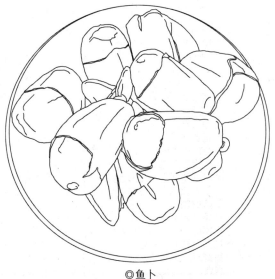

◎鱼卜

海味制作图解 Ⅱ

◎注：黄唇肚显然是鱼肚的"收藏之王"，因为它有两条极富特色的"胡须"（鳔管），而这对于膳用而言则显得多余。①是黄唇肚。

鱼肚的"收藏之王"则是毛鲿肚，因为这种鱼肚有两个小坠，如果加工时在鱼鳔背面剪开更加明显。②是从鱼鳔腹面剪开摊平晒干的毛鲿肚。⑤是从鱼鳔背面剪开摊平晒干的毛鲿肚，收藏界将之称为"乳房肚"。

排在收藏榜第三位的是石首鱼科品种摘下的鱼鳔所晒干的蜘蛛肚。③为原个鱼鳔的蜘蛛肚。⑥为鱼鳔剪开晒干的蜘蛛肚。

排在收藏榜第四位的是鳕科品种摘下的鱼鳔所晒干的鳖鱼肚。④为厚片鳖鱼肚，特点是体大肉厚。

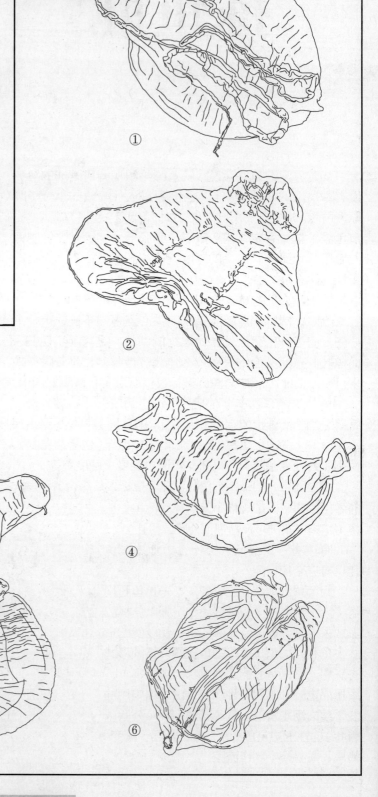

190

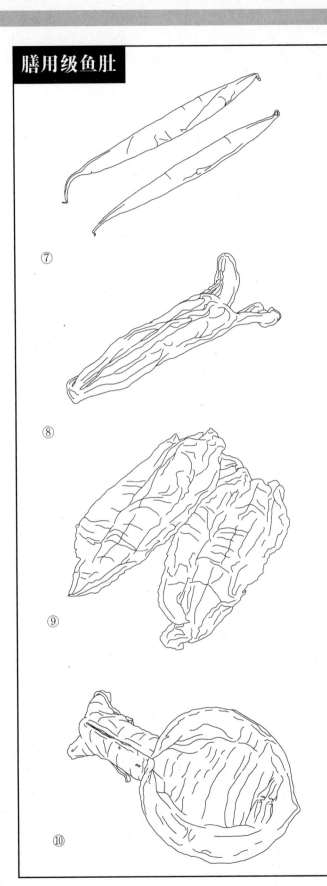

膳用级鱼肚

⑦

⑧

⑨

⑩

⑪

海味制作图解Ⅱ

◎注：膳用级的鱼肚没有排行榜，基本上是按鱼种的价值定价，但它们都具收藏价值，因为在储存的过程中鱼肚的胶原蛋白进行缓慢的胶结反应，从黐性转为爽性，质感更加美妙。

鱼肚的形状主要有4种，即所谓片肚（如①②④⑤⑨）、全筒肚（如③⑦⑪）、半筒肚（如⑥⑧）及塔片肚（如⑩）等。⑦为鳝肚（鳗鱼）。⑧为黄花肚。⑨为薄片鳖肚。⑩为用多种低价鱼鳔晒干的"波板肚"的鱼肚。⑪为鸭泡肚。

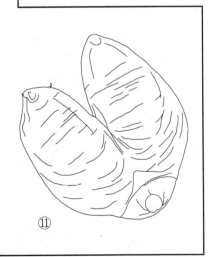

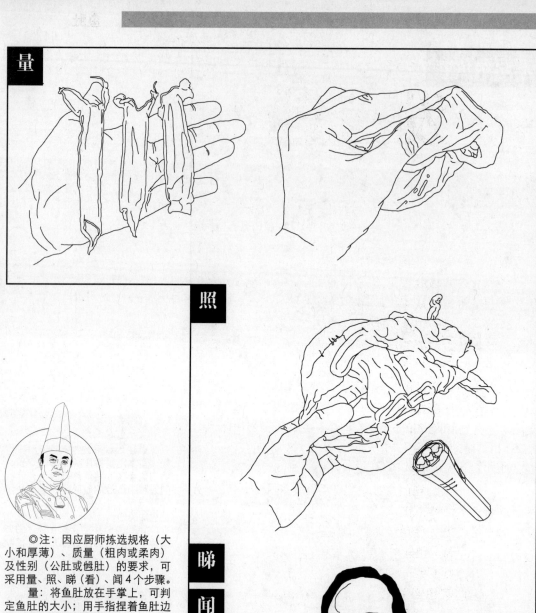

量

照

睇
闻

◎注：因应厨师拣选规格（大小和厚薄）、质量（粗肉或柔肉）及性别（公肚或乸肚）的要求，可采用量、照、睇（看）、闻4个步骤。

量：将鱼肚放在手掌上，可判定鱼肚的大小；用手指捏着鱼肚边缘，可判定鱼肚的厚薄。

照：将鱼肚放在灯光下，观察鱼肚的通透情况，如果折光率不高，说明鱼肚干燥度低，不宜选购；如果有白点或白块，则是花心鱼肚，更不宜选购。

睇（看）：观察鱼肚的纹路，如果纹路清晰、粗犷，是为雄鱼鱼鳔所晒干的鱼肚，行中称为"肚公"，优先选择，烹饪时不易泻身（朦变）；如果纹路朦胧、幼嫩，是为雌鱼鱼鳔所晒干的鱼肚，行中称为"肚乸"，次等选择，烹饪时容易泻身（朦变）。

留意鱼肚的色泽，大多鱼肚的色泽是自然的淡白色至金黄色（陈放后会偏向棕色），太过亮丽则是不正常，有可能被硫黄熏制过。

闻：正常的鱼肚气味清淡，如果有腥味、臊味及其他杂味都是不正常，不宜选购。

发鱼肚

海味制作图解Ⅱ

俗语有云"晒鳔怕花心，发肚怕生骨"，说的是鱼鳔从鲜货到干货，再从干货到膳用，都要经历一道坎。鱼鳔晾晒时的坎，是怕它干燥不均匀，会出现俗称"花心"的现象。而鱼肚涨发时的坎，则是怕它吸水不均，会出现俗称"生骨"的现象。

生骨是粤菜厨师的口语，其他菜系厨师又称其为"夹心"，即鱼肚在涨发时不够彻底，导致有部分位置没有得到吸水复原，以使该部分在膳用时产生发硬、黐牙等不良现象，与吸水复原后呈现蓬松、软滑的部分形成鲜明的反差。

这两道坎大大制约着鱼肚膳用的发展。

当前辈们认识到鱼鳔具有的价值之后，作坊化生产取代家庭零散晾晒方式随即成为趋势，以更专业的技术迈过了晒鳔花心的坎，使鱼肚得以成为矜贵的海味，与同为干货的鲍鱼、海参、鱼翅齐名。

现在，就剩下另一道坎了。

聪明的商家想到了解决方法，就是同样以作坊化的专业技术绕开鱼肚生骨的坎。商家聪明之处是明知鱼肚生骨出于鱼肚吸水不彻底却没有机械地采用强制水发去处理，而是另辟蹊径采用加热膨化的方法先让鱼肚蓬松起来。

为什么不直接强制水发而改用加热膨化的方法呢？

这是有道理的。因为商家知道强制水发虽然操作简单，但鱼肚并不耐放，鱼肚在充分吸收水分之后就会进入下一个环节——泻身（朦变）。这样的商品不仅不受欢迎，还会自损其利。采用加热膨化的情况则大有改观，膨化后的鱼肚仍然是干货，不存在泻身（朦变）的问题，储存期大大延长；而且只要提早1个小时用水泡软就可以烹饪。

在这一理论下，商家发明了沙发和盐发的方法让鱼肚膨化并形成商品。不过，厨师对此商品则有另一种看法，认为这种商品"酐"了一些，又创出了油发的方法……

◎注："酐"又写作"肝""破""黚"。根据《说文解字》《广韵》《集韵》等字书的解释是形容人的脸面黑气，即苍白、面无血色的样子，读作古旱切、工旦切、居案切——gan⁴。今字典说读作 gan³。

广东人借用了这个字形容食物因陈放失去油亮光泽及由此形成的气味，读作 hong⁶。

笊篱

大镬炒炉

粗沙

铁铲

粗盐

◎注 1："沙发"和"盐发"是鱼肚商家发明的方法。所用工具包括大镬炒炉、笊篱、铁铲以及粗沙或粗盐。

◎注 2：沙发和盐发的操作方法是将粗沙或粗盐放在大铁镬内以中火加热（5 份粗沙或粗盐加工 1 份鱼肚），用铁铲不断翻动使粗沙或粗盐受热达 165℃，然后将鱼肚埋入粗沙或粗盐之中，约 20 秒后会听到鱼肚发出"啪啪"声，此时再用铁铲不断翻动，使鱼肚充分受热；再大约 55 秒后，炒动的鱼肚会出现折断，这样说明鱼肚已经完成膨化反应，即可迅速将鱼肚连同粗沙或粗盐从大镬里铲出，趁热放在笊篱上抛动，将粗沙或粗盐筛去（若凉了才筛，粗沙或粗盐会沾在鱼肚上，不易掉落）。

◎注 3：用沙发和盐发加工的鱼肚成品色泽不及油发的光亮，质感不及焗发的软滑，所以一般是面向家庭制作。

◎注 4：以沙发和盐发而膨化的鱼肚制品因保存期较长，可作为商品包装销售，这是以油发、焗发、蒸发的鱼肚制品所不具备的。

沙 发
盐 发

中火

165℃

75 秒

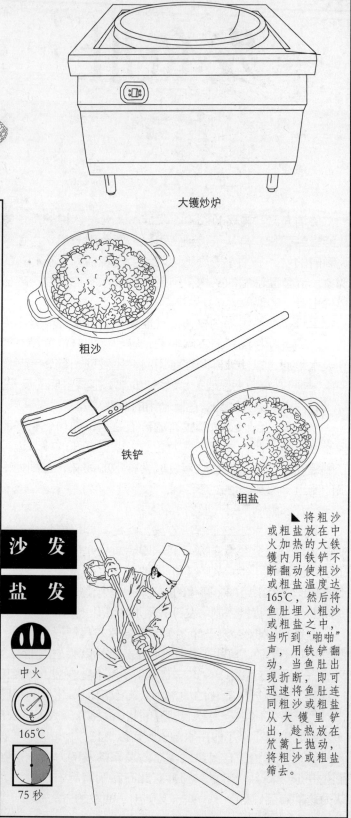

▲ 将粗沙或粗盐放在中火加热的大铁镬内用铁铲不断翻动使粗沙或粗盐温度达 165℃，然后将鱼肚埋入粗沙或粗盐之中，当听到"啪啪"声，用铁铲翻动，当鱼肚出现折断，即可迅速将鱼肚连同粗沙或粗盐从大镬里铲出，趁热放在笊篱上抛动，将粗沙或粗盐筛去。

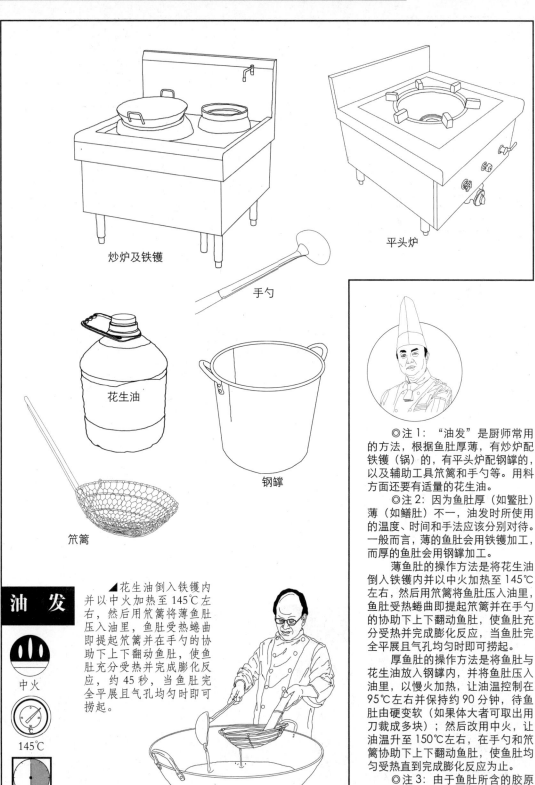

炒炉及铁镬

平头炉

手勺

花生油

钢罉

笊篱

油发

中火

145℃

45秒

花生油倒入铁镬内并以中火加热至145℃左右，然后用笊篱将薄鱼肚压入油里，鱼肚受热蜷曲即提起笊篱并在手勺的协助下上下翻动鱼肚，使鱼肚充分受热并完成膨化反应，约45秒，当鱼肚完全平展且气孔均匀时即可捞起。

◎注1："油发"是厨师常用的方法，根据鱼肚厚薄，有炒炉配铁镬（锅）的，有平头炉配钢罉的，以及辅助工具笊篱和手勺等。用料方面还要有适量的花生油。

◎注2：因为鱼肚厚（如鳖肚）薄（如鳝肚）不一，油发时所使用的温度、时间和手法应该分别对待。一般而言，薄的鱼肚会用铁镬加工，而厚的鱼肚会用钢罉加工。

薄鱼肚的操作方法是将花生油倒入铁镬内并以中火加热至145℃左右，然后用笊篱将鱼肚压入油里，鱼肚受热蜷曲即提起笊篱并在手勺的协助下上下翻动鱼肚，使鱼肚充分受热并完成膨化反应，当鱼肚完全平展且气孔均匀时即可捞起。

厚鱼肚的操作方法是将鱼肚与花生油放入钢罉内，并将鱼肚压入油里，以慢火加热，让油温控制在95℃左右并保持约90分钟，待鱼肚由硬变软（如果体大者可取出用刀裁成多块）；然后改用中火，让油温升至150℃左右，在手勺和笊篱协助下上下翻动鱼肚，使鱼肚均匀受热直到完成膨化反应为止。

◎注3：由于鱼肚所含的胶原蛋白是油溶性物质，十分容易泻身（朦变），因此，在油发膨化后进行浸泡的时候要加入碱性物质（如碳酸氢钠）或酸性物质（如白醋），将油分清洗干净。

海味制作图解 II

海
味
制
作
图
解
Ⅱ

◎注1: "焗发"又称"水发",是最传统和最简单的方法,所用工具是平头炉和带盖钢镬,并且授热介质为清水。

◎注2: 粤菜厨师对厚的和薄的鱼肚会采用不同的涨发方法,薄的鱼肚通常会用油发的方法加工,而厚的鱼肚则会采用焗发的方法处理。

焗发的操作方法是先将鱼肚放在清水里浸泡12个小时,然后用钢镬装上八成满的清水(20份清水加工1份鱼肚)在平头炉上加热至沸腾,熄火,将浸泡过的鱼肚压入其中(鱼肚浮面容易因发生氧化反应而变褐色),冚(盖)上盖焗至水凉。此时用手按捏鱼肚判断鱼肚是否完全涨发,如果还有未涨发的部分(俗称"生骨")即还未发好,依法继续焗发,直到鱼肚全面涨发为止。及后将鱼肚泡在冰水里备用。

◎注3: 焗发的优点是让鱼肚保持软弹的质感。缺点有三,第一是涨发时间长,连浸泡和焗泡的时间,至少得耗36个小时。第二是涨发质量并不高,很容易有生骨(夹心)的现象。第三是容易泻身(朦变),不耐保存。

◎注4: 《秘传食谱·第二编·海菜门·第十六节·清炖黄花鱼肚》云: "预备: 材料黄花鱼肚、好清汤、火腿片、切成长段的青菜心、米或盐。手术: (第一步)将黄花鱼肚用开水略煮二三十滚,即行取起。另用清水漂洗两次,倾去水,沥干水气(汽)。(第二步)取好清汤、火腿片、青菜段,先煮到极滚,再将鱼肚加入,煮十几滚,即须盛起就食。注意: (一)大凡鱼肚都可油酥,只有黄花鱼肚油一酥了,反煮不烂,只好蒸炖。(二)像第三(应为二)步,鱼肚并不能和清汤同放下去煮,须等清汤煮滚以后再将鱼肚放进;鱼肚放进后,只须煮一二十滚即行起锅,不然就融(溶)化在里面了。附注: 也有将鱼肚用米或生盐先入锅炒一过,再入净水中漂洗干净放入好清汤内同配头去烩的,亦好。"

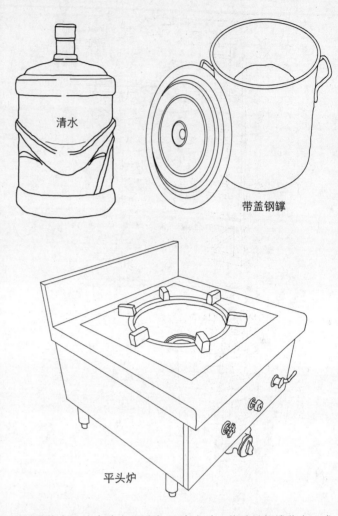

清水

带盖钢镬

平头炉

▼将鱼肚放在清水里浸泡12个小时,然后用钢镬装上八成满的清水加热至沸腾,熄火,将浸泡过的鱼肚放入其中,冚(盖)上盖焗至水凉。如鱼肚仍未完全发透,可依法继续焗发,直到鱼肚全面涨发为止。

焗 发

熄火

98℃

12个小时

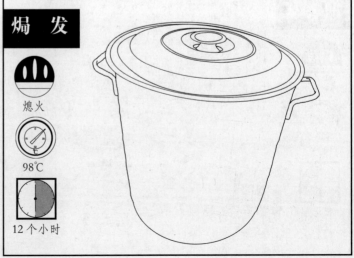

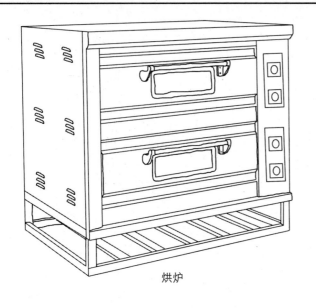

烘炉

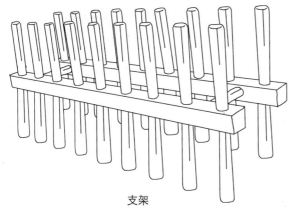

支架

▼鱼肚排放在支架上，置入烘炉内，先以90℃预热20分钟，至鱼肚全身受热均匀，再以185℃加热，直到鱼肚全面膨化为止。

烘发

中火

185℃

45分钟

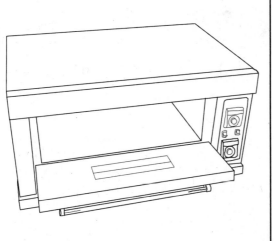

◎注1："烘发"又称"气发"，是《中药炮制学》提供的方法，粤菜厨师较少操作。其加工用具比较简单，即烘炉加支架便可。

◎注2：烘发方法通常是针对体厚的鱼肚。操作方法是将鱼肚排放在支架上，两片之间的距离不宜太接近，大概以15厘米为度；然后置入烘炉内，先以90℃预热20分钟，至鱼肚全身受热均匀，再以185℃加热，直到鱼肚全面膨化为止（不少于45分钟）。

◎注3：采用烘发的方法加工鱼肚，不仅用具少且劳动强度低，最重要的是鱼肚膨化效果好，膳用时不会产生强烈的黏牙现象。

◎注1："蒸发"又称"汽发"，是参照焗法概念而形成的方法，所用工具有蒸柜（上什炉）和钢盆。其传热介质除了蒸汽外还有水分，所以还要准备适量的清水。

◎注2：蒸发的操作方法是先将鱼肚放在清水里浸泡12个小时，然后将鱼肚放入钢盆内并加入过面清水（鱼肚必须泡在水里，如果浮面，就容易发生氧化反应而变成褐色），置入蒸柜（上什炉）内，以中火加热，直至鱼肚完全吸收水分为止（不少于3个小时）。将鱼肚取出并泡在冰水里备用。

◎注3：鱼肚用蒸发方法加工所产生的效果与用焗法加工的大致相同。

◎注4：《秘传食谱·第二编·海菜门·第十八节·清炖油酥鱼肚》云："预备：材料鱼肚（整个不要切开）、油适量（分两次用）、好清汤、火腿片、青菜段、酱油、绍酒。手术：（第一步）先将整个鱼肚放入冷油锅内，用微火缓缓焙炸一过，看锅内的油已要滚了，即将鱼肚取起。（第二步）再将每个鱼肚切做（作）两片，入油锅内再炸透一过，用杓捞起，沥净油气。（第三步）将炸好的鱼肚放入滚水内煮到现出白色，这时油气已经出尽，即将好清汤、火腿片、青菜段、酱油、绍酒放入鱼肚内，一同炖好就食，味亦佳美。注意：这种油酥鱼肚只可拿下等材料配制，若用鱼肚油肚未免委曲可惜。"

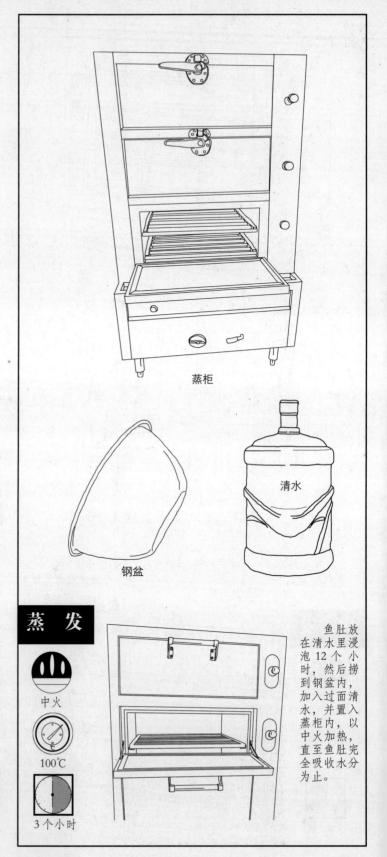

蒸柜

钢盆

清水

蒸发

中火

100℃

3个小时

鱼肚放在清水里浸泡12个小时，然后捞到钢盆内，加入过面清水，并置入蒸柜内，以中火加热，直至鱼肚完全吸收水分为止。

百花鱼肚

百花鱼肚的搭配显然不是由一个主角演绎，鱼肚这个主角前面已介绍，但"百花"是什么呢？百花实为粤菜厨师对虾糜制品的美称，也就是说，这道菜的另一个主角就是虾。

近代粤菜烹虾热潮是由清末期间的世界首富——怡和行大班伍秉鉴（1769—1843）带动的，余韵犹在。

伍秉鉴是个"虾痴"，几乎对其餐飨不离，日后成为粤式点心"四大天王"之一的虾饺（余下是烧卖、叉烧包及蛋挞）就是为伍秉鉴日常膳食而设计。伍秉鉴离世之后，其庞大的家族也随之败落，虾饺这道极具特色的点心以及其他伍秉鉴喜欢的虾馔便成为伍家后人纪念祖先的食物。

约于民国（1911—1949）初年，败落的伍家后人在广州河南（今海珠区）的五凤村口开了一间叫"怡珍"（伍秉鉴的商号叫"怡和行"）的茶楼，将伍秉鉴青睐的虾馔公诸同好，虾饺这道传说中的点心才得以让广州人一睹其庐山真面目。而就是这款虾饺让粤式点心的两位名师——禤东凌（点心天王）和罗坤（点心状元）脱颖而出。

事实上，除了以上两位名师之外，还有一位也出自怡珍茶楼则鲜为人知，他就是崔强师傅。

崔强生于1912年，16岁时随叔父崔焰学艺，26岁那年出师到怡珍茶楼工作。然而，工作不到半年，日本发动侵华战争侵占了广州，怡珍茶楼的生计受到很大的影响。就在这关口，崔强临危不乱坚守岗位的品格深得怡珍茶楼老板的赏识。由于时局混乱，怡珍茶楼老板最终还是决定结束经营到香港避难，临行前为表谢意，遂将祖上另一道虾馔的秘法心得——百花馅（虾胶）的制作方法交到了崔强之手。崔强就是因为这份秘方而在粤式点心行内享有"百花强"的称号。

崔强临终前回忆，怡珍茶楼老板交予他的秘方包括有拣虾、剁制、用盐以及挞制方法等要领。并补充说，如果不得要领，百花馅（虾胶）就会霉散及丧失鲜味……

◎唐代刘恂在《岭表录异》有"南人多买虾之细者，生切伴菜（大萝卜）、兰生蓼等，用浓酱醋先泼活虾，盖似生菜，以热釜覆其上，就口跑出，亦有跳出醋碟者，谓之'虾生'，鄙俚重之，以为异馔也"的记载，引证了广东人烹虾、吃虾历史源远流长，近代广州出了位"虾痴"又延续了这一遗风。由于这位虾痴的地位不凡，为世界首富——怡和行大班伍秉鉴，其所青睐的虾馔自然受到外界追捧。粤式点心著名的"虾饺"和"百花馅"就是因伍秉鉴的膳食要求而设计出来的。

下图为伍秉鉴绣像。

◎注1：虾类与蟹类都隶属于节肢动物门[Arthropoda]甲壳亚门[Crustacea]软甲亚纲[Malacostraca]真软甲次纲[Eumalacostraca]真虾总目[Eucarida]十足目[Decapoda]项下。头胸部具头胸甲且腹部发达的为虾类，有的因腹部退化而折于头胸甲下的为蟹类。虾类大多归入腹胚亚目[Pleocyemata]真虾次目[Caridea]项下。由于品种繁多，又再由16个总科35个科及6个亚科管辖，它们分布在咸水区、淡水区及咸淡水区。

◎注2：侧扁隐虾是长臂虾总科[Palaemonoidea]拟贝隐虾科[Anchistioidae]拟贝隐虾属[Anchistioides]侧扁拟贝隐虾[*Anchistioides compressus* (Paulson)]的简称。此虾额角（触枪）具10～12个背齿和8个腹齿。头胸甲眼上具小凸。亚螯指节短于掌节长度的一半。分布于中国西沙群岛、南沙群岛的咸水区域。

◎注3：维勒隐虾是维勒拟贝隐虾[*Anchistioides willeyi* (Borradaile)]的简称。此虾额角具6～8个背齿和3～4个腹齿。头胸甲具眼后钝刺。亚螯指节稍长于掌节。主要分布于中国西沙群岛的咸水区域。

◎注4：安氏白虾即长臂虾总科[Palaemonoidea]长臂虾亚科[Palaemoninae]白虾属[Exopalaemon]的安氏白虾[*Exopalaemon annandalei* (Kemp)]。此虾额角甚窄长，末端上翘，基部短鸡冠状隆起，具4～6齿，末端还具1附加齿；下缘具4～6齿。触角刺小，鳃甲刺甚大。分布在辽宁、河北、山东及浙江沿岸及河口咸淡水交汇区域。

◎注5：脊尾白虾又称"白虾""黄虾""峙虾"，即白虾属[Exopalaemon]的脊尾白虾[*Exopalaemon carinicauda* (Holthuis)]。此虾额角甚窄长，基部1/3处具鸡冠状隆起；上缘具6～9齿，中部及末端甚细，末部稍向上扬起并具1附加齿；下缘具3～6齿。触角刺甚小，鳃甲刺较大。腹部自第3～6腹节背面具纵峙。主要分布在渤海、黄海的咸淡水区域。

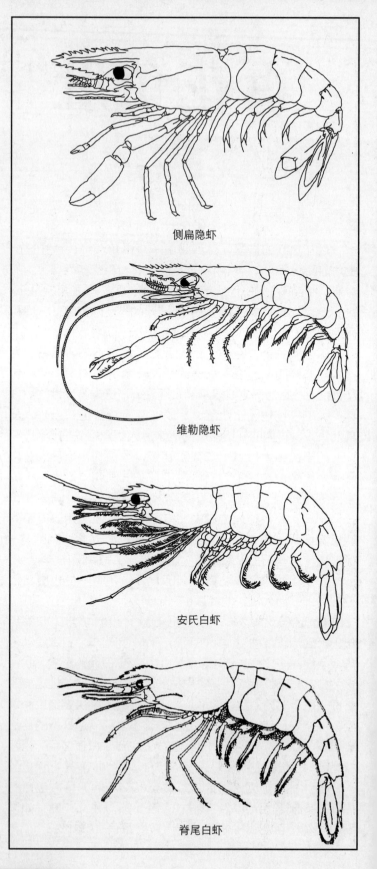

侧扁隐虾

维勒隐虾

安氏白虾

脊尾白虾

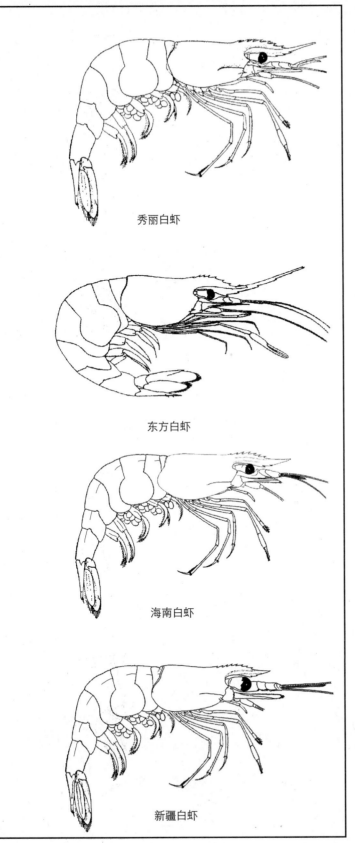

秀丽白虾

东方白虾

海南白虾

新疆白虾

◎注1：秀丽白虾又称"湖白虾""丽白虾""丽虾"，即白虾属 [Exopalaemon] 的秀丽白虾 [Exopalaemon modestus (Heller)]。此虾体光滑，额角末端超出鳞片的末缘；上缘具 8～13 齿，基部有 1～2 齿位于眼眶的后缘的头胸甲上。末端近半无齿，鸡冠状隆起的长度大于末端的细尖部，后者略上扬，无附加齿。下缘具 2～4 齿。触角刺小于鳃甲刺。主要分布于北起兴凯湖，南及福建广大的淡水区域。

◎注2：东方白虾又称"东方虾"，即白虾属 [Exopalaemon] 的东方白虾 [Exopalaemon orientis (Holthuis)]。此虾额角细长，约为头胸甲长的 1.4 倍，末端 2/5 超出鳞片末缘，鸡冠状隆起占基部 3/5，中部及末部甚细，末端上翘；上缘具 6～7 齿，尖端具附加齿；下缘具 6～7 齿。触角刺较鳃甲刺小，鳃甲刺上方具鳃甲沟。腹部第 3～6 节背面圆，无纵嵴。尾节背面圆滑无嵴，并具 2 对活动刺。主要分布于福建、厦门以南，广东、广西、台湾、海南等沿海咸淡水交汇区域。

◎注3：海南白虾又称"海南虾"，即白虾属 [Exopalaemon] 的海南白虾 [Exopalaemon hainanensis (Liang)]。此虾额角短而宽阔，基部鸡冠状隆起部长于末端细尖；上缘具 7 齿，末端上翘；下缘具 2 齿。头胸甲触角刺较鳃甲刺小。鳃甲沟清楚。主要分布于海南省沿岸咸淡水交汇处的浅水区域。

◎注4：新疆白虾又称"新疆虾"，即白虾属 [Exopalaemon] 的新疆白虾 [Exopalaemon xinjiangensis (Liang)]。此虾额角短于头胸甲，而且雄性短于雌性；上缘具 8～13 齿，有 2～3 齿位于眼眶后缘的头胸甲上；下缘具 2～6 齿。触角刺相当小。鳃甲沟上方呈弧形弯曲。分布于新疆的淡水湖泊及溪流。

◎注 1：日本沼虾又称"河虾""青虾""沼虾"，即长臂虾总科 [Palaemonoidea] 长臂虾亚科 [Palaemoninae] 沼虾属 [Macrobrachium] 的日本沼虾 [*Macrobrachium nipponense* (De Haan)]。此虾额角短于头胸甲，上缘平直并具 9～13 齿；下缘向上弧曲并具 2～3 齿。头胸甲粗大，散布小颗粒状凸起。尽管名字冠上"日本"两个字，但不是日本特产，遍布在中国境内除西藏、新疆、青海之外的广大淡水区域。粤菜传统的"百花馅"（虾胶）就是以它作为原料。

◎注 2：粗糙沼虾又称"糙虾"，即沼虾属 [Macrobrachium] 的粗糙沼虾 [*Macrobrachium asperulum* (Von Martens)]。此虾额角短而宽；上缘近平直，具 8～12 齿；下缘具 2～3 齿。头胸甲坚硬、粗糙；头胸甲、腹部、尾节及尾肢布满颗粒状凸起。分布于长江中下游及南方各省的湖泊、溪流区域。

◎注 3：澳洲沼虾又称"澳虾"，即沼虾属 [Macrobrachium] 的澳洲沼虾 [*Macrobrachium australe* (Guer Meneville)]。此虾额角基部平直，末端上翘且呈刺状；上缘具 8～14 齿；下缘具 2～6 齿。头胸甲仅成体前侧有粗糙小刺凸，余下平滑。肝刺小于触角刺。分布于中国台湾通海河流下游的淡水区域。

◎注 4：毛螯沼虾又称"云南虾"，即沼虾属 [Macrobrachium] 的毛螯沼虾 [*Macrobrachium dienbienphuense* (Dang et Nguyen)]。此虾额角约为头胸甲的一半，尖锐；上缘隆起 8～14 齿，排列前密后疏；下缘具 1～3 齿。触角刺向前直伸；肝刺位于触角刺的后下方并向下斜伸。头胸甲的前下角粗糙并密布小颗粒状刺凸。螯足掌节覆盖簇状软毛。分布于云南西双版纳各溪流。

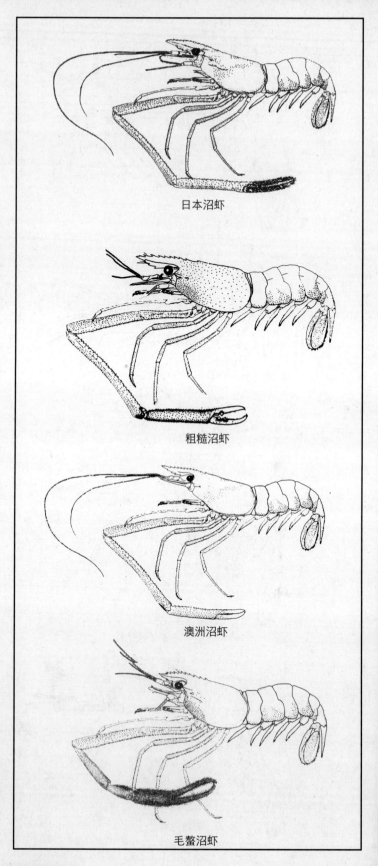

日本沼虾

粗糙沼虾

澳洲沼虾

毛螯沼虾

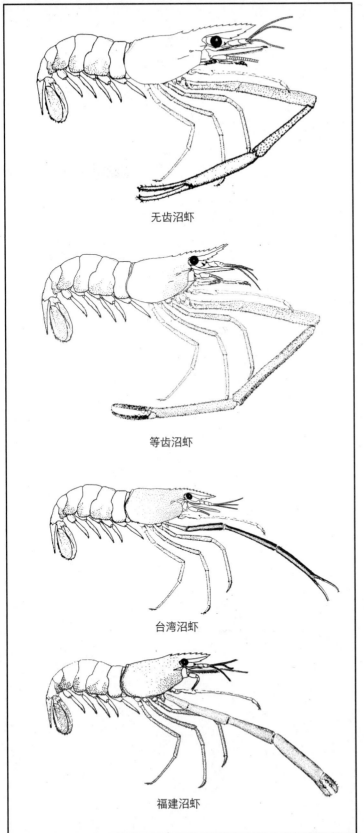

无齿沼虾

等齿沼虾

台湾沼虾

福建沼虾

◎注1：无齿沼虾又称"无齿虾"，即沼虾属 [Macrobrachium] 的无齿沼虾 [*Macrobrachium edentalum* （Liang et Yan）]。此虾额角宽阔，剑状，长度约为头胸甲长的 3/5；上缘略隆起，具 10～15 齿；下缘后半部具 3～5 齿。头胸甲及腹部光滑，无颗粒状凸起。分布于四川河流、溪流及自流井等淡水区域。

◎注2：等齿沼虾又称"等齿虾"，即沼虾属 [Macrobrachium] 的等齿沼虾 [*Macrobrachium equidens* （Dana）]。此虾额角长为头胸甲长的 3/4，末端上翘，鸡冠状隆起在眼上方；上缘具 10～12 齿；下缘具 4～6 齿。头胸甲布满小颗粒凸起。肝刺在触角刺水平线的下方。分布于福建泉州以南的沿海咸水区域。

◎注3：台湾沼虾又称"台湾虾"，即沼虾属 [Macrobrachium] 的台湾沼虾 [*Macrobrachium formosense* （Bate）]。此虾额角长约为头胸甲长的 3/5，鸡冠状隆起在眼的上方；上缘具 12～14 齿，初起 2 齿间距较大，后起之齿等距；下缘具 2～4 齿。头胸甲遍布小刺凸，但在触角刺下方、肚刺前方的区域则光滑无刺。分布于中国台湾海峡两岸淡水区域。

◎注4：福建沼虾又称"福建虾"，即沼虾属 [Macrobrachium] 的福建沼虾 [*Macrobrachium fukienense* （Ling et Yan）]。此虾额角长度为头胸甲长度的一半，末端上翘；上缘隆起，等距分布 7～8 齿；下缘凸，具 2 齿。头胸甲两侧布有许多颗粒状凸起，雄性更显著。分布于福建厦门至广东汕头沿海的淡水区域。

◎注1：细额沼虾又称"细额虾"，即沼虾属 [Macrobrachium] 的细额沼虾 [*Macrobrachium gracilirostre* (Miers)]。此虾额角窄而短，长约头胸甲长度的一半，末端稍向下弯；上缘具 9～11 齿；下缘具 2 齿。头胸甲平滑，前侧角无小刺。分布于中国台湾溪流上游的淡水区域。

◎注2：广西沼虾又称"广西虾"，即沼虾属 [Macrobrachium] 的广西沼虾 [*Macrobrachium guangxiense* (Liang et Yan)]。此虾额角宽阔，末端微向内凹，长度约为头胸甲长度的一半；上缘稍隆起并具 12～16 齿；下缘膨凸并具 3～4 齿。分布于广西的淡水湖沼区域。

◎注3：南方沼虾又称"南方虾"，即沼虾属 [Macrobrachium] 的南方沼虾 [*Macrobrachium meridionalis* (Liang et Yan)]。此虾额角较短宽，长度短于头胸甲长度的一半，在眼上方稍稍隆起；上缘前密后疏具 12～14 齿；下缘具 3～4 齿。头胸甲光滑。主要分布在海南省的淡水区域。

◎注4：霍氏沼虾又称"霍氏虾"，即沼虾属 [Macrobrachium] 的霍氏沼虾 [*Macrobrachium horstii* (De Man)]。此虾额角短小而狭窄，平直，略向下方斜伸，末端上翘；上缘具 11～12 齿，排列前密后疏。头胸甲平滑。主要分布于中国台湾水流湍急的中上游淡水区域。

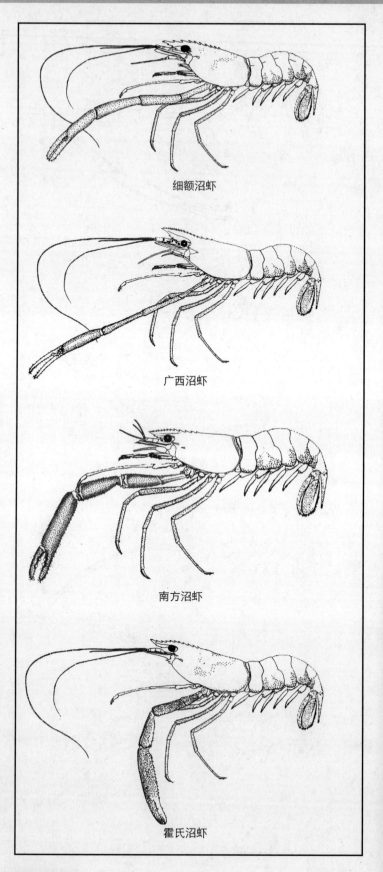

细额沼虾

广西沼虾

南方沼虾

霍氏沼虾

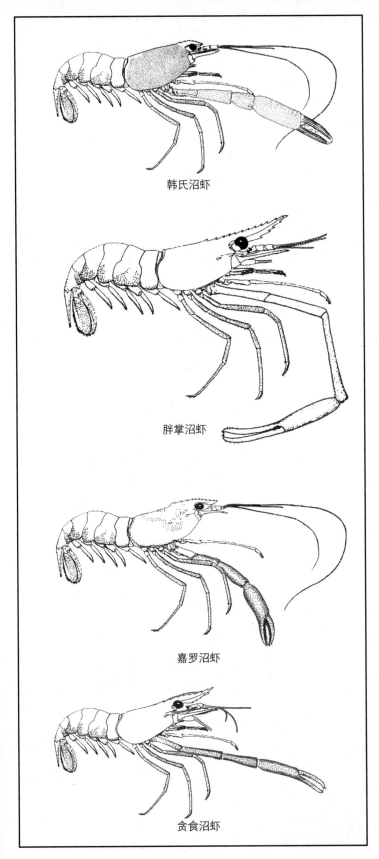

韩氏沼虾

胖掌沼虾

嘉罗沼虾

贪食沼虾

◎注1：韩氏沼虾又称"韩氏虾"，即沼虾属 [Macrobrachium] 的韩氏沼虾 [*Macrobrachium hendersoni* (De Man)]。此虾额角短，在眼上方鸡冠状隆起，末端向下斜伸；上缘具6～10齿；下缘具1～2齿。头胸甲密布细刺状凸起。分布于云南山间溪流的淡水区域。

◎注2：胖掌沼虾又称"胖掌虾"，即沼虾属 [Macrobrachium] 的胖掌沼虾 [*Macrobrachium inflatum* (Liang et Yan)]。此虾额角狭长，长度与头胸甲长度相若，上缘平直，末端上翘；上缘具12～17齿；下缘具3～5齿。头胸甲与腹部光滑，无颗粒状凸起。亚螯粗壮，掌节呈椭圆形。分布于江苏、福建、广东、广西、安徽、新疆、四川、湖北、海南等省的湖泊、河流、溪流的淡水区域。

◎注3：嘉罗沼虾又称"嘉罗虾"，即沼虾属 [Macrobrachium] 的嘉罗沼虾 [*Macrobrachium jaroense* (Cowles)]。此虾额角短尖，在眼上方鸡冠状隆起；上缘具11～12齿；下缘具2齿。亚螯粗壮。主要分布于中国台湾湍急溪流中、下游溪段的淡水区域。

◎注4：贪食沼虾又称"贪食虾"，即沼虾属 [Macrobrachium] 的贪食沼虾 [*Macrobrachium lar* (Fabricius)]。此虾额角稍短于头胸甲的长度，上缘直，末端上翘，在眼上方微微隆起；上缘具8～9齿；下缘具3～4齿。头胸甲光滑。主要分布于福建淡水及咸淡水的河流、湖泊。

◎注1：阔指沼虾又称"阔指虾"，即沼虾属 [Macrobrachium] 的阔指沼虾 [*Macrobrachium latidactylus* (Thallwitz)]。此虾额角上缘隆起，尖端向下，长度约为头胸甲长度的一半；上缘具15～17齿；下缘具3～4齿。头胸甲有颗粒状凸起。主要分布于海南、台湾的湖泊、河流的淡水区域。

◎注2：宽掌沼虾又称"宽掌虾"，即沼虾属 [Macrobrachium] 的宽掌沼虾 [*Macrobrachium latimanus* (von Martens)]。此虾额角短，平面宽阔；上缘隆起且具5～10齿；下缘具2～4齿。头胸甲平滑无刺，肝刺小于触角刺并位于触角刺后下方。亚螯短而粗。主要分布于台湾湍急河流的淡水区域。

◎注3：斑节沼虾又称"斑节虾"，即沼虾属 [Macrobrachium] 的斑节沼虾 [*Macrobrachium maculatum* (Liang et Yan)]。此虾额角长度为头胸甲长度的一半，末端上扬；上缘具9～14齿；下缘具3～5齿。头胸甲散布小颗粒状凸起。肝刺略小于触角刺，位于触角刺水平线后下方。体具棕黑色斑纹。主要分布于华东、华南及西南各省溪流的淡水区域。

◎注4：邵氏沼虾又称"邵氏虾"，即沼虾属 [Macrobrachium] 的邵氏沼虾 [*Macrobrachium shaoi* (Cai et Jeng)]。此虾额角直；上缘具13齿；下缘具5齿。头胸甲的前侧角具小刺。肝刺小于触角刺，位于触角刺的后下方。主要分布于台湾的淡水区域。

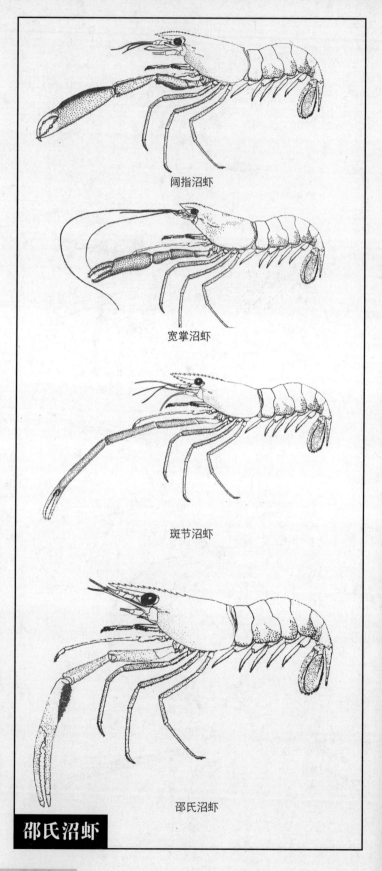

阔指沼虾

宽掌沼虾

斑节沼虾

邵氏沼虾

邵氏沼虾

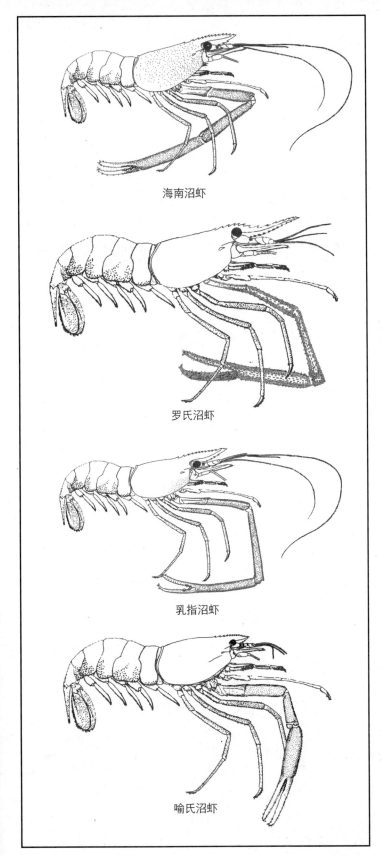

海南沼虾

罗氏沼虾

乳指沼虾

喻氏沼虾

◎注1：海南沼虾又称"海南虾"，即沼虾属[Macrobrachium]的海南沼虾 [*Macrobrachium hainanense* (Parisi)]。此虾额角长度约为头胸甲长度的3/5，在眼上方稍隆起；上缘具12～14齿；下缘具2～4齿。头胸甲遍布颗粒状凸起，雄性者大而密，雌性者小而稀。主要分布于海南、广东、广西的淡水及咸淡水区域。

◎注2：罗氏沼虾又称"罗氏虾""白脚虾""金钱虾""万氏对虾""马来西亚大虾"，即沼虾属[Macrobrachium]的罗氏沼虾 [*Macrobrachium rosenbergii* (De Man)]。此虾额角长，具鸡冠状隆起；上缘具12～15齿；下缘具11～13齿。头胸甲与腹部光滑。原分布于东南亚一带的淡水区域，中国所产的均为引种养殖品。

◎注3：乳指沼虾又称"乳指虾"，即沼虾属[Macrobrachium]的乳指沼虾 [*Macrobrachium mammillodactylus* (Thallwitz)]。此虾额角超出第一触角柄的末端，在眼上方稍隆起，长度为头胸甲长度的3/4；上缘具11～13齿；下缘具3～4齿。头胸甲前腹角散布小刺。肝刺在触角刺的后下方。主要分布在海南省溪流的淡水区域，但在咸淡水域中也能生存。

◎注4：喻氏沼虾又称"洞虾""喻氏虾"，即沼虾属[Macrobrachium]的喻氏沼虾 [*Macrobrachium yui* (Holthuis)]。此虾额角短，长度约为头胸甲长度的3/10；上缘稍隆起并具9～13齿；下缘具2～3齿。触角刺向上斜伸。头胸甲与腹部均光滑。分布于云南红河流域的淡水区域。

◎注 1：毛指沼虾又称"毛指虾"，即沼虾属 [Macrobrachium] 的毛指沼虾 [*Macrobrachium trichodatylum* (Liang)]。此虾额角长度为头胸甲长度的一半，在眼上方隆起；上缘具 13～16 齿；下缘具 2 齿。头胸甲粗糙，具小刺。肝刺小于触角刺，位于触角刺后下方。触角刺后方没有明显的隆起嵴。各步足带有长毛。主要分布于海南省的淡水区域。

◎注 2：细螯沼虾又称"细螯虾"，即沼虾属 [Macrobrachium] 的细螯沼虾 [*Macrobrachium superbun* (Heller)]。此虾额角狭长，长度与头胸甲长度相若；上缘平直并具 11～15 齿；下缘具 2～4 齿。头胸甲与腹部平滑。第二步足细小。分布在长江中、下游以南各省的淡水区域，珠江流域最多产，常伴随日本沼虾 [*Macrobrachium nipponense* (De Haan)] 生活。

◎注 3：美丽沼虾又称"美丽虾"，即沼虾属 [Macrobrachium] 的美丽沼虾 [*Macrobrachium venustum* (Parisi)]。此虾额角约为头胸甲长度的 3/4；上缘隆起并具 7～9 齿；下缘具 2～3 齿。头胸甲具颗粒状凸起，在前后角尤为密集。主要分布于海南省的淡水区域。

◎注 4：越南沼虾又称"越南虾"，即沼虾属 [Macrobrachium] 的越南沼虾 [*Macrobrachium vietnamense* (Dang)]。此虾额角平直，在眼上方稍隆起，长度为头胸甲的 3/5；上缘具 10～11 齿；下缘具 2～3 齿。头胸甲具小刺，后背侧较密。分布于广西的淡水区域。

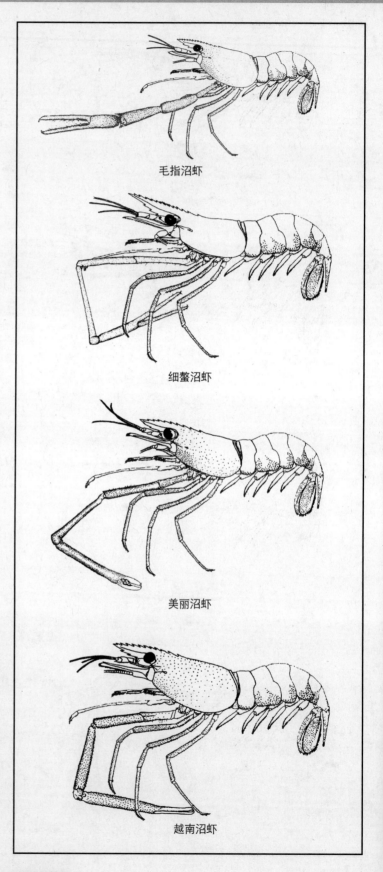

毛指沼虾

细螯沼虾

美丽沼虾

越南沼虾

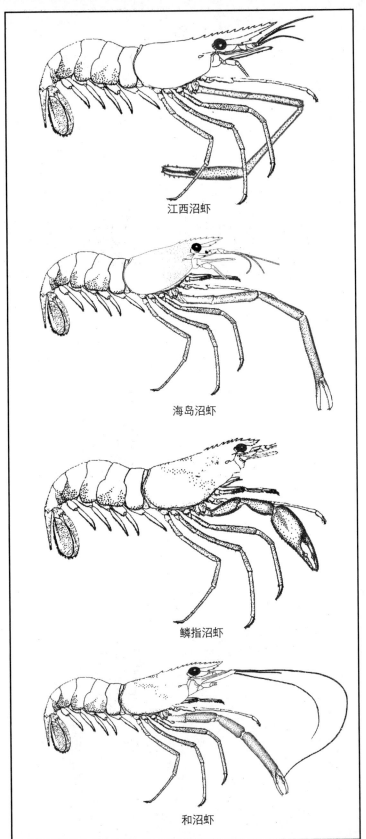

江西沼虾

海岛沼虾

鳞指沼虾

和沼虾

海味制作图解 Ⅱ

◎注1：江西沼虾又称"江西虾"，即沼虾属 [Macrobrachium] 的 江 西 沼 虾 [Macrobrachium jiangxiense (Liang et Yan)]。此虾额角与头胸甲长度相若，末端上翘；上缘平直并具 11～15 齿；下缘稍弯并具 2～4 齿。触角刺向前平伸，肝刺位于触角刺后方。头胸甲与腹部均光滑。主要分布于江西、福建、云南、湖南、安徽等省的湖泊、河流的淡水区域。

◎注2：海岛沼虾又称"海岛虾"，即沼虾属 [Macrobrachium] 的 海 岛 沼 虾 [Macrobrachium insulare (Parisi)]。此虾额角长度超过头胸甲长度的 3/5；上缘隆起并具 9～13 齿；下缘具 2～4 齿。头胸甲上散布小颗粒状凸起。主要分布于福建、台湾溪流的淡水区域。

◎注3：鳞指沼虾又称"鳞指虾"，即沼虾属 [Macrobrachium] 的拟鳞指沼虾 [Macrobrachium lepidatyloides (De Man)]。此虾额角短小，窄而直，略隆起；上缘具 10～13 齿；下缘具 2 齿。雄性成体头胸甲平滑。主要分布于台湾湍急河流的淡水区域。

◎注4：和沼虾又称"日本虾"，即沼虾属 [Macrobrachium] 的和沼虾 [Macrobrachium japonicum (De Haan)]。此虾额角在眼上方稍微隆起；上缘具 10～12 齿，排列前密后疏；下缘具 2～4 齿。头胸甲光滑。肝刺与触角刺等大，位于触角刺后下方。尽管与日本沼虾 [Macrobrachium nipponense (De Haan)] 的命名都与日本有关，但此种的分布范围只局限在日本、琉球群岛及中国台湾水流湍急河溪的淡水区域，而后者在中国大部分淡水区域都可见。

◎注1：葛氏臂虾是长臂虾总科 [Palaemonoidea] 长臂虾亚科 [Palaemoninae] 长臂虾属 [Palaemon] 葛氏长臂虾 [*Palaemon gravieri* （YU）] 的简称。此虾额角长度与头胸甲长度相若；上缘基部平直，稍上翘，具 11～17 齿；下缘具 5～7 齿。触角刺与鳃甲刺等大，均伸出头胸甲前缘。鳃甲沟明显，占头胸甲长度的 1/3，前侧角圆形。腹部第 3～5 腹节背面具不明显的纵嵴。分布于福建以北近海的咸水区域。

◎注2：巨指臂虾是长臂虾属 [Palaemon] 巨指长臂虾 [*Palaemon macrodactylus* （Rathbun）] 的简称。此虾额角与头胸甲等长，基部平直，末端上翘上缘具 10～13 齿及在末端有 1～2 个附加齿。腹部各节圆滑无纵嵴。主要分布在渤海的咸淡水区域。

◎注3：敖氏臂虾是长臂虾属 [Palaemon] 敖氏长臂虾 [*Palaemon ortmanni* （Rathbun）] 的简称。此虾额角长度为头胸甲的 1.5 倍，基部平直，末端平直并向上扬起甚高；上缘具 7～9 齿；下缘具 7～8 齿。头胸甲触角刺与鳃甲刺大小相若。腹部背面光滑。主要分布于中国北部和东部的咸水区域。

◎注4：太平臂虾是长臂虾属 [Palaemon] 太平长臂虾 [*Palaemon pacificus* （Stimpson）] 的简称。此虾额角与头胸甲长度相若，基部平直，末端上翘，中部宽阔；上缘具 7～8 齿，末端具 1～2 附加小齿。头胸甲触角刺稍大于鳃甲刺。鳃甲沟明显。主要分布于浙江以南各省沿海的咸水区域。

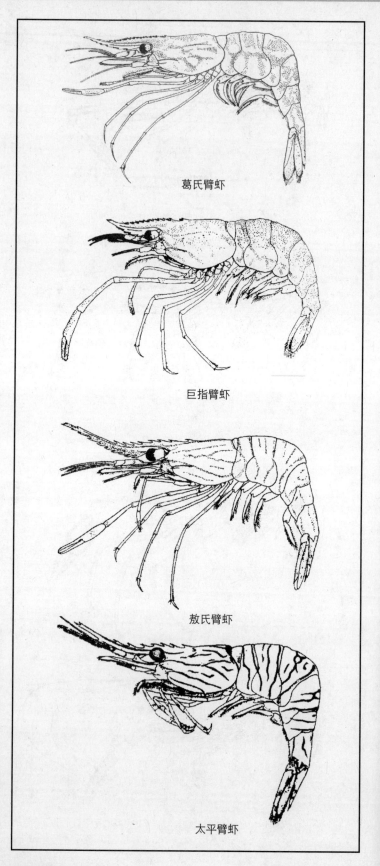

葛氏臂虾

巨指臂虾

敖氏臂虾

太平臂虾

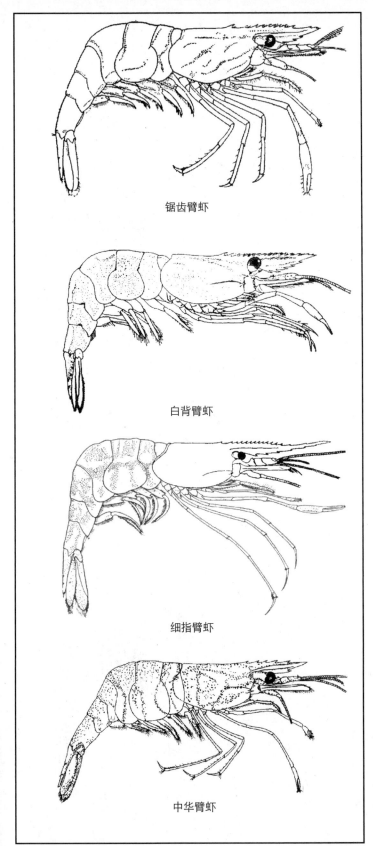

锯齿臂虾

白背臂虾

细指臂虾

中华臂虾

◎ 注 1：锯齿臂虾是长臂虾属 [Palaemon] 锯齿长臂虾 [*Palaemon serrifer* (Stimpson)] 的简称。此虾额角长度与头胸甲长度相若，平面宽阔；上缘具 9 ～ 11 齿，末端平直及有 1 ～ 2 附加齿；下缘具 3 ～ 4 齿。头胸甲触角刺与鳃甲刺大小相若。腹部各节圆滑无嵴。分布在中国由北往南各省沿海的咸水区域。

◎ 注 2：白背臂虾是长臂虾属 [Palaemon] 白背长臂虾 [*Palaemon sewelli* (Kemp)] 的简称。此虾额角长度短于头胸甲，平直前伸，末端略上扬；上缘具 14 ～ 16 齿；下缘具 3 ～ 5 齿。腹部各节圆滑无嵴。分布在广东沿海至南海的咸水区域。

◎ 注 3：细指臂虾是长臂虾属 [Palaemon] 细指长臂虾 [*Tenuidacty*(L.)] 的简称。此虾额角长度是头胸甲的 1.5 倍；上缘平直并具 13 ～ 20 齿，末端稍微向上扬并有 1 ～ 2 附加小齿；下缘具 5 ～ 7 齿。鳃甲沟为头胸甲长的 2/5。尾节背面具 2 对背刺，内侧间具 1 对长羽状刚毛。分布在长江、黄河、海河、辽河出口的咸淡水区域。

◎ 注 4：中华臂虾是长臂虾总科 [Palaemonoidea] 长臂虾亚科 [Palaemoninae] 小长臂虾属 [Palaemonetes] 中华小长臂虾 [*Palaemonetes sinensis* (Sollaud)] 的简称，又称"花腰虾"。此虾额角长度短于头胸甲，平直前伸；上缘具 4 ～ 6 齿；下缘具 1 ～ 2 齿。触角刺与鳃甲刺均由头胸甲前缘伸出。鳃甲沟达头胸甲中部。分布在中国东北及华北湖泊的淡水区域。

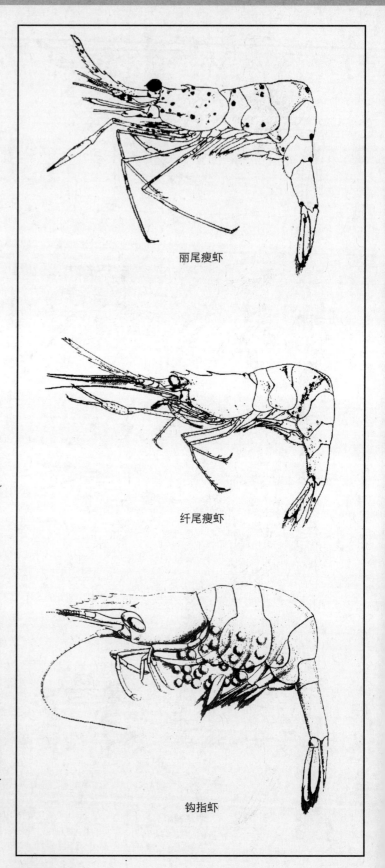

丽尾瘦虾

纤尾瘦虾

钩指虾

◎注1：丽尾瘦虾是长臂虾总科 [Palaemonoidea] 长臂虾亚科 [Palaemoninae] 尾瘦虾属 [Urocaridella] 美丽尾瘦虾 [*Urocaridella antonbrunii* (Bruce)] 的简称。此虾额角细长，基部覆毛，末端高高扬起并具2个附加齿；上缘具7齿；下缘具9～10齿。尾节后端呈尖刺状，内侧间有1对羽状刚毛。主要分布在海南省沿海的咸水区域。

◎注2：纤尾瘦虾即尾瘦虾属 [Urocaridella] 的纤尾瘦虾 [*Urocaridella urocaridella* (Holthuis)]。此虾额角极长，为头胸甲长度的2倍，基部两侧具长毛，末端向上高高扬起；上缘具8～10齿；前缘锯齿状2大齿位于眼眶缘后的头胸甲上；下缘具3～13齿。头胸甲触角刺发达；鳃甲刺伸至前缘稍后。主要分布在海南省及北部湾的咸水区域。

◎注3：钩指虾是长臂虾总科 [Palaemonoidea] 隐虾亚科 [Pontoniinae] 钩指虾属 [Hamodactylus] 的波氏钩指虾 [*Hamodactylus boschmai* (Holthuis)] 的简称。此虾头胸甲具眼上刺。第一触角柄部基节具单一端侧刺。亚螯长于掌节长度的一半，侧缘无亚端齿。分布在香港沿海的咸水区域。

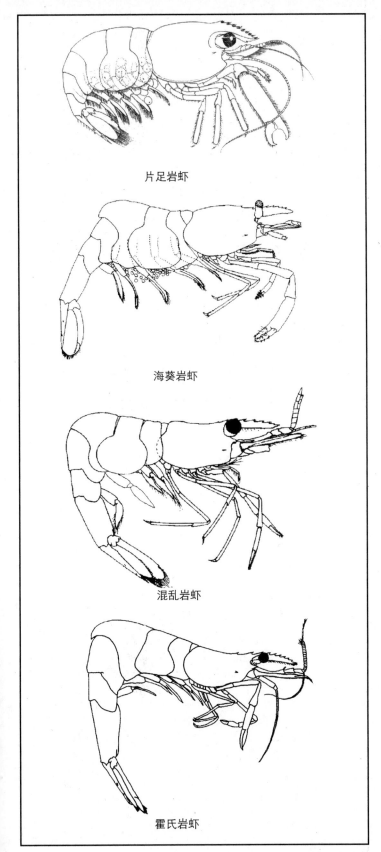

片足岩虾

海葵岩虾

混乱岩虾

霍氏岩虾

◎注1：片足岩虾是长臂虾总科 [Palaemonoidea] 隐虾亚科 [Pontoniinae] 岩虾属 [Periclimenes] 的片足岩虾 [Periclimenes lanipes (Kemp)]。此虾头胸甲和腹部侧面体表光滑无麻点。额角背腹很窄并向前下方；上缘具7～10齿；下缘具1齿。头胸甲无眼上刺。肝刺与触角刺等大，位于触角刺正后方。眼眶下角三角形。分布于西沙群岛的咸水区域。

◎注2：海葵岩虾即岩虾属 [Periclimenes] 的海葵岩虾 [Periclimenes magnificus (Bruce)]。此虾头胸甲和腹部侧面体表光滑无麻点。额角背腹窄，略拱；上缘具7～8齿；下缘具1～2齿。眼眶下角尖呈卵圆形。分布在广西北部湾的咸水区域。

◎注3：混乱岩虾即岩虾属 [Periclimenes] 的混乱岩虾 [Periclimenes perturbans (Bruce)]。此虾头胸甲和腹部侧面体表光滑无麻点。额角背腹窄；上缘具7～8齿；下缘具1齿。头胸甲无眼上刺。肝刺与触角刺等大，可动，位于触角刺后下方；触角刺紧靠眼眶下角。分布在香港沿海的咸水区域。

◎注4：霍氏岩虾即岩虾属 [Periclimenes] 的霍氏岩虾 [Periclimenes holthuisi (Bruce)]。此虾头胸甲与腹部侧面体表光滑无麻点。额角背腹窄，背缘上拱，末端指向前下方；上下缘具7～9齿。头胸甲无眼上刺。肝刺位于触角刺后下方。眼眶下角尖呈卵圆形。分布在香港、东沙群岛的咸水区域。

◎ 注 1： 托罗岩虾即岩虾属 [Periclimenes] 的 托 罗 岩虾 [*Periclimenes toloensis* (Bruce)]。此虾头胸甲和腹部侧面体表光滑无麻点。额角背腹窄；上缘具 7 齿；下缘具 1 齿。头胸甲无眼上刺。眼眶下角呈卵圆形。分布在香港沿海的咸水区域。

◎ 注 2： 中华岩虾即岩虾属 [Periclimenes] 的 中华岩虾 [*Periclimenes sinensis* (Bruce)]。此虾头胸甲和腹部侧面体表光滑无麻点。额角长；上缘具 8～9 齿；下缘具 2 齿。头胸甲无眼上刺。眼眶下角呈钝三角形。分布在香港沿海的咸水区域。

◎ 注 3： 拟隐虾是长臂虾总科 [Palaemonoidea] 隐虾亚科 [Pontoniinae] 拟隐虾属 [Pontonides] 钩指拟隐虾 [*Pontonides unciger* (Calman)] 的简称。此虾额角较长；侧脊前侧方具尖锐齿，侧脊略凹。第三颚足外肢鞭退化。分布在台湾沿海的咸水区域。

◎ 注 4： 曼隐虾是长臂虾总科 [Palaemonoidea] 隐虾亚科 [Pontoniinae] 曼隐虾属 [Vir] 东方曼隐虾 [*Vir orientalis* (Dana)] 的简称。此虾身体呈圆柱形。额角发达，侧扁；上缘具 5～7 齿；下缘具 1～3 齿。第二步足掌节长为其直径的 2.5 倍；腕节长为掌节的 0.6 倍。分布在西沙群岛的咸水区域。

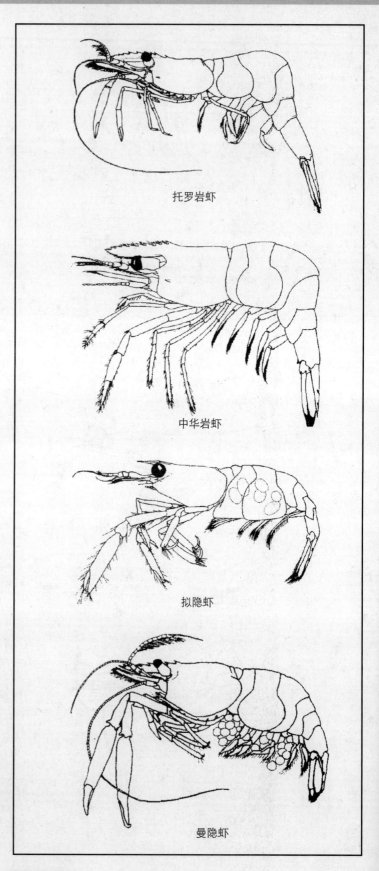

托罗岩虾

中华岩虾

拟隐虾

曼隐虾

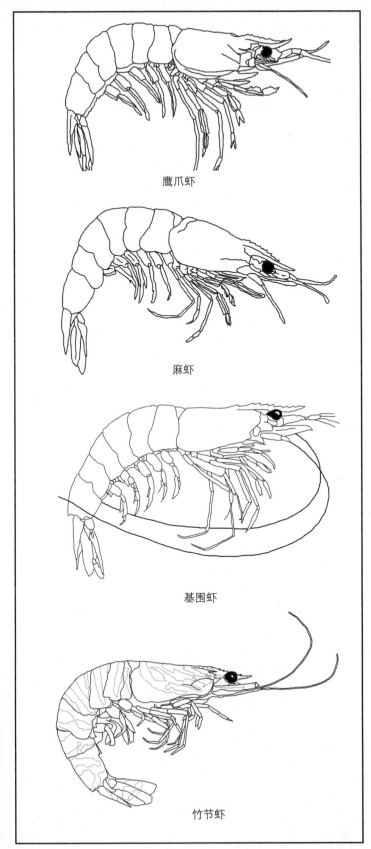

鹰爪虾

麻虾

基围虾

竹节虾

◎注1：鹰爪虾是因其腹部弯曲如鹰爪而得名，又称"红虾""立虾""厚虾""沙虾""傻虾""鸡爪虾""厚壳虾""硬枪虾"，实为十足目 [Decapoda] 游泳亚目 [Natantia] 对虾科 [Penaeidae] 鹰爪虾属 [Trachypenaeus] 鹰爪虾 [Trachypenaeus curvirostris (Stimpson)] 及长足鹰爪虾 [Trachypenaeus longipes (Paulson)] 的简称。这两种虾体较粗短，甲壳很厚，表面粗糙不平；额角上缘有锯齿。头胸甲触角刺具较短的纵缝。腹部背面有嵴。尾节末端尖细，两侧有活动刺。分布在我国沿海的咸水区域。

◎注2：麻虾又称"沙虾""站虾""羊毛虾""黄新对虾"，即十足目 [Decapoda] 枝鳃亚目 [Dendrobranchiata] 对虾科 [Penaeidae] 新对虾属 [Metapenaeu] 的周氏新对虾 [Metapenaeus joyneri]。此虾额角前伸至第一触角柄的末端；上缘具8齿。头胸甲上有多处凹陷部分，密布细毛。无眼上刺及颊刺。分布在中国东海、南海的咸水区域。

◎注3：基围虾又称"泥虾""虎虾""麻虾""沙虾""卢虾""花虎虾""红爪虾""新对虾""独角新对虾"，即新对虾属 [Metapenaeus] 的刀额新对虾 [Metapenaeus ensis (De Hann)]。此虾体表密布浅褐色点，有许多凹陷部分并生有短毛。额角平直，上缘具7～9齿。头胸甲具心鳃沟和心鳃嵴。分布在中国东海、南海的咸水区域。

◎注4：竹节虾又称"花虾""车虾""斑节虾""青尾虾""花尾虾""斑节对虾""日本囊对虾"，即对虾科 [Penaeidae] 对虾属 [Penaeus] 的日本对虾 [Penaeus japonicus (Bate)]。此虾甲壳较厚。额角微呈正弯弓形，伸至头胸甲后缘附近；上缘具8～10齿；下缘具1～2齿。第一触角鞭甚短，为头胸甲长的一半。分布于中国沿海的咸水区域。

海味制作图解 II

◎注1：明虾又称"大虾""对虾""肉虾""黄虾（雄）""青虾（雌）""中国对虾"，即对虾属 [Penaeus] 的东方对虾 [Penaeus orientailis]。此虾甲壳较薄，额角平直，额角侧脊不超过头胸甲的中部；上缘具 7 ～ 9 齿；下缘具 3 ～ 5 齿。分布在中国北方沿海的咸水区域。

◎注2：花虾又称"鬼虾""草虾""黑壳虾""九节虾""牛形对虾"，即对虾属 [Penaeus] 的斑节对虾 [Penaeus monodon Fabricius (Penaeus)]。此虾体表光滑，甲壳稍厚。额角尖端超过触角柄末端；上缘具 7 ～ 8 齿；下缘具 2 ～ 3 齿；额角侧沟相当深，伸至眼上刺后方；额角后脊中央沟明显。分布在中国沿海的咸水区域。

顺便一说，此虾学名尽管称斑节对虾，但做商品时很少简称为"斑节虾"，因为名字早已被斑节沼虾 [Macrobrachium maculatum (Liang et Yan)] 率先使用了，而联合国粮农组织通称其为"大虎虾"。

◎注3：剑虾是对虾科 [Penaeidae] 仿对虾属 [Parapenaeopsis] 刀额仿对虾 [Parapenaeopsis cultrirostris (Alcock)] 的商品名称。此虾甲壳表面光滑。雌性额角长且上弯，雄性额角较短且下弯；末端尖似小刀，伸至第 1 触角第 2 节中部，长度约为头胸甲长的 4/5；上缘具 7 ～ 8 齿。眼眶触角沟不明显；颈沟深且直，斜伸至头胸甲背部中线；肝沟深，后部直，自肝刺弯向下前方，伸达颊角稍后方。肝脊细而明显。分布在福建至广西沿海的咸水区域。

◎注4：毛虾又称"红毛虾""小白虾""虾皮""水虾""苗虾""糯米饭虾"，即十足目 [Decapoda] 枝鳃亚目 [Dendrobranchiata] 樱虾科 [Sergestidae] 毛虾属 [Acetes] 的中国毛虾 [Acetes chinensis]。此虾体形小，侧扁，体长 2.5 ～ 4 厘米。甲壳薄。额角短小，侧面略呈三角形；下缘斜而微曲；上缘具 2 齿。尾节短，末端呈圆形无刺；侧缘后半部及末缘具羽毛状。分布在辽宁、山东、河北、江苏、浙江、福建沿海的咸淡水区域。

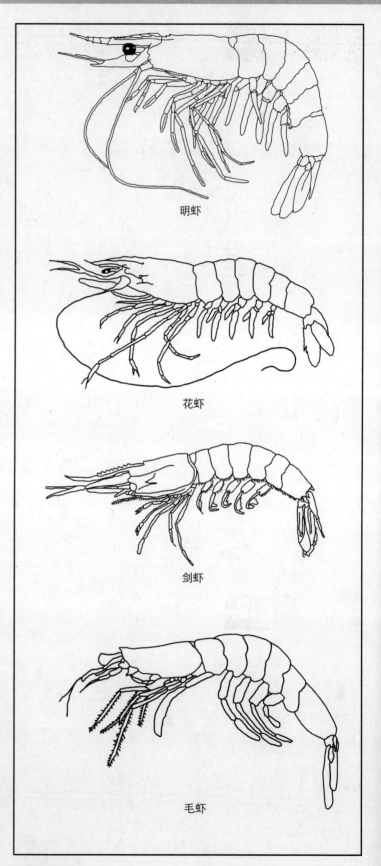

明虾

花虾

剑虾

毛虾

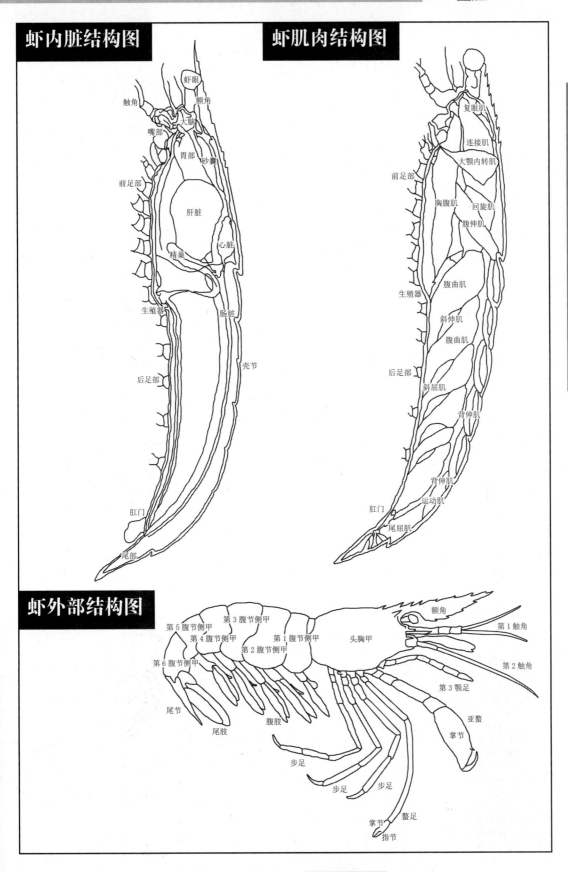

虾内脏结构图

触角
虾眼
额角
大脑
嘴部
胃部
砂囊
前足部
肝脏
精巢
心脏
生殖器
肠脏
后足部
壳节
肛门
尾部

虾肌肉结构图

复眼肌
连接肌
大颚内转肌
前足部
胸腹肌
回旋肌
腹伸肌
腹曲肌
生殖器
斜伸肌
腹曲肌
后足部
斜屈肌
背伸肌
背伸肌
运动肌
肛门
尾屈肌

虾外部结构图

第5腹节侧甲
第3腹节侧甲
第4腹节侧甲
第1腹节侧甲
头胸甲
额角
第1触角
第6腹节侧甲
第2腹节侧甲
第2触角
尾节
第3颚足
尾肢
腹肢
亚螯
掌节
步足
步足
步足
螯足
掌节
指节

用料

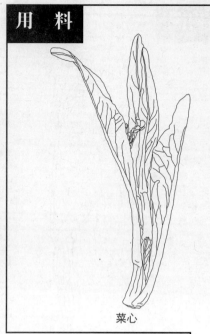

菜心

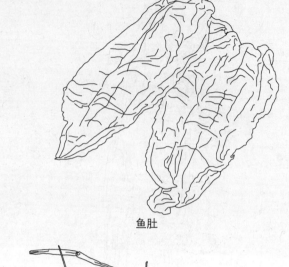

鱼肚

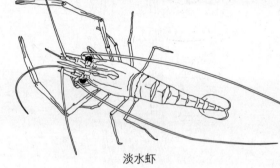

淡水虾

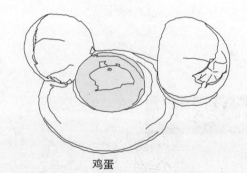

鸡蛋

肥肉

◎注："百花鱼肚"是虾胶酿鱼肚的菜名，顾名思义，其用料就是虾与鱼肚。

鱼肚以体大肉厚的"广肚"（毛鲿肚、鮸鱼肚）为首选，其次是黄花胶等。

虾有淡水虾、咸水虾及咸淡水虾之分，传统的强调用河虾（日本沼虾）。实际上淡水产的白虾、沼虾及麻虾都属首选，其次是咸淡水产的对虾、白虾、沼虾等，一般不选咸水产的虾。

围绕百花馅（虾胶）的用料还包括鸡蛋清（白）和肥肉。肥肉最好选择猪里脊的部分。

菜式围边的蔬菜以广州的青骨柳叶菜心为首选。

调味料

顶汤

二汤

鹰粟粉

猪油

胡椒粉

湿淀粉

精盐

绍兴花雕酒

I&G

◎注：这里所用的调味料主要包含两个部分，一个是针对虾胶挞制所用，即精盐和干淀粉（这里选用俗称鹰粟粉的玉米淀粉，其他粉也可）；另一个是针对菜式打芡所用，即顶汤（配方及制作方法请参阅"红烧鱼翅"章节上的介绍）、猪油、胡椒粉、湿淀粉（用鹰粟粉兑水配成，其他淀粉也可）、绍兴花雕酒、I&G。

需要强调的是，这里所用的油脂以猪油为首选，一般不用花生油等植物油脂，这是因为虾味清鲜，与猪油相衬容易突出鲜味，加之猪油渗透力较花生油强，容易提高亮度。花生油等植物油脂的气味与虾肉不太相衬，容易压抑虾肉的鲜味并且不能强化虾肉的亮度。

海味制作图解Ⅱ

219

工具

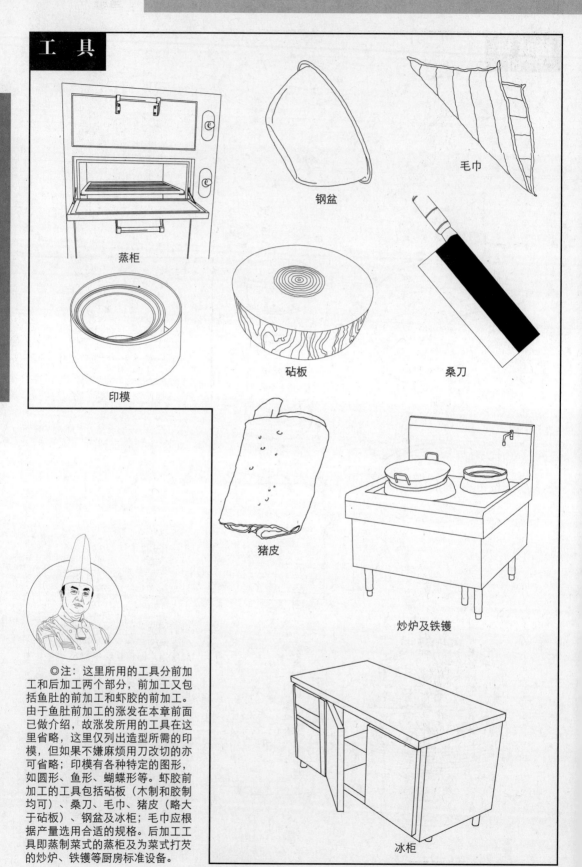

蒸柜

钢盆

毛巾

印模

砧板

桑刀

猪皮

炒炉及铁镬

冰柜

◎注：这里所用的工具分前加工和后加工两个部分，前加工又包括鱼肚的前加工和虾胶的前加工。由于鱼肚前加工的涨发在本章前面已做介绍，故涨发所用的工具在这里省略，这里仅列出造型所需的印模，但如果不嫌麻烦用刀改切的亦可省略；印模有各种特定的图形，如圆形、鱼形、蝴蝶形等。虾胶前加工的工具包括砧板（木制和胶制均可）、桑刀、毛巾、猪皮（略大于砧板）、钢盆及冰柜；毛巾应根据产量选用合适的规格。后加工工具即蒸制菜式的蒸柜及为菜式打芡的炒炉、铁镬等厨房标准设备。

摘　菜

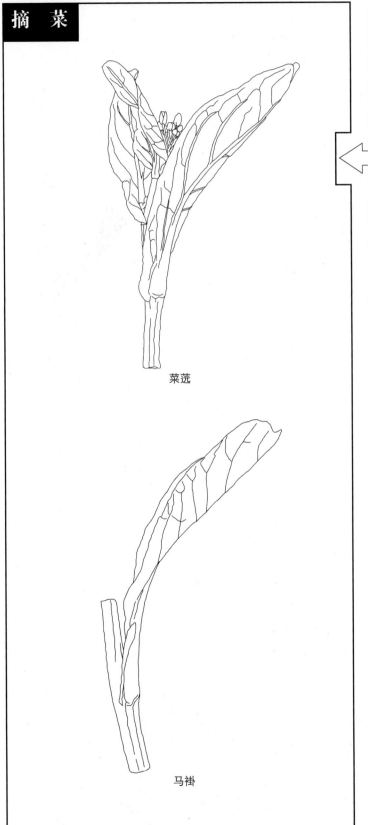

菜莛

马褂

菜心

◎ 注：菜心是广东、广西特有菜种，在外地则称菜薹，学名为 *Brassica parachinensis* L. H. Bailey，与"金肘菜胆翅"所用的青菜（小白菜）同为双子叶植物纲 [Dicotyledoneae] 原始花被亚纲 [Archichlamydeae] 罂粟目 [Rhoeadales] 白花菜亚目 [Capparineae] 十字花科 [Cruciferae] 芸薹族 [Trib. Brassiceae] 芸薹属 [Brassica] 的品种，不同的是菜心有梗茎，而且质爽脆和味清鲜，尤其是青骨柳叶品种质量最佳。农夫采收这种蔬菜时一般从尾部算起第 3 或第 4 节往下约 3 厘米处摘下，约长 30 厘米。送到厨房后还要再做加工，从尾部算起第 1 节往下约 3 厘米处摘断的称为"菜莛"；余下菜梗每节再掰断的称为"马褂"；如果从尾部算起第 2 节往下约 3 厘米处掰断的则称"郊菜"。这里用作伴边，是选用"菜莛"。

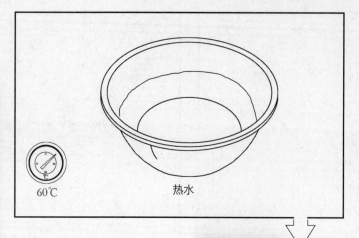

60℃　　　　　热水

肥肉

切肥肉

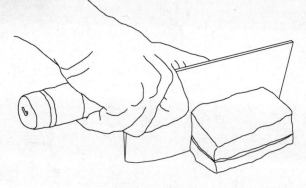

①切肥肉前先准备一盆60℃左右的热水做烫刀之用，避免肥肉与刀粘连。

◎注：切肥肉是为百花馅（虾胶）而准备。为防切制时肥肉与刀粘连而影响工作效率，可准备一盆60℃左右的热水用于烫刀，边切边烫，即可避免肥肉与刀粘连。肥肉应切成0.5厘米见方的粒，即行中所说的绿豆大小，也就是先将肥肉切成0.5厘米厚的片，再切成0.5厘米粗的条，最后切成0.5厘米大小的粒。

②先将肥肉切成0.5厘米厚的片，再切成0.5厘米粗的条，最后切成0.5厘米见方的粒。

冰粒

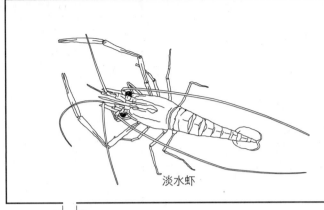

淡水虾

海味制作图解 II

撼 壳

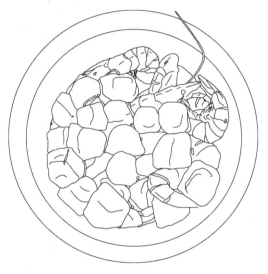

①先用冰粒藏埋活虾，让虾发僵才操作，既可避免被虾枪（额角）刺伤，又可降低虾壳与虾肉粘连的强度。

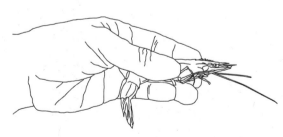

②左手拇指与食指、中指形成平钳状捏着虾的第1腹节侧甲（身段）处，并让虾头朝右伸出指尖外。

◎注1：粤语有"生虾咁跳"用以形容活蹦乱跳，说明虾在鲜活时离水挣扎的程度是何等剧烈。由于虾枪（额角）尖锐，挣扎时容易刺伤人，为避免这种情况出现，可先用冰粒藏埋活虾让活虾发僵后才操作。另外，虾在鲜活时，其虾壳与虾肉的粘连强度十分大，会增加剥壳的难度，经冷冻后，虾壳与虾肉的粘连强度就会降低，虾壳与虾肉较易分离。

如果没有冰粒，可将活虾放入冰箱急冻30分钟才操作。

◎注2：除了虾枪尖至虾尾长度小于3厘米的虾采用挤（左右手分别捏着虾头、虾尾往虾腹方向捏挤）的方法取虾仁外，长度大于3厘米的虾都会采用剥的方法。

第一步是左手拇指与食指、中指形成平钳状捏着虾的第1腹节侧甲（身段）处，并让虾头朝右伸出指尖外。如左图②所示。

◎注1：第二步是右手拇指与食指、中指也形成平钳状捏着虾的头胸甲（头部）。如图③所示。

◎注2：第三步是右手以半扭半掰的姿势将虾头与虾身分离，但力度不可太猛，以免弄断虾背上的虾肠；此时可见头胸甲内有一黑块，这是虾的肝脏，而与肝脏相连有一黑线藏于虾身段内部，这就是虾肠；在右手中指的托扶下慢慢将虾肠整条抽出。如图④所示。

◎注3：第四步是左手手指移至虾的第6腹节侧甲处并继续保持平钳状姿势捏虾，右手将虾头丢去并转而从第1腹甲边缘由上往下、由右往左翻剥（俗称"揿"），将腹甲、腹肢从虾身段上剥离出来。如图⑤所示。

◎注4：第五步是左手手指继续捏着虾的第6腹节侧甲处，且将虾身移向掌心，让虾尾朝右并伸出指尖外，右手拇指与食指形成合钳状捏挤虾尾尾端，使尾壳彻底剥离开来。如图⑥所示。

◎注5：图①～图⑥的工序称为"揿壳"。

◎注6：虾有淡水、咸水和咸淡水类型之分，是以栖息环境而定，但也有硬壳和软壳的类型区分，如河虾（日本沼虾）和罗氏虾（罗氏沼虾）就是典型例子，前者硬壳，后者软壳，致使揿虾的手法也会稍有不同。

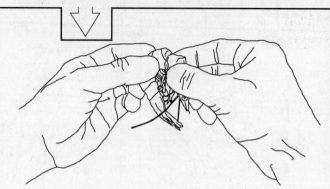

③右手拇指与食指、中指也形成平钳状捏着虾的头胸甲(头部)。

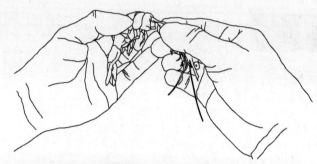

④右手以半扭半掰的姿势将虾头与虾身分离，但力度不可太猛，以免弄断虾背上的虾肠；此时可见头胸甲内有一黑块，这是虾的肝脏，而与肝脏相连有一黑线藏于虾身段内部，这就是虾肠；在右手中指的托扶下慢慢将虾肠整条抽出。

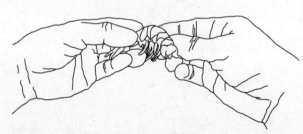

⑤左手手指移至虾的第6腹节侧甲处并继续保持平钳状姿势捏着虾，右手将虾头丢去并转而从第1腹甲边缘由上往下、由右往左翻剥，将腹甲、腹肢从虾身段上剥离出来。

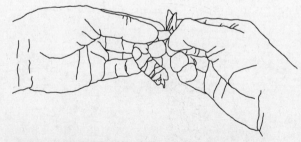

⑥左手手指继续捏着虾的第6腹节侧甲处，且将虾身移向掌心，让虾尾朝右并伸出指尖外，右手拇指与食指形成合钳状捏挤虾尾尾端，使尾壳彻底剥离开来。

挑 肠

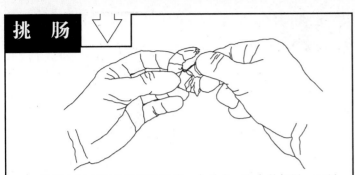

①剥去虾壳可见虾腹还藏着一条黑线，这也是虾肠，可用指甲拨开第3腹节侧甲对应处（即虾仁的中段）的虾肉，并慢慢拨出虾肠至可钳拿时，再用拇指和食指指尖以合钳状姿势轻力拔出。

②虾肠很容易抽断而残留在虾肉内，遇到这种情况可借助牙签以挑或拨的方法将虾肠彻底清除。

③虾仁的标准是没有虾壳、虾肠残留。

洗 虾

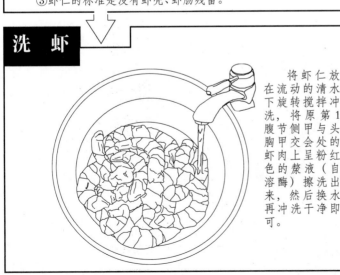

将虾仁放在流动的清水下旋转搅拌冲洗，将原第1腹节侧甲与头胸甲交会处的虾肉上呈粉红色的藜液（自溶酶）擦洗出来，然后换水再冲洗干净即可。

海味制作图解Ⅱ

◎注1：虾壳被剥离后的虾段通常不称为虾肉，多称为"虾仁"。此时可见虾腹还藏着一条黑线，这也是虾肠，如果用人手搤出，可用指甲拨开第3腹节侧甲对应处（即虾仁的中段）的虾肉，并慢慢拨出虾肠至可钳拿时，再用拇指和食指指尖以合钳状姿势轻力拔出。如图①所示。

◎注2：在实际操作中，虾肠很容易抽断而残留在虾肉内，遇到这种情况可借助牙签以挑或拨的方法将虾肠彻底清除。如图②所示。

◎注3：虾仁的标准是没有虾壳、虾肠残留。如图③所示。

◎注4：虾的内脏含有一种叫"自溶酶"（Autolysis enzyme）的物质，例如死虾掉头就是这种酶所产生的作用，所以在剥去虾壳后应及时对虾仁进行清洗，否则虾肉受到这种酶的污染轻则导致虾肉发红，重则导致虾肉霉变而令质感丧失弹性。方法是将虾仁放在流动的清水下旋转搅拌冲洗，将原第1腹节侧甲与头胸甲交会处的虾肉上呈粉红色的藜液擦洗出来，然后换水再冲洗干净即可。

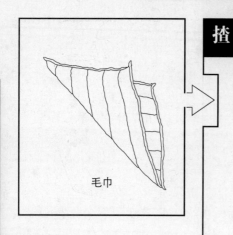

毛巾

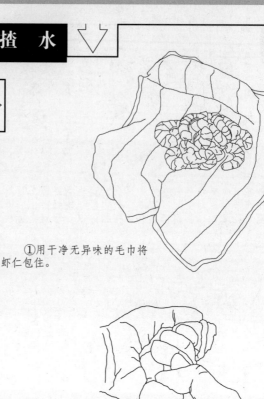

①用干净无异味的毛巾将虾仁包住。

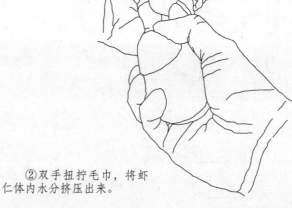

②双手扭拧毛巾，将虾仁体内水分挤压出来。

◎注1：根据虾仁用量选择一条干净无味的毛巾，将洗净的虾仁放入其中包住。

◎注2：双手扭拧毛巾，将虾仁体内水分挤压出来。

◎注3：虾仁使用量较大时可借助脱水机帮忙，此时可用布袋将虾仁装起放在脱水机内脱水约1分钟。

高速

1分钟

③虾仁使用量较大时可借助脱水机帮忙，此时可用布袋将虾仁装起放在脱水机内脱水约1分钟。

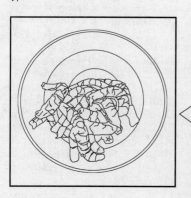

压茸

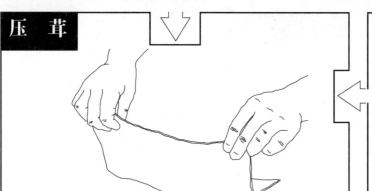

①将略大于砧板（或大于 35 厘米见方）的猪皮以肉面朝上平铺在砧板上。

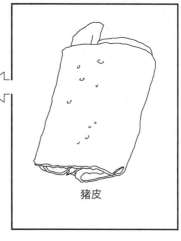
猪皮

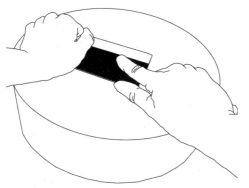

②用桑刀（其他刀也可）刀侧在猪皮上将虾仁逐只碾压，使虾仁散烂。

剁糜

将散烂的虾肉归成一堆，用双刀略为排剁使其变成糜。

◎注 1：将略大于砧板（或大于 35 厘米见方）的猪皮以肉面朝上平铺在砧板上。

◎注 2：用桑刀（其他刀也可）刀侧在猪皮上将虾仁逐只碾压，使虾仁散烂。

这里需要注意的是，根据前辈厨师的经验所得，碾压虾仁的刀在操作前不要切萝卜，否则百花馅（虾胶）就会丧失弹性质感。

◎注 3：将散烂的虾肉归成一堆，用双刀略为排剁使其变成糜。

这里需要注意的是，虾肉不是剁得越烂越好，碾压的目的就是希望尽可能保护虾肉纤维原有的条状结构，一般剁成纤维长度为 0.6 厘米左右即可。

除非是加工量大，一般不建议用绞肉机，这主要有两个原因。第一是绞肉机会让虾肉绞得太烂，使百花馅（虾胶）在没有适当的纤维长度支撑下而减弱弹性强度；第二是绞肉机转动时产生的热量会熟化虾肉的可水溶性蛋白，使虾糜加盐搅拌时结构重组的能力降低，从而减弱百花馅（虾胶）的弹性强度。对于后者也有厨师想到折中的方法，就是先将虾仁冷冻，在绞切时又再加入冰粒降温。

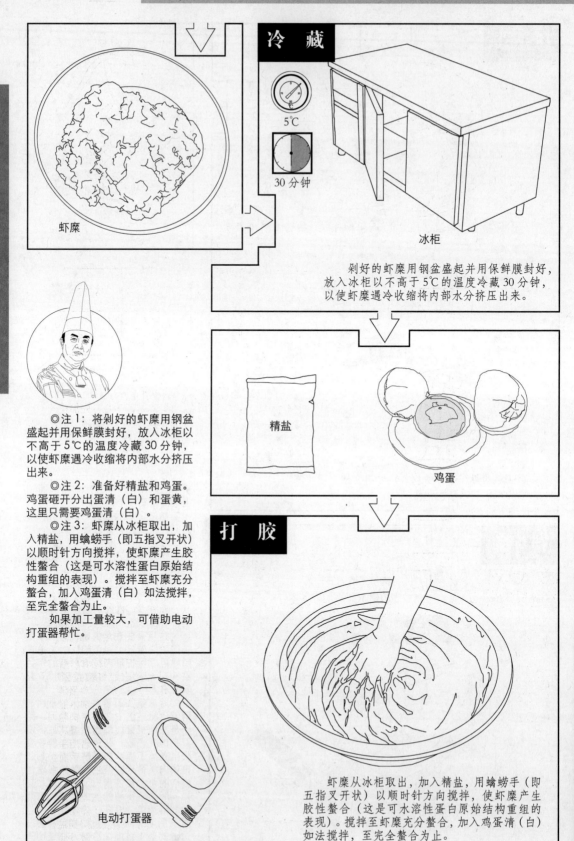

海味制作图解Ⅱ

冷藏

5℃

30分钟

虾糜

冰柜

剁好的虾糜用钢盆盛起并用保鲜膜封好，放入冰柜以不高于5℃的温度冷藏30分钟，以使虾糜遇冷收缩将内部水分挤压出来。

◎注1：将剁好的虾糜用钢盆盛起并用保鲜膜封好，放入冰柜以不高于5℃的温度冷藏30分钟，以使虾糜遇冷收缩将内部水分挤压出来。

◎注2：准备好精盐和鸡蛋。鸡蛋砸开分出蛋清（白）和蛋黄，这里只需要鸡蛋清（白）。

◎注3：虾糜从冰柜取出，加入精盐，用螃蟹手（即五指叉开状）以顺时针方向搅拌，使虾糜产生胶性螯合（这是可水溶性蛋白原始结构重组的表现）。搅拌至虾糜充分螯合，加入鸡蛋清（白）如法搅拌，至完全螯合为止。

如果加工量较大，可借助电动打蛋器帮忙。

精盐

鸡蛋

打胶

电动打蛋器

虾糜从冰柜取出，加入精盐，用螃蟹手（即五指叉开状）以顺时针方向搅拌，使虾糜产生胶性螯合（这是可水溶性蛋白原始结构重组的表现）。搅拌至虾糜充分螯合，加入鸡蛋清（白）如法搅拌，至完全螯合为止。

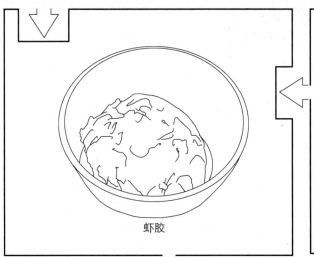

虾胶

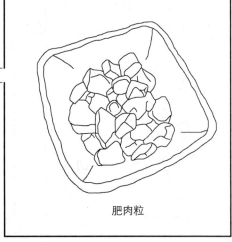

肥肉粒

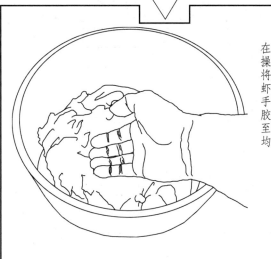

肥肉粒放在虾胶上面，操作者用手背将肥肉粒压入虾胶里，再用手面翻起虾胶，如此反复至肥肉粒分布均匀为止。

百花馅配方

虾仁	1000g
精盐	1.8g
鸡蛋清（白）	40g
肥肉粒	300g

制作方法：

虾仁用刀碾烂，先加精盐搅拌成胶状，再加入鸡蛋清（白）、肥肉粒拌匀。

◎注1：一般而言，虾糜在精盐作用下被搅拌螯合就变成"虾胶"或"百花馅"，不过，完整的百花馅（虾胶）还需加入肥肉粒，这是利用肥肉粒提供油脂和水分，从而让制品获得爽脆质感和鲜香味道。肥肉粒投放量以虾糜重量的30%为宜。虾糜在精盐、鸡蛋清（白）的搅拌螯合成胶后再加入肥肉粒，以折叠按压的方法将肥肉粒与虾胶融合在一起。具体做法是将肥肉粒放在虾胶上面，操作者用手背将肥肉粒压入虾胶里，再用手面翻起虾胶，如此反复至肥肉粒分布均匀为止。

◎注2：加入肥肉粒后，百花馅（虾胶）的制作工序结束，但不宜马上使用，最好是用钢盆盛起，用保鲜膜封好，置入冰柜以5℃温度冷藏2个小时。

5℃

2个小时

冷藏

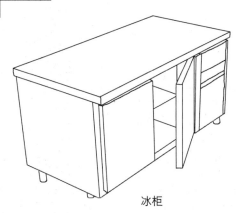

冰柜

百花馅（虾胶）用钢盆盛起，用保鲜膜封好，置入冰柜以5℃温度冷藏2个小时。

二汤

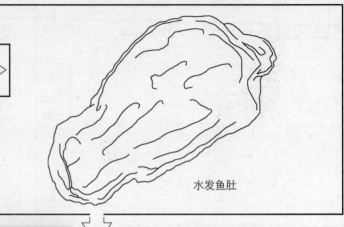

水发鱼肚

煨 肚

慢火

98℃

3分钟

水发鱼肚与二汤一起放入铁镬（锅）内以
慢火加热使二汤保持98℃煨燴3分钟左右，
使鱼肚赋入味道。

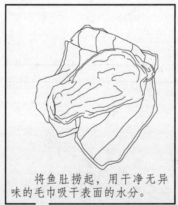

将鱼肚捞起，用干净无异
味的毛巾吸干表面的水分。

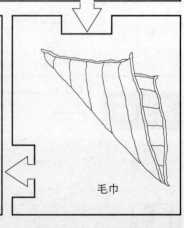

毛巾

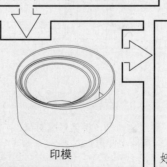

印模

用直径3.5英寸的印模将煨燴
好的鱼肚切成独立的鱼肚片。

◎注1：这里所用的鱼肚对涨
发方法没有特定的要求，沙发、盐
发、油发、焗发、烘发及蒸发均可，
但要求干性涨发的鱼肚要预先用清
水泡软，也就是需要水发鱼肚。

◎注2：水发鱼肚与二汤一起
放入铁镬（锅）内以慢火加热使二
汤保持98℃煨燴3分钟左右，使
鱼肚赋入味道。

◎注3：将煨燴好的鱼肚捞起，
用干净无异味的毛巾吸干表面的水
分。

◎注4：用直径3.5英寸的印
模将煨燴好的鱼肚切成独立的鱼肚
片。

这个菜式没有强调鱼肚必须改
切成什么特定形状，有的直接用刀
将鱼肚改切成骨牌状（长方形），
也有用其他花式印模切成鱼形状、
蝴蝶状等。

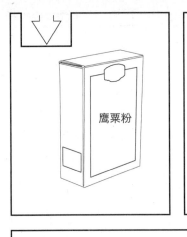

鹰粟粉

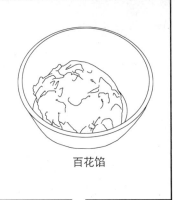

百花馅

①在独立鱼肚面（单面即可）上抹上少量鹰粟粉（其他淀粉均可，但必须是干淀粉）。

②百花馅（虾胶）从冰柜取出，以顺时针方向略为搅拌并摔挞两三下，使虾肉结构组织活化起来。

③左手抓起百花馅（虾胶）并在拇指与食指之间的虎口挤出，右手拿匙羹（勺子）刮出，使百花馅（虾胶）成圆丸状。

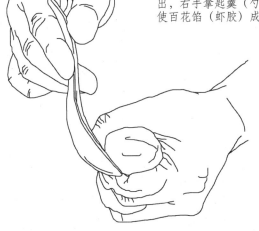

◎注1：在独立鱼肚面（单面即可）上抹上少量鹰粟粉（其他淀粉均可，但必须是干淀粉）。百花馅（虾胶）从冰柜取出，以顺时针方向略为搅拌并摔挞两三下，使虾肉结构组织活化起来。左手抓起百花馅（虾胶）并在拇指与食指之间的虎口挤出，右手拿匙羹（勺子）刮出，使百花馅（虾胶）成圆丸状。

◎注2：将挤成圆丸状的百花馅（虾胶）镶酿在抹上鹰粟粉的鱼肚上。

这里介绍的只是镶酿的其中一种手法，还可根据其他特定的手法镶酿。

镶　酿

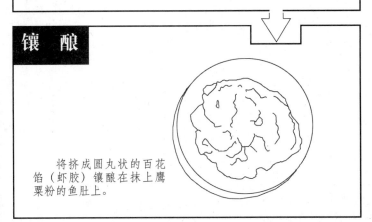

将挤成圆丸状的百花馅（虾胶）镶酿在抹上鹰粟粉的鱼肚上。

海味制作图解Ⅱ

海味制作图解 II

◎注 1：将镶酿好的虾胶鱼肚坯排放在瓦碟内。以 6 件为例牌，8 件为中牌，12 件为大牌售卖。

◎注 2：将排放在瓦碟内的虾胶鱼肚坯放在蒸柜（上什炉）内，以 100℃ 猛火蒸 8 分钟。

◎注 3：蒸熟的虾胶鱼肚坯从蒸柜取出，倒去瓦碟上的蒸馏水。

◎注 4：将菜莜放入以清水、猪油、I&G 及精盐配成并以猛火加热至沸腾的油盐水中加热 15 秒灼熟，捞起后摆放在虾胶鱼肚坯之间，形成开放状。

蒸 制

猛火

100℃

8 分钟

① 将镶酿好的虾胶鱼肚坯排放在瓦碟内。

② 将排放在瓦碟内的虾胶鱼肚坯放在蒸柜（上什炉）内，以 100℃ 猛火蒸 8 分钟。

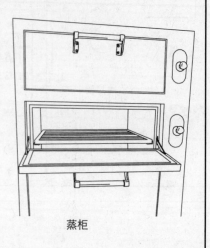

蒸柜

围 边

① 将虾胶鱼肚坯从蒸柜取出，倒去瓦碟上的蒸馏水。

② 将菜莜放入以清水、猪油、I&G 及精盐配成并以猛火加热至沸腾的油盐水中加热 15 秒灼熟，捞起后摆放在虾胶鱼肚坯之间，形成开放状。

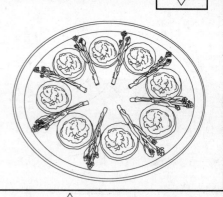

灼 菜

猛火　　100℃

15 秒

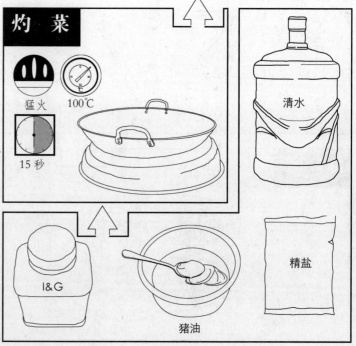

清水

I&G

猪油

精盐

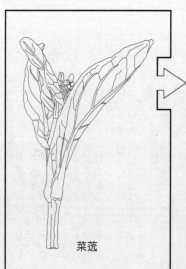

菜莜

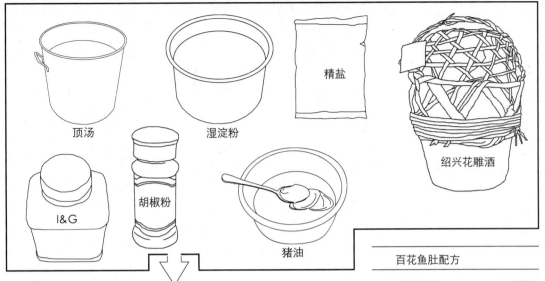

顶汤　湿淀粉　精盐　绍兴花雕酒

I&G　胡椒粉　猪油

百花鱼肚配方

水发鱼肚 ··················	100g
百花馅（虾胶）··········	220g
菜蔬 ·························	40g
精盐 ·························	8g
I&G ·························	3g
胡椒粉 ·····················	0.1g
顶汤 ·························	150g
绍兴花雕酒 ···············	25g
猪油 ·························	75g
湿淀粉 ·····················	20g

猛火

100℃

15秒

洗净铁镬（锅）并以猛火烧红。

勾芡

①铁镬（锅）端离火口，加入猪油并潵入绍兴花雕酒。
②加入顶汤并以精盐、I&G、胡椒粉调味。
③用湿淀粉将调味顶汤勾成琉璃状。
④将琉璃状的芡汁淋在虾胶鱼肚坯上面。

◎注1：洗净铁镬（锅）并以猛火烧红。
◎注2：铁镬（锅）端离火口，加入猪油并潵入绍兴花雕酒。加入顶汤并以精盐、I&G、胡椒粉调味。用湿淀粉将调味顶汤勾成琉璃状。将琉璃状的芡汁淋在虾胶鱼肚坯上面。碟中再装饰花草即完成"百花鱼肚"的制作。

翡翠麒麟肚

图腾是崇拜大自然和凝聚民族心的标志，所以，各民族都会定出某种动物作为图腾的标志，例如远古时期的华夏族就是以蛇为标志。汉族开祖刘邦芒山斩蛇的举动让蛇这种图腾逐渐消失于历史的洪流之中。而刘邦这个举动，直到吴承恩（约1500—1583）在《西游记》上才给出真正的答案，答案就是"跳出三界外，不在五行中"。

秦始皇统一六国正是收拢六国各族民心之时，然而，各国各族均有自己的图腾，民心涣散。刘邦剑斩作为其族图腾之蛇，就是希望破旧立新，树立凝聚各族民心的图腾。更为洒脱、升华的是，秦统一六国所凝聚出来的新民族不再直接用现实的动物做图腾，趁势来个大杂烩，将几种威猛动物融合在一起，活灵活现地将龙设计出来，并且给予龙非凡形象和能力——有鳞有角，有牙有爪，能钻土入水，能蛰伏冬眠，能兴云布雨，又能电闪雷鸣……

后来，龙成为皇权的象征，为顾及民间的需要，麒麟等神兽相应产生，《淮南子·墜（地）形训》曰："毛犊生应龙，应龙生建马，建马生麒麟，麒麟生庶兽，凡毛者生于庶兽。"而麒麟同样是几种动物融合在一起的化身，《说文解字》云："麒，仁兽也。麕身牛尾，一角。麟，大麕也。麕身牛尾，狼额马蹄，五彩腹下黄，高丈二。"并且分雌雄，《广雅》云："牡曰麒，牝曰麟。"为了加深麒麟神化形象，后人将其与儒家圣人孔子扯上了关系，云孔子母亲在诞下孔子前梦见有麒麟吐玉书于阙星（山东曲阜），于是就有了"麒麟吐书"的典故，继而衍生出"麒麟送子""麒麟献瑞"等寓意祥瑞的意思。

那么，怎样才能将寓意祥瑞的麒麟融入看馔中去呢？

聪明的厨师将三种不同材料的块状食材拼凑成"麒麟"状，从而看馔便有了麒麟的名字。

在筵席端出有麒麟寓意的菜式，岂不满堂生喜！

◎麒麟成为图腾之一始于汉代，《礼记·礼运》曰："麟凤龟龙谓之四灵。"《大戴礼记·易本命》亦曰："有羽之虫三百六十，而凤皇（凤）为之长；有毛之虫三百六十，而麒麟为之长；有甲之虫三百六十，而神龟为之长；有鳞之虫三百六十，而蛟龙为之长；赢之虫三百六十，而圣人为之长，此乾坤之美类，禽兽万物之数也。"完全是"跳出三界外，不在五行中"的写照。后来东晋王嘉《拾遗记》云："夫子（孔子）未生时，有麟吐玉书于阙里（山东曲阜）人家。"将麒麟与圣人孔子扯上关系，继而让神兽成为儒家的象征。

下图为麒麟形象。

蔬菜

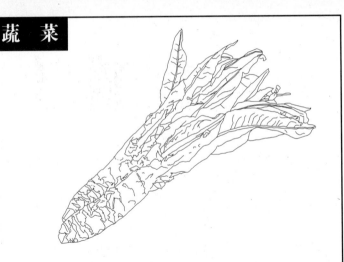

尖叶莴笋

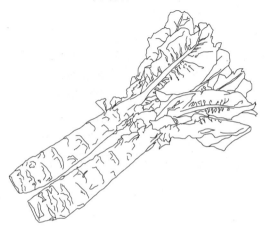

圆叶莴笋

◎注：荤素合理膳食搭配比国外金字塔形膳食搭配来得早，具体说来在20世纪20年代经粤菜厨师精心设计早已相当完善，通过伴边、垫底、混合等的形式使日常肴馔做到荤中有素、素中有荤的境界，菜名带有"翡翠"二字的就是因荤素搭配概念而起。前文介绍的"百花鱼肚"就是通过伴边的形式做到荤素相衬的案例，它所用的蔬菜就是广东著名的菜心。实际上，适合以上形式的蔬菜有很多，本文介绍的是既可伴边又可垫底的生菜。

生菜这种蔬菜本出于莴苣，诗圣杜甫《种莴苣诗·序》就有"堂下理小畦，隔种一两席许莴苣，向二旬矣"的栽种方法，说明这种蔬菜在唐代（618—907）已渐被世人认知和栽种，而宋代《续博物志》还有"莴菜，出莴国，有毒，百虫不敢近"的话语，说明莴苣原产于莴国这个地方。之所以与"苣"全称，则因叶片外貌与苦苣相似有关。

海味制作图解Ⅱ

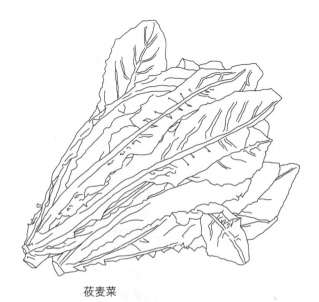

莜麦菜

苦麦菜

◎注：莴苣与"金肘菜胆翅"中提及的芸薹属 [Brassica] 白菜 [*Brassica pekinensis* (Lour.) (Rupr.)] 一样，在人为不断栽培的演变中也衍生出众多品种；但与白菜不一样的是，莴苣不仅有叶用品种，还有茎用品种，而且还均可生吃。为了明确区分，茎用品种的名称为"莴笋"。叶用品种较多，又有嫡系和旁系之别，嫡系的名称为"莜麦菜"，旁系的名称为"生菜"。

根据植物学家划分，这种植物即一年生或二年生草本双子叶植物纲 [Dicotyledoneae] 合瓣花亚纲 [Sympetalae] 桔梗目 [Campanulales] 菊科 [Compositae] 舌状花亚科 [Cichorioideae] 菊苣族 [Lactuceae] 莴苣亚族 [Lactucinae] 莴苣属 [Lactuca] 的莴苣 [*Lactuca sativa* (L.)]。

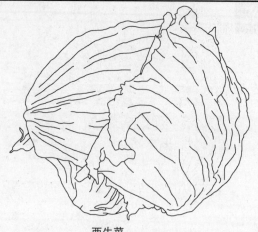

西生菜

直梗生菜

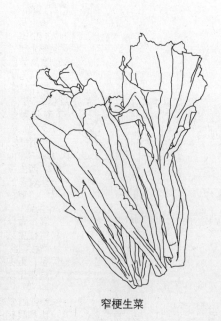

窄梗生菜

宽梗生菜

大叶生菜

宽叶生菜

罗莎生菜

◎注1: 莴苣的茎用品种称"莴笋",学名为 *Lactuca sativa*(L.var. angustata Irish ex Bremer),按叶形分"尖叶莴笋"和"圆叶莴笋",前者气香、皮厚、质爽脆,较少空心;后者气淡、皮薄,虽质感也属爽脆,但肉筋多和空心多。

◎注2: 油麦菜是尖叶莴笋的嫡系品种,又称"油荬菜""莜麦菜"。叶片尖长,有的保持母系抱茎发达的基因,有的则半退化。另外,受土质的影响,又衍生出香气特浓的品种,称"香麦菜"。

◎注3: 苦麦菜正名"苣荬菜",即双子叶植物纲 [Dicotyledoneae] 合瓣花亚纲 [Sympetalae] 桔梗目 [Campanulales] 菊科 [Compositae] 舌状花亚科 [Cichorioideae] 菊苣族 [Lactuceae] 菊苣亚族 [Hyoseridinae] 菊苣属 [Cichorium] 的栽培菊苣 [*Cichorium endivia* (L.)],即(野生)菊苣 [*Cichorium intybus* (L.)] 的栽培品种。这里提及这种蔬菜是因为莴苣的"苣"和油麦菜的"麦"均因其而起,《唐韵》曰:"荬,吴人呼苦苣。""荬"后讹写成"麦"。这种蔬菜的叶片虽也尖长,但多有锯齿、缺刻,并且味道清苦。

◎注4: 生菜是圆叶莴笋的旁系品种,之所以说是旁系,是因为其一系列的衍生品种已脱离母系的抱茎基因,而且气味也起了变化。

按形状可分,生菜可分为结球生菜 [*Lactuca sativa* (L.var. capitata DC.)]、平叶生菜 [*Lactuca sativa* (L.var. ramosa Hort.)] 两种。前者名称为"西生菜";后者称为"唐生菜",有较多的衍生品种,如"直梗生菜""窄梗生菜""宽梗生菜""大叶生菜""宽叶生菜""罗莎生菜"等。做伴边以合苞状的直梗生菜和宽梗生菜为佳。去大叶后的心叶为"生菜胆"。

生菜色泽以翠绿居多,但亦有叶端紫色和全紫色的,这多出现在罗莎生菜这个品系上。

受产地及气候等诸多因素影响,生菜的质感会有爽脆和良韧的变化,以爽脆为首选。

海味制作图解 Ⅱ

◎注1：宋开禧元年（1205），陈仁玉撰写的《菌谱》有这样的记述："寒极雪收，春气欲动，土松芽活，此菌（冬菇）候也。其质外褐色，肌理玉洁，芳香韵味……"将冬菇的生长季节、色泽和香味率先做了描述。而在元延祐二年（1315）的《王祯农书》上，更有整个栽培要领，书中说："（冬菇）取向阳地，择其所宜木、枫、楮、栲等伐倒，用斧砍成坎，以土覆压之。经年树朽，以草砍锉，匀布坎内，以蒿叶及土覆之。时用泔浇灌，越数时则以槌击树，谓之'惊草'。雨露之余，天气蒸暖，则草生矣。虽逾年而获，利则甚博。采之讫，遗种在内，来年仍复发……"

按植物学分类，冬菇实际上是担子菌门 [Basidiomycota] 伞菌亚门 [Agaricomycotina] 伞菌纲 [Agaricomycetes] 伞菌亚纲 [Agaricomycetidae] 伞菌目 [Agaricales] 光茸菌科 [Omphalotaceae] 香菇属 [Lentinus] 香菇的子实体。这种食用菌被誉为"菌中之星"，原称"合（台）蕈"，由浙江龙泉县（今龙泉市）龙溪乡（今归庆元县管辖）龙岩村人吴三公在宋建炎四年（1130）进行人工栽培技术所得，但技术一直秘而不宣，并且传男不传女。南宋末年，其中一脉因逃避战火移居到粤北韶关珠玑巷。因香菇适合在12℃～17℃的气温生长，晒干后称为"冬菇""厚菇"[Lentinus edodes (Berk.) (Pegler.)]，菌盖肥厚、光滑，气味香；若生长过程中遇上霜降，菌盖表面就会开裂且香气变得更加浓郁，晒干后称为"花菇"[Lentinus edodes (Berk.) (sing.)]，品级最高；但倘若在高于20℃环境生长，菌盖会变薄且香气变淡，晒干后称为"香信""薄菇"。由于菌盖表面开裂品的售价最高，有菇农用刀片在肥厚冬菇的菌盖锲划使其仿似花菇，这种商品称为"锲花菇"。

目前这种食用菌在国际上有名的产地是日本和中国，前者产的菌盖色泽灰白，后者产的菌盖色泽灰黑。

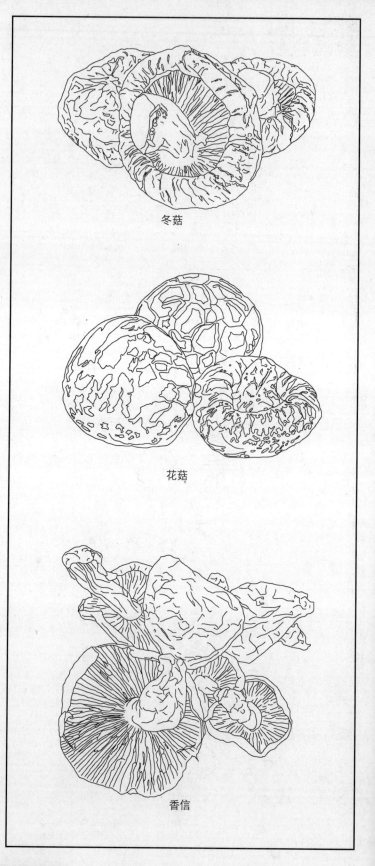

冬菇

花菇

香信

用料

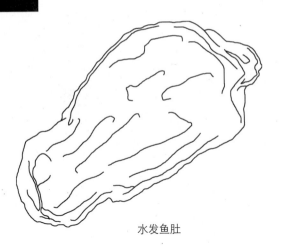

水发鱼肚

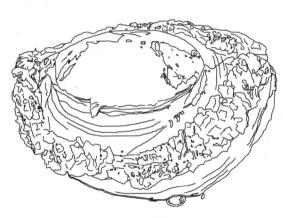

熻鲍鱼

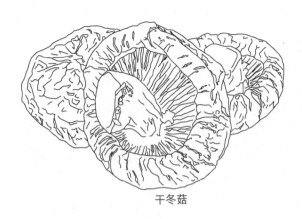

干冬菇

◎注："翡翠麒麟肚"是拼合菜式，由4种食材组合而成，它们分别是鱼肚、鲍鱼、冬菇（三者拼合为"麒麟"）和生菜（即翡翠）。

鱼肚一般选用体大肉厚的"广肚"（毛鲿肚、鮸鱼肚），而且用焗发而得的水发鱼肚。

鲍鱼可选用干鲍鱼或罐头鲍鱼，但从味道和质感考虑，则以20头左右的干鲍鱼为佳，不过干鲍鱼要经过涨发和熻味（方法请参见《海味制作图解Ⅰ》）。

广义的冬菇按生长环境分冬菇、花菇和香信，这在前文已经介绍，这个菜式通常不会选用香信，而花菇又分日本花菇和中国花菇两种，日本花菇品质相对较好，中国花菇与等级较高的冬菇除了菌盖有裂纹区别之外，香气和质感大致相同。狭义的冬菇又分两种，菌盖直径在3.5厘米左右的称"厚菇"；菌盖直径在2.5厘米左右的称为"寸菇"，这里显然不适用。另外，冬菇的香气经干晒才会浓郁。所以，这里所选的是干花菇或干厚菇。

生菜品种虽多，但入选的条件必须是味道清香、质感爽脆的品种。

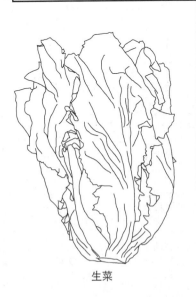

生菜

煨 料

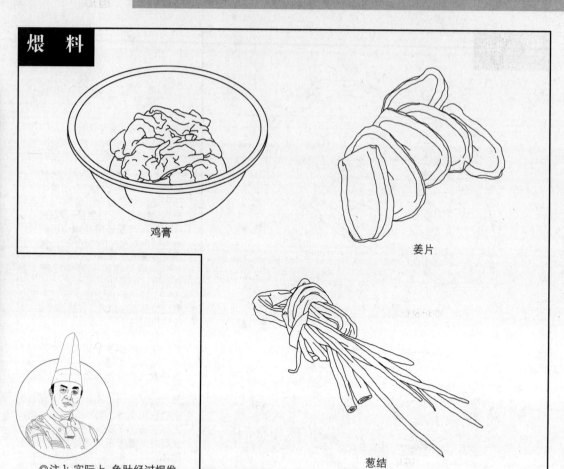

鸡膏

姜片

葱结

◎注1: 实际上,鱼肚经过焗发,鲍鱼经过涨发、爆味,整个菜式基本上可以用水到渠成来形容,余下就是如何处理干冬菇了。由于干冬菇属柴质海绵状结构,尽管用水涨发后就可使用,但因略带栽培腐木的气味及觳口(粗糙)的质感而稍显不足,可通过与鸡膏、姜片、葱结的滚煨加以改善。姜片和葱结的作用是针对其腐木气味,鸡膏的作用是针对其觳口(粗糙)质感。

◎注2: 这道菜所选用的调味料包括蚝油、精盐、白糖、顶汤、I&G、胡椒粉及湿淀粉。

调味料

I&G

白糖

蚝油

顶汤

胡椒粉

湿淀粉

精盐

工 具

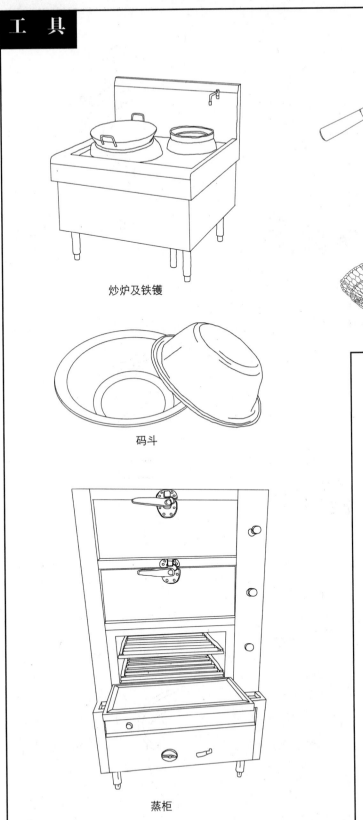

炒炉及铁镬

码斗

蒸柜

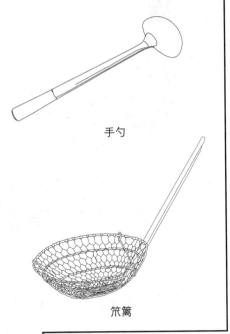

手勺

笊篱

◎注：这道菜的烹制方法是蒸，蒸柜（上什炉）是必不可少的。加上需要淋芡，炒炉、铁镬（锅）、手勺也必须配套。由于需要蔬菜围边，笊篱也要准备。余下的重点是"麒麟"，通过简单的拼凑上碟，还是通过有相对造型的扣拼上碟，如果采用后者，则要准备合规格的码斗。所谓合规格是因菜式分大牌、中牌、例牌，码斗的规格就要按照菜式的规格选定。

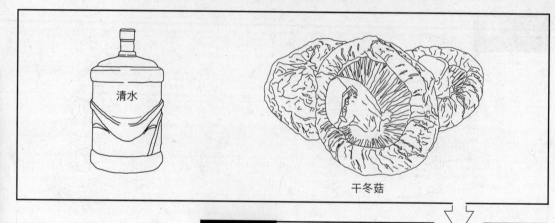

清水

干冬菇

发冬菇

2个小时

用过面的清水（除非是急于使用才以热水发，否则建议用常温水）浸泡至少2个小时，让菇体内部也能充分吸收水分。

◎注1：干冬菇是干货，不宜直接烹饪，因为其柴质海绵状结构需要一个缓慢的吸水过程才能恢复饱满、柔软的状态。因此，要先用过面的清水（除非是急于使用才以温水泡发，否则建议用常温水）浸泡至少2个小时，让菇体内部也能充分吸收水分。评价标准是菇体内部不干结，用手抓捏柔软，目测饱满。

◎注2：将铁镬（锅）烧热，放鸡膏煎出油，然后溃入清水和部分泡发干冬菇时的水，放入姜片和葱结。待水沸腾后，放入冬菇，以慢火保持98℃滚煨30分钟左右。

煨冬菇

慢火

30分钟

98℃

将铁镬（锅）烧热，放鸡膏煎出油，然后溃入清水和部分泡发干冬菇时的水，放入姜片和葱结。待水沸腾后，放入冬菇，以慢火保持98℃滚煨30分钟左右。

鸡膏

清水

姜片

葱结

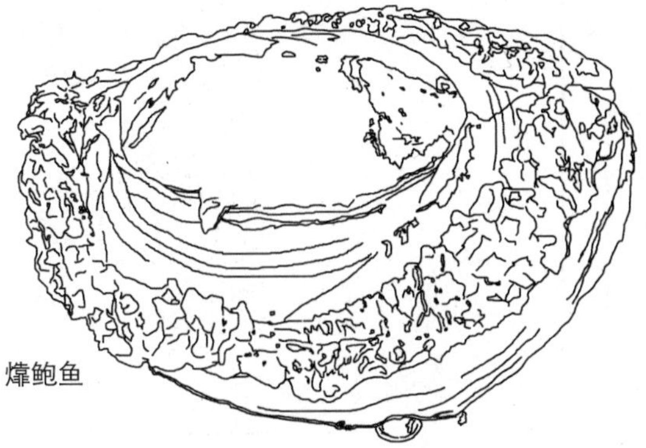

㸆鲍鱼

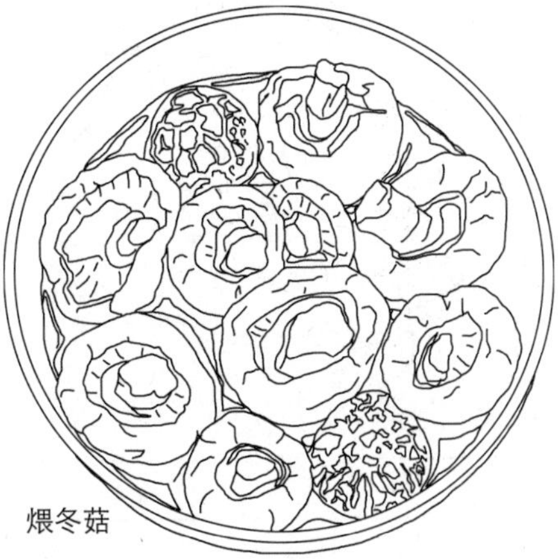

煨冬菇

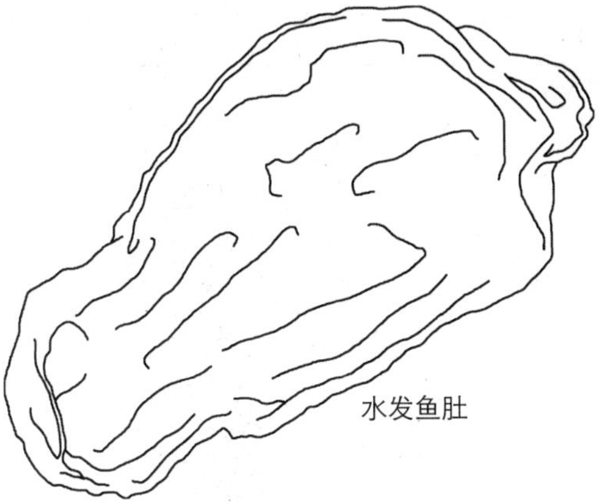

水发鱼肚

裁 切

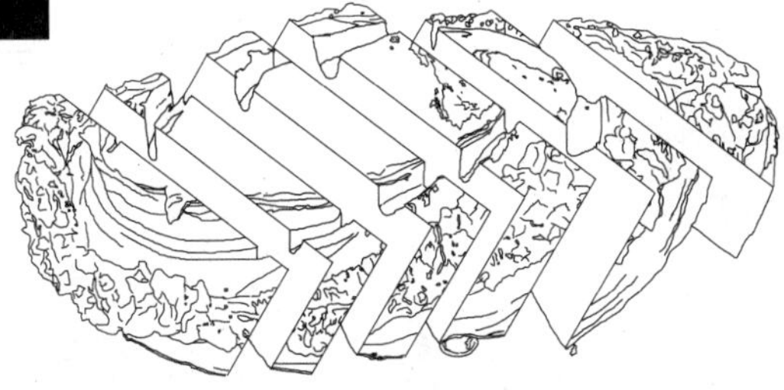

①㸆鲍鱼用刀横向斜切成厚 1.5 厘米的块。

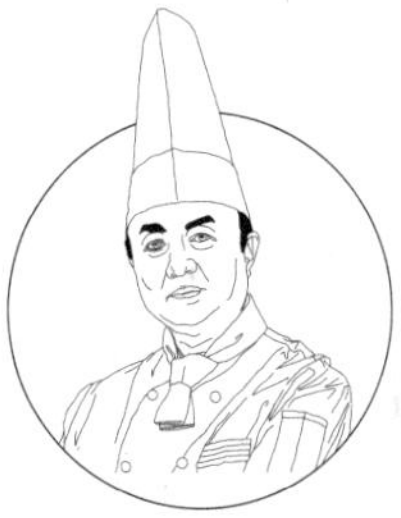

◎注 1：㸆鲍鱼用刀横向斜切成厚 1.5 厘米的块。

◎注 2：煨冬菇用刀贴菌盖底部将菇蒂片（切）去，再在盖面斜切，将冬菇一分为二。

◎注 3：水发鱼肚用刀切成长 4.5 厘米、宽 2.5 厘米的块。

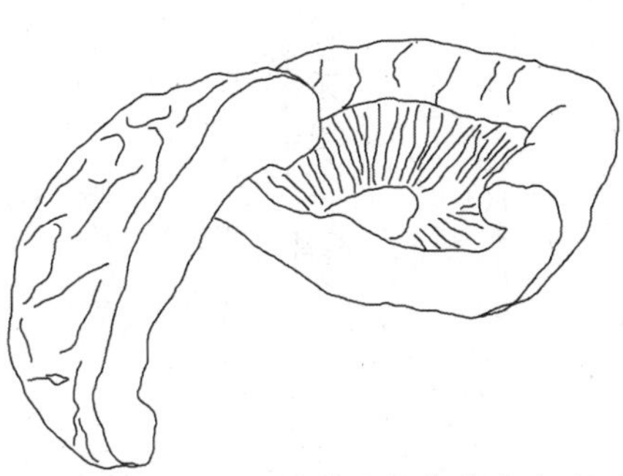

②煨冬菇用刀贴菌盖底部将菇蒂片（切）去，再在盖面斜切，将冬菇一分为二。

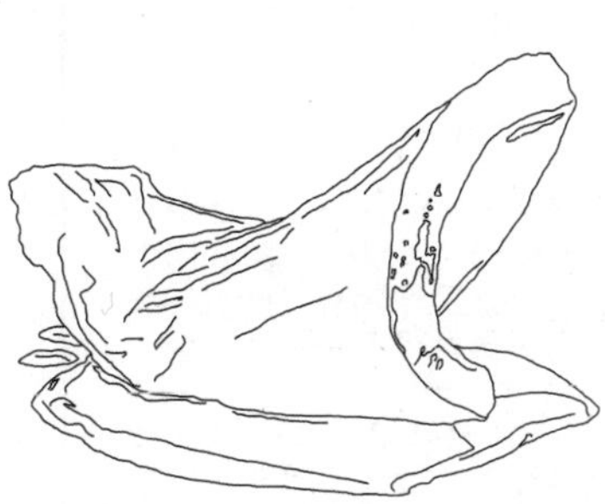

③水发鱼肚用刀切成长 4.5 厘米、宽 2.5 厘米的块。

海味制作图解Ⅱ

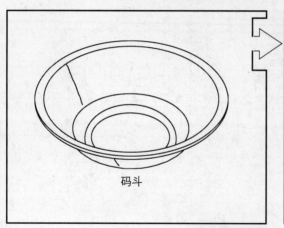

码斗

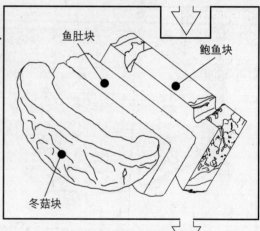

鱼肚块

鲍鱼块

冬菇块

拼 砌

将冬菇块、鱼肚块及鲍鱼块夹成一组，以平滑圆面向下的方向分两行整齐、紧实排放在码斗内。

调 汁

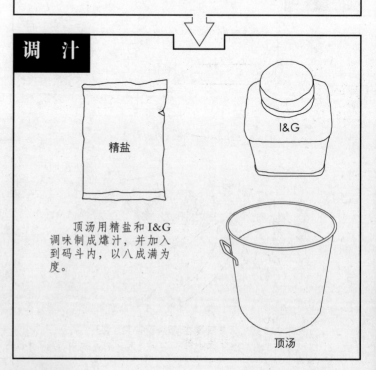

精盐

I&G

顶汤

顶汤用精盐和I&G调味制成爝汁，并加入到码斗内，以八成满为度。

◎注1：将冬菇块、鱼肚块及鲍鱼块夹成一组，以平滑圆面向下的方向分两行整齐、紧实排放在码斗内。例牌为6组，中牌为8组，大牌为12组。

◎注2：顶汤用精盐和I&G调味制成爝汁，并加入到码斗内，以八成满为度。

爝汁的配方是500克顶汤、12克精盐、3克I&G。

244

蒸制

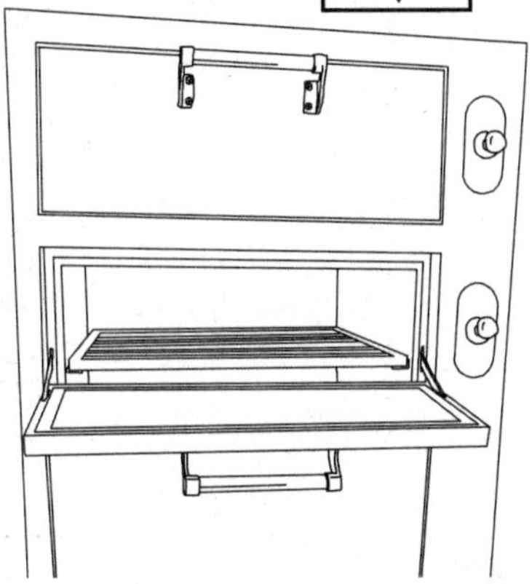

将排放好的冬菇块、鱼肚块及鲍鱼块并加入㸆汁的码斗放入蒸柜（上什炉）内，猛火加热 30 分钟。

倒汁

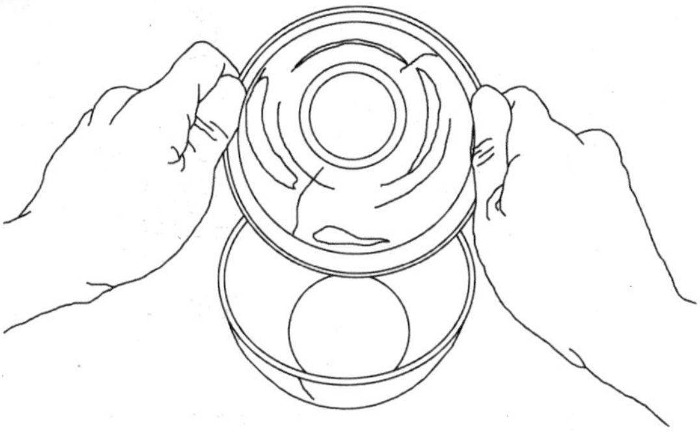

起菜时，将码斗内的㸆汁倒出，留用。

扣碟

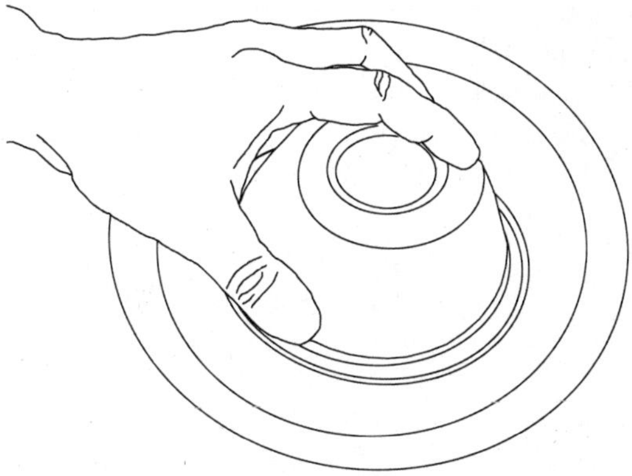

将码斗倾覆在圆碟上，然后提起码斗，使冬菇块、鱼肚块、鲍鱼块呈龟背状排列在圆碟上。

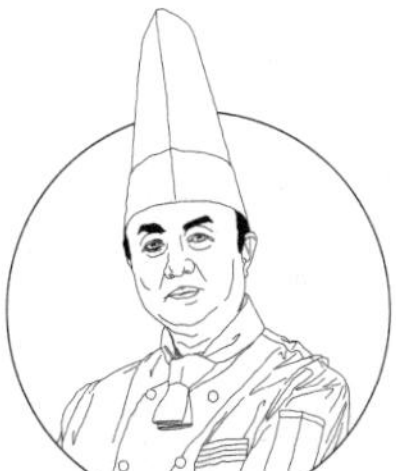

◎注 1：将排放好的冬菇块、鱼肚块及鲍鱼块并加入㸆汁的码斗放入蒸柜（上什炉）内，猛火加热 30 分钟。

此工序可预先做好，不必在起菜时临急操作。若起菜时原料已晾凉，可通过煀的方法重新加热。

◎注 2：起菜时，将码斗内的㸆汁（原汁）倒出，留用。

◎注 3：将码斗倾覆在圆碟上，然后提起码斗，使冬菇块、鱼肚块、鲍鱼块呈龟背状排列在圆碟上。

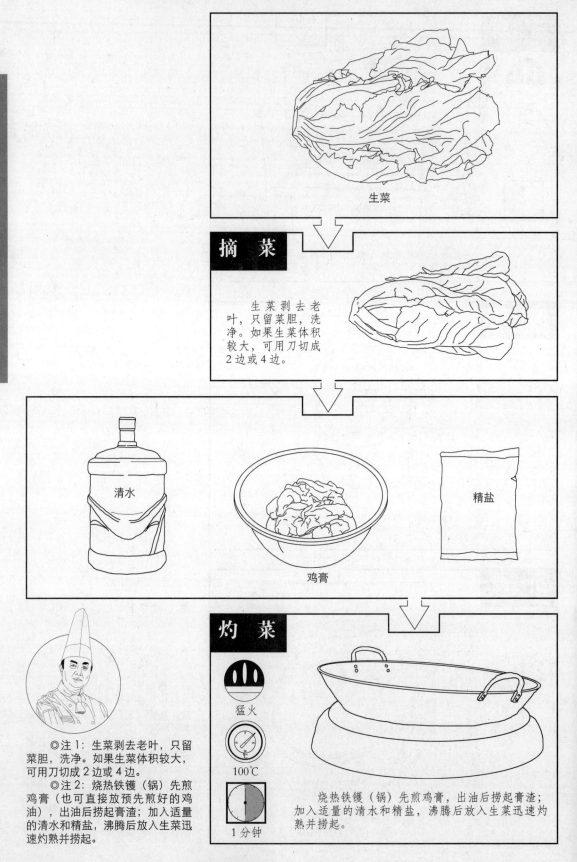

生菜

摘菜

生菜剥去老叶，只留菜胆，洗净。如果生菜体积较大，可用刀切成2边或4边。

清水

鸡膏

精盐

灼菜

猛火

100℃

1分钟

◎注1：生菜剥去老叶，只留菜胆，洗净。如果生菜体积较大，可用刀切成2边或4边。

◎注2：烧热铁镬（锅）先煎鸡膏（也可直接放预先煎好的鸡油），出油后捞起膏渣；加入适量的清水和精盐，沸腾后放入生菜迅速灼熟并捞起。

烧热铁镬（锅）先煎鸡膏，出油后捞起膏渣；加入适量的清水和精盐，沸腾后放入生菜迅速灼熟并捞起。

围边

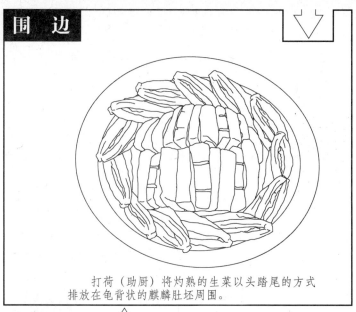

打荷（助厨）将灼熟的生菜以头踏尾的方式
排放在龟背状的麒麟肚坯周围。

勾芡

中火

120℃

15秒

以中火烧热铁镬（锅），倒入爧汁。沸腾后，用
白糖、蚝油、I&G、胡椒粉调味，用湿淀粉将汁液勾
成琉璃芡，然后将琉璃芡淋在麒麟肚坯及生菜上面。

◎注1：打荷（助厨）将灼熟
的生菜以头踏尾的方式排放在龟背
状的麒麟肚坯周围。

◎注2：以中火烧热铁镬
（锅），倒入爧汁。沸腾后，用白糖、
蚝油、I&G、胡椒粉调味，用湿
淀粉将汁液勾成琉璃芡，然后将
琉璃芡淋在麒麟肚坯及生菜上面。

翡翠麒麟肚配方	
水发鱼肚	350g
爧鲍鱼	240g
湿冬菇	120g
精盐	6g
白糖	3g
蚝油	10g
I&G	6g
胡椒粉	0.1g
顶汤	500g
鸡膏	200g
姜片	5g
葱结	15g
湿淀粉	20g

海味制作图解 II

白糖

I&G

蚝油

胡椒粉

爧汁

湿淀粉

冬茸鱼肚羹

古人造字原意，"羹"与"酱"是同一概念的东西，所不同的是，前者是剁烂或煮烂的肉，而后者则是剁烂或发酵自烂的谷（穀）物和蔬菜。《尔雅·释器》云"肉谓之羹"，后人补充说是"肉之所作臛名羹"；《正字通》云："麦面（麪）米豆皆可罨黄，加盐曝之成酱。"不过，羹的真正意思是与"湆"做对比。"湆"读作 qi^4，按照清代训诂学家段玉裁在《说文解字注》的解释，即今人所说见水不见肉的稀肉汤，也就是顶汤的原始做法。而羹则是见水又见肉的稠肉汤。换言之，羹是由肉糜调节浓稠的湆（肉汤）。

古人对羹可谓推崇备至，秦前古籍《尚书·商书·说命》就有"若作和羹，尔惟盐梅"的说法，这一食制延绵至今，可见其魅力。不过，需要指出的是，今天羹的浓稠已不是全由肉糜调节，而是脱离初心，改由淀粉调剂，由此也让人误以为羹是淀粉糊的一种做法。

正是这个原因，今天的羹在烹调时会有三个重点，第一是用料搭配（使羹蕴藏爽、脆、嫩、滑、弹质感），第二是汤水熬制（使羹具有醇厚、浓郁鲜味），第三是淀粉选定（使羹由稀薄变浓稠）。

淀粉原始定义是种子或根茎破碎后水洗沉淀出来的粉末，如绿豆、木薯、番薯、薯仔（土豆）、小麦、菱角、莲藕及玉米等制的淀粉。更深层的定义是葡萄糖的高聚体或由多个葡萄糖分子缩合而成的多糖聚合物。而之所以在与水环境下加热形成具黏性的糊状体，是其两个物理反应之一的糊化反应（Gelatinization）使然，也即其链状结构发出的威力。基于此，淀粉还有一个定义是由不同比例的直链淀粉与支链淀粉构成的粉末。含直链淀粉高的淀粉质感偏爽，含支链淀粉高的质感偏黏。而让厨师最揪心的则是淀粉另一物理反应——老化反应（Retrogradation），即羹汤回凉所出现的返水、黏度下降现象，尤其是使用含直链淀粉高的淀粉时。

◎注1：对羹的认识，或许还能从其异体字——羮、羮、羮、䰨、鬵、鬻、羹、羹、䏑、䐌中见其精妙，几乎都用代表美味的羊做偏旁，其中"鬻"依《集韵》的说法甚至是"烹"字的字源。

◎注2：汤原指水名，因商朝开祖成汤喜用热水泡澡，后人就有了将热水称为"汤"的用语，又由此借用此字指为中药茶，继而再指为用各种食材熬出的稀汁并以取代"湆"（正写为湆）。清代训诂学家段玉裁在《说文解字注》云："湆，肉之精液如幽湿生水也。"最后干脆就指为烹调后汁特别多的食物。

◎注3：淀粉品种及其糊化、老化的详细知识，可参阅《厨房"佩"方》一书。

海味制作图解 II

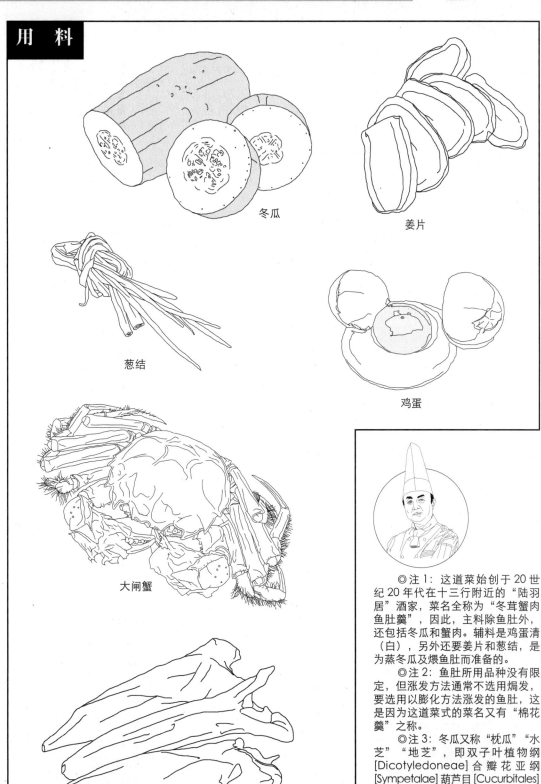

冬瓜

姜片

葱结

鸡蛋

大闸蟹

鱼肚

◎注1：这道菜始创于20世纪20年代在十三行附近的"陆羽居"酒家，菜名全称为"冬茸蟹肉鱼肚羹"，因此，主料除鱼肚外，还包括冬瓜和蟹肉。辅料是鸡蛋清（白），另外还要姜片和葱结，是为蒸冬瓜及煨鱼肚而准备的。

◎注2：鱼肚所用品种没有限定，但涨发方法通常不选用焗发，要选用以膨化方法涨发的鱼肚，这是因为这道菜的菜式的菜名又有"棉花羹"之称。

◎注3：冬瓜又称"枕瓜""水芝""地芝"，即双子叶植物纲[Dicotyledoneae]合瓣花亚纲[Sympetalae]葫芦目[Cucurbitales]葫芦科[Cucurbitaceae]南瓜族[Trib. Cucurbiteae]葫芦亚族[Subtrib. Cucumerinae]冬瓜属[Benincasa]冬瓜[*Benincasa hispida* (Thunb.) (Cogn.)]的果实。

调味料

湿淀粉　　花生油　　顶汤　　I&G

胡椒粉　　精盐　　绍兴花雕酒

◎注1：在调味料方面，要准备顶汤、绍兴花雕酒、精盐、I&G、胡椒粉、花生油和湿淀粉。

◎注2：在操作工具方面，基本上就是厨房的标准配置，但炒炉、铁镬（锅）、手勺、瓜刨、笊篱、滤网和毛巾是必不可少的。

工　具

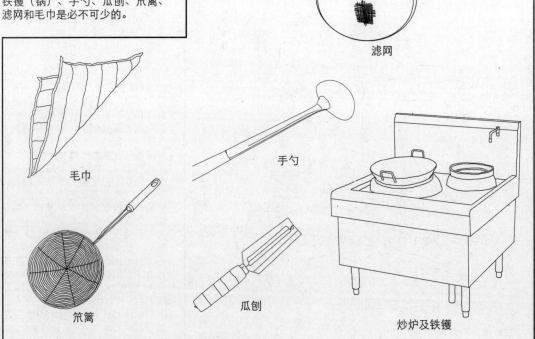

滤网

毛巾　　手勺

笊篱　　瓜刨　　炒炉及铁镬

250

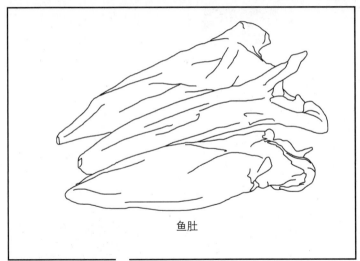

鱼肚

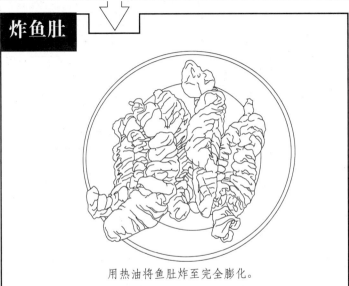

炸鱼肚

用热油将鱼肚炸至完全膨化。

泡鱼肚

60 分钟

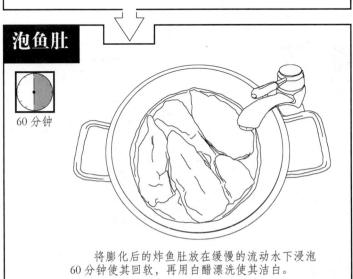

将膨化后的炸鱼肚放在缓慢的流动水下浸泡
60 分钟使其回软，再用白醋漂洗使其洁白。

白醋

◎注 1：在清末以前，鱼肚的涨发方法多以沙发居多，因沙传热的接触面不太紧密，要让鱼肚肉心充分膨胀，势必导致鱼肚外表产生轻微焦黄。换句话说，要让鱼肚保持外表洁白的色泽，就很难保证鱼肚肉心充分膨胀；要让鱼肚肉心充分膨胀，就要舍弃鱼肚外表洁白的要求。大概在 20 世纪初期，广州一家叫"冠珍"的包办馆则率先打破常规，创制了外表保持洁白、肉心充分膨胀的油炸鱼肚涨发方法。之所以说是打破常规，是因为厨师深知鱼肚忌油，与油接触容易出现粤菜厨师形容为"泻身"（朦变）的现象。实际上，如果鱼肚现炸现烹，不作长期存放的话，由油引起泻身现象的可能性是极小的。然而，从食品工业化的角度来看，这是技术倒退的行为，因为油发鱼肚不具备大批量生产的潜力。

◎注 2：目前，沙发和盐发的鱼肚已成为商品，因为有了现成的商品，酒楼厨师会直接购买，很少采用这两种方法涨发鱼肚。需要注意的是，油发鱼肚要计算好使用时间，一般不要超过两天。

◎注 3：无论是沙发、盐发，抑或油发，在使用时都要进行泡水。由于质体已经膨化，这过程大概需时 60 分钟。鱼肚泡软后，再加入水和白醋漂洗，目的是漂白和避油臊味。

海味制作图解 II

鱼肚泡软并用白醋漂洗过后用刀切成1.5厘米见方待用。

冬茸鱼肚羹配方

水发鱼肚	160g
冬瓜茸	240g
蟹肉	80g
鸡蛋清（白）	25g
顶汤	650g
姜片	25g
葱结	15g
白醋	100g
精盐	8g
I&G	4g
湿淀粉	80g
胡椒粉	0.2g
花生油	20g

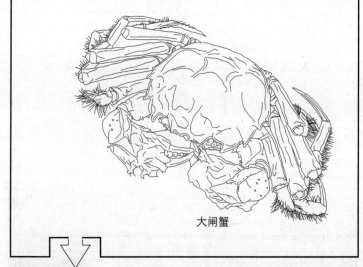

大闸蟹

◎注1：鱼肚泡软并用白醋漂洗过后用刀切成1.5厘米见方待用。

◎注2：对于蟹，既可用毛蟹（蟹，如大闸蟹），又可以用青蟹（蚝，如肉蟹和膏蟹）及花蟹（蟛，如梭子蟹），但不管怎样，都要将蟹肉从蟹壳内拆取出来。拆取方法有生拆和熟拆两种，但熟拆相对简便。方法和流程请参见"蟹黄扒翅"章节上的介绍。

这道菜一般只用蟹肉，蟹黄留作他用。

拆蟹肉

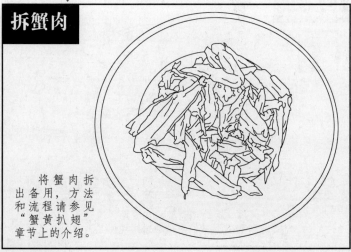

将蟹肉拆出备用，方法和流程请参见"蟹黄扒翅"章节上的介绍。

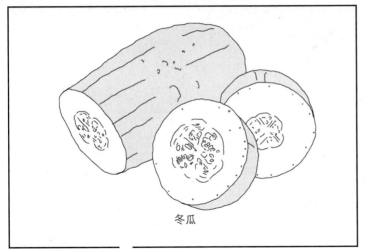

冬瓜

◎注1：冬瓜是夏天结果的植物，之所以名字带"冬"字，有两种说法。一种是因为冬瓜表皮多有一层白粉（有部分品种不具备，有则称粉皮，无则称青皮），犹如披上冬天所结的白霜；另一种说法是冬瓜可以储存越过冬。

冬瓜原产我国，南北各地均可栽培。按瓜形分有扁圆形、圆筒形和长圆筒形等类型；按色泽分有青绿色和墨绿色等类型；按瓜肉质感分有爽型和粉型。

如果再以瓜形大小区分，冬瓜还有早熟的小果和晚熟的大果两类，前者重 2.5～5 千克，品种有杭州灯笼瓜、苏州雪里青、绍兴小冬瓜、安徽早冬瓜、南京一窝蜂及成都五叶子等；后者重 15～20 千克，品种有广东青皮冬瓜、（广东）江门灰皮冬瓜、长沙粉皮冬瓜、（广西）玉林大石冬瓜、武汉粉皮枕头冬瓜等。

◎注2：用瓜刨将冬瓜皮刨去。
◎注3：用刀将冬瓜剖开，先把瓜瓤切去，再将瓜肉切成大块。
◎注4：将冬瓜块放在钢盆内，并加入清水。

刨瓜皮

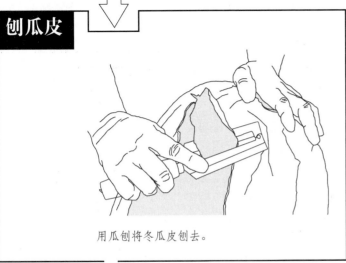

用瓜刨将冬瓜皮刨去。

切瓜块

用刀将冬瓜剖开，先把瓜瓤切去，再将瓜肉切成大块。

将冬瓜块放在钢盆内，并加入清水。

海味制作图解 II

海味制作图解 II

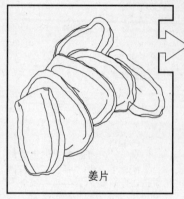

姜片

◎注1: 在冬瓜上面铺上姜片，然后将其置入蒸柜（上什炉）里，用猛火蒸30分钟（以冬瓜熟至无白心为度）。

◎注2: 将冬瓜盆取出，捡出姜片并将瓜水倒去。待冬瓜晾凉，倒在干净的砧板上，用刀压成冬瓜茸。

◎注3: 为了确保冬瓜茸质地细腻，最好用滤网过滤一次，以将老筋、硬块、残皮过滤出来。

滤网

蒸瓜茸

猛火

100℃

30分钟

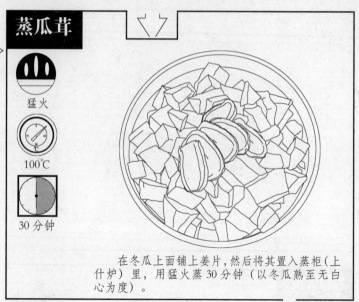

在冬瓜上面铺上姜片，然后将其置入蒸柜（上什炉）里，用猛火蒸30分钟（以冬瓜熟至无白心为度）。

压瓜茸

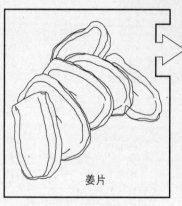

将蒸熟的冬瓜块放在干净的砧板上，用刀压成冬瓜茸。

滤瓜茸

将冬瓜茸放在滤网内过滤，将老筋、硬块、残皮过滤出来。

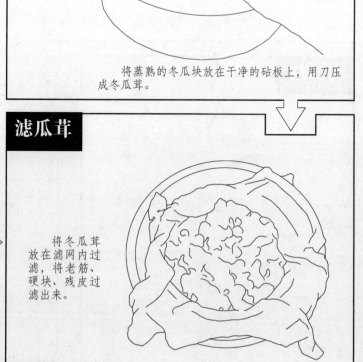

揸水

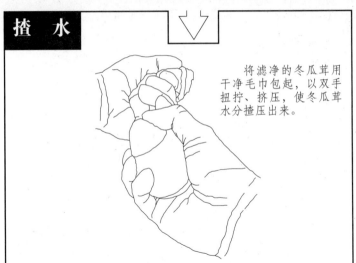

将滤净的冬瓜茸用干净毛巾包起，以双手扭拧、挤压，使冬瓜茸水分揸压出来。

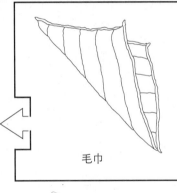

毛巾

◎注1：将滤净的冬瓜茸用干净毛巾包起，以双手扭拧、挤压，使冬瓜茸水分揸压出来。

◎注2：揸出水分的冬瓜茸用钢盆盛起备用。

◎注3：打荷（助厨）将鸡蛋砸开，分出鸡蛋清（白）和鸡蛋黄。

◎注4：用筷子将鸡蛋清打匀（此步骤最好是临近起菜时操作）。

揸出水分的冬瓜茸用钢盆盛起备用。

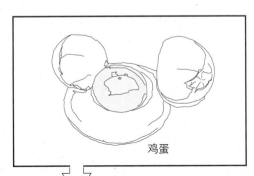

鸡蛋

打蛋清

用筷子将鸡蛋清打匀，备用。

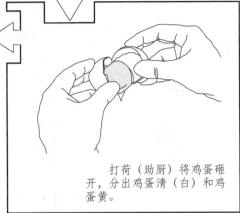

打荷（助厨）将鸡蛋砸开，分出鸡蛋清（白）和鸡蛋黄。

海味制作图解 II

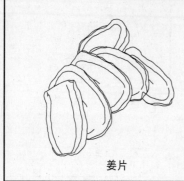

姜片

葱结

花生油

清水

鱼肚块

◎注1：之前的工序在分工上由砧板师傅和打荷（助厨）操作，制品称为半成品。余下的工作开始由候镬师傅和打荷（助厨）协作完成。

将铁镬（锅）烧热，以猛火热油爆香姜片和葱结。在葱叶焦黄时，放入适量清水，以中火加热至水沸腾，再放入鱼肚块滚煨15分钟左右，以去除鱼肚的腥味。

◎注2：用笊篱将鱼肚捞起，交由打荷（助厨）用干净的干毛巾以按压的手法吸干鱼肚水分。

煨鱼肚

中火

100℃

15分钟

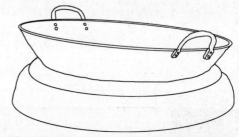

将铁镬（锅）烧热，以猛火热油爆香姜片和葱结，然后放入适量清水，以中火加热至水沸腾，再放入鱼肚块滚煨15分钟左右，以去除鱼肚的腥味。

吸肚水

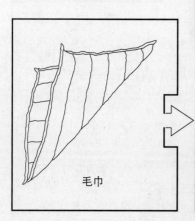

毛巾

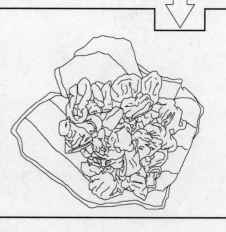

用笊篱将鱼肚捞起，交由打荷（助厨）用干净的干毛巾以按压的手法吸干鱼肚水分。

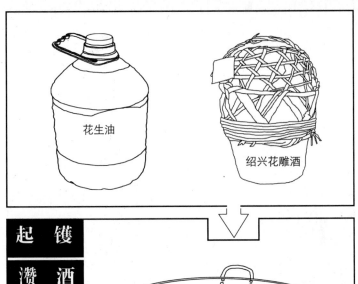

花生油

绍兴花雕酒

海味制作图解 Ⅱ

起镬 / 潵酒

猛火

135℃

15 秒

猛火烧红铁镬（锅）后，先放入一勺花生油搪镬（锅），然后将油倒出，再放入正常用量的花生油。

潵入绍兴花雕酒。

下汤

中火

100℃

40 秒

改中火，并用手勺将顶汤滗入镬（锅）里。

顶汤

◎注 1：猛火烧红铁镬（锅）后，先放入一勺花生油搪镬（锅），然后将油倒出，再放入正常用量的花生油。此动作被称为"猛镬阴油"。

◎注 2：潵入绍兴花雕酒，以去除花生油杂味和激起俗称"镬气"的香气。

◎注 3：改中火，并用手勺将顶汤滗入镬（锅）里。加热汤水时火候不宜过于猛烈，避免汤水中起呈味作用的蛋白质因受热过度老化而丧失鲜味。

这里需要掌握的知识是要熟记手勺与各器皿盛水容量的关系，厨师做菜是手工制作，并非工业化生产，前者是以器皿作为指标，各用料都是以器皿容量做参数添加，如果量大了就会浪费；而后者则没有这样的要求，只要按比例添加在一起就可以了。所以，厨师做菜及调味都是随机的，没有绝对的标准配方。

另外，粤菜厨师所用手勺要比其他菜系所用炒勺的容量要大，其用意是既可快速滗入汤水，又可在炒菜时让肴馔有避火的空间。

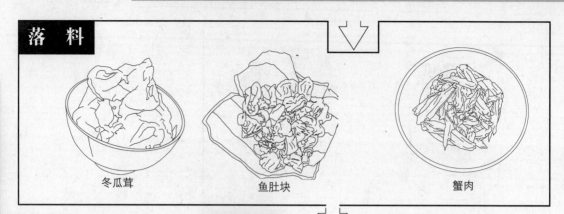

落　料

冬瓜茸　　　　　鱼肚块　　　　　蟹肉

调　味
勾　芡
勾蛋清

鸡蛋清（白）加入后即停止加热，然后将汤羹倒入准备好的汤窝中。

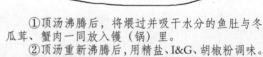

中火

100℃

45秒

①顶汤沸腾后，将煨过并吸干水分的鱼肚与冬瓜茸、蟹肉一同放入镬（锅）里。
②顶汤重新沸腾后，用精盐、I&G、胡椒粉调味。
③一手用手勺搅动汤水，另一手慢慢加入湿淀粉，使汤水变成浓稠状，浓稠度以放汤匙在上面不沉为度。
④再以同样搅动汤水的手法，将鸡蛋清（白）加入汤羹，让鸡蛋清（白）形成碎花状分散在汤羹里。

◎注1：顶汤沸腾后，将煨过并吸干水分的鱼肚与冬瓜茸、蟹肉一同放入镬（锅）里。
◎注2：顶汤重新沸腾后，用精盐、I&G、胡椒粉调味。
◎注3：一手用手勺搅动汤水，另一手慢慢加入湿淀粉，使汤水变成浓稠状，浓稠度以放汤匙在上面不沉为度。
◎注4：再以同样搅动汤水的手法，将鸡蛋清（白）加入汤羹，让鸡蛋清（白）形成碎花状分散在汤羹里。
◎注5：鸡蛋清（白）加入后即停止加热，以免鸡蛋清（白）被煮老而破坏其嫩滑、细腻的质感。然后将汤羹倒入准备好的汤窝中。

海味制作图解Ⅱ

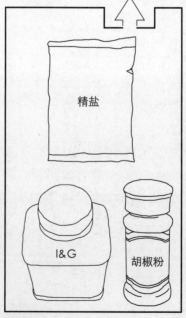

精盐

I&G　　　胡椒粉

湿淀粉

鸡蛋清

258

蹄筋烩鱼肚

这道菜的鱼肚和蹄筋都选用油发，是让读者从中理解食品工业化的意义。

早在 120 多年前，粤菜雄风已经初现，其中奢华的"满汉全席"——连续 3 天、每天 36 道菜预早恭奉出来飨客的经营模式，能绝无仅有地同时筵开两席足已窥见一斑。按理，如此好的势头本应可以举杯庆祝，但实际情况也只有经营者自己知晓，因为他们遇到了发展的瓶颈，筵开两席已经是满负荷操作了，即使是食客愿意再付出几倍的价钱筵开三席也无能为力。问题出在哪里呢？问题出在当时的粤菜厨师惯用各司各法的思维方式，厨房架构松散，导致效率低下。

在距今约 90 年前，被后人称作"酒楼王"的陈福畴找到了解决发展瓶颈的良方：将粤菜厨师工种固定下来，分候镬、砧板、上什、打荷（助厨）等岗位，实行分工明细、各司其职、各行其责的架构模式。

事实证明，这样的改革不仅让酒楼单店可以筵开百席，还让酒楼走上连锁经营之道，因此改革者陈福畴享受着这样的红利：坐拥着广州"四大酒家"——文园酒家、南园酒家、西园酒家和大三元酒家，而各酒家每天均可筵开百席随烹随吃的宴会……说这种经营模式能日进斗金也不为过。

这套制度沿用至今也面临了新的瓶颈，主要体现在作坊生产无法快速复制以扩大经营。

冲破这个瓶颈显然要走工业化的道路，也就是将粗加工的原料集中到中央工场生产，实行食材半成品化，再通过物流派发出去，让酒楼厨师腾出手来专心烹调。

这里要说的是，鱼肚和蹄筋就曾萌发食品工业化的苗头，因后来有了油发法而凋零。在学习这道菜做法的时候不妨设想一下将油发法加工的鱼肚和蹄筋置换成沙发法或盐发法，感受一下生产流程是否是顺畅无阻的。

◎注：如果是单店经营酒楼，用油发法加工鱼肚和蹄筋是不错的选择，但是如果是连锁经营酒楼，则会受到某些检测指标的限制，因为以油发法加工的制品会有酸值（Acid value）提高的顾虑。酸值高的制品容易氧化，存放时间很短，过期后会出现俗称"臜（哈剌）"的变质性腐败，会导致食者的内脏器官出现癌变。

而采用沙发法、盐发法的鱼肚和蹄筋则没有这方面的顾虑，制品残留的油脂极少，酸值很低，储存时不易氧化，所以制品可以作为商品流通和储存。不过，厨师认为这种制品较油发法的制品"酐"（粤语读作 hong^2），即欠缺油亮光泽和油气的味道。

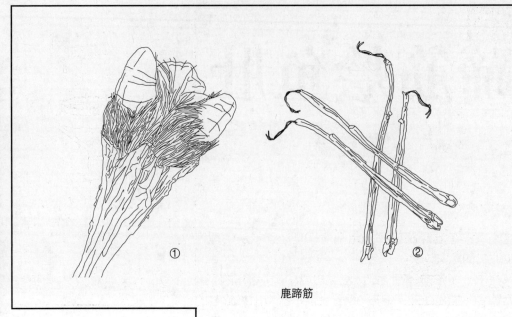

①　　　　　②

鹿蹄筋

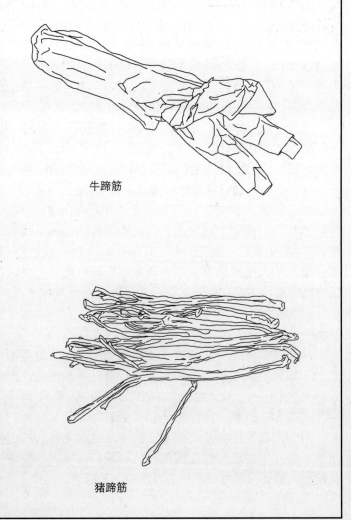

牛蹄筋

◎注1：鹿蹄筋为鹿科[Cervidae]动物梅花鹿或马鹿四肢的筋。入药始见于唐代苏敬主持编纂的《唐本草》，却未受到食客青睐，以致后续的岁月相当沉寂。明代李时珍《本草纲目》对其也是寥寥数语，更别提可以成为滋补品了："鹿筋（主治）劳损续绝（苏恭）。尘沙昧目者，嚼烂入目中，则粘出（时珍）。附方（旧一），骨鲠：鹿筋渍软，搓索令紧，大如弹九。持筋端吞至鲠处，徐徐引之，鲠著筋出（《外台》）。"直到清代张璐在《本经逢原》有"鹿筋大壮筋骨，食之令人不畏寒冷，但须辨骨细者为鹿，粗者即是麋筋，误食多致阴痿"……的描述才让人刮目相看。正如张璐所言，筋有鹿、麋之分，过去鹿蹄筋干制品多留蹄甲和毛以示正宗（见①），如今则以纯蹄筋居多（见②）。

◎注2　牛蹄筋是牛科[Bovidae]动物黄牛、水牛、牦牛四肢的筋，有干、鲜、冻之分，膳食以鲜、冻品居多。

◎注3：猪蹄筋是猪科[Suidae]动物猪四肢的筋，商品有扁圆形的前蹄筋和正圆形的后蹄筋之分，以后蹄筋为首选。

猪蹄筋

工　具

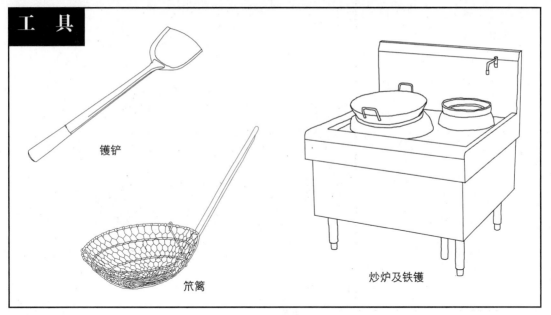

镬铲

笊篱

炒炉及铁镬

用　料

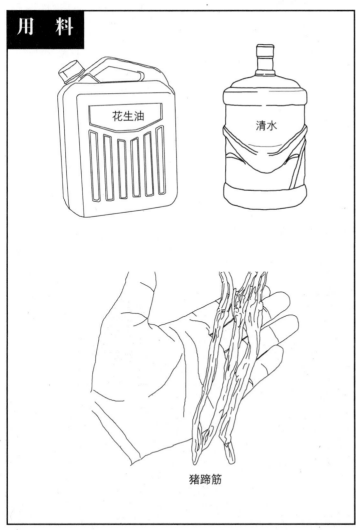

花生油

清水

猪蹄筋

◎注：除非是强调药膳及体现菜肴之名贵要用上鹿蹄筋之外，一般膳食采用猪蹄筋居多，这里就以猪蹄筋为例。

在商品上，猪蹄筋有干、湿两种，选用干蹄筋就要考虑涨发，食肆厨房多采用"油发法"和"焗发法"处理。

这里先介绍油发法。

油发法是用油做热传介质令蹄筋膨化以达到让艮韧蹄筋质地松软的方法。所用工具有炒炉、铁镬（锅）、镬（锅）铲、笊篱等。另外再准备充足的花生油和少量的清水。

261

油发法

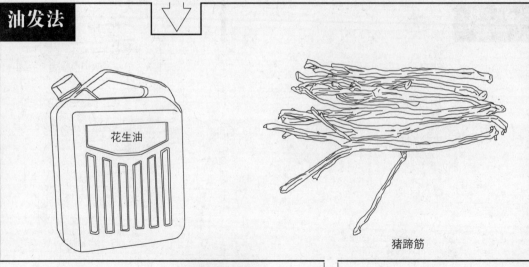

花生油

猪蹄筋

◎注1：如果涨发猪蹄筋的量较多，建议用大铁镬（锅）。铁镬尺寸有多种，按过去的说法，以直径算有一尺五寸（50厘米）、一尺八寸（60厘米）、三尺四寸（约113厘米）及四尺四寸（约147厘米）等。炒菜是用一尺八寸的镬（锅），而油炸是用三尺四寸的镬（锅），如果油炸物多，可用四尺四寸的镬（锅）。

◎注2：油发猪蹄筋不用急于油炸，要先将猪蹄筋放在凉油里浸润，使猪蹄筋内部吸收油分软化。这个工序称为"浸油"，耗时约30分钟。

◎注3：猪蹄筋在凉油浸润约30分钟后，即可进入加热的程序，但这个程序要分两个阶段。第一个阶段叫作"预热"，即猪蹄筋与花生油放入铁镬里以慢火加热，使花生油温度达到95℃并维持20分钟左右，使猪蹄筋彻底软化。此时猪蹄筋表面会冒出俗称"蜂窝眼"的气泡，这是猪蹄筋内部水分溢出的表现。

预热的目的有两个，第一个是让猪蹄筋内部水分充分溢出；第二个是让猪蹄筋内外温度趋于一致。基于第一个原因，有厨师会采用两步预热法，即油温达到98℃时将火熄灭，让油温降至30℃后再重新预热。

浸 油

30分钟

将猪蹄筋放在凉油里浸润，使猪蹄筋内部吸收油分软化。

预 热

慢火

95℃

20分钟

慢火加热使花生油温度达到95℃并维持20分钟左右，使猪蹄筋彻底软化。

油炸

中火

135℃

3分钟

在以95℃油温预热20分钟后，即可将火候调至中火状态，使油温上升并保持在135℃。当见到猪蹄筋由长变短、由粗变细时，用镬铲和笊篱不断翻动猪蹄筋，使猪蹄筋均匀受热。

◎注1：加热的第二阶段叫"油炸"。无论是采用何种预热法，在以95℃油温预热20分钟后，即猪蹄筋内外温度趋于一致时，将火候从慢火状态调至中火状态，使油温上升并保持在135℃。当见到猪蹄筋由长变短、由粗变细时，用镬铲和笊篱不断翻动猪蹄筋，使猪蹄筋均匀受热。

◎注2：虽然150℃油温是猪蹄筋絮化反应最好的温度，但此温度又是猪蹄筋出现焦化反应的温度，极容易让猪蹄筋表面出现焦煳的颜色。为了让猪蹄筋在发生絮化反应的同时又保证颜色不变黄，采用135℃油炸最为妥当。但此温度还欠一点火候，所以在油炸的过程中可洒入少量清水，使油与水接触瞬间产生高热反应，从而让猪蹄筋更好、更充分地发生絮化反应，这个工序称为"洒水"。但洒水的量不宜过多，过多则让油温下降而不能产生高热反应。

◎注3：猪蹄筋完成絮化反应后用笊篱捞起并用干爽的容器盛起晾凉。油炸后的猪蹄筋不宜马上放入水中浸泡，这样会让高热的猪蹄筋遇水收缩，难以呈现爽滑质感。

洒水

中火

135℃

5秒

在油炸的过程中可洒入少量清水，使油与水接触瞬间产生高热反应，从而让猪蹄筋更好、更充分地发生絮化反应。

晾凉

猪蹄筋完成絮化反应后用笊篱捞起并用干爽的容器盛起晾凉，备用。

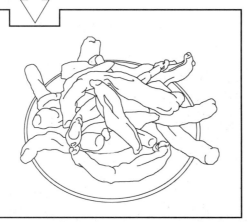

清水

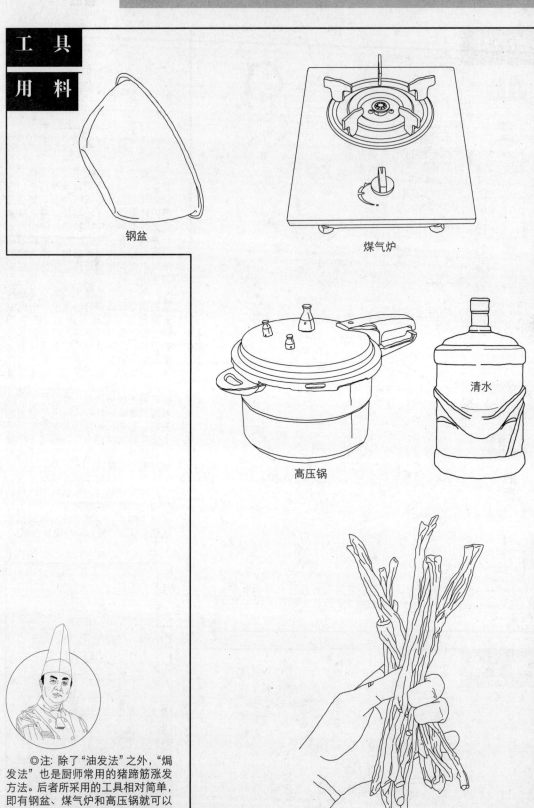

工具
用料

钢盆

煤气炉

高压锅

清水

猪蹄筋

◎注: 除了"油发法"之外,"焗发法"也是厨师常用的猪蹄筋涨发方法。后者所采用的工具相对简单,即有钢盆、煤气炉和高压锅就可以进行操作,而且热传介质是清水,成本比花生油低很多。但是用油发法加工的猪蹄筋的质感爽滑,而用焗发法加工的猪蹄筋的质感烟弹。

焗发法

猪蹄筋

清水

钢盆

浸 水

24 个小时

先将猪蹄筋放入钢盆并加入过面的清水浸泡 24 个小时, 使猪蹄筋充分吸收水分。

入 锅

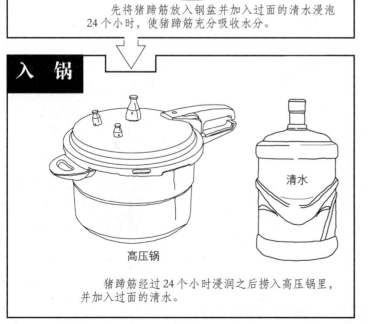

高压锅

清水

猪蹄筋经过 24 个小时浸润之后捞入高压锅里, 并加入过面的清水。

◎注 1: 利用焗发法同样不要急于进行加热操作, 要先将猪蹄筋放入钢盆并加入过面的清水浸泡 24 个小时, 使猪蹄筋充分吸收水分。这一程序称为"浸水"。

◎注 2: 猪蹄筋经过 24 个小时浸润之后捞入高压锅里, 并加入过面的清水。

海味制作图解 II

◎注1：将高压锅放在煤气炉上以猛火加热，以高压锅的减压阀喷出高压蒸汽时开始计时，约6分钟即可熄火。这个工序称为"加热"。

由于高压锅在加热时产生高压及断续的真空状态，水的温度会比常压下加热的高，热的穿透能力较强，即使是坚硬的骨头也能煮烂，良韧的蹄筋也不例外。由于加热过程不能掀开锅盖，厨师要掌握的是要通过高压锅的加热时间去控制猪蹄筋的质感，如果要软腍的质感的话，加热时间要延长；如果要爽弹的质感的话，加热时间要缩短。

◎注2：熄火之后不要急于掀盖这是常识，另外也不要急于淋水降温和打开减压阀，要让余下压力和温度使猪蹄筋充分吸收水分膨胀。这个工序或过程称为"焖焗"，耗时约30分钟。

◎注3：高压锅降温后即可开盖，但在开盖时先打开减压阀以确保高压锅内部没有压力。高压锅开盖后置在水龙头下，以缓慢的流水漂浸猪蹄筋2个小时。这个工序称为"漂水"。

◎注4：猪蹄筋经漂水后捞起并晾去水分，备用。

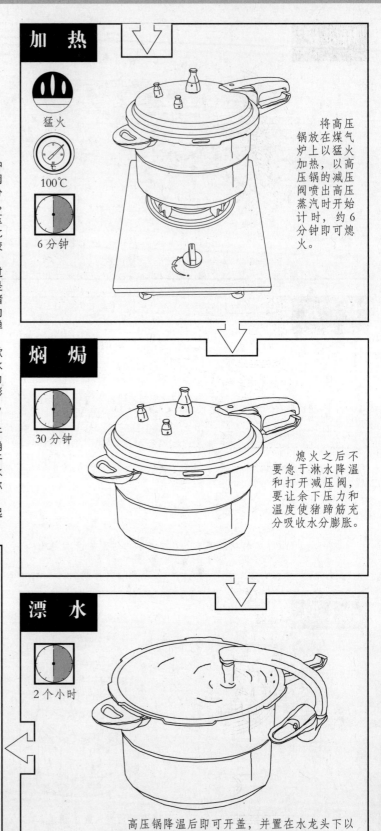

加 热

猛火

100℃

6分钟

将高压锅放在煤气炉上以猛火加热，以高压锅的减压阀喷出高压蒸汽时开始计时，约6分钟即可熄火。

焖 焗

30分钟

熄火之后不要急于淋水降温和打开减压阀，要让余下压力和温度使猪蹄筋充分吸收水分膨胀。

漂 水

2个小时

高压锅降温后即可开盖，并置在水龙头下以缓慢的流水漂浸猪蹄筋2个小时。

猪蹄筋经漂水后捞起并晾去水分，备用。

海味制作图解 II

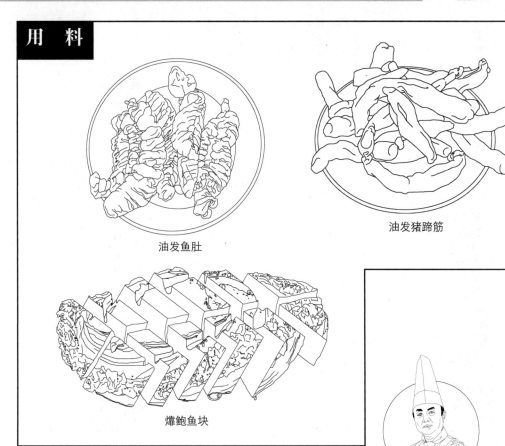

用　料

油发鱼肚

油发猪蹄筋

爝鲍鱼块

工　具

取盘器

筷子

煤气炉

瓦罉

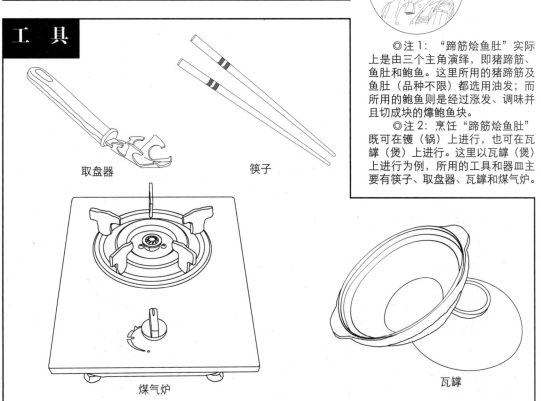

◎注1："蹄筋烩鱼肚"实际上是由三个主角演绎，即猪蹄筋、鱼肚和鲍鱼。这里所用的猪蹄筋及鱼肚（品种不限）都选用油发；而所用的鲍鱼则是经过涨发、调味并且切成块的爝鲍鱼块。

◎注2：烹饪"蹄筋烩鱼肚"既可在镬（锅）上进行，也可在瓦罉（煲）上进行。这里以瓦罉（煲）上进行为例，所用的工具和器皿主要有筷子、取盘器、瓦罉和煤气炉。

调味料

顶汤

花生油

绍兴花雕酒

蚝油

白醋

乳化剂

精盐

I&G

胡椒粉

湿淀粉

白糖

◎注1："蹄筋烩鱼肚"的调味料有顶汤、绍兴花雕酒、蚝油、精盐、白糖、I&G、胡椒粉、白醋及湿淀粉；所用的油是花生油。另外还要准备乳化剂清洗蹄筋，所用的乳化剂可用蔗糖脂肪酸酯。

乳化剂（Emulsifier）是指能使两种互不相溶的液体混合时形成稳定的乳状液所需加入的第三种物质，主要有两种类型，即油包水的亲油型和水包油的亲水型。这里选用的蔗糖脂肪酸酯是众多乳化剂品种之中最常用的一种，它又有单酯、二酯和三酯等品种，单酯是亲水型，而二酯和三酯是亲油型。

◎注2："蹄筋烩鱼肚"还要有指甲姜花、甘笋（红萝卜）花、葱段及蒜子做料头。

料头

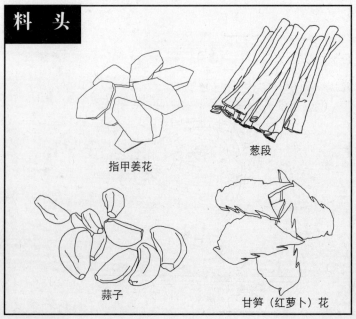

指甲姜花

葱段

蒜子

甘笋（红萝卜）花

浸鱼肚

60分钟

清水

　　油发鱼肚放入钢桶里并加入过面的清水浸泡60分钟，使鱼肚内部充分吸收水分。

漂鱼肚

60分钟

白醋

　　将浸泡所用的清水倒去，再以过面为度换入干净的清水，加入5克白醋浸泡5分钟，并用手搓揉鱼肚，使其与醋水充分接触。然后将鱼肚置在水龙头下，以缓慢的水流漂浸60分钟，使鱼肚清爽、洁白。

切鱼肚

　　鱼肚漂净后，捞起并用手揸干水，再用刀切成2厘米大小的块，备用。

　　◎注1：油发鱼肚放入钢桶里并加入过面的清水浸泡60分钟，使鱼肚内部充分吸收水分。这个工序称为"浸鱼肚"。

　　◎注2：鱼肚浸软后，将浸泡所用的清水倒去，再以过面为度换入干净的清水，加入5克白醋浸泡5分钟，并用手搓揉鱼肚，使其与醋水充分接触。然后将鱼肚置在水龙头下，以缓慢的水流漂浸60分钟，使鱼肚清爽、洁白。这个工序称为"漂鱼肚"。

　　◎注3：鱼肚漂净后，捞起并用手揸干水，再用刀切成2厘米大小的块，备用。这个工序称为"切鱼肚"。经过清水浸泡的鱼肚即为"水发鱼肚"。

海味制作图解Ⅱ

清水

浸蹄筋

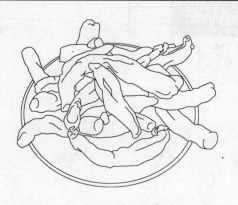

2个小时

油发猪蹄筋放入钢盆里，加入过面清水浸泡2个小时左右，使油发猪蹄筋充分吸收水分。

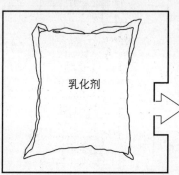

乳化剂

洗蹄筋

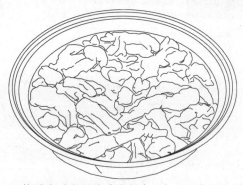

2分钟

将浸泡时所用的清水倒去，加入5克乳化剂，并旋转搅拌，前后擦2分钟，通过乳化剂的乳化功能将猪蹄筋表面油污包裹起来，再用清水冲洗干净。

◎注1：油发猪蹄筋放入钢盆里，加入过面清水浸泡2个小时左右，使油发猪蹄筋充分吸收水分。这个工序称为"浸蹄筋"。

◎注2：将浸泡时所用的清水倒去，加入5克乳化剂，并旋转搅拌，前后擦2分钟，通过乳化剂的乳化功能将猪蹄筋表面油污包裹起来，再用清水冲洗干净。这个工序称为"洗蹄筋"。经清水浸泡的猪蹄筋被称为"水发猪蹄筋"。

这个工序传统的做法是用食粉（碳酸氢钠）作为去油污的材料，但由于这种材料用量不当会残留碱味而备受诟病。改用乳化剂则不仅不会残留杂味，还会让猪蹄筋表面的持水度加强，以使质感更加嫩滑。

◎注3：洗干净的猪蹄筋晾去水分，用刀横切成长3.5厘米的段。这个工序称为"切蹄筋"。

切蹄筋

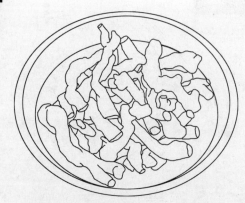

洗干净的猪蹄筋晾去水分，用刀横切成长3.5厘米的段。

热瓦罉

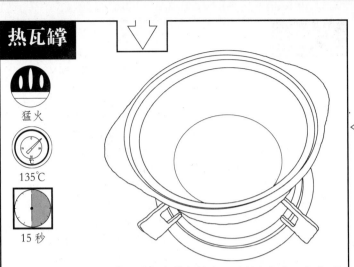

猛火

135℃

15 秒

将瓦罉架在煤气炉上，以猛火加热，加热至瓦罉温度达到 135℃ 时加入花生油。

花生油

蹄筋烩鱼肚配方	
水发鱼肚	200g
油发猪蹄筋	150g
焅鲍鱼	80g
蒜子	25g
指甲姜花	5g
葱段	15g
甘笋（红萝卜）花	5g
白醋	5g
乳化剂	5g
绍兴花雕酒	15g
顶汤	200g
蚝油	8g
I&G	2g
白糖	12g
精盐	3g
湿淀粉	25g
胡椒粉	0.2g
花生油	35g

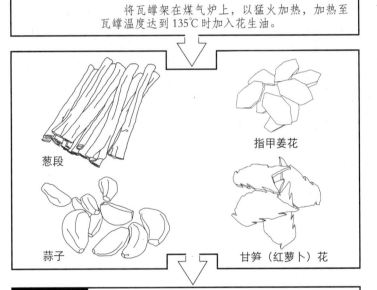

葱段

指甲姜花

蒜子

甘笋（红萝卜）花

爆料头

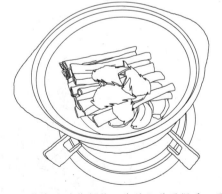

猛火

135℃

25 秒

花生油稍作加热，先放入蒜子爆香，再加入指甲姜花、甘笋（红萝卜）花和葱段，用筷子翻动，使料头充分爆香。

◎注 1：将瓦罉架在煤气炉上，以猛火加热，加热至瓦罉温度达到 135℃ 时加入花生油。这个工序称为"热瓦罉"。

◎注 2：花生油稍作加热，先放入蒜子爆香，再加入指甲姜花、甘笋（红萝卜）花和葱段，用筷子翻动，使料头充分爆香。这个工序称为"爆料头"。

海味制作图解 II

潎酒

绍兴花雕酒

放汤

顶汤

放主料

鱼肚块

①料头爆香后即潎入绍兴花雕酒。

②潎酒后即加入鱼肚块、猪蹄筋段和爝鲍鱼块，用筷子翻动。

③鱼肚块、猪蹄筋段和爝鲍鱼块受热均匀后即滗入顶汤。

猪蹄筋段

爝鲍鱼块

◎注1：料头爆香后即潎入绍兴花雕酒。这个工序称为"潎酒"。

◎注2：潎酒后即加入鱼肚块、猪蹄筋段和爝鲍鱼块，用筷子翻动。这个工序称为"放主料"。

◎注3：鱼肚块、猪蹄筋段和爝鲍鱼块受热均匀后即滗入顶汤。这个工序称为"放汤"。

◎注4：滗入顶汤后即冚（盖）上瓦罉盖，继续用猛火加热8分钟左右。这个工序或过程称为"焖焗"。

焖 焗

猛火

110℃

8分钟

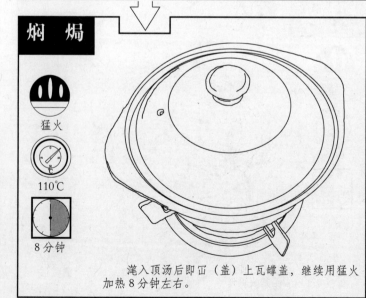

滗入顶汤后即冚（盖）上瓦罉盖，继续用猛火加热8分钟左右。

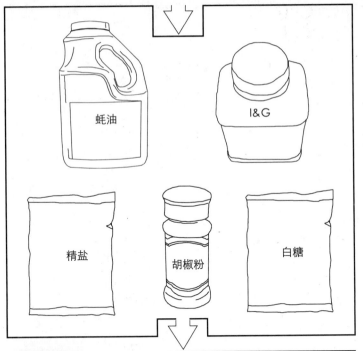

蚝油

I&G

精盐

胡椒粉

白糖

收汁
调味
勾芡

中火

110℃

95 秒

◎注 1：焖焗约 8 分钟后揭开瓦罉盖继续以猛火加热约 1 分钟，使汤汁收浓。这个工序称为"收汁"。

◎注 2：汤汁收浓后即用蚝油、I&G、精盐、白糖及胡椒粉调味。这个工序称为"调味"。

◎注 3：调味后把火候改至中火，将湿淀粉淋在各料上，用筷子翻动，使汤汁变成稀稠并更好地黏附在各料上。这个工序称为"勾芡"。勾芡后即冚（盖）上瓦罉盖端到食客面前。

①焖焗约 8 分钟后揭开瓦罉盖继续以猛火加热约 1 分钟，使汤汁收浓。
②汤汁收浓后即用蚝油、I&G、精盐、白糖及胡椒粉调味。
③调味后把火候改至中火，用湿淀粉将汤汁勾成稀稠状。

湿淀粉

虫草炖花胶

对于"炖"这种烹饪法，中国南北两端有不同的定义。

在北端的东北三省有著名的"八大炖"——猪肉炖粉条、羊肉炖酸菜、牛肉炖土豆、排骨炖豆腐、小鸡炖蘑菇、排骨炖豆角、鲶鱼炖茄子、得莫利炖鱼。《现代汉语词典》显然是以此为参照做出"烹调方法，加水烧开后用文火久煮使烂（多用于肉类）"的解释。这种解释如果运用到粤菜中，粤菜厨师肯定会给出另外一个答案：炆。

在南端的广东，"炖"有另一种解释："食物加入清水或汤水放入有盖的容器中，冚（盖）上盖，再利用水蒸气的热力致熟并得出汤水的烹调方法。"（《粤厨宝典》）如本书介绍的金肘菜胆翅、虫草炖花胶就是借助这种烹饪法加工而成。

为什么同一个字会有如此相去甚远的理解呢？

原来，在未实行简化字的时候有"炖"与"燉"的写法，而它们的解释几乎一致。"炖"，《玉篇》曰："风与火也。"《集韵》曰："风而火盛貌。"燉，《玉篇》曰："火盛貌。"《广韵》曰："火色。"甘肃敦煌的"敦"字古时就写作"燉"。

作为烹饪法是以"燉"为正字。问题的关键是中国南北两端的厨师各自取了与"燉"相通的两个字——焌和焞。

焌，《说文解字》曰："然火也。"《广韵》曰："火烧；又火灭也。"也就可以理解为用慢火烹饪食物，东北三省所用的"炖"就是取其义。

焞，《玉篇》曰："焞焞，无光耀也。"由此可以解释不见火的烹饪，与利用蒸汽致熟的意思吻合。事实上，趣味还不全在字义上，而是此字的本字"燀"十分象形，犹如器皿架在蒸汽上加热的样貌。

在学习虫草炖花胶时如能理解粤菜定义的"炖"，再由此创新菜式就不会迷失方向。

◎注：炆、炖、蒸等烹饪法定义的详细知识，请参阅《粤厨宝典·厨园篇》。

虫草知识

▲虫草的真实身份为真菌界 [Eumycetes] 子囊菌门 [Ascomycota] 核菌纲 [Pyrenomycetes] 麦角菌目 [Clavicipitales] 麦角菌科 [Clavicipitaceae] 虫草属 [Cordyceps] 的冬虫夏草菌 [*Ophiocordyceps sinensis* (Berk.) Sace]。

2 厘米

▲冬天时，还是在土壤生长的鳞翅目 [Lepidoptera] 蝙蝠蛾科 [Hepialidae] 蝙蝠蛾属 [Hepialus] 虫草蝙蝠蛾 [*Hepialus armoricanus* (Oberthür)] 的幼虫感染到冬虫夏草菌后虫体逐渐僵硬（冬虫）；到了夏天，菌丝在虫体头部冒出草梗形状即成型（夏草）。尽管由冬虫演变成夏草都在土壤里进行，实际上它已经是非虫非草的菌藻类生物。左图为虫草的生长形态。

▲每到夏至前后，在积雪尚未融化时就可入山（海拔 3800 米以上）采集虫草。采集者趴在地上以地毯式搜索的方式找寻直径 0.8 厘米左右，冒出地面只有 7 厘米左右的虫草。每当发现就会用小锄头掘开周边泥土，小心地将虫草取出。

◎注 1："虫草"是"冬虫夏草""冬虫草"的简称，为青藏高原及云贵高原的物产，故而又称"中华虫草"，民间视之与名贵中药燕窝同一等级。中医书记载始见于清代药学家吴仪洛撰写的《本草从新·卷一草部·冬虫夏草》——"甘平保肺，益肾止血，化痰已劳嗽。四川嘉定府所产者最佳，云南贵州所出者次之。冬在土中，身活如老蚕，有毛能动；至夏则毛出土上，连身俱化为草；若不取，至冬则复化为虫。"之所以称为冬虫夏草，是因为在冬天时只是虫草蝙蝠蛾幼虫，一旦到了夏天，寄生在虫体的冬虫夏草菌萌发使虫草蝙蝠蛾幼虫变成虫菌合体的菌藻类生物。

◎注 2：虫草的外貌与生长形式与亚香棒虫草 [*Cordyceps hawkesii* (Gray)] 极为相似，后者长期服用容易产生头晕、呕吐、心悸等副作用，须辨别清楚。

虫草的草体部中的草端和草座黑褐色；虫体部棕黄色。背面具 20～30 个环纹。有 8 对步足，分别是在虫颈 3 对（①②③），虫腹 4 对（④⑤⑥⑦）及虫尾 1 对（⑧），当中以虫腹的步足最为明显。易掰断，断面略平坦，淡黄色，中间具分辨虫草特征的暗棕色"V"字形纹路（消化腺）。

消化腺
内脏
菌体
表皮

◎虫草截面图

草端
草体
草秆
草座
虫体
虫尾
虫背
③②①　虫头
虫颈
⑦
⑥　⑤
④
虫腹

◎虫草结构图

海味制作图解 II

用 料

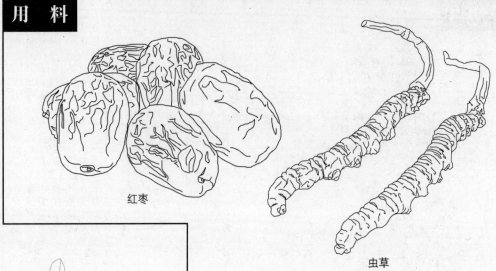

红枣

虫草

◎注1：虫草炖花胶的主料为鱼肚、虫草、瑶柱和红枣。

花胶是鱼肚的别名。

◎注2：这里需要强调的是，由于虫草有"黄金草"之称，价格不菲，历来都有赝品。最典型的是用亚香棒虫草冒充，因为无论是外貌、颜色、步足、背纹都与虫草十分相似。不过，细心观察还是能辨出真伪的。

亚香棒虫草又称"古尼虫草"，长3～5厘米，直径0.3～0.6厘米。虫体棕褐色，少数黑褐色。背面具环纹20～30对，并散布稀疏黑褐色斑点。步足8～11对，中部4对较明显。不易掰断（虫草是易于掰断），断面略平坦，淡黄白色，无虫草显著特征的"V"字形纹路。草体部的草端黑褐色、草座紫棕色（虫草为黑褐色）。气腥，味微苦。

另外，也有用面（麸）粉、淀粉、石膏等材料压模成虫体后加草秆冒充。

◎注3：由于虫草极易掰断，在流通时弄断在所难免，遇到这种情况，虫农会用竹签插在虫体内部将两截虫草接上，以次充好；也有干脆用铁丝取代竹签。这些在选购时都要留意。

◎注4：由于虫草是以克计价，有不法商人会预先用明矾液浸泡再晒干，使虫草增重。这种货色有不太明显的乳白色薄膜状粉末。

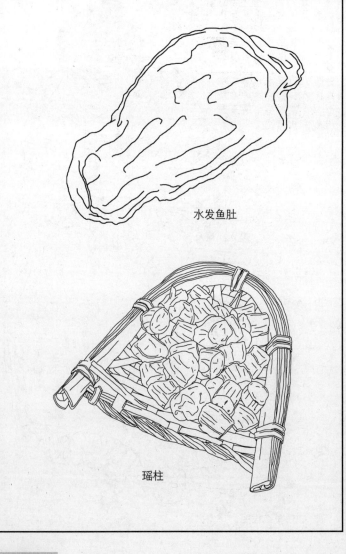

水发鱼肚

瑶柱

海味制作图解Ⅱ

料 头

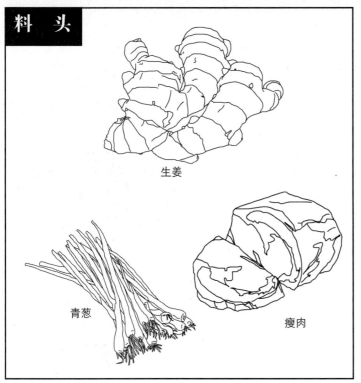

生姜

青葱

瘦肉

调味料

精盐

I&G

胡椒粉

绍兴花雕酒

顶汤

花生油

◎注1：在煨鱼肚和蒸炖时都需要料头，所以除主要用料之外，还要准备生姜、青葱和瘦肉。

◎注2：在调味料方面，要准备顶汤、绍兴花雕酒、精盐、I&G和胡椒粉。花生油是为煨鱼肚时爆姜葱时所用。

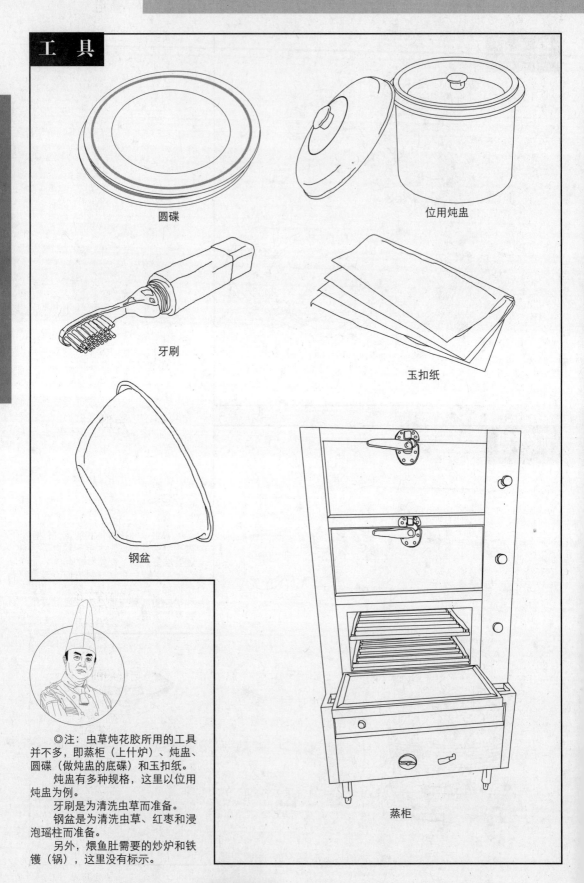

海味制作图解 II

圆碟

位用炖盅

牙刷

玉扣纸

钢盆

蒸柜

◎注：虫草炖花胶所用的工具并不多，即蒸柜（上什炉）、炖盅、圆碟（做炖盅的底碟）和玉扣纸。

炖盅有多种规格，这里以位用炖盅为例。

牙刷是为清洗虫草而准备。

钢盆是为清洗虫草、红枣和浸泡瑶柱而准备。

另外，煨鱼肚需要的炒炉和铁镬（锅），这里没有标示。

洗虫草

1分钟

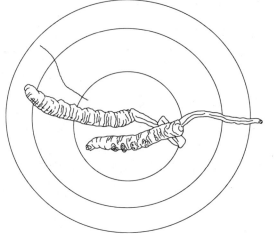

①虫草放入钢盆里，加入清水浸泡1分钟左右。

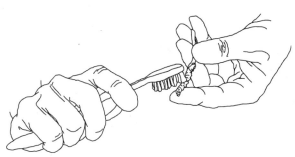

②用牙刷轻轻刷洗一遍，再用清水过一遍。

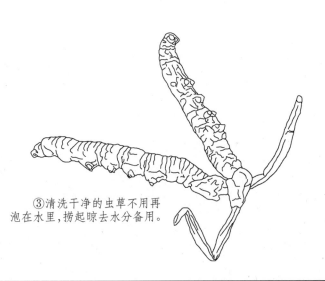

③清洗干净的虫草不用再泡在水里，捞起晾去水分备用。

清水

海味制作图解Ⅱ

◎注1：尽管虫农在挖出虫草后曾进行清理工作，但在流通过程中不可避免积上尘埃，烹饪前进行清洗是必要的工序。

清洗虫草也不复杂，先将虫草放入钢盆里，加入清水浸泡1分钟左右。然后用牙刷轻轻刷洗一遍，再用清水过一遍即可。清洗干净的虫草不用再泡在水里，捞起晾去水分备用。

◎注2：虫草产地有四川、青海、云南、贵州、西藏和甘肃，尼泊尔也有出产，但产地并不作为品质的标志。按目前市场的等级分类，有4个等级，即每50克有200根的三级，每50克有150根的二级，每50克有120根的一级，以及每50克有90根的特级。不过，没有文献指出根数少的比根数多的疗效大，所以一般选用三级和二级的虫草即可，即每克3～4根。

清水

虫草炖花胶配方

水发鱼肚	100g
虫草	0.5g
瑶柱	20g
红枣	15g
指甲姜片	2g
葱段	2g
肉粒	5g
绍兴花雕酒	25g
顶汤	480g
I&G	0.2g
精盐	3g
胡椒粉	0.2g

◎注：红枣清洗并不复杂，将红枣放在钢盆里，加入清水浸泡1分钟左右，用手将红枣轻轻搋擦一遍，再用清水冲洗一遍即可。清洗好的红枣不用再泡在水里，捞起晾去水分备用。

洗红枣

1分钟

①将红枣放在钢盆里，加入清水浸泡1分钟左右。

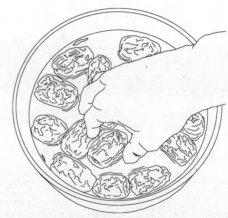

②用手将红枣轻轻搋擦一遍，再用清水冲洗一遍即可。

③清洗好的红枣不用再泡在水里，捞起晾去水分备用。

海味制作图解 II

浸瑶柱

30分钟

①将瑶柱放入钢盆里，倒入常温以下的清水浸泡30分钟左右。

清水

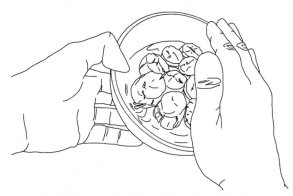

②用手轻轻搓擦，将残留瑶柱表面的沙粒清除干净。

③将瑶柱捞起晾干备用。

◎注：除非是急需，浸泡瑶柱不宜使用温水，宜用凉水，因为温水具有一定动能和扩充能力，会很轻松地将瑶柱上的呈味物质溶解，这是厨师不希望见到的。相对于温水，凉水的性质较为稳定，它只会让瑶柱吸收水分而膨润。

将瑶柱放入钢盆里，倒入常温以下的清水浸泡30分钟左右。然后用手轻轻搓擦，将残留瑶柱表面的沙粒清除干净。最后将瑶柱捞起晾干备用。

海味制作图解Ⅱ

切鱼肚

水发鱼肚

①鱼肚最好是选用体宽肉厚的俗称"广肚"的鳖鱼肚，并且以焗发法加工为好（方法请参见本书的"发鱼肚"章节上的介绍）。

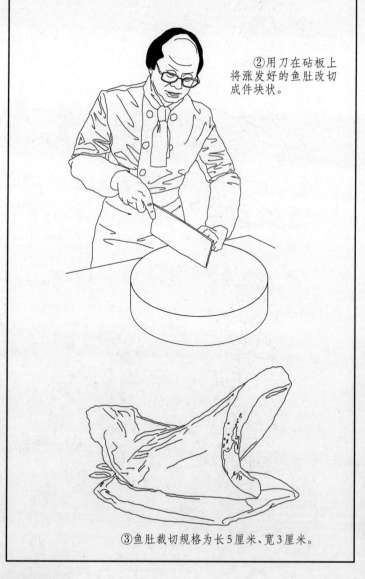

②用刀在砧板上将涨发好的鱼肚改切成件块状。

◎注1：需要强调的是，炖汤与羹汤所用鱼肚的涨发方法有所不同，羹汤是用油发的鱼肚，而这里介绍的炖汤是用焗发的鱼肚。口诀是"羹用油发，炖用焗"。

另外，羹汤的鱼肚是碎块状，而炖汤的鱼肚是件块状。

◎注2：这里所用的鱼肚最好是选用体宽肉厚的俗称"广肚"的鳖鱼肚，并且以焗发法加工为好（方法请参见本书的"发鱼肚"章节上的介绍）。然后用刀在砧板上改切成件块状，切裁规格为长5厘米、宽3厘米。

③鱼肚裁切规格为长5厘米、宽3厘米。

切料头

生姜

瘦肉

青葱

①将生姜切成指甲姜片和普通姜片。
②将青葱的葱白横切成长5厘米的段。
③将瘦肉切成2厘米大小的肉粒。

肉粒

指甲姜片

葱段

普通姜片

◎注1：将生姜切成指甲姜片和普通姜片。
◎注2：将青葱的葱白横切成长5厘米的段。
◎注3：将瘦肉切成2厘米大小的肉粒。

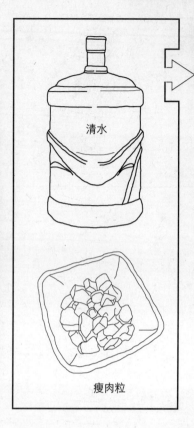

清水

瘦肉粒

肉飞水

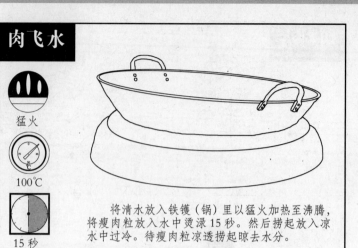

猛火

100℃

15 秒

将清水放入铁镬（锅）里以猛火加热至沸腾，将瘦肉粒放入水中烫渌15秒。然后捞起放入凉水中过冷。待瘦肉粒凉透捞起晾去水分。

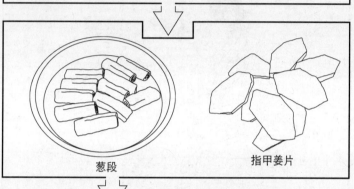

葱段

指甲姜片

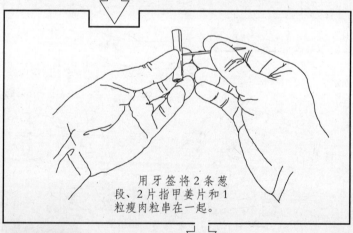

用牙签将2条葱段、2片指甲姜片和1粒瘦肉粒串在一起。

姜葱签

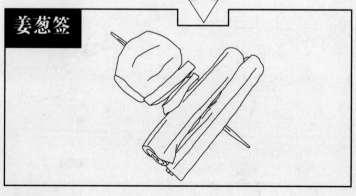

◎注1：将清水放入铁镬（锅）里以猛火加热至沸腾，将瘦肉粒放入水中烫渌15秒。然后捞起放入凉水中过冷。待瘦肉粒凉透捞起晾去水分。

◎注2：用牙签将2条葱段、2片指甲姜片和1粒瘦肉粒串在一起。

海味制作图解 II

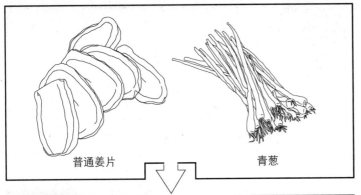

普通姜片　　　　青葱

花生油

清水

煨鱼肚

中火

100℃

15分钟

　　猛镬（锅）烧热花生油，加入普通姜片和青葱爆香，倒入清水并加热至沸腾。

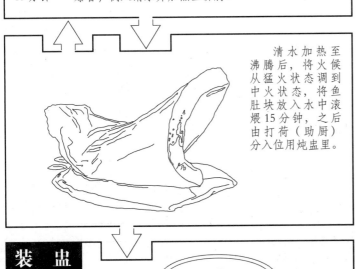

　　清水加热至沸腾后，将火候从猛火状态调到中火状态，将鱼肚块放入水中滚煨15分钟，之后由打荷（助厨）分入位用炖盅里。

装盅

◎注1：另再起镬（锅），猛镬（锅）烧热花生油，加入普通姜片和青葱爆香，倒入清水并加热至沸腾。
◎注2：清水加热至沸腾后，将火候从猛火状态调到中火状态，将鱼肚块放入水中滚煨15分钟，之后由打荷（助厨）分入位用炖盅里。

海味制作图解Ⅱ

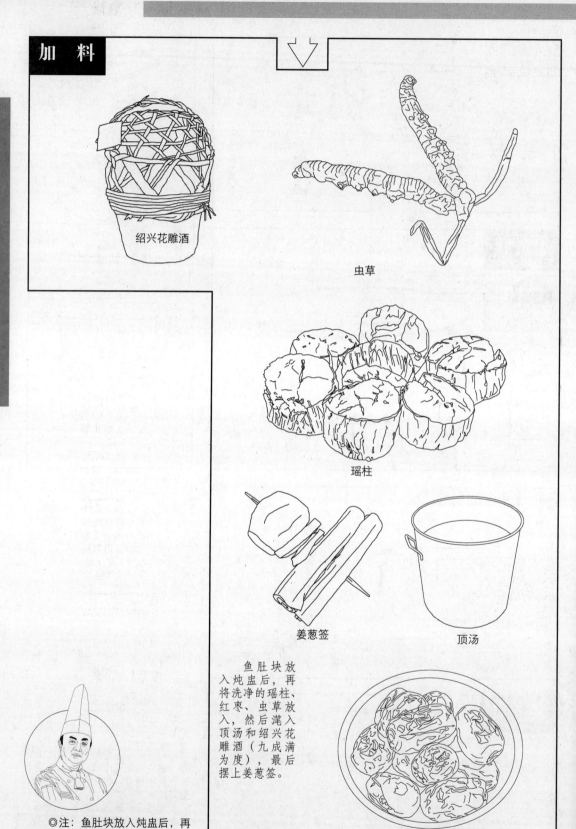

加料

绍兴花雕酒

虫草

瑶柱

姜葱签

顶汤

鱼肚块放入炖盅后，再将洗净的瑶柱、红枣、虫草放入，然后滗入顶汤和绍兴花雕酒（九成满为度），最后摆上姜葱签。

红枣

◎注：鱼肚块放入炖盅后，再将洗净的瑶柱、红枣、虫草放入，然后滗入顶汤和绍兴花雕酒（九成满为度），最后摆上姜葱签。

海味制作图解 II

封 纸

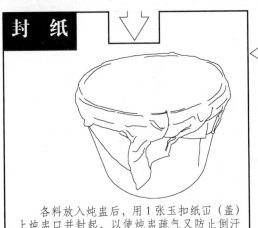

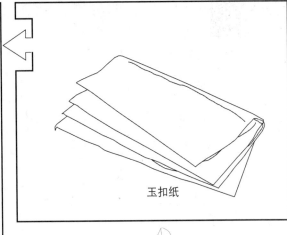

玉扣纸

各料放入炖盅后，用1张玉扣纸🈳（盖）上炖盅口并封起，以使炖盅疏气又防止倒汗水（蒸馏水）侵入。

蒸 炖

猛火

100℃

90分钟

将炖盅置入蒸柜(上什炉)内，以猛火蒸炖90分钟。

◎注1：各料放入炖盅后，用1张玉扣纸🈳（盖）上炖盅口并封起，以使炖盅疏气又防止倒汗水（蒸馏水）侵入。

🈳（盖）玉扣纸而非🈳（盖）盅盖蒸炖的道理，请参见"金肘菜胆翅"章节上的讲解。

◎注2：将炖盅置入蒸柜（上什炉）内，以猛火蒸炖90分钟。

◎注3：将炖盅从蒸柜（上什炉）内取出，掀去玉扣纸，用筷子将姜葱签夹走，再用精盐、I&G和胡椒粉调好味，垫上底碟，🈳（盖）上盅盖即可让食客品尝。

调 味

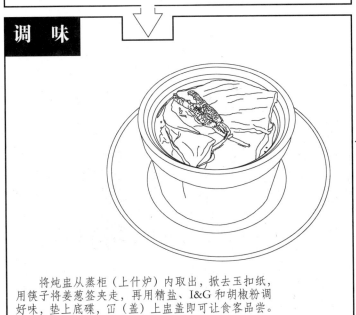

精盐

I&G

胡椒粉

将炖盅从蒸柜（上什炉）内取出，掀去玉扣纸，用筷子将姜葱签夹走，再用精盐、I&G和胡椒粉调好味，垫上底碟，🈳（盖）上盅盖即可让食客品尝。

燕窝

"燕窝"不属于海味，是人类唯一将动物巢窠作为药用及膳用的材料，而且矜贵程度甚至比鲍鱼、鱼翅、海参、鱼肚（花胶）更高，与虫草齐名，排序是虫草、燕窝、鲍鱼、鱼翅、海参、鱼肚（花胶）……

不过，并非所有燕子品种所筑的巢窠都有这样的膳用价值，必须是特定的金丝燕所筑的巢窠才能胜任。

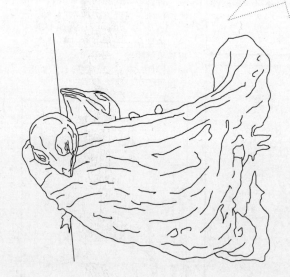

认识燕窝

　　唐代诗豪刘禹锡（772—842）一首《乌衣巷》："朱雀桥边野草花，乌衣巷口夕阳斜。旧时王谢堂前燕，飞入寻常百姓家。"让世人对燕子留下了深刻印象，以致让人深信："海燕无家苦，争衔小白鱼。却供人采食，未卜尔安居。味入金齑羹，巢营玉垒虚。大官求远物，早献上林书。"这首诗也是同时期的作品，有的燕窝经销商甚至言之凿凿说后一首诗是诗圣杜甫（712—770）的作品。实际上，后一首诗的创作年代距今不算太长，为清代"江左三大家"之一吴伟业（1609—1672）的作品，见于《吴梅村诗集·燕窝》上。由此也说明燕窝这种食材在唐代已经出现的证据并不成立。

　　另外，也有的燕窝简介会引用《本草纲目》说燕窝具有怎样怎样的疗效，这也是杜撰出来的，李时珍（1518—1593）可没有写这样的内容。李时珍在《本草纲目》是有燕、燕肉、胡燕卵黄、秦燕毛、燕屎、石燕（土燕）及石燕肉的条目，但是没有燕窝；倒是在燕的条目中引用了南北朝时期陶弘景（456—536）提及："燕有两种，紫胸轻小者是越燕，不入药用；胸斑黑而声大者，是胡燕，可入药用。胡燕作窠喜长，能容一匹绢者，令人家富也。若窠户北向而尾屈色白者，是数百岁燕，《仙经》谓之肉芝，食之延年。"可以看出文中真正说的还是燕子本身，而话语所说具药效的肉芝是指百岁燕，而不是燕窠。

　　最早提及燕窝的文献是明代张燮（1574—1640）撰写的《东西洋考》："万历十七年（1589），（燕窝的关税）每百斤白者税银一两，中者税银七钱，下者税银二钱。二十多年后减为每百斤白者税银八钱六分四厘，中者税银六钱五厘，下者税银一钱七分三厘。"该书在万历四十五年（1617）即李时珍离世24年后才发行，但说的是28年前的事。也就是说，李时珍在世时燕窝已在市场流通但没有记录。

　　其实，《本草纲目》提及的越燕和胡燕只是燕类种群

◎唐代诗豪刘禹锡一首《乌衣巷》的诗句让世人对燕子留下深刻的印象。不过，诗中提及的燕子是家燕，其窠是不能成为人类的食材。下图为刘禹锡绣像。

其中的两个品种，宋代罗愿的《尔雅翼·释鸟》云："越燕，小而多声，颔下紫。巢于门楣上，谓之紫燕，亦谓之汉燕。"而唐代段成式的《酉阳杂俎·羽篇》云："（燕）胸斑黑，声大，名胡燕。其巢有容匹素者。"这两段话告诉我们，这两种燕子除了体形大小和羽毛颜色有区别之外，筑窠栖息则是它们的共通点。

咦？！且慢，《尔雅翼·释鸟》和《酉阳杂俎·羽篇》不是异口同声地说是筑巢，怎么又说筑窠呢？

东汉许慎撰写的《说文解字》对巢和窠分别做出字义的解释，前者为"鸟在木上曰巢，在穴曰窠"，后者为"空也，穴中曰窠，树上曰巢"。《小尔雅》云："鸡雉所乳谓之窠。"《蜀都赋》云："窠宿异禽，在树曰巢，在穴曰窠。"清代段玉裁在《说文解字注》中进一步解释道："穴中曰窠，树上曰巢。巢之言高也，窠之言空也。"

按照字义的解释，燕子所筑用于栖身的场所应该是窠，而非巢。

◎《本草纲目》所提及的胡燕和越燕现在统称为"家燕"（Swallow），它们的窠是用泥涎（湿泥）与树枝等筑成。
上图是家燕的形态。
下图是家燕给幼鸟喂食。

不过，"窠"与"巢"的字义在实际应用中确实有分工不明细的情况出现，段玉裁说："今江苏语言通名禽兽所此曰窠。"江苏人将本应称"巢"的禽兽栖身之所统称为"窠"。由此可见，有的地方会对"巢"与"窠"做出明确字义分工，有的地方则干脆统称为"巢"或者"窠"，如《尔雅翼·释鸟》《酉阳杂俎·羽篇》就是将"窠"与"巢"统称为"巢"的例子。

有一点可以肯定，并不是所有燕窠都能成为人类药用及膳用的材料，而且绝大部分是这样。李时珍在《本草纲目》说："燕大如雀而身长，衔口丰颔，布翅歧尾。背飞向宿，营巢避戊己日。春社来，秋社去。其来也，衔泥巢于屋宇之下，其去也，伏气蛰于窟穴之中。"能成为人类药用及膳用的燕窠用个案形容也不过分。有此条件的，会有一个约定俗成的名称——燕窝。

关于燕窝的"窝"，有的人认为是取《集韵》《韵会》《正韵》"穴居也"及《字汇》"凡别墅独处皆名窝"中"窝"字的定义；但也有的人则认为它是"窩"字的讹写，因为"窩"本身就是"窠"的异体字，《篇海》曰："窩，窟也，窠（窠）也。"

290

再回头探讨为什么李时珍没有将燕窝记入《本草纲目》之中的原因。

可以肯定地说，可作为药用及膳用的燕窝的传闻已经吹到李时珍的耳边了，不过，李时珍并不太相信，因为他坚信燕子要么是"衔泥巢于屋宇之下"（立春后第五个戊日的春社日后进行），要么是"伏气蛰于窟穴之中"（立秋后第五个戊日的秋社日后进行），由此判断在他耳边吹风的第三种情况："或谓其渡海者，谬谈也。"

实际上，真是有燕子可以渡海的，只不过在李时珍所处的年代未能认识到而已。

按照现代生物学的分类，燕子是属于脊索动物门[Chordata]脊椎动物亚门[Vertebrata]鸟纲[Aves]今鸟亚纲[Neornithes]突胸总目[Carinatae]雨燕目[Apodiformes]雨燕亚目[Apodi]辖下的成员。

《本草纲目》提及的胡燕和越燕是雨燕亚目所辖的雨燕科[Apodidae]雨燕属[Apus]所辖20个品种其中的2个。该属品种分布广泛，有些品种在高纬度地区繁殖而到热带地区越冬，是典型的候鸟；有些品种则是热带地区的留鸟。它们的习性是在内陆栖息，能够攀岩，大多筑窠于悬崖峭壁的缝隙中，或较深的屋檐和树洞中。而且所筑的窠全部是由泥涶（湿泥）与树枝筑成，毫无药用或膳用价值可言。

具药用及膳用价值的燕窝，则出自雨燕科辖下金丝燕属[Aerodramus]约24个品种中的6个品种所筑。

金丝燕属的燕子除了栖息在中国西藏的短嘴金丝燕[Aerodramus brevirostris (McClelland.)]之外，绝大部分是在环海陆地（岛屿）山洞栖息，与雨燕属的燕子截然不同。具体地说在中国南海及西印度洋周边陆地（岛屿）栖息，能在印度尼西亚、马来西亚、越南、缅甸、新加坡和泰国等东南亚一带海域及我国南海诸岛见其踪影。

金丝燕属燕子比雨燕属燕子娇小且姿态轻盈，雌雄相似；嘴细弱，向下弯曲；翅膀尖长；脚短而细弱，爪趾均朝前伸，不适于行步和握枝，只有助于抓附岩石的垂直面；羽色上体呈褐色至黑色，带金丝光泽，下体灰白色或纯白色。具回声定位能力，可在全黑的洞穴中任意疾飞。这种燕子以飞行昆虫为食，成年燕会把捕捉到的昆虫藏在舌头下的囊袋内挤压成球形团块，再吐出喂养它们窠内的雏燕。

◎注1：有部分学者坚持认为《本草纲目》有从侧面提到燕窝，理由是在石燕条中引用了孟诜的话："石燕在乳穴石洞中者。冬月采之，堪食。余月，只可治病。"而石燕被现代生物学家认定褐背金丝燕[Aerodramus inopina (Thayer et Bangs)]，其窠也被证实可以入药。

不过，这种燕窠是以泥涶筑成，与附近可找到的墐涂成分并无异样。李时珍称这种墐涂为"石燕"[Cyrtiospirifer sinensis (Graban.)]，再由褐背金丝燕用其筑为窠的为"土燕"，《全国中草药汇编》说它们能"养肺阴，开胃，止血。主治肺痨咯血，体弱遗精，咳嗽痰多及小便频数"。

◎注2：关于金丝燕属的拉丁学名的问题，有Collocalia和Aerodramus的写法，由于后来分出侏金丝燕属，中国的生物学家就将前者表示为侏金丝燕属，将后者表示为金丝燕属。

◎注3：中国南海与西印度洋周边陆地（岛屿）是生产燕窝的金丝燕栖息的乐土，印度尼西亚、马来西亚、越南、缅甸、新加坡和泰国等东南亚一带海域及我国南海诸岛都可见这类金丝燕的踪影。

下图为生产燕窝的金丝燕的乐土——中国南海与西印度洋区域。

最为特别的是，环海陆地（岛屿）栖息的金丝燕筑窠不以泥滗（湿泥）和树枝做材料，而是从嘴里分泌出一种富黏性、半透明的唾液与藻类、苔藓、水草或者羽毛等材料筑成。窠窝呈半月形，犹如人的耳朵，外围整齐，内部犹如丝瓜网络般粗糙。长6～7厘米，基底厚，廓壁薄，重约10～15克。这样习性的金丝燕有6种。

爪哇金丝燕，又称"戈氏金丝燕"，拉丁学名为 *Aerodramus fuciphaga* (Thunberg.)，英文名称 Edible-nest Swiftlet。全长约12厘米。上体黑褐色；头顶、两翼和尾羽更为暗浓；腰带斑较淡；下体为灰褐色，羽轴略呈暗褐色。因主要在印度尼西亚的爪哇岛栖息而得名，还分布在中国、泰国及越南等沿海陆地（岛屿）。这种燕子种群较大，所产的窠以嘴里吐出的唾液为主筑成，不含其他杂物，品质最好。

灰腰金丝燕，又称"大金丝燕""印支金丝燕"，拉丁学名为 *Aerodramus maximus* (Hume)，英文名称 Black-nest Swiftlet。全长约14厘米。嘴细弱，向下弯曲；翅膀尖长；羽色上体呈褐色至黑色，下体灰白色或纯白色。分布在印度、缅甸、泰国及马来群岛等沿海陆地（岛屿）。这种燕子种群较大，所产的窠以嘴里吐出的唾液与羽毛筑成，品质较逊色。

白腰金丝燕，拉丁学名为 *Aerodramus spodiopygius* (Noonaedanae)，英文名称 White-rumped Swiftlet。全长约10厘米，身厚（含毛）约4厘米，双翅展开约22厘米；尾巴短而平；脚短且软；羽毛以黑褐色为主，腰部白色。分布在中国南海诸岛以及菲律宾、文莱、马来西亚、新加坡、印度尼西亚等沿海陆地（岛屿）。这种燕子种群较大，所产的窠以嘴里吐出的唾液与羽毛筑成，但羽毛含量较灰腰金丝燕所产的少。

白腹金丝燕，拉丁学名为 *Aerodramus esculenta* (L.)，英文名称 White-bellied Swiftlet。全长约13厘米。因腹部羽毛白色而得名。分布在印度洋西部至中国南海沿海陆地（岛屿）。这种燕子种群较大，所产的窠以嘴里吐出的唾液与羽毛筑成，但羽毛含量较灰腰金丝燕所产的少。

◎金丝燕（Swiftlet）爪趾均前伸，适合攀附垂直的山崖洞穴。另外，金丝燕不像其他禽鸟那样停下脚步啄食，而是在飞行中捕食。
上图是金丝燕的形态。
下图是金丝燕筑窠。

方尾金丝燕，又称"小金丝燕""小灰腰金丝燕"，拉丁学名为 *Aerodramus francicus*（Gmelin），英文名称 Grey-rumped Swiftlet。全长约 10 厘米。羽毛上体呈褐色至黑色，下体灰白色或纯白色。尾端平。分布在马来西亚沙涝越沿海陆地（岛屿）。这种燕子种群较大，所产的窠以嘴里吐出的唾液与羽毛筑成，但羽毛含量较灰腰金丝燕所产的少。

棕尾金丝燕，学名为 *Aerodramus vestita*（Lesson），英文名称 Brown-tail swiftlet。外貌、大小与爪哇金丝燕相近，唯尾羽颜色为棕色。分布在印度尼西亚沿海陆地（岛屿）。这种燕子种群较大，所产的窠以嘴里吐出的唾液为主筑成，因食物多含氧化铁成分，使燕窠氧化渐变成血红色。

需要强调的是，燕窠含杂质在 15% 以下的才能称为"**燕窝**"。有的如针尾雨燕属 [Hirundapus] 的白喉针尾燕 [*Hirundapus caudacutus*（Caudacutus)]、 灰喉针尾雨燕 [*Hirundapus cochinchinensls*（Oustalet)]， 雨燕属 [Apus] 的普遍楼燕 [*Apus apus*（Apus)]、白腰雨燕 [*Apus pacificu*（Latham)]、小白腰雨燕 [*Apus affinis* subfurcatus（Blyth.)]，以及棕雨燕属 [Cypsiurus] 的棕雨燕 [*Cypsiurus balasiensis*（Balasiensis)] 等燕子所筑的窠虽含与燕窝所持有同样的可食用胶质，但含量只有 15% 左右。从这类燕窠所提取的可食用胶质的则称"**龙牙燕**"。

在李时珍离世不出几年，陈懋仁（生卒不详）撰写的《泉南杂记》就有解开李时珍对燕子筑窠存有第三种情况的疑惑文字："闽之远海近番处，有燕名金丝者，首尾似燕而甚小，毛如金丝，临卵有子时，群飞近沙汐泥有石处，啄蚕螺食之。此燕食之……并津液呕出，结为小窝，附石上，海人依时拾之，故曰燕窝也。"之后，清代周亮工（1612—1672）撰写的《闽小记》记有："燕取小鱼，粘之于石，久而成窝，有乌、白、红三色，乌色最下，红者最难得，能益小儿痘疹，白色能愈痰疾。"范端昂（生卒不详）撰写的《粤东闻见录》记有："燕窝，产于琼州海滨石上，相传海燕唅鱼辄吐涎以备冬月退毛之食。累累岩壁间，土人攀援取之。色白者贵，红者尤难得，若黄、黑则下品矣。宴客非得此则不为盛馔，淡煮和糖食之，可以消痰开胃。一名燕蔬，燕窝非蔬而以为蔬，犹榆肉非肉以为肉。名实之互异若此。其他若石花、海带、鹿角、龙须之类，乃真蔬属，取之甚易，价亦颇贱。"以及吴震方（生卒不详）在《岭南杂记》记有："燕窝有数种，日本以为蔬菜供僧。此乃海燕食海边虫，虫背有筋不化，复吐出而为窝，缀于海山石壁上，土人攀缘取之。春取者白，夏取者黄，秋冬不可取，取之则燕无所栖而冻死，次年无窝矣。"都留下绘声绘色的描述。

◎明代陈懋仁撰写的《泉南杂记》有破解李时珍认为燕子筑窠不可能存有第三种情况的答案。
下图为陈懋仁绣像。

清乾隆三十年（1765）由药学家赵学敏（约1719—1805）撰写的《本草纲目拾遗》正式面世，这部书顾名思义就是拾《本草纲目》之遗，补李时珍漏记药材之缺，其中就有"燕窝，味甘淡平，大养滋阴，化痰止咳，补而能清，为调理虚劳痨瘵之圣药"的论述，将可食用的燕窠吹捧为"圣药"。

在后续的日子，清代文学家曹雪芹（约1715—约1763）可以说得上是厥功甚伟，他撰写的、被世人视为中国"四大名著"的《红楼梦》让燕窝这种既是药材又是食材的"圣药"受到极大的关注。因为在第四十五回中薛宝钗对林黛玉说的"每日早起，拿上等燕窝一两，冰糖五钱，用银铫子熬出粥来，若吃惯了，比药还强"一段话拉开了"燕窝事件"，由此引出林黛玉与贾宝玉私定偷盟的流言和林黛玉与赵姨娘结怨的复杂剧情，令人留下深刻印象。

将燕窝纯粹以膳食之品介绍则始于清代袁枚（1716—1798）的《随园食单》，书中有"燕窝贵物，原不轻用；如用之，每碗必须二两，先用天泉滚水泡之，将银针挑去黑丝；用嫩鸡汤、好火腿汤、新蘑菇三样汤滚之，看燕窝变成玉色为度；此物至清，不可以油腻杂之；此物至文，不可以武物串之"的描述。

至此，燕窝的身世并可药用和膳用的说法基本上没有什么悬念，然而事情还未结束，因为作为商品的燕窝品相不一，有的没有残留多少羽毛，有的却是充斥着羽毛，有的是白色，有的是血红之色，让人眼花缭乱，而且给出的答案也是莫衷一是。

1988年花城出版社出版的《食趣》总结了前人的论述，对以上现象给出了答案："第一期（官燕）燕窝被人摘走，金丝燕就要筑第二期燕窝。这时它因唾液不足，只好将身上的绒毛啄下，与唾液粘结成窝。所以第二期燕窝，呈粉红色，叫作'血燕'，质量稍差。第二期燕窝如又被人采去，金丝燕就要筑第三期窝，这时它的唾液更少了，绒毛也不多，就只好用海藻、苔藓等绿色状植物，与少量有血丝的唾液建成第三期窝。这期窝呈灰黑色，叫作'毛燕'，质量最差。"

是不是这样呢？当然不是这样。因为答案并不合常理，试想一下，如果燕窠建筑期间无端地丢失，金丝燕肯定觉得这处地方并不安全，绝对会另觅新址而不会在原处筑窠。

金丝燕是候鸟，在每年3月就会从西伯利亚飞回它们的婚床地——中国南海与印度洋西部环海陆地（岛屿）山洞配对筑窠育雏。燕窠大约要20多天才能筑成，并

◎金丝燕在每年3月从西伯利亚飞回到中国南海与印度洋西部环海陆地（岛屿）山洞配对筑窠并育雏；在雏燕长成后，金丝燕会在旧窠附近再筑新窠继续育雏；如是者共3次。

下图为金丝燕蛋及雏燕在垂直壁面上的燕窠内。

诞下第一胎，大概哺育30天后雏燕长成就会飞离燕窠，此时称为"空窠期"。在雏燕离窠后的30天里，金丝燕就会展开新的筑窠工作；新窠通常会在旧窠旁边构筑，不会因旧窠还在而不筑新窠。之后诞下第二胎。如此反复劳作至诞下第三胎为止，并于12月成群返回西伯利亚。

那么，怎样解释商品燕窝有的没有残留多少羽毛，有的却是充斥着羽毛，有的是白色，有的是血红之色呢？

这种现象真正的答案其实与筑窠的第几次无关，而是取决于金丝燕的品种。

如果是爪哇金丝燕的窠，含羽毛及其他不可食用的杂质较少（占窠重的0.5%左右），窠壁厚，颜色米白色至灰白色，成商品后称为"官燕"。

如果是灰腰金丝燕的窠，含羽毛较多（占窠重的5%左右）且有黑色的不妨碍食用的杂质，成商品后称为"毛燕"。实际上，白腰金丝燕、白腹金丝燕及方尾金丝燕的窠同样会夹杂着羽毛，但羽毛含量介乎于爪哇金丝燕与灰腰金丝燕之间（占窠重的2%左右），成商品后也属"毛燕"货色。

最为特别还是棕尾金丝燕的窠，这种燕子的食物多含氧化铁成分（主要在夏天，即筑第二个窠时），故燕窠容易氧化变成血红色（吐血筑窠是讹传，实不足信），成商品后称为"血燕"。如果燕窠没有氧化变成血红色，也属"毛燕"货色。

由于燕窝矜贵，有人曾想饲养金丝燕以筑窠制窝，结果当然是行不通的。因为金丝燕不像其他禽鸟那样停下脚步啄食，而是在飞行中觅食，就连喝水也是边飞边喝。

怎么办呢？

还是有办法的。不能直接饲养金丝燕，能不能给它提供筑窠的地方呢？这种办法显然是可行的。这样就可以免去采窝者必须爬上悬崖峭壁摘窠之苦（金丝燕爪趾全部前伸而非其他禽鸟3趾向前、1趾向后的构造就是为了牢靠地在垂直的岩壁或墙壁行动）。

人为其提供筑窠地方而养的金丝燕称为"厝燕"，这种金丝燕仍然是野外生存，只是燕窠受人控制而已。

◎在野外采摘燕窠是高度危险的技术活，采窝者要将赖以攀扶的竹排挂上燕洞顶部，然后爬上竹排，以一手捉紧、双脚扣紧竹排的姿势让身体尽量往外伸，并由上往下靠近燕窠，再通过绑在另一手上的铁铲将燕窠铲出。

下图为采窝者正在铲取燕窠。

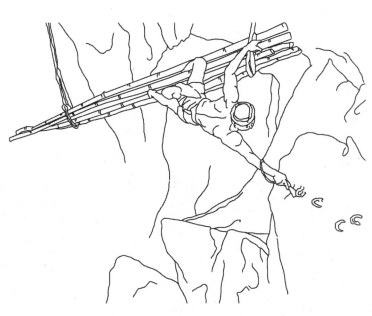

怎样才能吸引金丝燕到人为其提供的地方筑窠呢？

必须满足三个条件，即环境、气味和声音。

给金丝燕筑窠的地方与人类居所不同，必须与金丝燕喜欢栖息的山洞无异，通常会建成碉堡一样的燕屋（燕楼）。燕屋内必须昏暗，而且湿度、温度及回音效果都要与山洞的相同。金丝燕是群居动物，它们能够聚在一起的其中一个原因是靠辨别其独特的气味，具体地说是靠辨别其粪便气味使并不一定有亲缘关系的同种金丝燕也能聚集在一起。因此，燕屋内部的墙壁必须要人为地涂上在野外采集而来的金丝燕粪便以召集金丝燕来筑窠。金丝燕能够聚集在一起的另外一个原因，就是同伴的声音。因此，燕屋内必须依照金丝燕的作息时间播放金丝燕相应的鸣叫声；与此同时，周边必须保持安静。

人为建造的燕屋使部分金丝燕成为"屋燕"之后，燕窝业界就将在野外峭壁山洞筑窠的金丝燕称为"洞燕"。

现在问题又来了。由于燕屋的悬空距离较山洞的小，金丝燕粪便发酵产生的氨气就会充斥着整个燕屋，与潮湿空气接触就会形成熏蒸效应（Fumigation effect），继而影响屋燕窠的颜色。金丝燕对自己的粪便发酵产生的氨气并不抗拒，与此同时，金丝燕筑窠相当随意，并不一定要筑在燕屋的梁柱上，有时会在燕屋墙脚随便找个位置就安窠了。因此，熏蒸现象会对不同位置的屋燕窠产生不同的影响：如果屋燕窠处于燕屋墙脚底部并离金丝燕粪便相当近的，窠色就会变红，成商品后称为"红燕"；如果屋燕窠处于燕屋墙壁中部并离金丝燕粪便有一段距离的，窠色就会变黄，成商品后称为"黄燕"；如果屋燕窠处于燕屋梁柱及墙壁上部并离金丝燕粪便相当远的，窠色会保持白色，成商品后称为"白燕"。

由于燕窝价钱不菲，历史上就有冒假的现象，清代凌奂《本草害利》上的"假燕窝无边无毛，色白，或微有边毛，甚有白如银丝者，皆伪为之"一说足可引证。有不法商人利用猪皮经油炸或沙炒，切碎后与鸡蛋白和匀烘干冒充；或用雪耳剁碎冒充；或用琼脂、淀粉、藻类、鱼鳔冒充；或用马来西亚的一种橡胶物假冒；也有的本身是真货，但使用胶质物填充增重获利。

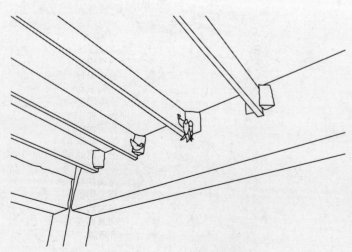

◎用燕屋（燕楼）吸引金丝燕筑窠可免去采窝者必须爬上悬崖峭壁摘窠之苦。但是，由于燕屋的悬空距离较山洞的小，容易产生熏蒸效应，使燕窠出现红、黄、白的颜色。下图为金丝燕在燕屋筑窠。

制燕窝

在 20 世纪 80 年代以前，市面上可见的商品"燕窝"严格上说仅能称"燕窠"而不能称"燕窝"，因为那时的商品相当粗糙，只是将采窝者从崖洞摘下来的货色做简单的转手买卖，没有任何深加工。也就是说，来到终端（厨师手中），还需厨师劳神将燕窠上的羽毛、蛋壳等杂物逐一用镊子捡出。因此，那时的厨师每当听到要烹制燕窝都会皱起眉头，十分不乐意。

为了快速清除燕窠上的羽毛、蛋壳等杂物，历代厨师费尽心机，其中让人留下深刻印象的是用芝麻油泡浸的方法。《粤厨宝典·候镬篇·涨发章·发毛燕》介绍道："干毛燕用清水泡软，用滤网盛起，晾干水后，将它们浸入特级纯芝麻油中浸数分钟，略搅，小毛即浮起，用小滤网清净；再用滤网盛起，晾去油分，用清水漂清即成。"即使有这样的简便方法，但每个燕窠不花上三四十分钟恐怕仍然未能达到膳用的要求。如果筵席多，需求数量大，负责捡毛者真的会在暗地里骂娘的。

自 20 世纪 70 年代之后，这种情况逐渐有所改观。原因是印度尼西亚华人发明了筑屋（楼）养屑燕的方法，燕窝从业者顺势就以工业化的形式加工燕窠，即在上游（工厂）就已将燕窠上的羽毛、蛋壳等杂物彻底清理干净，使终端（厨师手中）不必再为燕窠上的羽毛、蛋壳等杂物感到惆怅，从而乐此不疲地将燕窝做食材制作菜式。

燕窝经工业化加工之后就衍生出新的商品名称。在加工时剪去边缘并能保持原来形状晾干的称为"燕盏"；在加工时剪去边缘却未能保持原来形状晾干或者虽保持原来形态晾干但在运输期间破散的称为"燕条"；在捡毛时呈条状散落又被聚集在一起晾干的称为"燕饼"或"燕球"；在捡毛时零碎散落而被晾干的称为"燕碎"或"碎燕"；被剪出的燕窠边缘晾干后则称为"燕角"。五者的营养成分相同，只是质感略有变化，前四者质感几乎一致，唯燕角质感相对艮韧。

◎注 1：如今，商品的燕窝经过工业化加工已无任何杂物，厨师不必再为之惆怅。这里介绍的是工业化加工燕窠的流程。

◎注 2：根据资料介绍，利用燕屋（楼）给金丝燕筑窠是 1970 年由印度尼西亚华人发明，但发展速度很慢，未能迅速形成产业。更不幸的是，1990 年印度尼西亚发生森林大火以及在之后数年焚烧农地引发浓烟令昆虫大量死亡，继而让爪哇金丝燕失去良好的家园。然而就在此时，马来西亚的华人却看准了商机，依照印度尼西亚华人的方法建起燕屋（楼）给能带来财富的不速之客有了赖以生存的栖身之所。不出几年，马来西亚华人获得了极大的回报，同时也让印度尼西亚华人的燕屋（楼）内荒弃的燕窠得以换来沉甸甸的财富。从此，马来西亚的屑燕业得到空前发展，既拯救了因失去家园而彷徨的爪哇金丝燕，又使马来西亚有了燕窝产业这一庞大经济来源。

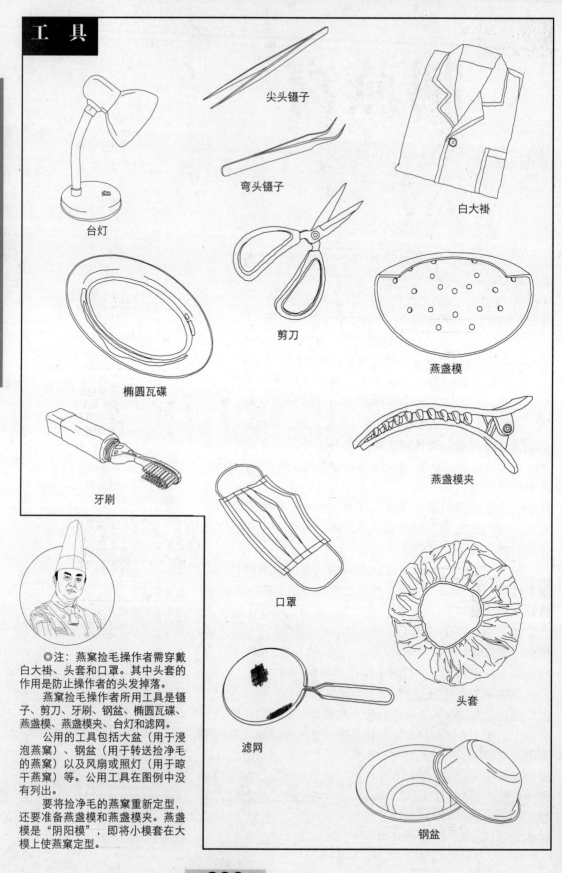

尖头镊子

弯头镊子

白大褂

台灯

剪刀

燕盏模

椭圆瓦碟

燕盏模夹

牙刷

口罩

头套

滤网

钢盆

◎注：燕窝捡毛操作者需穿戴白大褂、头套和口罩。其中头套的作用是防止操作者的头发掉落。

燕窝捡毛操作者所用工具是镊子、剪刀、牙刷、钢盆、椭圆瓦碟、燕盏模、燕盏模夹、台灯和滤网。

公用的工具包括大盆（用于浸泡燕窝）、钢盆（用于转送捡净毛的燕窝）以及风扇或照灯（用于晾干燕窝）等。公用工具在图例中没有列出。

要将捡净毛的燕窝重新定型，还要准备燕盏模和燕盏模夹。燕盏模是"阴阳模"，即将小模套在大模上使燕窝定型。

准 备

燕窠捡毛操作者上岗时要配备镊子1套、2个盛上清水的钢盆、1把剪刀、1只椭圆瓦碟及1盏台灯。

◎注1：所有进入燕窝加工厂的人员必须穿上白大褂，戴上口罩和头套。

燕窠捡毛操作者上岗时要配备镊子1套（尖头镊子、弯头镊子）、2个盛上清水的钢盆、1把剪刀、1只椭圆瓦碟及1盏台灯。

◎注2：燕窠是金丝燕孵蛋育雏的产房，当雏燕长成后就会荒弃，所以燕窠里会夹杂着羽毛、蛋壳等杂物，要成商品或膳用，必须将夹杂在燕窠里的羽毛、蛋壳等不可膳用的杂物清理干净。

◎注3：在清除羽毛等杂物前，先将燕窠放在大盆里，加入过面的清水浸泡60分钟左右，使燕窠湿润软化。

金丝燕的燕窠是由非水溶性胶质构成，在常温水下轻微吸水软化，不会溶解；在温水和热水下吸水发胀，也不会溶解；只有在沸腾水下才会逐渐溶化。

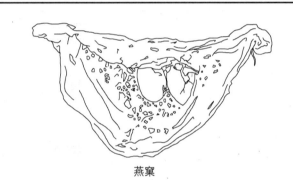

燕窠

燕窠是金丝燕孵蛋育雏的产房，当雏燕长成后就会荒弃，所以燕窠里会夹杂着羽毛、蛋壳等杂物。

浸 水

60分钟

将燕窠放在大盆里，加入过面的清水浸泡60分钟左右，使燕窠湿润软化。

清水

上 岗

燕窝捡毛操作者将浸水后的湿润燕窝领出并放在工作台上。

镊 毛

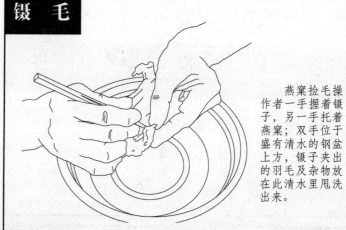

燕窝捡毛操作者一手握着镊子，另一手托着燕窝；双手位于盛有清水的钢盆上方，镊子夹出的羽毛及杂物放在此清水里甩洗出来。

刷 毛

如果羽毛及杂物只是在燕窝表面，或者是杂物体积太小且黏着顽固，可利用牙刷以边蘸水边擦拭的方式进行清理。

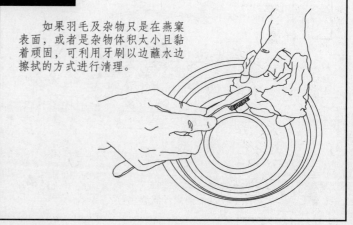

◎注1：正常的工作安排分两个时段，即早上和下午各4小时。每工作1小时休息15分钟。

上岗时，燕窝捡毛操作者将浸水后的湿润燕窝领出并放在工作台上。

◎注2：燕窝捡毛操作者一手握着镊子（视情况选用尖头镊子还是弯头镊子），另一手托着燕窝；双手位于盛有清水的钢盆上方，镊子夹出的羽毛及杂物放在此清水里甩洗出来。此工序称为"镊毛"。

◎注3：如果羽毛及杂物只是在燕窝表面，或者是杂物体积太小且黏着顽固，可利用牙刷以边蘸水边擦拭的方式进行清理。此方式称为"刷毛"。

剪边

燕窝上的羽毛及杂物清理干净后，用剪刀将原来依附在墙壁的边缘部分剪去。

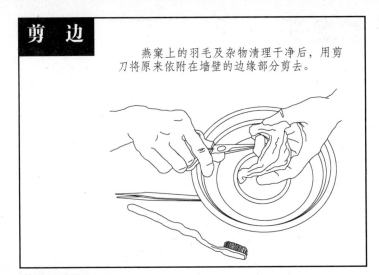

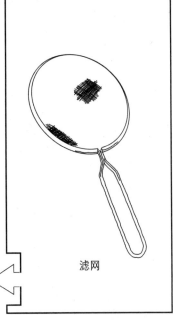

滤网

捡漏

用滤网将甩洗杂物的清水倒在滤网上，将镊毛时所散落的零碎燕窝物质滤出，放在椭圆瓦碟上再进行捡毛工作。

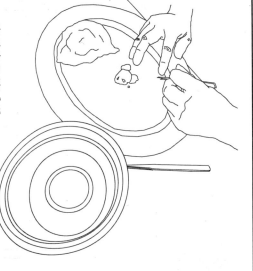

◎注 1：燕窝上的羽毛及杂物清理干净后，用剪刀将原来依附在墙壁的边缘部分剪去（燕窝边缘质感较为艮韧且参差不齐）。此工序称为"剪边"。

此时余下的为"燕盏坯"，剪下来的为"燕角"。

清理干净的标准是在台灯的照射下无羽毛和黑点。

◎注 2：用滤网将甩洗杂物的清水倒在滤网上，将镊毛时所散落的零碎燕窝物质滤出，放在椭圆瓦碟上再进行捡毛工作。此工序称为"捡漏"。

◎注 3：在燕窝羽毛及杂物清理干净后即可进行上模工作。此项工作通常由另一组人操作。

具体操作是将燕盏坯（边缘完整、无韧质边缘）放在燕盏大模（阳模）内修成原来燕窝的形状（长约12厘米、宽约 4 厘米，弯月兜形）并按压平顺，套入燕盏小模（阴模），再用燕盏模夹固定好。

上 模

将燕盏坯放在燕盏大模（阳模）内修成原来燕窝的形状并按压平顺，套入燕盏小模（阴模），再用燕盏模夹固定好。

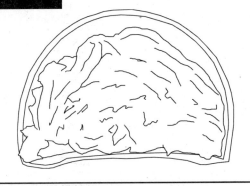

吹晾

25℃

微风

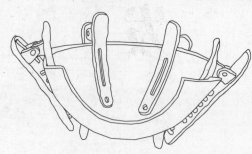

　　燕窠上模后即可进行吹晾的工作，这项工作视天气情况有不同的应对方法。如果正值潮湿及梅雨天，可将燕窠放在加温箱内以25℃及微风干燥；除此天气外可采用纯吹风的方法晾干。

成　型

燕窠晾干后从模具中取出即为"燕盏"。

包　装

　　"燕盏"在燕窝中最为矜贵，故多用黄绸缎衬托放在礼盒内销售。

　　◎注1：燕窠上模后即可进行吹晾的工作，这项工作视天气情况有不同的应对方法。如果正值潮湿及梅雨天，可将燕窠放在加温箱内以25℃及微风干燥；除此天气外可采用纯吹风的方法晾干。

　　需要指出的是，吹晾的方法会影响到燕窝的涨发效果，最佳的方法是让燕窠自然风干。因为如果用烘干的方法，燕窠胶质脱水不平均，外围会过早脱水而发硬，再涨发就会困难，从而影响燕窝的涨发成率。

　　◎注2：燕窠晾干后从模具中取出即为"燕盏"。

　　◎注3：需要强调的是，商品中的燕窝包含"燕盏""燕条""燕饼""燕碎""燕角"。其中"燕盏"最为矜贵，故多用黄绸缎衬托放在礼盒内销售，俗称的"官燕"就是此品。

发燕窝

　　如果未亲历过捡羽毛使燕窠华丽变身成洁净燕窝的过程，将不会理解工业化所带来的成就。

　　试想一下，如果燕窝仍像燕窠一样沾满羽毛等杂物，厨师还会乐意用这样的货色做食材吗？显然是不乐意的。如果是这样，即使明知燕窝非常矜贵，但其市场也只能局限于家庭，市场容量将会非常小，也就不能形成良性的产业链和庞大的经济支柱。

　　实际上，如今的燕窝市场比 20 世纪 80 年代庞大很多，原因不是因为燕窝的产量增加了，而是经过工业化生产之后，燕窝制作的繁琐的工序明显减少，使用终端（厨师手中）不再为沾满羽毛的货色而苦恼，只需简单的涨发就可以膳用。

　　商品燕窝工业化生产是一个非常好的典范，因为在酒楼厨房里还有很多工业化生产以降低劳动强度的事项亟须得到解决，这样，酒楼运作就会冲破发展瓶颈迎来更大的发展空间。

　　当然，这是题外话。

　　在 20 世纪 80 年代前，涨发燕窝不可能直接跳到如今介绍的这个工序。根据《粤厨宝典·候镬篇·涨发章》的介绍，以往涨发燕窝是包含捡毛和涨发两个工序的，捡毛反而是重点，因为涨发后的燕窝仍残留有羽毛等不可食用杂物的话，即使后续工序做得再好也是失败之作。

　　如今，这些问题已经得到工业化生产解决，余下的事情是要辨别燕窝的质量，因为不同品种金丝燕的燕窝的涨发率是有差异的，8 倍是中位数，最高是 10 倍，而最低是 6 倍，掌握这些数据才能以合理的价格采购燕窝。

　　◎选购燕窝主要是通过照、摸、闻的方法鉴别真假、优劣。

　　照是指燕窝通过灯光的透明状况。正常的燕窝是半透明状，而且半透明状的颜色相近；如果出现浓淡不一，必属伪劣产品。另外还要观察燕窝的纹路，正常的燕窝是丝状网络结构（燕角是片状结构），如果丝状为接驳而形成的网络结构也为伪劣产品。

　　摸是指将小块燕窝浸在水中用手触摸。正常应该是爽滑而不具黏性，有黏性说明是填胶增重谋利品，不宜选购。

　　闻是通过嗅觉去辨别燕窝的馨香。正常气味是淡淡的，如果有特别的鱼腥味及油腻味（哈刺味）则为假货。

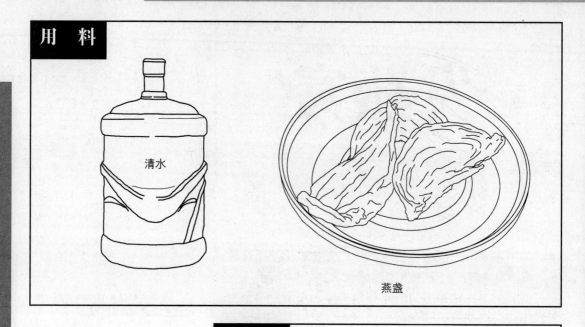

清水

燕盏

◎注1：尽管商品燕窝有燕盏、燕条、燕饼、燕碎和燕角等形式，但它们的涨发方法和流程是相同的。这里以燕盏为例。

◎注2：燕窝涨发的工具并不多，主要是焖烧锅，因为燕窝在温水和热水下才能吸水膨胀并达到可膳用的质感。其他工具还包括有滤网、钢盆和保鲜盒等。

滤网

保鲜盒

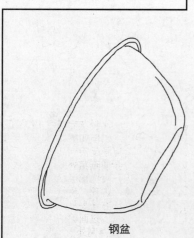

钢盆

焖烧锅

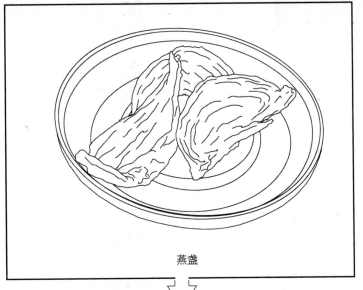

燕盏

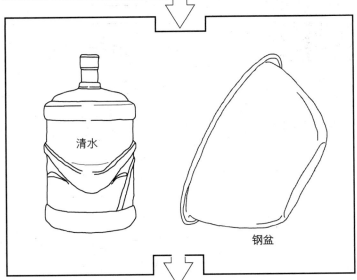

清水

钢盆

浸泡

60分钟

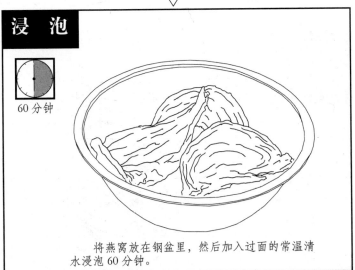

将燕窝放在钢盆里，然后加入过面的常温清水浸泡60分钟。

◎注：尽管燕窝在热水里会高度吸水膨胀，但如果直接将燕窝放在热水里涨发反而会适得其反，因为这样做会使燕窝外围迅速吸水发胀而妨碍燕窝内部吸水，继而出现外围发胀而内部"生骨"的现象。正确的操作方法是将燕窝放在钢盆里，然后加入过面的常温清水浸泡60分钟，使燕窝外围和内部充分吸水湿润。这个工序称为"浸泡"。

海味制作图解 Ⅱ

海味制作图解 II

清水

煲水

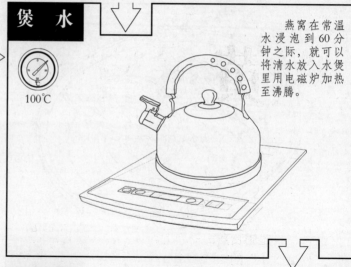

100℃

燕窝在常温水浸泡到60分钟之际，就可以将清水放入水煲里用电磁炉加热至沸腾。

◎注1：燕窝在常温水浸泡到60分钟之际，就可以将清水放入水煲里用电磁炉加热至沸腾。需要说明的是，虽然焗发燕窝所用的水温为85℃，但最好还是将清水加热至沸腾，而不是加热至85℃。

◎注2：将浸泡湿润的燕窝放入焖烧锅里，然后加入85℃的热水，冚（盖）上盖闷焗2个小时左右。这个工序称为"焗发"。

◎注3：在燕窝闷焗至丝丝晶莹剔透的样子、重量为干品的8～10倍时即可用滤网将燕窝捞到有冰粒的清水里漂冷。

◎注4：燕窝漂冷后，将燕窝放在滤网内晾去水分，再放入保鲜盒内并置入冰箱冷藏保管，待用。

焗发

85℃

2个小时

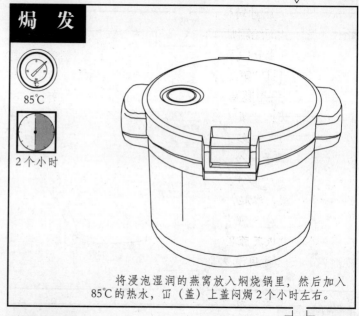

将浸泡湿润的燕窝放入焖烧锅里，然后加入85℃的热水，冚（盖）上盖闷焗2个小时左右。

检视 漂冷

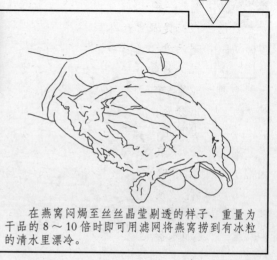

在燕窝闷焗至丝丝晶莹剔透的样子、重量为干品的8～10倍时即可用滤网将燕窝捞到有冰粒的清水里漂冷。

保管

漂冷后的燕窝放入保鲜盒后置入冰箱，备用。

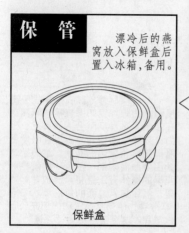

保鲜盒

蟹黄扒官燕

　　清代袁枚是膳食燕窝最早的记录者，而且得出"以柔配柔，以清入清"的烹饪心得。确实如是，燕窝本是因其药效声名鹊起后才转为食用的材料，味道和质感并无太多诱人之处，从而给厨师带来不少烹饪上的难题。

　　民国时出版的《秘传食谱》显然十分认同袁枚对燕窝烹饪的心得，其"第二编海菜"门中"清蒸燕窝"和"清炖燕窝"的做法就是遵循袁枚的理论而施行，今摘下以飨读者。

　　清蒸燕窝："预备材料：上等官燕若干（分量查后），鸡蛋数枚（或大青鱼一条），好青（清）汤一大碗，盐少许。特别器皿：镊子一个，大海碗一只，瓦钵一具（隔水蒸燕窝用，或备洁净粗手巾一条）。手术：第一步，先取滚开水将燕窝泡发，取起，用镊子钳净毛，放入清汤的大碗内，盛瓦钵中，隔水蒸燕窝成玉色方行取出。第二步，取鸡蛋打开，入锅做成芙蓉蛋，盛起备用；或取大青鱼剖洗干净，只割取肚皮，再用清水漂洗极净，用洁净手巾将里面黑膜尽行擦去，放入盐水内，腌泡半日，然后提出，再漂洗干净备用。第三步，放临制时，取芙蓉蛋（或青鱼肚皮）衬在碗底，同燕窝一并再蒸到恰好为止，临起锅时加盐合味。注意：这样东西是最清淡不过的，万不可今（令）间杂一些油腻。特别注意：本篇所载各种原料，最难确定，而且海菜既有好丑，好的发头（涨发成率）极大，丑的毫无发头，盛菜的器皿也有大小不同，一切的配头更得任人自便，所以都未注出分量，看书的人大约自己也能斟酌规定；至于通常习惯上配用海菜的适中法子，在本篇的后面略略补述出来（海碗，有底一两二钱，无底二两；大碗，有底八钱，无底一两八钱；小碗，有底三钱，无底五钱），作读者的参考。"

　　清炖燕窝："预备材料：燕窝、鸡蓉、火腿蓉、好清汤、盐。手术：如前第一步（'清蒸燕窝'的第一步）将燕窝蒸发至好，再加入备好的鸡蓉、火腿（蓉）同炖到恰好就食。"

器皿
工具

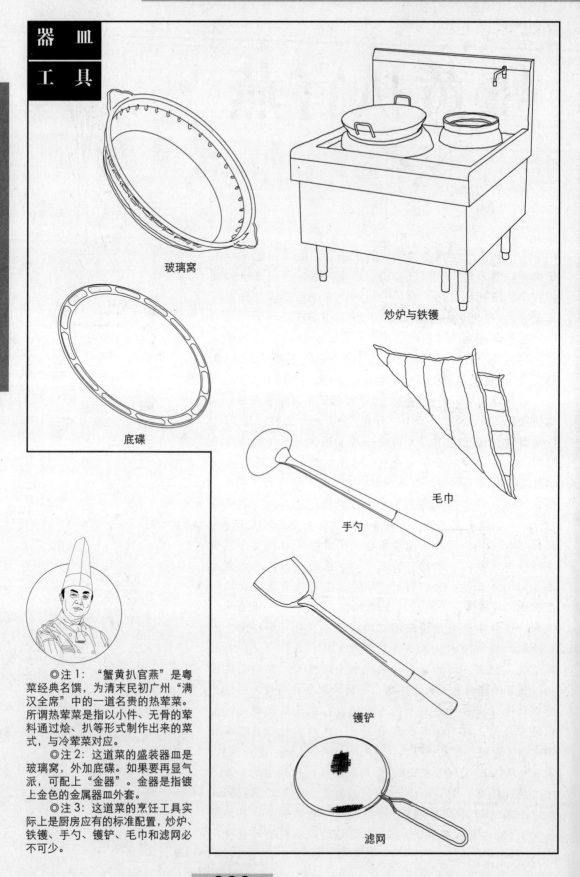

玻璃窝

炒炉与铁镬

底碟

毛巾

手勺

镬铲

滤网

◎注1: "蟹黄扒官燕"是粤菜经典名馔,为清末民初广州"满汉全席"中的一道名贵的热荤菜。所谓热荤菜是指以小件、无骨的荤料通过烩、扒等形式制作出来的菜式,与冷荤菜对应。

◎注2: 这道菜的盛装器皿是玻璃窝,外加底碟。如果要再显气派,可配上"金器"。金器是指镀上金色的金属器皿外套。

◎注3: 这道菜的烹饪工具实际上是厨房应有的标准配置,炒炉、铁镬、手勺、镬铲、毛巾和滤网必不可少。

用 料

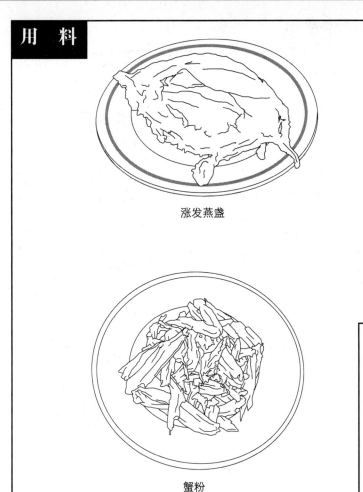

涨发燕盏

白菜

蟹粉

煨 料

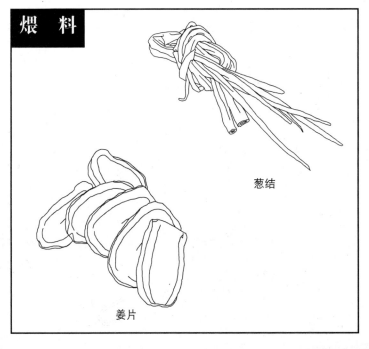

葱结

姜片

◎注1："蟹黄扒官燕"的用料是双主角，即经过焗发的燕盏和已经拆肉取膏的"蟹粉"。外加白菜衬边。

蟹粉即用毛蟹（大闸蟹）或青蟹（肉蟹及膏蟹）拆肉取膏的制品。拆肉取膏的方法请参见本书"蟹黄扒翅"章节上的介绍。

白菜的常识请参见本书"金肘菜胆翅"章节上的介绍。

◎注2：除了主料和衬菜之外，还要准备葱结和姜片，它们是为了煨燕盏而准备的。

蟹黄扒官燕配方

涨发燕盏	480g
蟹粉	160g
白菜	800g
顶汤	240g
二汤	1500g
姜片	8g
葱结	15g
绍兴花雕酒	10g
姜汁酒	20g
精盐	3g
白糖	2g
I&G	6g
胡椒粉	0.1g
芝麻油	6g
湿淀粉	20g
花生油	45g

◎注：在调味料方面，要准备好精盐、胡椒粉、白糖、芝麻油、湿淀粉、姜汁酒、顶汤、二汤、I&G、花生油和绍兴花雕酒。

顶汤的做法请参见本书"红烧鱼翅"章节上的介绍。二汤是指熬制顶汤后的汤渣所加入清水再熬出的第二道汤。

调味料

精盐　　胡椒粉　　白糖

芝麻油

湿淀粉　　　　　姜汁酒

顶汤　　　　　二汤

I&G　　花生油　　绍兴花雕酒

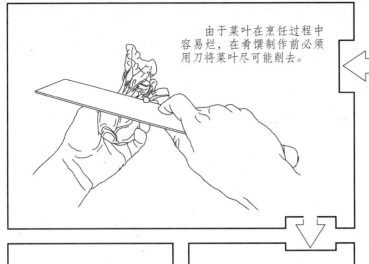

由于菜叶在烹饪过程中容易烂，在肴馔制作前必须用刀将菜叶尽可能削去。

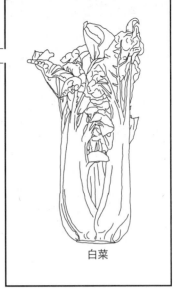

白菜

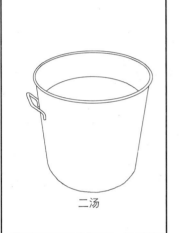

二汤

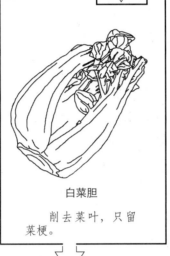

白菜胆

削去菜叶，只留菜梗。

灼菜胆

猛火

100℃

30 秒

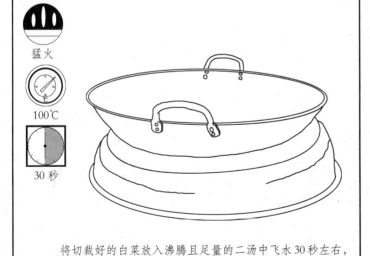

将切裁好的白菜放入沸腾且足量的二汤中飞水 30 秒左右，然后捞起备用。

◎注 1：肴馔所用的"白菜"应拣选梗肉厚、梗皮薄、叶片偏少的"匙羹白"品种。
◎注 2：由于菜叶在烹饪过程中容易烂，在肴馔制作前必须用刀将菜叶尽可能削去。
◎注 3：由于白菜味道略带酸味和涩味，事先要进行"飞水"处理，即将白菜放入沸腾且足量的二汤中飞水 30 秒左右，以使其煸入肉味，然后捞起备用。

海味制作图解 Ⅱ

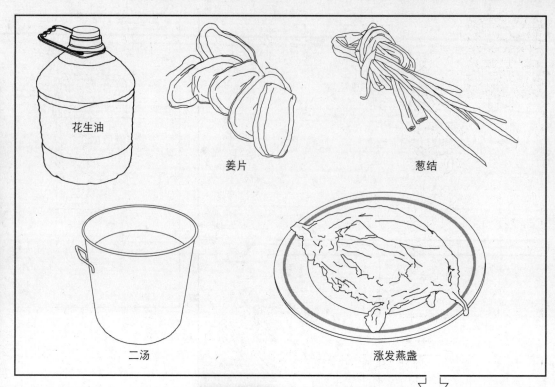

花生油	姜片	葱结
二汤		涨发燕盏

◎注：中火起镬烧热花生油，放入葱结、姜片爆香，再加入二汤并烧滚（开），然后将预先涨发好的燕盏放入汤里滚煨2分钟左右，使燕盏在辟去杂味之余吸收肉味。在镬铲协助下将煨好的燕盏倒入滤网滤去水分，并由打荷（助厨）用毛巾吸干燕盏内部的水分。此工序称为"吸水"。

煨燕盏

中火

100℃

2分钟

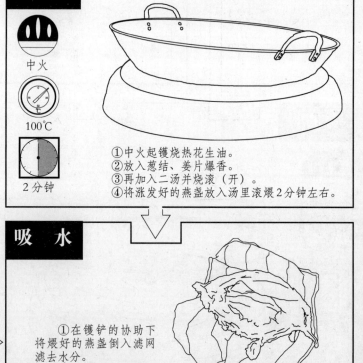

①中火起镬烧热花生油。
②放入葱结、姜片爆香。
③再加入二汤并烧滚（开）。
④将涨发好的燕盏放入汤里滚煨2分钟左右。

吸 水

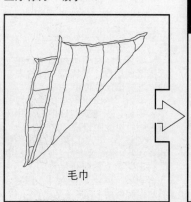

毛巾

①在镬铲的协助下将煨好的燕盏倒入滤网滤去水分。
②由打荷（助厨）用毛巾吸干燕盏内部的水分。

海味制作图解 II

海味制作图解 Ⅱ

围边 砌碟

①打荷（助厨）取来带有底碟的玻璃窝。
②以头叠尾的形式将飞（拖）熟的白菜胆砌
在玻璃窝内围。
③将吸干水分的燕盏摆在玻璃窝的中心。

白菜胆

腌蟹粉

30 秒

姜汁酒

姜汁酒倒入蟹粉中拌匀，腌 30 秒。

蟹粉

◎注 1：打荷（助厨）取来带
有底碟的玻璃窝，以头叠尾的形式
将飞（拖）熟的白菜胆砌在玻璃窝
内围。此工序称为"围边"。再将
吸干水分的燕盏摆在玻璃窝的中
心，此工序称为"砌碟"。
◎注 2：姜汁酒倒入蟹粉中拌
匀，腌 30 秒。此工序称为"腌蟹粉"。
◎注 3：清水放入镬（锅）里，
以猛火烧滚（开），然后放入腌好
的蟹粉加热 40 秒左右。此工序称
为"飞水"。

飞水

猛火

100℃

40 秒

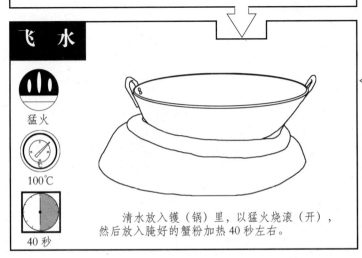

清水

清水放入镬（锅）里，以猛火烧滚（开），
然后放入腌好的蟹粉加热 40 秒左右。

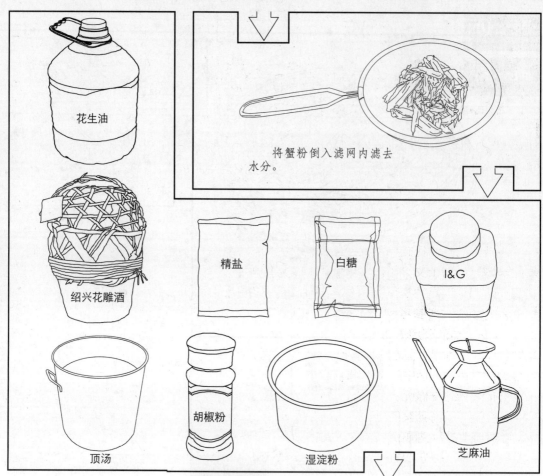

花生油

绍兴花雕酒

将蟹粉倒入滤网内滤去水分。

精盐

白糖

I&G

顶汤

胡椒粉

湿淀粉

芝麻油

◎注1：将蟹粉倒入滤网内滤去水分。

◎注2：以猛镬阴油（猛火烧热铁镬，先用一些花生油搪过铁镬，再倒入新的花生油，使铁镬炽热而油温不高）的形式烧热花生油，潵入绍兴花雕酒，滗入顶汤。顶汤沸腾后加入滤去水分的蟹粉，改中火加热（或将铁镬拉离炉口），并用精盐、白糖、I&G及胡椒粉调味，约烩1分钟，用湿淀粉勾成琉璃芡，滴入芝麻油做包尾油后为"蟹黄芡"。将蟹黄芡扒淋在玻璃窝中心的燕盏上面。

烩蟹粉

调味

扒芡

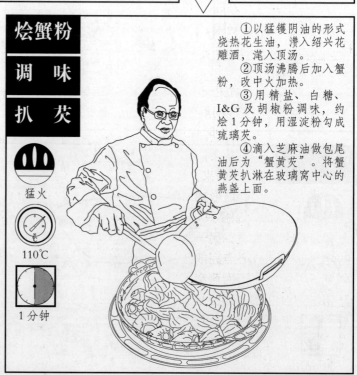

猛火

110℃

1分钟

①以猛镬阴油的形式烧热花生油，潵入绍兴花雕酒，滗入顶汤。

②顶汤沸腾后加入蟹粉，改中火加热。

③用精盐、白糖、I&G及胡椒粉调味，约烩1分钟，用湿淀粉勾成琉璃芡。

④滴入芝麻油做包尾油后为"蟹黄芡"。将蟹黄芡扒淋在玻璃窝中心的燕盏上面。

花式炖燕窝

严格来说，"花式炖燕窝"不属于菜，而属于甜品，故此营销方法与上文介绍的"蟹黄扒官燕"的形式不同，"花式炖燕窝"是为筵席所用，售卖形式较为呆板，如果是在酒楼推销，可参考鲍鱼的形式——摆摊售卖。具体地说，就是将涨发好的燕窝连同用于调味的椰子汁、杏仁露、姜糖浆以及葛仙米、番木瓜、红枣、枸杞子、西米、莲子、百合等食料在陈列柜中展示出来。

为什么要这样做呢？

这就要先了解燕窝的质感。

吃惯燕窝的人都知道，燕窝的质感其实与煮透的雪耳（Tremella）并无二样，因而给不良商家有可乘之机。由于燕窝售价不菲，若商家以收燕窝的价钱交出雪耳货，食客肯定会感到上当受骗，由此带来的信任缺失就会埋藏着摧毁膳食燕窝市场的导火线，随时有让十分庞大的膳食燕窝市场萎缩的可能。

怎样才能显示童叟无欺的公平交易呢？

这就要在食客面前展示整个制作过程，至少是燕窝涨发后的制作过程，以消除食客的疑虑。

有新经营者不禁会问，这种销售形式是否会对燕窝调味带来反效果呢？

实际上这种销售形式正好适合燕窝的制作。因为燕窝甜品只有两个核心点，一个是燕窝的涨发，另一个是燕窝的调味汁，这两个核心点完成之后可以用水到渠成去形容。因为燕窝过早地与调味汁接触就会溶解，即使是货真价实，也会令食客误以为是雪耳冒充，反而不妙，正确的食法是进食时才放入调味汁，以令燕窝保持原样而呈现嫩滑爽弹的质感。

◎燕窝不宜过早地与调味汁接触，否则就会溶解，与吃雪耳无异，趣味陡降。正确的流程是分别将燕窝涨发好及将各式调味汁配制好，进食时才将两者混合。此时热吃、凉吃均宜。

◎注："葛仙米"为田间并不起眼的藻类植物，因东晋道教炼丹家葛洪将其献给当朝皇帝治疗太子体弱身虚时具有成效，皇帝大喜，随即将原名"仙翁米"改赐为"葛仙米"以示感谢而声名大噪。这种藻类植物实际上是蓝藻目 [Cyanophyceae] 念珠藻科 [Nostocaceae] 念珠藻属 [Nostoc] 的拟球状念珠藻 [Nostoc sphaeroids (kutz)]，又称"地软""地衣""地耳""天仙米""天仙菜""水木耳""田木耳""地踏菇""鼻涕肉""地踏菜""地木耳""地皮菜""地捡皮"等。分布在我国西南及西北各地的田间及林间湿地。历代医书均无记载，始见于清代赵学敏的《本草纲目拾遗》，书中说其具解热、清膈、利肠胃的功效，但不宜多食。

葛仙米

《本草纲目拾遗》云："葛仙米，生湖、广沿溪山穴中石上，遇大雨冲开穴口，此米随流而出，初取时如小鲜木耳，紫绿色，以醋拌之，肥脆可食，干则以水浸之，与肉同煮，作木真味。性寒不宜多食。四川亦有之，必遇水冲乃得，岁不常有。他如深山背阴处大雨后，石上亦间生，然形质甚薄，见日即化，或干如纸，不可食矣。"

上图为农民在田间捡取葛仙米。

为纪念葛洪从田间捡来的藻类植物的疗病之功，晋朝皇帝将这种藻类植物赐名为"葛仙米"。

上图为葛洪绣像。

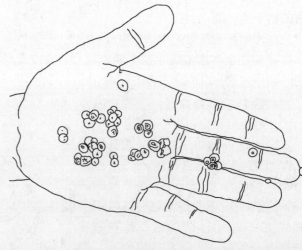

葛仙米质地与黑木耳 [Auricularia polytricha (Mont.) Sacc.] 相似，但呈珠状，外被透明的胶质物，蓝绿色，大小与黄豆（大豆）相若。干后卷缩，呈灰褐色，易碎裂。

上图为葛仙米鲜时的大小比例。

椰子

西晋植物学家嵇含在《南方草木状·卷下·椰》云："树叶如栟榈，高六七丈，无枝条。其实大如寒瓜，外有粗皮，次有壳，圆而且坚；剖之有白肤，厚半寸，味似胡桃，而极肥美；有浆，饮之得醉。俗谓之越王头，云昔林邑王与越王有故怨，遣侠客刺得其首，悬之于树，俄化为椰子。林邑王愤之，命剖以为饮器（南人至今效之）。当刺时，越王大醉，故其浆犹如酒云。"

下图为椰子树在岸边生长的形态。

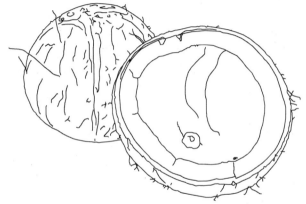

椰子由椰子衣、椰子壳、椰子肉及椰子水组成，食用及饮用时必须将椰子衣除了，饮用椰子水时可用利器钻通椰子壳倒出。而食用椰子肉时则要破开椰子壳再用刀铲出。

上图为去椰子衣后破开椰子壳的样貌。

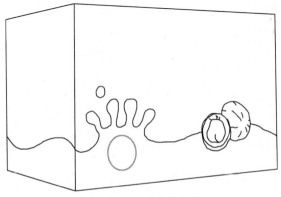

椰子汁除鲜榨之外，还有工业化生产的包装商品。包装商品有饮用型和调味型之分，后者又称"椰浆"，浓度较高。

◎注：一种植物因其果实而被人认知的，但以其果实来称呼的则不多，椰子树就是其中的典型。椰子是椰树这种植物的果实，但坊间都会不自觉地称为"椰子树"。

《说文解字》说"椰"字本写作"枒"或"枒"，汉代张衡在《南都赋》就有"楈枒栟榈"的诗句。这种植物实际上是单子叶植物纲 [Monocotyledoneae] 初生目 [Principes] 棕榈科 [Palmae] 椰子属 [Cocos] 的可可椰 [Cocos nucifera (L.)]，其果实就是椰子。椰子卵球状或近球形。顶端微具三棱。长 15～25 厘米。外果皮薄；中果皮厚纤维质；内果皮木质坚硬。基部有 3 孔，其中 1 孔与胚相对，萌发时即由此孔穿出；其余 2 孔坚实，果腔含有胚乳（果肉）及汁液（椰子水）。汁液咸甜，无香气，称作"椰子水"。胚乳味淡而带特殊香气，但必须将其搅烂才能彰显其香，"椰子汁"就是这样做的成品。

海味制作图解Ⅱ

番木瓜

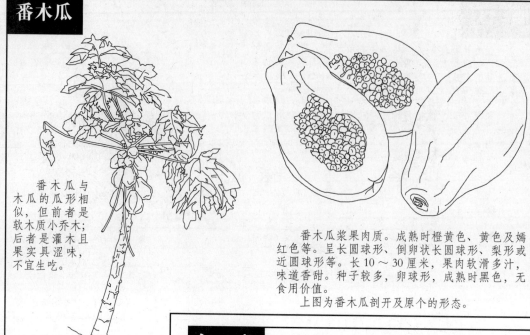

番木瓜与木瓜的瓜形相似，但前者是软木质小乔木；后者是灌木且果实具涩味，不宜生吃。

番木瓜浆果肉质。成熟时橙黄色、黄色及嫣红色等。呈长圆球形、倒卵状长圆球形、梨形或近圆球形等。长 10～30 厘米，果肉软滑多汁，味道香甜。种子较多，卵球形，成熟时黑色，无食用价值。

上图为番木瓜剖开及原个的形态。

◎注1：在广东所称的"木瓜"不是指又称"楔楂""海棠""木李"的木瓜 [Chaenomeles sinensis (Thouin Koehne)] 的果实，而是指双子叶植物纲 [Dicotyledoneae] 侧膜胎座目 [Parietales] 番木瓜科 [Caricaceae] 番木瓜属 [Carica] 的番木瓜 [Carica papaya (L.)] 的果实。番木瓜原产美洲热带，我国在 20 世纪 50 年代开始陆续引种不同品种，又称"番瓜""万寿果""满山抛""树冬瓜"等。

◎注2：红枣是指双子叶植物纲 [Dicotyledoneae] 鼠李目 [Rhamnales] 鼠李科 [Rhamnaceae] 枣属 [Ziziphus] 枣 [Ziziphus jujuba (Mill.)] 的果实。

◎注3：枸杞子是指双子叶植物纲 [Dicotyledoneae] 管状花目 [Tubiflorae] 茄科 [Solanaceae] 枸杞属 [Lycium] 的枸杞 [Lycium chinense (Mill.)] 的果实。

红枣

枣树是我国土生植物，明代李时珍在《本草纲目》云："按陆佃《埤雅》云，大曰枣（棗），小曰棘。棘，酸枣也。枣（棗）性高，故重枣；棘性低，故并棘。棘音次。枣（棗）、棘皆有刺针，会意也。"自南北朝陶弘景在《本草经集注》中记述之后，历代医书都有记载。果矩圆形或长卵圆形。长 2～3.5 厘米，直径 1.5～2 厘米，成熟时红色，后变红紫色。中果皮肉质，厚，味甜。有鲜果和干果之分，药用及膳用以干果居多。

枸杞子

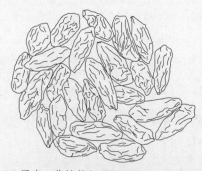

枸杞子除了附注介绍的品种之外，还有 9 种之多，因此，市面上会见到颜色不同、大小不一的枸杞子。颜色有红色、黄色和黑色，以红色的居多。均呈卵状，栽培枸杞子可成长矩圆形或长椭圆形，顶端尖或钝。野生枸杞子长 0.7～1.5 厘米，栽培枸杞子长可达 2.2 厘米，直径 0.5～0.8 厘米。南北朝时期药学家陶弘景在《本草经集注》云："俗谚云去家千里，勿食萝摩、枸杞；此言二物补益精气，强盛阴道也。枸杞根、实为服食家用，其说甚美，名为仙人之杖，远有旨乎？"

杏 仁

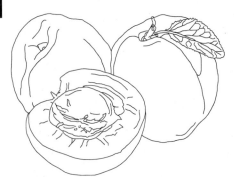

　　杏子非常特别，果肉熟透后会开裂自露其核。不过，即使不开裂，只要剥去果肉取出核再破开硬实的核壳，就可以见到披上薄薄红衣的、扁平且呈心形的杏仁了。
　　上图为杏子破开及原个的形态。

　　"北杏仁"虽体小，但香气较"南杏仁"浓。要注意的是前者含有具毒性的氢氰酸（Hydrogen cyanide），膳用应要谨慎，必须先经滚（开）水焯过并去衣方可。
　　上图为杏仁的形态。

西 米

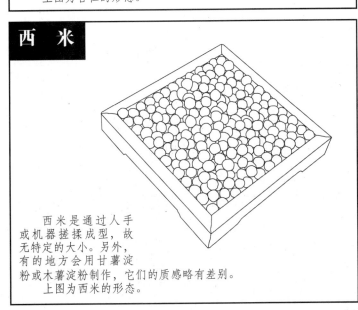

　　西米是通过人手或机器搓揉成型，故无特定的大小。另外，有的地方会用甘薯淀粉或木薯淀粉制作，它们的质感略有差别。
　　上图为西米的形态。

　　◎注1：杏与梅是近亲，均为双子叶植物纲 [Dicotyledoneae] 蔷薇目 [Rosales] 蔷薇科 [Rosaceae] 杏属 [Armeniaca] 的品种，前者学名为 *Armeniaca vulgaris* (Lam.)，后者学名为 *Armeniaca mume* (Sieb.)。由于梅子肉味酸，多盐渍或干制做开胃食品。杏子肉味淡，所以五代十国时期吴国奠基人杨行密赐其名为"甜梅"，杏还有一个优势是梅不可企及的，那就是深藏核中的仁。《格物丛话》曰："杏实味香于梅，而酸不及，核与肉自相离，其仁可以入药。"
　　明代药学家李时珍在《本草纲目》说："杏字篆文象子在木枝之形。或云从口及从可者，并非也。"另外，药学家发现杏不止一种，如宋代苏颂在《图经本草》有云："（杏）今处处有之。有数种，黄而圆者名金杏，相传种出自济南郡之分流山，彼人谓之汉帝杏，言汉武帝上苑之种也。今近汴洛皆种之，熟最早。其смелое而青黄者名木杏，味酢不及之。山杏不堪入药。杏仁今以从东来人家种者为胜。"经现代植物学归类还有紫杏 [*Armeniaca dasycarpa* (Ehrh.) (Borkh.)]、藏杏 [*Armeniaca holosericea* (Batal.) (Kost.)]、洪平杏 [*Armeniaca hongpingensis* (Yu et Li)]、东北杏 [*Armeniaca mandshurica* (Maxim.) (Skv.)]、山杏 [*Armeniaca sibirica* (L.) (Lam.)]。不过药用及膳用的杏仁按南北地区分类，产于中国南方的称为"南杏仁"，由于味甜，又称"甜杏仁"，体较大，做膳用的居多；产于中国北方的称为"北杏仁"，由于味苦，又称"苦杏仁"，体较小，做药用的居多。两者合用称为"南北杏"。
　　◎注2："西米"为单子叶植物纲 [Monocotyledoneae] 初生目 [Principes] 棕榈科 [Palmae] 西谷椰属 [Metroxyton] 的西谷椰 [*Metroxyton rumphii* (MART.)] 及桄榔属 [Arenga] 的桄榔 [*Arenga pinnata* (Wurmb.) (Merr.)] 等几种同科植物的树皮所提取出来的淀粉再搓揉成珠状的制品。

莲 子

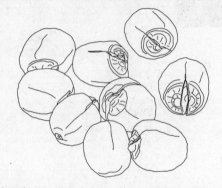

莲子半藏在俗称"莲蓬"的花托内，掰开花托即可获得。

上图为莲子半藏在莲蓬的形态。

莲子从莲蓬掰出时还带较坚韧的且呈黑褐色的果皮，此时称为"莲果"，破开取出的种子才是真正的莲子。莲子是两瓣相合成卵形或椭圆形的粒体，长1.2～1.7厘米。种皮红色或白色。直接晒干称"红莲"，去种皮晒干称"白莲"。莲子内还藏有俗称"莲子心"的幼芽，味道甚苦，膳食前要先用竹签挑去方可。市面上有鲜品和干品供应。

上图为干莲子的形态。

百 合

◎注1："莲"字按古人的解释是指"荷"的籽实（见《尔雅·释草》），所以凡与籽实有关的称莲藕、莲子、莲蓬等，与籽实无关的称荷叶、荷梗、荷花等。该植物又称"芙蕖""芙蓉""菡萏"等，为多年生水生草本双子叶植物纲 [Dicotyledoneae] 毛茛目 [Ranales] 睡莲科 [Nymphaeaceae] 莲亚科 [Subfam nelumboideae] 莲属 [Nelumbo] 的莲 [*Nelumbo nucifera* (Gaertn.)]。

◎注2：百合即单子叶植物纲 [Monocotyledoneae] 百合目 [Liliflorae] 百合科 [Liliaceae] 百合属 [Lilium] 的百合 [*Lilium brownii* var. *viridulum* (Baker)]，膳用品是指这种植物的鳞茎。又称"藩""强瞿""蒜脑薯"，明代药学家李时珍在《本草纲目》上说："百合之根，以众瓣合成也。或云专治百合病故名，亦通。其根如大蒜，其味如山薯，故俗称蒜脑薯。顾野王《玉篇》亦云乃百合蒜也。此物花、叶、根皆四向，故曰强瞿。凡物旁生谓之瞿，义出《韩诗外传》。"

南北朝药学家陶弘景在《名医别录》上云："百合生荆州山谷。二月、八月采根，阴干。"又在《本草经集注》中说："近道处处有之。根如葫蒜，数十斤相累。人亦蒸煮食之，乃云是蚯蚓相缠结变作之。亦堪服食。"可见药用及膳用百合鳞茎由来已久。宋代药学家苏颂在《图经本草》亦云："百合三月生苗，高二三尺。竿粗如箭，四面有叶如鸡距，又似柳叶，青色，近茎处微紫，茎端碧白。四五月开红白花，如石榴嘴而大。根如葫蒜，重叠生二三十瓣。"

上图为鲜百合鳞茎的形态。

百合是一种喜欢在16℃～24℃环境内生长的植物，低于5℃或高于30℃就会停止生长，若是气温连续高于33℃，百合鳞茎会腐烂。百合鳞茎由阔卵形或披针形的鳞瓣合包形成，鳞瓣白色或淡黄色，富含淀粉，质感粉焖，略有香气。过去只有甘肃兰州才可吃上新鲜的百合鳞茎，自从有了

冷链运输，各地餐桌上便都能见到新鲜百合。然而，由于新鲜百合鳞茎对温度敏感，时有"锈边"（将近腐烂而变色）的出现，品质始终不及晒干的货色。

上图为干百合鳞茎的形态。

牛 奶

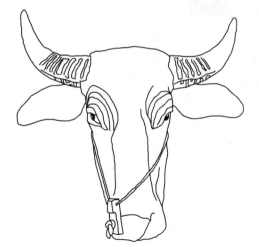

海味制作图解 II

黄牛原产欧洲，来到中国后成为中国北方主要的役用牲畜。它产出的奶称为"牛奶"。
上图为黄牛头的形态。

水牛原产印度，来到中国后成为中国南方主要的役用牲畜。它产出的奶称为"水牛奶"。
上图为水牛头的形态。

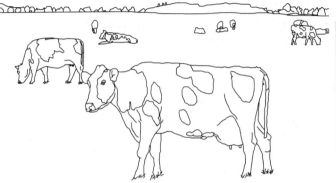

"奶牛"是由黄牛培育出来专职产奶的品种，产奶量较役用黄牛及役用水牛高。
上图为奶牛的形态。

牛奶因富含蛋白质而不易保存，几乎是要现揸（挤）现用，自从有了巴氏杀菌法（Pasteurisation）之后，牛奶才有了包装制品。
左图为奶农揸（挤）牛奶。

◎注1：唐代药学家陈藏器在《本草拾遗》中说："牛有数种，《本经》不言黄牛、乌牛、水牛，但言牛尔。南人以水牛为牛，北人以黄牛、乌牛为牛。牛种既殊，入用当别。"按照生物学界定，陈藏器所说的牛是指哺乳纲 [Mammalia] 偶 蹄 目 [Artiodactyla] 牛 科 [Bovidae] 牛 亚 科 [Bovinae] 牛属 [Bos] 的黄牛 [*Bos taurus* (Domestica)]、牦牛（乌牛） [*Bos grunniens* (Mutus)]，水牛属 [Bubalus] 的水牛 [*Bubalus bubalus* (Carabanesis)]。黄牛原产欧洲，又有"欧洲牛"之称，因来到中国后肤色变黄而得名。水牛原产印度，又有"印度水牛"之名。牦牛（乌牛）则是地道的中国牛。200 多年前，欧洲人将某几种黄牛杂交培育出专职产奶的牛称"奶牛"，市面上所说的牛奶大多是其产品。广东人用水牛乸（母）揸（挤）出的奶称为"水牛奶"，质感较黄牛奶细腻、香醇，但产量不高。

工 具

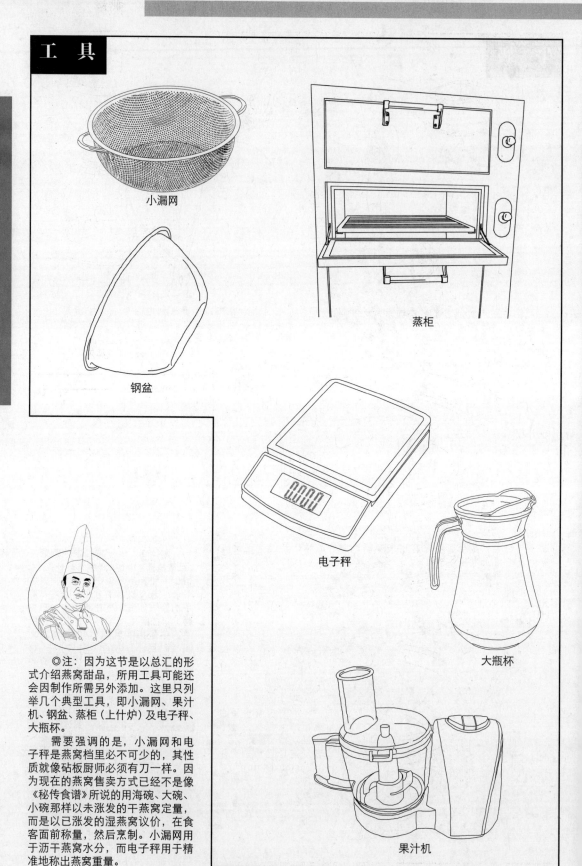

小漏网

钢盆

蒸柜

电子秤

大瓶杯

果汁机

◎注：因为这节是以总汇的形式介绍燕窝甜品，所用工具可能还会因制作所需另外添加。这里只列举几个典型工具，即小漏网、果汁机、钢盆、蒸柜（上什炉）及电子秤、大瓶杯。

需要强调的是，小漏网和电子秤是燕窝档里必不可少的，其性质就像砧板厨师必须有刀一样。因为现在的燕窝售卖方式已经不是像《秘传食谱》所说的用海碗、大碗、小碗那样以未涨发的干燕窝定量，而是以已涨发的湿燕窝议价，在食客面前称量，然后烹制。小漏网用于沥干燕窝水分，而电子秤用于精准地称出燕窝重量。

器皿

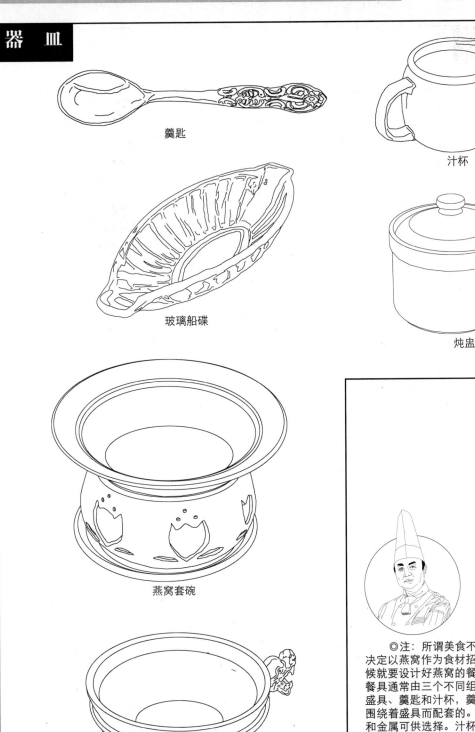

羹匙

汁杯

玻璃船碟

炖盅

燕窝套碗

燕窝金器

◎注：所谓美食不如美器，在决定以燕窝作为食材招揽客人的时候就要设计好燕窝的餐具。燕窝的餐具通常由三个不同组件构成，即盛具、羹匙和汁杯，羹匙和汁杯是围绕着盛具而配套的。羹匙有陶瓷和金属可供选择。汁杯有陶瓷品和玻璃品可供选择。盛具分为三类，第一类炖盅是热吃燕窝的盛具，通常选择陶瓷制品；第二类窝碗是凉吃燕窝的盛具，通常选择陶瓷制品；第三类托碟用以承托用作器皿的水果（如番木瓜等），在陶瓷制品和玻璃制品中选择。为了让盛具更显气派，还可额外配备俗称"金器"的套碗。

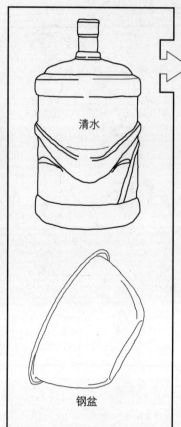

清水

钢盆

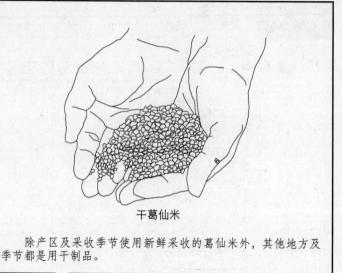

干葛仙米

除产区及采收季节使用新鲜采收的葛仙米外，其他地方及季节都是用干制品。

90分钟

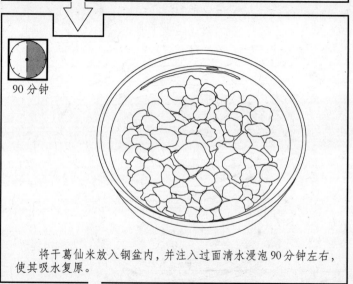

将干葛仙米放入钢盆内，并注入过面清水浸泡 90 分钟左右，使其吸水复原。

◎注：葛仙米原为野生藻类，在夏、秋雨后采收上市，现已有栽培。这种藻类在生长时对温度和湿度十分敏感，稍有不合就会劣化，从而使其本应呈珠状的表面变成伞的形状，本应具弹的质感变为脆。尽管劣化的葛仙米同样可以膳用，但趣味性则大减，原因是葛仙米的味道并无特别之处，唯可表现的就是质感，若无弹性即味同嚼蜡无异。

葛仙米干品涨发并不复杂，只要用过面清水浸泡 90 分钟左右即成。问题的重点不在于葛仙米涨发成率方面，而是在于其复原后的形态，具柔软弹性的呈珠状，具僵硬脆性的呈伞状。所以，在葛仙米泡水复原后需做的是拣出呈平展形态的伞状货色。

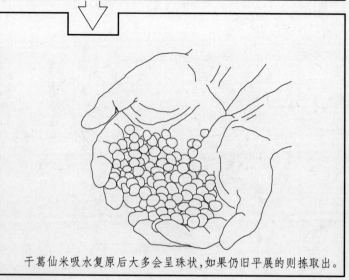

干葛仙米吸水复原后大多会呈珠状，如果仍旧平展的则拣取出。

324

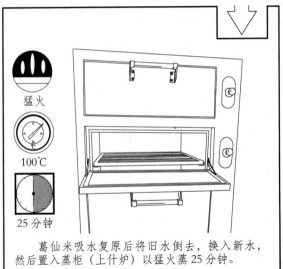

猛火

100℃

25分钟

葛仙米吸水复原后将旧水倒去，换入新水，然后置入蒸柜（上什炉）以猛火蒸25分钟。

涨发燕窝从保鲜盒取出，当着食客面称重。

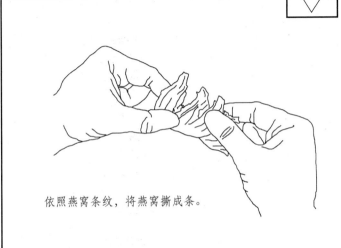

依照燕窝条纹，将燕窝撕成条。

仙翁官燕

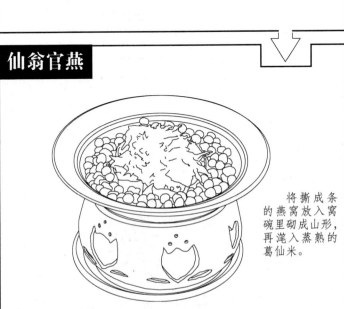

将撕成条的燕窝放入窝碗里砌成山形，再淋入蒸熟的葛仙米。

◎注1：葛仙米吸水复原后将旧水倒去，换入新水，然后置入蒸柜（上什炉）以猛火蒸25分钟，熟后取出晾凉，备用。

◎注2：燕窝菜式以海碗、大碗、小碗售卖（见《秘传食谱》）是迎合农耕时代的筵席而设计，食客在其中的角色较为被动，除了筵席之外，食客很少会接触到燕窝菜式。

为什么食客很少会接触到燕窝菜品呢？原因在于营销方法的不对，做法的不相同。众所周知，过去燕窝是未捡毛的货色，厨师按食客要求称量出需要的重量后要进行捡毛、涨发、烹制加工。由于已经付钱，如果遇上厨师马虎，捡毛和涨发的成率就会很低，食客也无可奈何。实际上，厨师也有苦难言，因为这个过程非常费工，要很精细才能有高成率。现在的突破在于以已涨发的湿燕窝作价和销售，让食客感觉到货真价实。

◎注3：涨发燕窝从保鲜盒取出，按食客所需的用量称出，然后依照燕窝条纹，将燕窝撕成条。

◎注4：将撕成条的燕窝放入窝碗里砌成山形，再淋入蒸熟的葛仙米即为"仙翁官燕"。

仙翁官燕可根据食客喜好用汁杯配上椰子汁、杏仁露、姜糖浆等调味。

海味制作图解Ⅱ

椰子刀

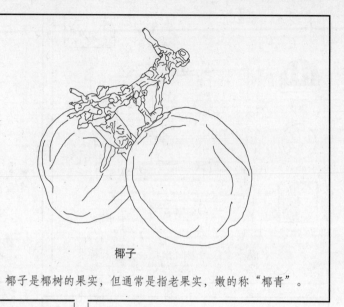

椰子

椰子是椰树的果实，但通常是指老果实，嫩的称"椰青"。

◎注1：尽管椰子是椰树的果实，但通常是指老果实，嫩的则称"椰青"。两者区别在于前者的椰子衣是棕褐色，后者的椰子衣为青绿色。

无论是老椰子抑或嫩椰子，都是由椰子衣、椰子壳、椰子肉及椰子水组成，因此，第一步自然就是要将椰子衣除去。方法是用椰子刀砍去椰子顶和椰子尾，再以边砍边剥的方式将椰子衣完全剥下来。

椰子衣完全剥下来即为净椰子壳。顶部有3孔，戳穿其中2孔倒出椰子水，再用椰壳刀将椰子壳锯开。

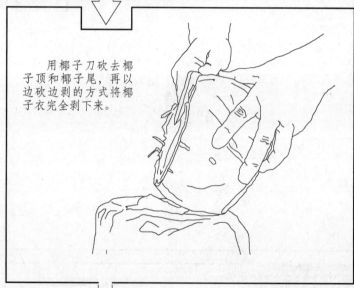

用椰子刀砍去椰子顶和椰子尾，再以边砍边剥的方式将椰子衣完全剥下来。

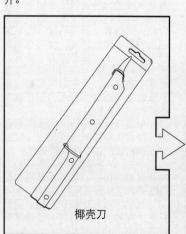

椰壳刀

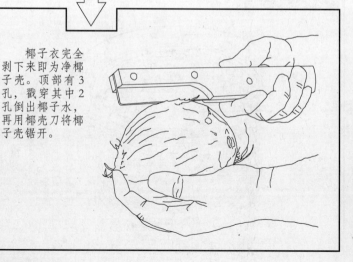

椰子衣完全剥下来即为净椰子壳。顶部有3孔，戳穿其中2孔倒出椰子水，再用椰壳刀将椰子壳锯开。

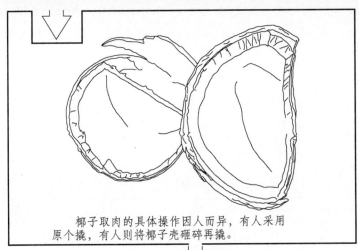

椰子取肉的具体操作因人而异，有人采用原个撬，有人则将椰子壳砸碎再撬。

◎注1：椰子壳锯开即见白色的椰子肉，由于椰子肉紧贴椰子壳内壁并不易得，非要用撬的方法不可。具体操作因人而异，有人会采用原个撬，有人是将椰子壳砸碎再撬。

◎注2：撬出的椰子肉与清水放入果汁机榨成汁。

◎注3：榨出椰子汁用滤布滤去肉渣，用中火加热煮滚（开）即可。

海味制作图解 II

按椰子肉重量的5～8倍匹配清水，然后将椰子肉连清水放入果汁机绞烂，用滤布滤去肉渣即为"生椰子汁"。

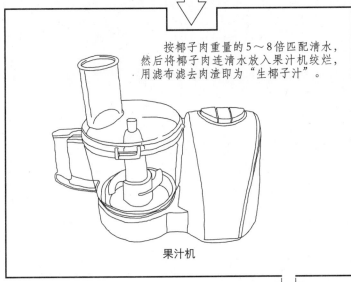

果汁机

清水

椰子汁

中火

100℃

5分钟

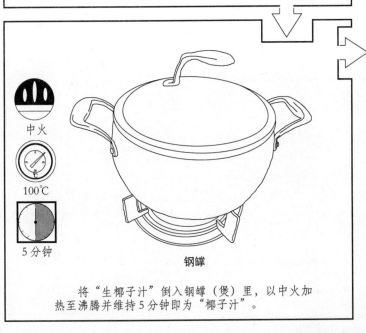

钢镬

将"生椰子汁"倒入钢镬（煲）里，以中火加热至沸腾并维持5分钟即为"椰子汁"。

大瓶杯

将椰子汁倒入大瓶杯里晾凉，待用。

◎注1：番木瓜原产美洲热带，引种到亚热带地区后果形出现变异，有长圆球形、倒卵状长圆球形、梨形及近圆球形。身长有10厘米的，也有30厘米的。与此同时，皮色和肉色也有变化，按皮色有红皮、黄皮、青皮；按肉色有红色、橙色、黄色等。以黄皮黄肉味道清甜及质感嫩滑。

◎注2：番木瓜除果形因品种有异外，也会因"公、乸"起变化。番木瓜公身形修长、果肉较厚；番木瓜乸（母）腰宽身短、果肉较薄。

◎注3："木瓜燕窝"有两种做法，一种是将番木瓜的果肉切成粒，加清水、冰糖炖熟，再放入燕窝。另一种是将番木瓜做成窝碗一般，加清水、冰糖炖熟，再盛装燕窝。

将番木瓜做成窝碗的方法是在瓜顶5厘米处以企刀法横切一刀，深度为番木瓜腰宽高度的1/5；再用平刀法在瓜尾顺切一刀，与瓜顶刀口相会，使番木瓜呈船形。用起肉器将番木瓜果核刮去。再用坑刀挖球器沿刀口剞上坑纹。如果瓜形较大，可将番木瓜一分为二去操作。

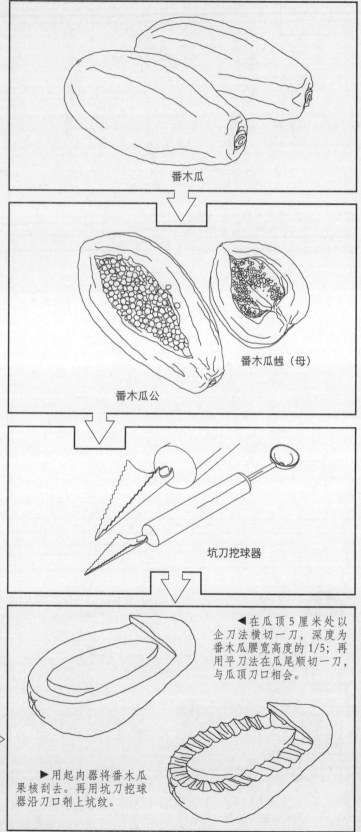

番木瓜

番木瓜公

番木瓜乸（母）

坑刀挖球器

◀在瓜顶5厘米处以企刀法横切一刀，深度为番木瓜腰宽高度的1/5；再用平刀法在瓜尾顺切一刀，与瓜顶刀口相会。

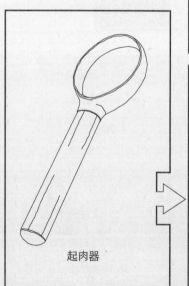

起肉器

▶用起肉器将番木瓜果核刮去。再用坑刀挖球器沿刀口剞上坑纹。

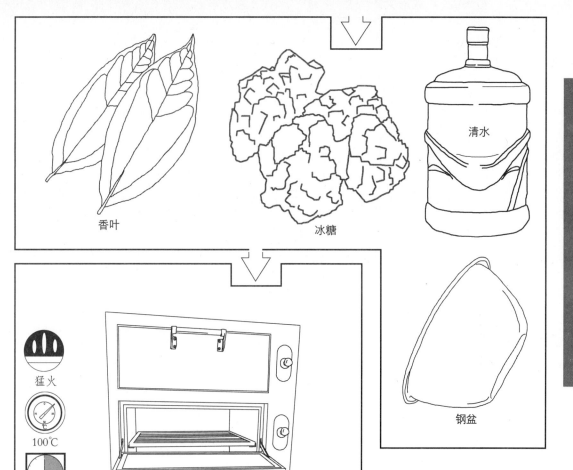

香叶

冰糖

清水

海味制作图解 II

钢盆

猛火

100℃

20 分钟

①将番木瓜放入钢盆里，加入清水、香叶及冰糖。
②将装上番木瓜的钢盆置入蒸柜（上什炉）内，以猛火蒸炖 20 分钟。

木瓜燕窝

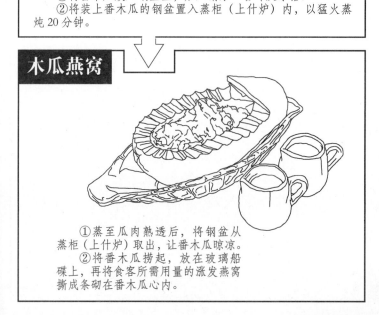

①蒸至瓜肉熟透后，将钢盆从蒸柜（上什炉）取出，让番木瓜晾凉。
②将番木瓜捞起，放在玻璃船碟上，再将食客所需用量的涨发燕窝撕成条砌在番木瓜心内。

◎注1：将番木瓜放入钢盆里，加入清水、香叶及冰糖。用水量以浸过番木瓜面为度；香叶 1 片；冰糖为用水量的 8%。

◎注2：将装上番木瓜的钢盆置入蒸柜（上什炉）内，以猛火蒸炖 20 分钟使瓜肉熟透。

◎注3：蒸至瓜肉熟透后，将钢盆从蒸柜（上什炉）取出，让番木瓜晾凉。然后将番木瓜捞起，放在玻璃船碟上，再将食客所需用量的涨发燕窝撕成条砌在番木瓜心内即为"木瓜燕窝"。用汁杯配上椰子汁、杏仁露、姜糖浆、鲜牛奶等调味。可热吃或凉吃，前者砌入燕窝后再置入蒸柜（上什炉）内焗热。

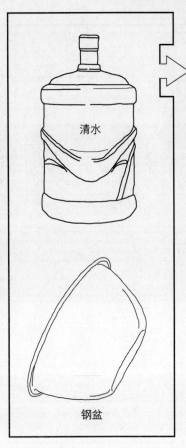

清水

钢盆

红枣

将红枣放入钢盆内，加入清水。

◎注 1：红枣规格有大有小，大者长度可达 6 厘米，而小者长度只有 2 厘米。做药用及膳用以小者为佳，做凉果及生果则以大者为佳。

◎注 2：做膳用的红枣是用干制品，但不用涨发，用清水洗擦干净即可。

用手旋转红枣，使红枣表面的沙尘洗擦出来。

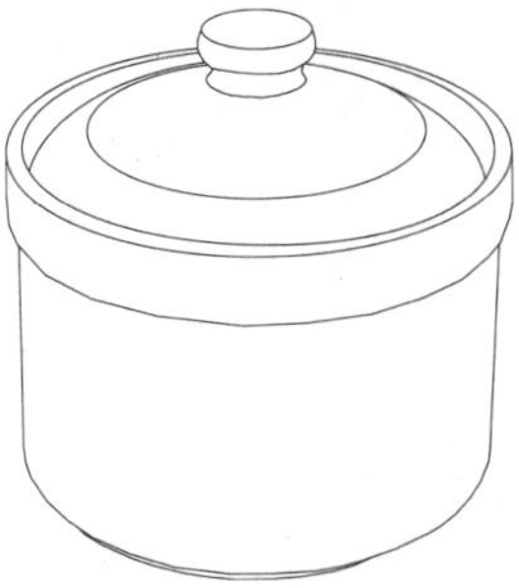

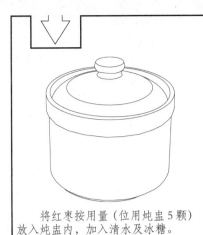

将红枣按用量（位用炖盅5颗）放入炖盅内，加入清水及冰糖。

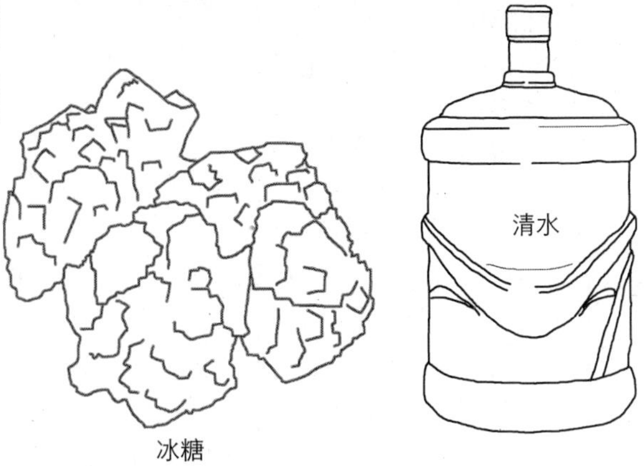
清水
冰糖

猛火
100℃
90分钟

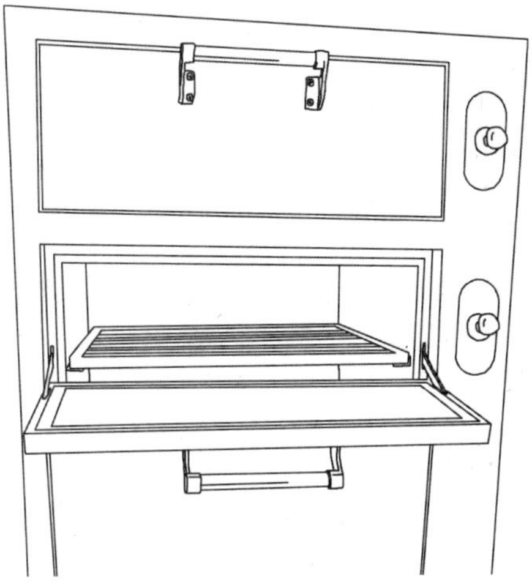

将炖盅置入蒸柜（上什炉）内用猛火蒸炖90分钟。

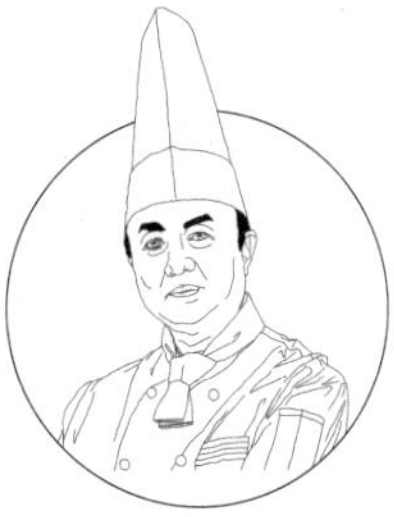

◎注：将红枣按用量（位用炖盅5颗）放入炖盅内，加入清水及冰糖。用水量为炖盅的八成满；用糖量为用水量18%。将炖盅置入蒸柜（上什炉）内用猛火蒸炖90分钟即为“枣液”。再将食客所需用量的涨发燕窝撕成条加入炖盅内。然后将炖盅置入蒸柜（上什炉）里燶8分钟，即成“枣液官燕”。

枣液官燕除盅上热吃外，也可以窝碗上凉吃，枣液做法相同。

枣液官燕

慢火
100℃
8分钟

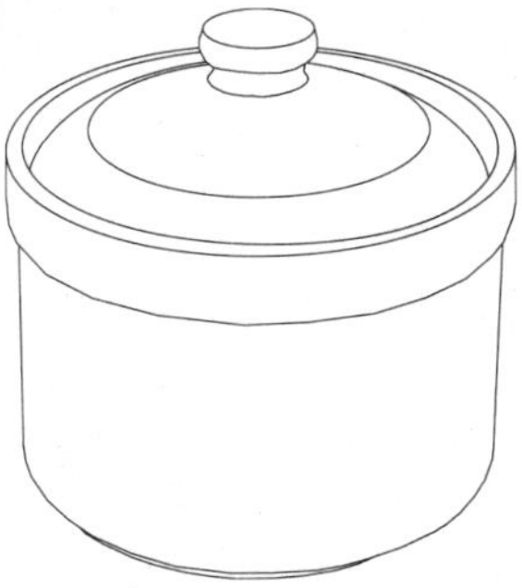

将炖盅置入蒸柜（上什炉）里燶8分钟即成。

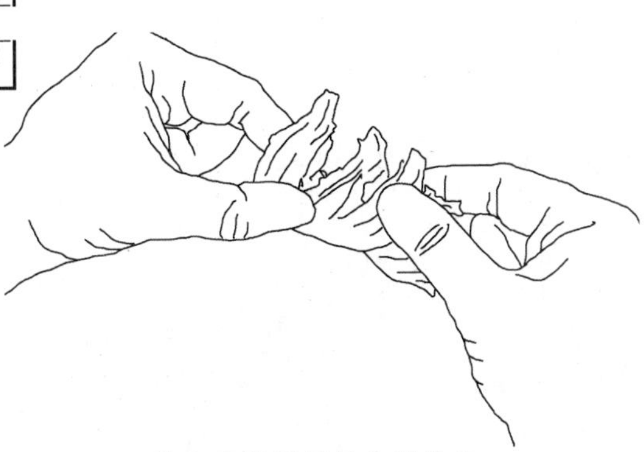

将食客所需用量的涨发燕窝撕成条加入炖盅内。

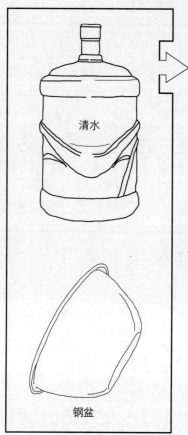

清水

钢盆

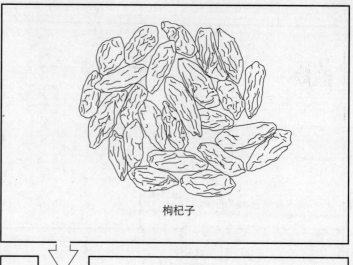

枸杞子

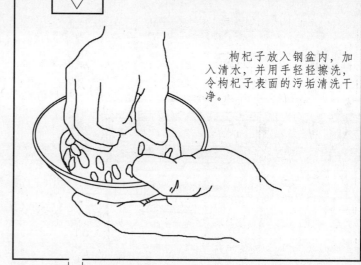

枸杞子放入钢盆内，加入清水，并用手轻轻擦洗，令枸杞子表面的污垢清洗干净。

◎注：枸杞子按颜色分红色、黄色及黑色等，当中以甘肃宁夏的红色枸杞子最为著名，有"血杞"之称，与琼珍灵芝、长白山人参、东阿阿胶并称为"中药四宝"。明代《本草纲目》说枸杞子有"坚筋骨，耐老，除风，去虚劳，补精气"的功效。

市面上的枸杞子有鲜品和干品可供选择，鲜品多做生果食用，干品则做药用及膳用。

尽管膳用的枸杞子采用干品，但不用涨发，只需用清水擦洗干净即可。

将水倒去，仍将枸杞子放在钢盆内。

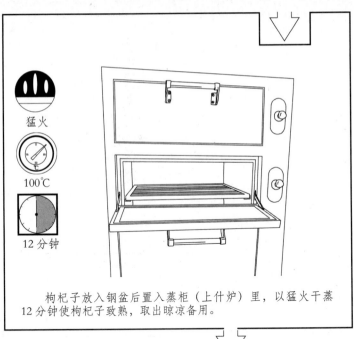

猛火

100℃

12分钟

枸杞子放入钢盆后置入蒸柜（上什炉）里，以猛火干蒸12分钟使枸杞子致熟，取出晾凉备用。

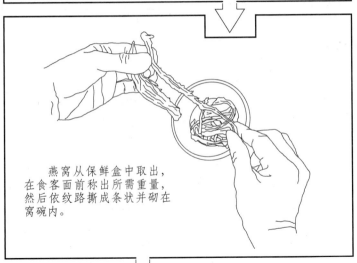

燕窝从保鲜盒中取出，在食客面前称出所需重量，然后依纹路撕成条状并砌在窝碗内。

◎注1：枸杞子与红枣致熟的方法不同，红枣是湿蒸，是要其汁；枸杞子是干蒸，是要吃其肉。因此，枸杞子用清水擦洗干净后，倒去水，放入钢盆后置入蒸柜（上什炉）里，以猛火干蒸12分钟使枸杞子致熟，取出晾凉备用。

◎注2：燕窝从保鲜盒中取出，在食客面前称出所需重量，然后依纹路撕成条状并砌在窝碗内，再在燕窝堆表面镶上5～6粒蒸熟的枸杞子即为"杞子官燕"。按食客要求用汁杯配上椰子汁、杏仁露、姜糖浆、鲜牛奶调味。

杞子官燕

在燕窝堆表面镶上5～6粒蒸熟的枸杞子。

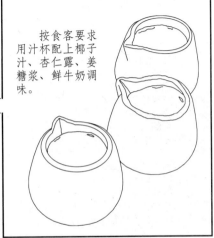

按食客要求用汁杯配上椰子汁、杏仁露、姜糖浆、鲜牛奶调味。

海味制作图解 II

333

清水

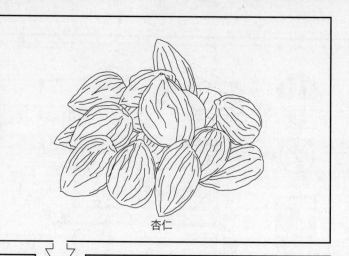

杏仁

杏仁露

大瓶杯

将杏仁汁倒入大瓶杯内晾凉即为"杏仁露"。

慢火

100℃

2分钟

钢镬

杏仁与清水放在钢镬内以慢火焓2分钟，然后将水倒去，脱去红衣。

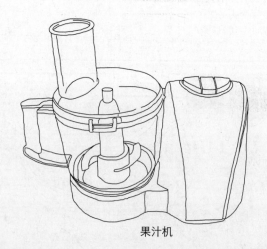

果汁机

脱衣杏仁以1：8的比例配入清水并放入果汁机内绞烂。用滤布滤去渣滓。

将滤去渣滓的杏仁汁放入钢镬内以慢火加热至沸腾，并维持2分钟左右。

◎注：杏仁通常分药用的"北杏仁"及膳用的"南杏仁"，但实际膳用"北杏仁""南杏仁"会以2：8的比例复配。由于香气较浓的北杏仁含有具毒性的氢氰酸（Hydrogen cyanide），膳用前必须用清水焓过才能去毒。焓后将水倒去，脱去仁衣，以1：8的比例配入清水并放入果汁机中绞烂。然后用滤布滤去渣滓。最后将汁放入钢镬内以慢火煮滚（开），倒入大瓶杯内晾凉即为"杏仁露"。

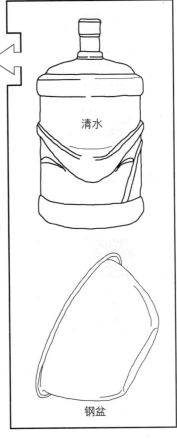

清水

钢盆

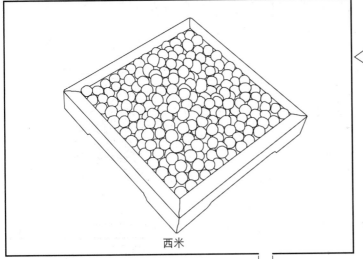

西米

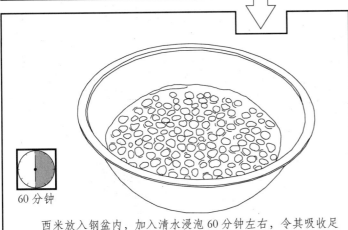

60 分钟

西米放入钢盆内，加入清水浸泡 60 分钟左右，令其吸收足够的水分滋润。

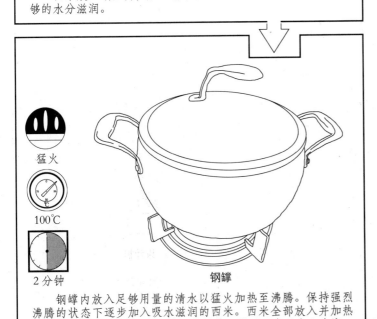

猛火

100℃

2 分钟

钢罉

钢罉内放入足够用量的清水以猛火加热至沸腾。保持强烈沸腾的状态下逐步加入吸水滋润的西米。西米全部放入并加热 2 分钟左右将火熄灭，冚（盖）上罉盖，焗至西米无白心为度。

◎注 1：西米是利用西谷椰子等同科植物树皮的淀粉制造出来的商品。由于制造过程对防止淀粉老化（Starch retrogradation）的要求极高，稍有不慎就会影响到制品的质感和糊化效果。因此，颗粒较小的西米的质感会较为稳定，爽弹而不糊。

◎注 2：西米放入钢盆内，加入清水浸泡 60 分钟左右，令其吸收足够的水分滋润。

◎注 3：钢罉内放入足够用量的清水以猛火加热至沸腾。保持强烈沸腾的状态下逐步加入吸水滋润的西米。西米全部放入并加热 2 分钟左右将火熄灭，冚（盖）上罉盖，焗至西米无白心为度。

海味制作图解 II

◎注1：想要西米呈现弹的质感，"焗"是关键的一环，利用较为持久的热量令西米内部与外部都能一致吸水熟透。若用"烚"的话，会让西米外糊内生。要西米呈现爽的质感，漂水（行中称"啤水"）则又是另一个关键环节。因为西米毕竟是由淀粉制成，外层淀粉长期泡在水中就会过分吸水而糊化，漂水的目的就是将糊化的淀粉固定并洗去。

◎注2：西米完成漂水后倒入小漏网内沥干水分。

◎注3：将沥干水分的西米滗入窝碗内。

◎注4：按食客要求称量所需的涨发燕窝，并撕成条状铺在西米上。再根据食客要求用汁杯配上椰子汁、杏仁露、姜糖浆、鲜牛奶调味。

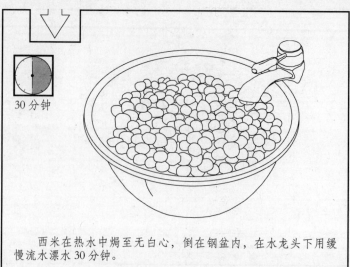

30 分钟

西米在热水中焗至无白心，倒在钢盆内，在水龙头下用缓慢流水漂水 30 分钟。

西米完成漂水后倒入小漏网内沥干水分。将沥干水分的西米滗入窝碗内。

珍珠官燕

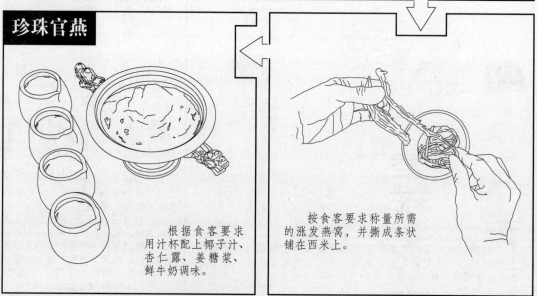

根据食客要求用汁杯配上椰子汁、杏仁露、姜糖浆、鲜牛奶调味。

按食客要求称量所需的涨发燕窝，并撕成条状铺在西米上。

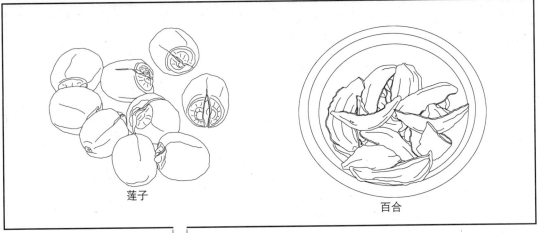

莲子

百合

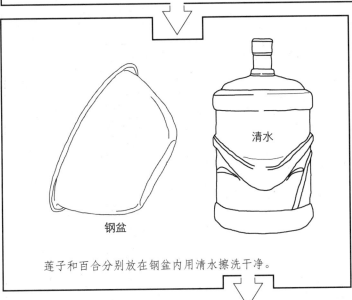

钢盆

清水

莲子和百合分别放在钢盆内用清水擦洗干净。

◎注1：莲子和百合的加工方法基本相同，故而合并介绍。

◎注2：莲子和百合分别放在钢盆内用清水擦洗干净，换入过面清水置入蒸柜（上什炉）内以猛火蒸40分钟左右，取出并沥去水分后滗入窝碗内，然后按食客所需铺上撕成条的涨发燕窝即成"莲合官燕"。按食客要求用汁杯配上椰子汁、杏仁露、姜糖浆、鲜牛奶调味。

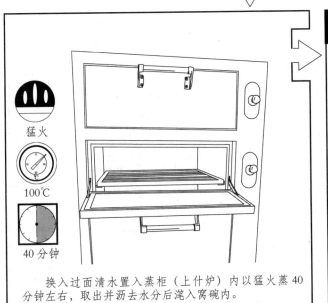

猛火

100℃

40分钟

换入过面清水置入蒸柜（上什炉）内以猛火蒸40分钟左右，取出并沥去水分后滗入窝碗内。

莲合官燕

按食客所需铺上撕成条的涨发燕窝，再按食客要求用汁杯配上椰子汁、杏仁露、姜糖浆、鲜牛奶调味。

海味制作图解 II

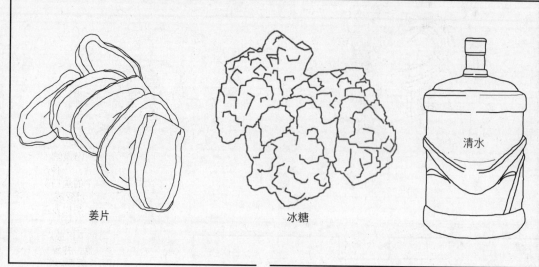

姜片　　　　　　　　　冰糖　　　　　　　　　清水

◎注1：姜糖浆分轻姜和重姜两种，前者每100克清水放3克姜片，后者每100克清水放15克姜片。水与冰糖的比例为8：1。

熬糖浆要正确理解熔、溶、融，这是冰糖受热的三个过程。最先冰糖会从固体变成液体，然后溶入水中。这个过程是冰糖的基本物理现象，如果此时停止加热，冰糖会重新结晶。不让冰糖重新结晶就要不断加热令其与水共融，此时的糖浆就会甘而不哝。

◎注2：将姜片、冰糖及清水放入钢罉内，以慢火滚熬3小时。然后捞起姜片，按糖浆重量的0.03%加入I&G，然后倒入大瓶杯晾凉即为"姜糖浆"。

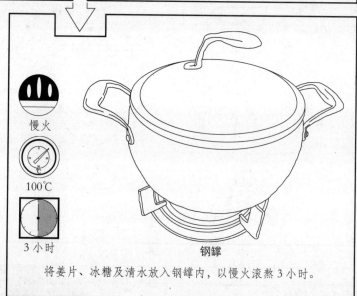

慢火

100℃

3 小时

钢罉

将姜片、冰糖及清水放入钢罉内，以慢火滚熬3小时。

姜糖浆

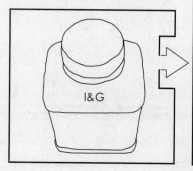

I&G

捞起姜片，按糖浆重量的0.03%加入I&G。
倒入大瓶杯晾凉，备用。

大瓶杯

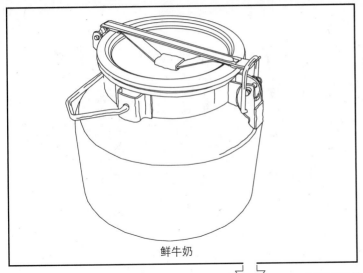

鲜牛奶

◎注1：鲜牛奶最怕与两种东西接触，一种是醋，一种是铜，它们都可以让牛奶中的蛋白凝结而变稠。除非是想让牛奶变成"奶霜"，否则不要用铜锅加热以及不要与白醋接触。

◎注2：将鲜牛奶放入钢罉内，以慢火加热至沸腾，并维持2分钟左右，然后倒入大瓶杯内晾凉即可。

◎注3：用电子秤按食客所需重量称出燕窝。按纹路将燕窝撕成条状并以山形砌入窝碗内。用汁杯盛上鲜牛奶，这样的组合即为"牛奶官燕"。

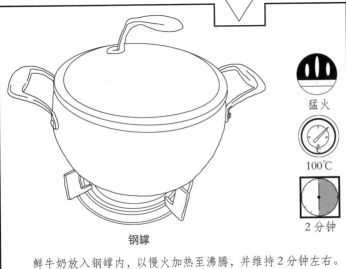

猛火

100℃

2分钟

钢罉

鲜牛奶放入钢罉内，以慢火加热至沸腾，并维持2分钟左右。

电子秤

用电子秤按食客所需重量称出燕窝。

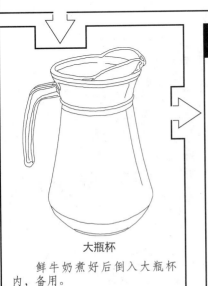

大瓶杯

鲜牛奶煮好后倒入大瓶杯内，备用。

牛奶官燕

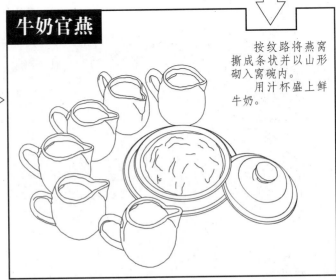

按纹路将燕窝撕成条状并以山形砌入窝碗内。

用汁杯盛上鲜牛奶。

菜单欣赏

海味制作图解 II

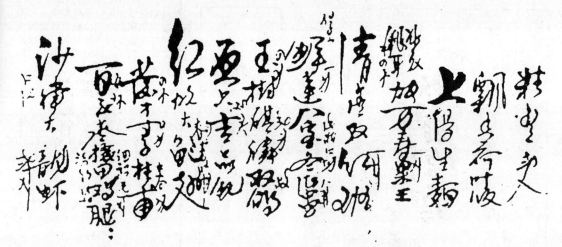

◎菜单一

◎菜单二

海
味
制
作
图
解
II

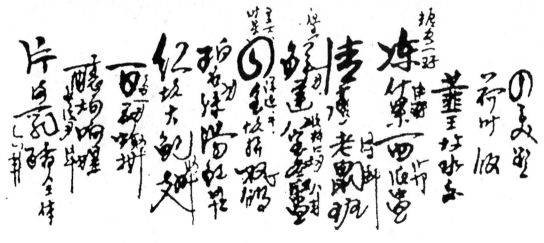

◎菜单三

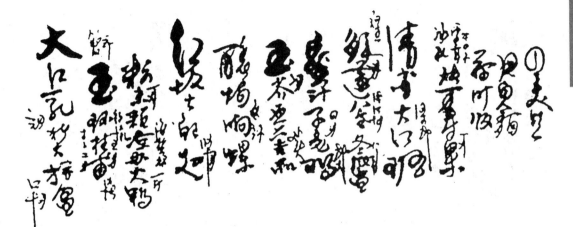

◎菜单四

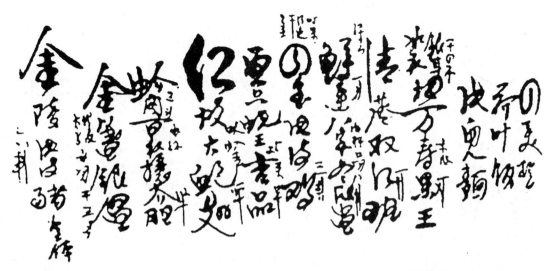

◎菜单五

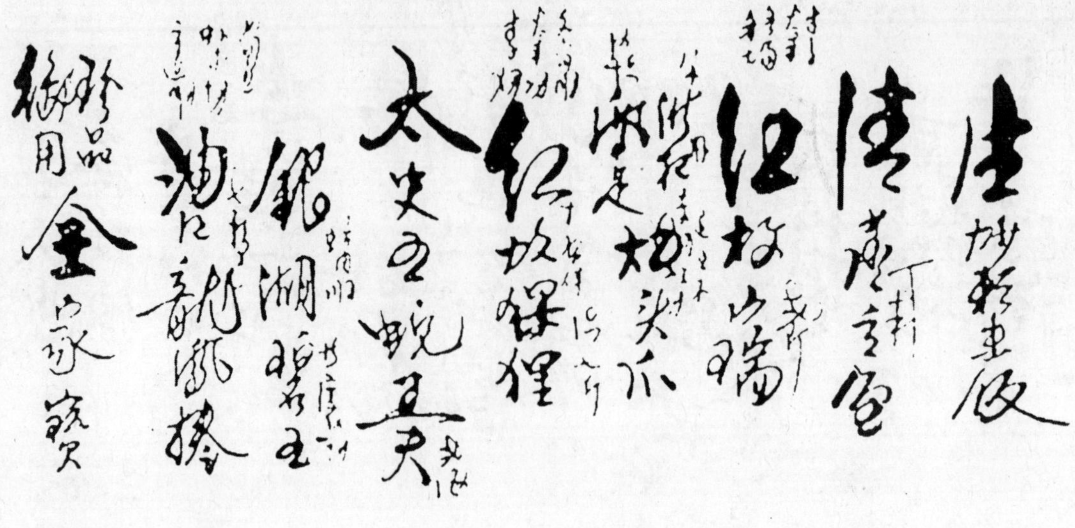

◎菜单六

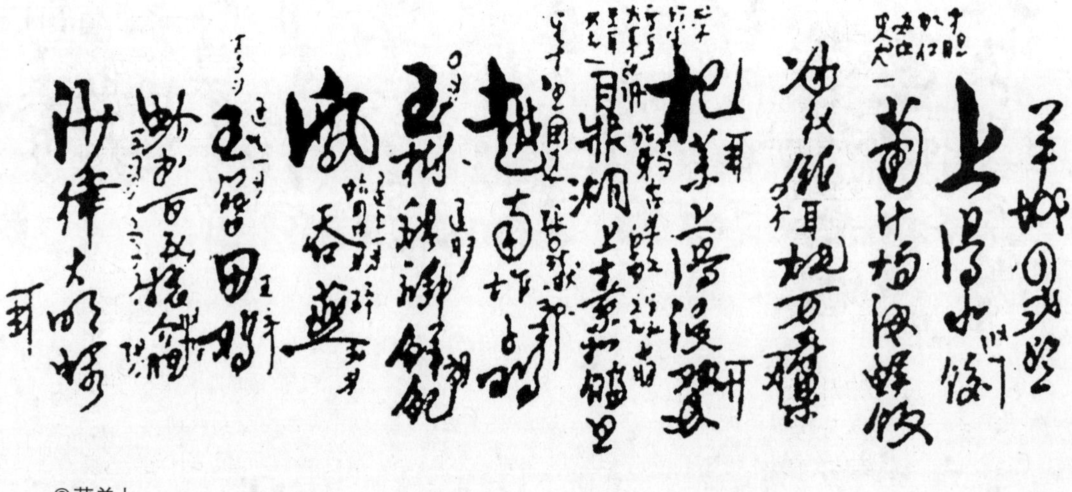

◎菜单七

　　菜单一：沙律大龙虾、百花蒸酿田鸡腿、发菜瑶柱甫（脯）、红烧大鲍翅、原只吉品鲍、玉树麒麟双鸽、鲜莲八宝冬瓜盅、清蒸双红班（斑）、银耳冰花炖万寿果王、上汤生麵（面）、飘香荷叶饭、精美点心。

　　菜单二：大红乳猪件、兰花响螺片、鲜菇（菇）鲜带子、蚧（蟹）肉大生翅、玉芥汤鲍仔、蜜汁鸳鸯鸡、冬瑶炖田鸡、清蒸立鱼、红豆沙、鸳鸯炒饭、腿片生麵（面）、美点双辉。

　　菜单三：片皮乳猪全体、酿焗响螺、百花蚧（蟹）柳、红烧大鲍翅、碧绿汤虾球、四宝拼双鸽、鲜莲八宝冬瓜盅、清蒸老鼠班（斑）、冻什果西瓜盅、韭王（黄）煎水交（饺）、荷叶饭、四美点。

　　菜单四：大红乳猪大拼盘、玉环柱甫（脯）、玉米粒凉办（拌）火（烧）鸭、红烧大鲍翅、酿焗响螺、玉芥原只吉品（鲍）、蜜汁子龙鸡、鲜莲八宝冬瓜盅、清蒸大红班（斑）、冰花雪耳炖万寿果、荷叶饭、片儿麵（面）、四美点。

　　菜单五：金陵片皮猪全体、金盏银盆、蚧（蟹）肉百花酿芥胆、红烧大鲍翅、原只蚝王吉品（鲍）、四宝片皮鸡、鲜莲八宝冬瓜盅、清蒸双红班（斑）、冰花银耳炖万寿果王、片儿麵（面）、荷叶饭、四美点。

　　菜单六：御用珍品全家宝、油泡龙凤卷、银湖碧玉、太史五蛇羹、红烧果狸、凤足淮杞炖头爪、红炆山瑞、清蒸立鱼、生炒糯米饭。

　　菜单七：沙律大明虾、蚧（蟹）扒百花酿介（芥）胆、玉簪田鸡、凤吞燕、玉树麒麟鲜鲍、越南（南乳）炸子鸡、鼎湖上素扒鸽旦（蛋）、杞菜上汤浸双办（斑）、冰花银耳炖万寿果、葡汁焗海鲜饭、上汤水饺、羊城四式点。

后 记

根据 1990 年 11 月为由陈基、叶钦、王文全主编的《广州文史资料·第四十一辑·食在广州史话》供稿的邓广彪老先生回忆整理，广州饮食业发展在近代以来共有四次转折点。第一次始于鸦片战争前后，这是由于从乾隆二十二年（1757）让广州再次（明代和清初各有一次）成为全国唯一的对外通商口岸，至道光二十年（1840）有 80 多年的财富积聚而引起的，让广州的商业环境有别于全国各地，使得与全国各地的饮食行业几乎一致的广州饮食行业面临发展的瓶颈，这个瓶颈不是因为市场萧条形成，恰恰相反的是要照顾大多腰缠万贯商贾的消费市场，经营方式被迫着进行爆发式的升级改造。

当时的饮食行业是怎样的面貌呢？

白天有茶寮（饮茶）可应酬，傍晚有晏店（吃饭，上一辈人有"吃晏"之说由此而来）可酬酢，看似一应俱全，但实质档次太低，未能与腰缠万贯商贾的身份地位相称。

茶寮和晏店的升级改造似乎是同步进行的，前者升级为茶居，以茗茶、饼饵为经营项目；后者升级为酒家，以筵席、宴会为目的肴馔为经营项目。

晏店升级为酒家可以说是无章可循，因为当时经营筵席的都是针对乡村娶、嫁、寿、丧的"大肴馆"（包办馆），肴馔均为堆头大（分量足）、上菜迅速的"三蒸九扣"形式，根本不能满足酒家的要求。而在此时，扬州传来了极具奢华的"满汉全席"模式化消除了困惑，其概念十分适合广州酒家筵席的需求，经过经营者与厨师的精心设计，吃足三天三夜并以 108 道肴馔形成筵席的酒家在广州横空出世。

据邓广彪老先生回忆，能承办如此奢华筵席的酒家就有福来居、贵联升、品连升、一品升、玉醪春、聚丰园、南阳堂、英英斋等，当中又以贵联升酒家等级最高，可以同时筵开两席，全国独此一家，再无超越。

然而好景不长，由于清政府与英国的鸦片战争失败而被迫签订《南京条约》，要分 24 年向英国赔款 2100 万银圆，使国家元气大伤，之后尽管广州仍作为对外通商口岸（同时还有福州、厦门、宁波、上海，史称"五口通商"），但营商主导权已非中国人，广州商贾赚取的已成零星小利。

在这样的大背景下，帮衬奢华筵席的商贾逐渐减少，酒家发展遇上了瓶颈，而这个瓶颈与酒家的前身——晏店所遇上的情况截然不同，是由消费力下降而引起的。

辛亥革命（1911）的成功给了广州一个小阳春的机会，百业待兴，消费力有止跌回升的趋势，尽管未能恢复到鸦片战争之前的景况，但总算是有了盼头。

此时，酒家经营者均蠢蠢欲动，但基于消费能力下降，筵席规模不得不大为缩水，将应合天罡、地煞的108道看馔数目的"满汉全席"，改为没有什么特殊含义的，要么是68道，要么是72道看馔的"大汉全席"。

话分两头再说晏店的情况。

所谓此处不留人，自有留人处。晏店因档次低退出广州市场后却在周边地区找到了发展的乐土，在佛山（时为镇，今为市）、顺德（今佛山市顺德区）、南海（今佛山市南海区）、番禺（今广州市番禺区）、潮州、梅县（今梅州市）等地获得滋润。此时的晏店都有一个共同特点，就是以单品看馔做招牌菜招揽顾客。例如佛山有"柱侯乳鸽"，顺德有"冶鸡卷"，番禺有"盘龙蟮"，潮州有"炸雁鹅"，梅县有"酿豆腐"等，各适其色。

再说酒家的情况。

辛亥革命成功10年之后，酒家经营者即使将奢华的"满汉全席"缩水，改为实惠的"大汉全席"也无法扭转发展的颓势。

问题出在哪里呢？

答案被陈福畴先生找到了，两个字——全席。原因是食客看着羞涩的钱袋被全席的规模给吓到了。

触角敏锐的陈福畴先生吸取了晏店的变化，除继续沿用奢华装潢突出酒家格调之外，对酒家行政、经营等诸多方面进行了实质性的大改革。具体做法是筵席不再采用"全席"的形式，而是以12人为一桌组成筵席基础，按冷荤、热荤、大菜、羹汤等部分构成菜单，看馔丰俭由人；而且看馔待客齐叫起（俗称"上菜"或"起菜"）才开始烹饪，务求看馔在最佳状态下供客享用（"满汉全席"是早早陈列供客观赏才食用）。与此同时，不再以"全席"招徕，而是以拿手的单品菜式做号召，如南园酒家是以"红烧网鲍片"（最早是"白灼响螺片"），文园酒家是以"江南百花鸡"，西园酒家是以"鼎湖上素"，大三元酒家是以"红烧大裙翅"等。让人对酒家这种高级食府尤为向往，使其成为时代的标志。

实际上，崭新的酒家模式也包揽了针对乡村娶、嫁、寿、丧的"大肴馆"（包办馆）的生意，让"大肴馆"完成历史使命，后者的某些看馔也成为酒家的出品，让酒家厨房架构多了个"熟笼"（后来称"上什"）的岗位。

有了陈福畴的"四大酒家"作为领头羊，广州的饮食环境逐渐焕发了生机，继而带动其他中低档的食肆如雨后春笋般出现，并且吸引了在广州周边滋润着的晏店回到广州谋求发展。

为了适应广州市场的需求，晏店装潢虽不及酒家，但有另一番打扮，它们不以筵席为经营目的，而是以随意小酌吸引食客光顾。并且为了区别于档次较低的晏店，易名"饭店"。时有做顺德菜的"利口福饭店"，有做客家菜的"宁昌饭店"等（后来还包括20世纪80年代名噪一时的"清平饭店"的前身也在此列），在广州开创了一番新局面。

由于酒家与饭店经营项目的档次不同，约于20世纪20年代中期，酒家与饭店分别成立公会和工会研习各自经营项目所需的专业技艺。也就是说，酒家和饭店虽然都是烹饪肴馔，但它们的技艺各有专攻，不一定适合对方。

之后的酒楼经营项目及档次则介于酒家与饭店之间，甚至还包括茶楼的经营项目，也就是说从天亮一直营业至天黑（酒家与饭店主营午市和晚市），早茶、午饭、晏茶（下午茶）、晚饭、夜茶（不包括宵夜）全都包揽。

为什么叫作酒楼呢？

它与茶楼有关。

实际上，茶楼的发展与酒家一样也是命途多舛，茶寮升格为茶居之后就遇上国难当头，尽管有庞大的市场空间可以拓展，但却一直不温不火地经营着，直到佛山七堡乡（今佛山市禅城区）乡绅注资改造才让这个行当有了活力。

佛山七堡乡乡绅集资组建协福堂公会经办此事，先有以金华、利南、其昌、祥珍做商号的茶居做试探性经营大获成功，继而才有之后的"十三如"（最终朗朗上口的是"九如"，它们分别是惠如、三如、九如、多如、太如、东如、南如、瑞如、福如，外加西如、五如、天如及宝如）。重点是，这些"如"一改以往茶居必须开设在平房、花园里的惯例，改成开设在楼层的建筑内，让人耳目一新。由此将"茶居"升格为"茶楼"。

之所以能够让茶居、茶楼焕发新机，是因为协福堂公会想到了将茶室售卖的饼饵演变为精工制作的点心，让茶客在品茗之余也能饱肚一番。与此同时，协福堂公会还想到了一个妙招，解决茶客要一壶茶坐一天的情况，设立最早的最低消费概念——一盅两件。所谓一盅两件就是光顾的茶客必须消费一盅茶和两件（碟）点心。

顺带一说，有很多人说最早的茶楼是在广州河南（今海珠区）漱珠桥附近的"成珠楼"，查实是误传。之所以有此误传，是"成珠楼"最初做招牌牌匾时借用了乾隆皇帝的书法，并且招牌落款写上了"乾隆"二字；这块牌匾还未挂起，就被茶楼同业公会判定有打擦边球之嫌给没收了，并扣留在桨栏路的公会办公处；事隔多年后，有在此处办过公的茶楼员工见过此匾，不明原委就将"成珠楼"开张的日子上推到乾隆年间，因而以讹传讹。

言归正传，由于茶楼与酒家的经营项目不同，其营业时间也不同。茶楼是早上6时至10时为早市，下午3时至5时为晏市（没有夜市）；酒家是中午11时到3时为午市，傍晚6时至9时为晚市（没有夜宵）。从中可见各自的歇市时间正是对方的营业时间。

有"茶楼王"（也有说是"酒楼王"）之称的谭杰南先生敏锐地发现了这个问题，认为将茶楼和酒家的场所集中为一处，就可以充分利用场所，避免空置率。也就是租一块地赚两块地的钱，算盘怎样打都划得来（合算）。

于是，谭杰南先生在经营"陶陶居"（茶楼性质）不久就着手引入酒家经营的项目。不过这件看似简单的事并非一帆风顺，甚至引发了一场茶居工会与酒家工会械斗的事件。

这次械斗事件平息之后，酒楼（取酒家和茶楼各一字）的形式就被确定下来，经营项目既有低柜（售卖烧腊，是酒家经营的外卖项目），也有饼柜（售卖饼饵，是茶楼经营的外卖项目）；既做茶市（点心），又做饭市（肴馔）；既做筵席肴馔，又做随意小酌。成了名副其实的综合性饮食场所（现在说是平台）。

不过，酒楼的形式要顺利推行却要等到持续了十四年的抗日战争胜利之后。

在此之前，酒家（包括饭店）、茶楼已名不符实，两者都经营着对方的经营项目，都是综合经营。

实际上，这一切成就都应归功于陈福畴先生在改变酒家形式时前瞻性地对厨师架构进行改革的成果。

如果细心分析，陈福畴先生经营酒家时的厨师班底是怎样的面貌。有做"满汉全席"的，有做"三蒸九扣"的，有做随意小酌的，有做地方风味的，各施（师）各法，并不统一。有鉴于此，陈福畴先生设计了一套工作规程，而这套工作规程沿用至今。

距离最近的转折点发生在 20 世纪 80 年代，这是因为行存超过半个多世纪的炉灶不适合时代发展，于是有了从燃煤到燃油（柴油）再到燃气（煤气）快速转变。这样又让粤菜及"食在广州"之名再次响彻大江南北。

不过，现在又面临着新的瓶颈需要解决。

因为随着国家工业化、城市化发展步伐不断加快，百年粤菜这套模式逐渐跟不上时代的节拍，浴火重生的呼声日益高涨。《厨艺图真》丛书正是起着粤菜新旧交替的桥梁角色，竭力引导读者摆脱农耕时代的作坊思维，以迎接现代厨艺新思想的到来。

什么是浴火重生呢？

这是中国古代的神话，传说美丽的凤凰有 500 年的寿命，每当临近 500 岁时就会日渐垂老、羽毛凋残。要想获得重生，就要面对极度痛苦的考验，跳入烈火之中煎熬，将垂老的身体及凋残的羽毛化为灰烬。

今天的粤菜遇到发展乏力的瓶颈，正如临近 500 岁的凤凰，重生了，过去的经验是珍贵的遗产；不去重生，过去的经验则是向前发展的负担。

潘英俊
2017 年 3 月

海味制作图解 II